国家林业和草原局普通高等教育"十三五"规划教材

试验设计与统计分析

——R语言实现

刘苑秋　徐雁南○主编

中国林业出版社
China Forestry Publishing House

图书在版编目（CIP）数据

试验设计与统计分析：R语言实现／刘苑秋，徐雁南主编. —北京：中国林业出版社，2020. 6
国家林业和草原局普通高等教育"十三五"规划教材
ISBN 978-7-5219-0602-8

Ⅰ.①试…　Ⅱ.①刘…　②徐…　Ⅲ.①程序语言–应用–生物统计–试验设计–高等学校–教材②程序语言–应用–生物统计–统计分析–高等学校–教材　Ⅳ.①Q-332

中国版本图书馆 CIP 数据核字（2020）第 093710 号

中国林业出版社·教育分社
策划、责任编辑： 许　玮　曹鑫茹
电　　话：（010）83143576

出版发行	中国林业出版社（100009　北京西城区德内大街刘海胡同 7 号）
	http：//www. forestry. gov. cn/lycb. html
印　　刷	河北京平诚乾印刷有限公司
版　　次	2020 年 6 月第 1 版
印　　次	2020 年 6 月第 1 次
开　　本	787mm×1092mm　1/16
印　　张	24.75
字　　数	620 千字
定　　价	68.00 元

编写人员名单

主　编　刘苑秋　徐雁南

副主编　沈勇根　黄少伟

编　者（按姓氏笔画排序）

宁金魁（江西农业大学）

吕忠全（南京林业大学）

刘苑秋（江西农业大学）

刘天颐（华南农业大学）

孙建筑（南京林业大学）

沈勇根（江西农业大学）

肖建辉（江西农业大学）

徐雁南（南京林业大学）

栗　丽（江西农业大学）

黄少伟（华南农业大学）

黄兴召（安徽农业大学）

臧　颢（江西农业大学）

序

　　试验设计与统计分析是科学研究的必要手段和重要组成部分，没有科学的研究方法和试验设计很难得出科学的研究结论。它不但可以作为科学获取样本数据的基本手段，同时还能使科学研究节省工作量，因此在科学研究中越来越受到重视。大部分农林院校把《多元统计分析》或《试验设计与分析》等相关课程作为研究生必修的专业基础课之一开设。

　　近几年随着计算机应用的发展，多元统计分析与试验设计方法在农学、林学、动物医学、动物科学、生物学、生态学、食品科学、环境科学、环境工程等专业领域的科学研究中得到了广泛的应用，专业技术人员或研究生对试验设计与统计分析的知识需求日益增加，同时在生物学、生态学等领域的数据分析中越来越受到青睐的 R 语言，也希望农林相关专业常用的试验设计及多元统计分析能直接应用 R 语言实现。

　　由江西农业大学、南京林业大学、华南农业大学、安徽农业大学等单位的多位著名学者与专家将积累多年教学与实践经验、成功案例联合编著《试验设计与统计分析——R 语言实现》，内容涵盖生物统计学基础、多元统计分析、试验设计基本理论、常用的试验设计方法与结果分析，并通过 R 语言实现，同时把试验设计、多元统计分析、算法有机结合，知识点贯穿科学研究全过程，符合逻辑与人的认识规律，也符合知识的教学衔接。该书针对较复杂的平衡不完全区组设计采用 CycDesigN 2.0 软件进行试验设计，回归正交设计与回归旋转采用了 Design-Expert 软件，混料设计采用了 Minitab 软件，而且书中每个知识点均配有能结合实际的应用案例与供学习者练习的习题，能较好满足研究生和科研工作者对试验设计和统计分析知识掌握的需求。该书内容完整系统，体现了理论与实践结合、设计与统计结合，避免了知其然而不知其所以然的学习倾向。

　　该教材的出版将为该领域增加一本很好的科学研究工具书，可作为农林院校农学、林学、动物科学、动物医学、食品科学、风景园林、环境科学等相关专业高年级学生、研究生教材以及教师、农林科技工作者、生物科技工作者的参考书。

洪伟

2020 年 6 月

前　言

　　试验设计与统计分析是科学研究的必要手段，也是农林院校研究生的重要课程之一。科学研究由假设、试验设计、试验执行、统计分析和解释等部分组成，其中试验设计和结果的统计分析是最重要的两个环节。一个科学、合理的试验设计，不仅可以有效控制误差，使试验结果更可靠，而且可以节省试验成本，提高试验效率。20 世纪 80 年代末许多农林院校把《多元统计分析》课程作为研究生必修的专业基础课开设，多元统计方法如多元回归与相关分析、典型相关分析、聚类分析、主成分分析、判别分析等在农学、林学、动物医学、动物科学、生物学、生态学、食品科学、环境科学、环境工程等专业领域的科学研究中得到了广泛的应用。试验设计作为科学获取样本数据的基本手段，在科学研究中越来越得到重视，许多学校专门开设了《试验设计与分析》课程，并有一些关于《试验设计与分析》方面的教材，部分教材还给出了用 SPSS 软件实现分析的方法。但目前没有一本专门针对研究生教学，覆盖其所需的多元统计分析、试验设计的合适教材，特别是近几年在生物学、生态学等领域的数据分析中越来越受到青睐的 R 语言，也希望农林相关专业常用的试验设计及多元统计分析能直接应用 R 语言。为此，编写组在江西农业大学主持的江西省研究生优质课程教材《高级生物统计》的基础上编著了《试验设计与统计分析——R 语言实现》一书，内容涵盖生物统计学基础、多元统计分析、试验设计基本理论、常用的试验设计方法与结果分析，并通过 R 语言实现，以满足研究生和科研工作者对试验设计和统计分析的需要。

　　本书一共 16 章，第 1 章生物统计学基础，重点介绍随机变量及其分布，统计假设检验、方差分析及一元回归与相关分析等基础统计分析方法，在方差分析中重点介绍基本原理，并以单因素方差分析介绍基本方法，对于双因素及多因素方差分析方法在后面试验设计中介绍；第 2 章多元统计分析，重点介绍了多元线性回归与相关分析、通径分析、典型相关分析、主成分分析、聚类分析、判别分析等多元统计分析方法。第 3~16 章是试验设计方法与分析，在试验设计概述的基础上重点介绍了农林院校相关专业常用的完全随机设计、随机区组设计、平衡不完全区组设计、拉丁方设计、裂区设计、巢式设计、析因设计、正交试验设计、均匀设计、回归正交设计、回归旋转设计、混料设计及协方差分析。本书特色是应用 R 语言实现试验结果的分析，并针对较复杂的平衡不完全区组设计（BIB）采用了 CycDesigN 2.0 软件、回归正交设计与回归旋转采用了 Design-Expert 软件、混料设计采用了 Minitab 软件，考虑到这些软件在相关网站都能下载并有相应的使用方法介绍，本书正文中没有专门介绍这些软件基本功能与使用方法，只以附录形式介绍这些软件概述、获取软件的路径或链接等内容。

本书适合作为农林院校农学、林学、动物科学、动物医学、食品科学、风景园林、环境科学等相关专业研究生教材与参考书，亦可作为高等院校高年级学生及教师、农林科技工作者、生物科技工作者的参考书。

本教材主编为刘苑秋（江西农业大学）、徐雁南（南京林业大学），参编的有华南农业大学的黄少伟、刘天颐；南京林业大学的孙建筑、吕忠全；江西农业大学的沈勇根、栗丽、肖建辉、宁金魁、臧颢；安徽农业大学的黄兴召。福建农林大学洪伟教授为本书审稿，并就内容和体系提出了宝贵的意见和建议，在此表示衷心感谢！教材编写出版还得到江西农业大学研究生院、林学院及参编兄弟院校的大力支持，在此一并感谢。

由于编者水平有限，定有疏漏和欠妥之处，恳请同行和广大读者批评指正。

编　者

2019 年 9 月

目　录

1 生物统计学基础

本章摘要

科学试验结果分析基于生物统计学的基础理论和方法。本章重点介绍随机变量及其分布、几个常用随机变量分布、假设检验基本原理与步骤、方差分析基本假定与分析方法、一元线性回归模型与分析等内容。

1.1 随机变量及其分布

定义 1 设样本空间 $\Omega = \{\omega\}$。如果对任意 $\omega \in \{\Omega\}$，都有一个实数值 $X(\omega)$ 与它唯一对应，则称 $X(\omega)$ 为一个（一维）随机变量，简记 X（通常用 X、Y、$Z\cdots$ 来表示随机变量）。

随机变量与普通变量的不同之处：
①随机变量的取值具有不确定性；
②随机变量的取值有确定的概率；
③随机变量是样本点的函数，其定义域是 Ω，值域是实数轴。
（Ω 中的元素不一定是实数。）

随机变量实质上是随机事件的"数量"表示。或者说，随机变量使随机事件从定性分析转为定量分析，即将随机事件数量化。这样使随机事件不仅在表达形式上简明了许多，而且可以从数量的角度来研究随机事件，使我们对随机事件的研究更加完善。

根据随机变量的取值状况可将其分成两类：

（1）离散型随机变量

如果随机变量 X 取有限个或可列无限个值，则称 X 是离散型随机变量。如产品次品数、种子发芽粒数、年出生人口数等。

（2）连续型随机变量

如果随机变量 X 的取值充满一个区间，则称 X 是连续型随机变量。如产品寿命、测量误差、树高等。

通常对于一个随机变量 X，不仅要知道它可能取哪些值，而且还要知道它以多大的概率取这些值。即引进随机变量，其重要目的是从概率的角度来研究随机变量取值的统计规律性，为此需要引进随机变量分布函数的概念。

定义 2 设 X 是一个随机变量，对任意实数 x 称

$$F(x) = P(X \le x), \quad -\infty < x < +\infty$$

为随机变量 X 的分布函数（右连续函数）。

对于任意实数 x_1，$x_2(x_1 < x_2)$，有

$$P\{x_1 < X \le x_2\} = P\{X \le x_2\} - P\{X \le x_1\} = F(x_2) - F(x_1)$$

由此可见：若已知随机变量 X 的分布函数，则能知道随机变量 X 取值在任一区间 $(x_1, x_2]$ 内的概率。因此我们说分布函数完整地刻画了随机变量 X 取值的统计规律性。

分布函数 $F(x)$ 具有以下基本性质：

①$F(x)$ 是单调非降函数

对于任意实数 x_1，$x_2(x_1 < x_2)$ 有 $F(x_1) \le F(x_2)$

②$0 \le F(x) \le 1$，且

$$F(-\infty) = \lim_{x \to -\infty} F(x) = 0,$$
$$F(+\infty) = \lim_{x \to +\infty} F(X) = 1$$

③$F(x)$ 为右连续函数，即 $F(x+0) = F(x)$

任何分布函数都具有上述三条性质。反之，任何满足这三条性质的函数，一定是某个随机变量的分布函数。

1.1.1 离散型随机变量的分布列

设离散型随机变量 X 所有可能取值为 $x_k(k=1, 2, \cdots)$，X 取各个可能值的概率，即事件 $\{X = x_k\}$ 的概率为

$$P(X = x_k) = p_k, \quad k = 1, 2, \cdots$$

称上式为离散型随机变量 X 的分布列或分布律。

由概率的基本性质知，任意离散型随机变量 X 的分布列具有如下性质：

①$P(X = x_k) = p_k$，$k = 1, 2, \cdots$

②$\sum_{k=1}^{\infty} p_k = 1$

反之，任意一个具有以上两条性质的数列 $\{P_k\}$，一定是某个离散型随机变量的分布列。

1.1.2 连续型随机变量的分布密度

设 X 是随机变量，$F(x)$ 是它的分布函数。若存在 $P(x) \ge 0$，使得对任意实数 x 有

$$F(x) = P(X \le x) = \int_{-\infty}^{x} P(t)\,\mathrm{d}t$$

成立，则称 X 为连续型随机变量，$P(x)$ 为 X 的密度函数。

任一连续型随机变量 X 的密度函数 $P(x)$ 具有以下性质：

①$P(x) \ge 0$ （定义中要求 $P(x) \ge 0$）

②$\int_{-\infty}^{+\infty} P(x)\,\mathrm{d}t = P(X < +\infty) = F(+\infty) = 1$

任意一个具有以上两条性质的一元函数 $P(x)$ 必定可作为某个一维连续型随机变量 X 的密度函数。

离散型随机变量与连续型随机变量分布函数的具体表达方式:

$$F(x) = P(X \leqslant x) = \begin{cases} \sum_{x_k \leqslant x} P(X = x_k) & \text{离散型} \\ \int_{-\infty}^{x} P(t)\,dt & \text{连续型} \end{cases}$$

1.1.3　常用随机变量的分布

1.1.3.1　二项分布

二项分布是在"相同条件下进行重复试验"的一种数学模型,这种模型称为重复独立试验序列的概型。

重复独立试验序列是由 Bernoulli(贝努里)首先提出与研究的,所以通常称它为 Bernoulli 试验或 Bernoulli 概型。

Bernoulli 概型不仅在理论上有重要的意义,而且有广泛的应用领域。我们在介绍二项分布之前,首先介绍重复独立试验序列的概念。

重复独立试验序列:在相同条件下,重复做同一试验 n 次,若每次试验只有两个相互对立的结果 A 与 $\bar{A}$ 出现,且 $P(A) = P$,$P(\bar{A}) = 1-P$(其中 $0<P<1$),则称这样一系列的试验为重复独立试验序列或称为 n 重 Bernoulli 试验,有时也称为 Bernoulli 试验或 Bernoulli 概型。

二项分布就是要研究在 n 次重复独立试验中,事件 A 恰好发生 k 次($k \leqslant n$)的概率。

定义 3　如果事件 A 在每次试验中发生的概率为 P,则在 n 次重复试验中,"事件 A 发生 k 次"记为"$X = k$"的概率为

$$P(X = k) = C_n^k P^k q^{n-k}, \quad k = 0, 1, 2, \cdots, n$$

其中,$0<P<1$,$q = 1-P$,则此随机变量 X 服从参数为 n,P 的二项分布。记为 $R.V. X \sim b(n, p)$。

二项分布的概率分布满足两条性质:

①$P(X=k) = C_n^k P^k q^{n-k} > 0$,$k = 0, 1, 2, \cdots, n$

②$\sum_{k=0}^{n} P(X = k) = \sum_{k=0}^{n} C_n^k P^k q^{n-k} = (p + q)^n = 1$

在二项分布中,如果 $n = 1$,则二项分布退变成两点分布。

X	0	1
P	q	p

或称此为 0-1 分布,它是二项分布 $n = 1$ 时的特例,任何一个有且仅有两个可能结果的随机现象,都可以用一个遵从参数为 p 的二点分布(0-1 分布)的离散性随机变量来描述。

1.1.3.2　泊松分布

它是由法国数学家 Poisson 于 1837 年作为二项分布的近似分布或者极限分布引进的。

定义　设随机变量 X 的所有可能取值 $k=0$，1，2，…而随机变量 X 取各可能值的概率为

$$P(X=k)=\frac{\lambda^{k}\mathrm{e}^{-\lambda}}{k!}，\ k=0，1，2，\cdots；\ \lambda>0\ 常数$$

则称随机变量 X 服从参数为 λ 的 poisson 分布。记作 $R.V.X\sim P(\lambda)$，其中 e 为自然对数的底 e = 2.71828182

poisson 分布的概率分布满足两条性质：

$$①P(X=k)=\frac{\lambda^{k}\mathrm{e}^{-\lambda}}{k!}\geqslant0，\ k=0，1，2，\cdots$$

$$②\sum_{k=0}^{\infty}p(X=k)=\sum_{k=0}^{\infty}\frac{\lambda^{k}\mathrm{e}^{-\lambda}}{k!}=\mathrm{e}^{-\lambda}\sum_{k=0}^{\infty}\frac{\lambda^{k}}{k!}=\mathrm{e}^{-\lambda}\left(1+\lambda+\frac{\lambda^{2}}{2!}+\cdots\right)=\mathrm{e}^{-\lambda}\mathrm{e}^{\lambda}=1$$

泊松定理　若 $R.V.X\sim b(n，p)$，当 $n\rightarrow\infty$，$P\rightarrow0$，$\lambda=np$ 为有限数且 $k<n$ 也是有限数时，则 $\lim\limits_{n\rightarrow+\infty}C_{n}^{k}p^{k}q^{n-k}=\frac{\lambda^{k}\mathrm{e}^{-k}}{k!}$，$k=0$，1，2，…

1.1.3.3　超几何分布

它适用于非重复抽样方式的概率模型。

已知 N 个基本事件中，有 M 个属于事件 A，$N-M$ 个属于事件 $\bar{A}$，从中任取 n 个（相当于无放回地抽取 n 次，每次抽一个）。在所抽 n 个中属于 A 的事件数 X 是一个离散型随机变量。X 可能取值为 0，1，2，…，l，$l=\min(M，n)$。我们称随机变量 X 取任意 k 值的概率为超几何概率。

定义　若随机变量 X 取值为 k 的概率为

$$P(X=k)=\frac{C_{M}^{n}C_{N-M}^{n-k}}{C_{N}^{n}}\qquad k=0，1，2，\cdots，l$$

其中，参数 N，M，n 均为正整数，且 $N\geqslant M$，$N\geqslant n$，$l=\min(M，n)$。则称随机变量 X 服从参数为 N，M，n 的超几何分布。记作 $R.V.X\sim H(N，M，n)$。

超几何分布的概率分布满足两条性质：

$$①P(X=k)=\frac{C_{M}^{n}C_{N-M}^{n-k}}{C_{N}^{n}}\geqslant0$$

$$②\sum_{k=0}^{\infty}p(X=k)=\sum_{k=0}^{l}\frac{C_{M}^{k}C_{N-M}^{n-k}}{C_{N}^{n}}=\cdots=1$$

因为 $C_{N}^{n}=C_{M}^{0}C_{N-M}^{n-0}+C_{M}^{1}C_{N-M}^{n-1}+C_{M}^{2}C_{N-M}^{n-2}+\cdots+C_{M}^{l}C_{N-M}^{n-l}$

其中 $N=M+(N-M)$

故 $\sum\limits_{k=0}^{l}\dfrac{C_{M}^{k}C_{N-M}^{n-k}}{C_{N}^{n}}=\dfrac{C_{N}^{n}}{C_{N}^{n}}=1$

超几何分布与二项式分布的关系：

区别：超几何分布→属于古典概型　　　　　无放回抽取

　　　二项式分布→属于 Bernoulli 概型　　　有放回抽取

联系：设随机变量 $X \sim H(N, M, n)$，且 $\lim\limits_{N \to \infty} \dfrac{M}{N} = p$，则 X 的极限分布为二项分布 $B(n, p)$，

即当 $N \to \infty$ 时，$\dfrac{C_M^k C_{N-M}^{n-k}}{C_N^n} \to C_n^k p^k q^{n-k}$，$k = 0, 1, \cdots, n$。

1.1.3.4　几何分布

定义　设在 Bernoulli 试验中，事件 A 出现的概率为 P，若以 X 表示事件 A 首次出现时的试验次数，则 X 是一个随机变量，其概率分布为

$$P(X = k) = pq^{k-1}, \quad k = 1, 2, \cdots$$

我们称此分布为几何分布，其中 $0 < P < 1$，$q = 1 - P$。记作 $R.V. X \sim G(p)$

几何分布的概率分布满足两条性质：

① 　　　　　　　　　　$P(X = k) = pq^{k-1} > 0$

② 　　$\sum\limits_{k=1}^{\infty} p(X = k) = \sum\limits_{k=1}^{\infty} pq^{k-1} = \lim\limits_{k \to \infty} \dfrac{p(1 - q^k)}{1 - q} = \dfrac{p}{1 - q} = 1$

1.1.3.5　均匀分布

定义　如果连续型随机变量的密度函数为

$$P(x) = \begin{cases} \dfrac{1}{b-a} & a \leqslant x \leqslant b \\ 0 & \text{其他} \end{cases}$$

则称随机变量 X 在区间 $[a, b]$ 上服从均匀分布，记作 $R.V. X \sim U[a, b]$

均匀分布的密度函数满足两条性质：

① 　　　　　　　　　　$P(X) \geqslant 0$

② 　　$\int_{-\infty}^{+\infty} p(x)\,\mathrm{d}x = \int_{-\infty}^{a} 0\mathrm{d}x + \int_{a}^{b} \dfrac{1}{b-a}\mathrm{d}x + \int_{b}^{+\infty} 0\mathrm{d}x = 1$

均匀分布函数为

$$F(x) = P(X \leqslant x) = \int_{-\infty}^{x} p(t)\,\mathrm{d}t = \begin{cases} 0 & x < 0 \\ \dfrac{x - a}{b - a} & a \leqslant x \leqslant b \\ 1 & x \geqslant b \end{cases}$$

若 $a \leqslant c < d \leqslant b$，则有 $P(c \leqslant X < d) = \int_{c}^{d} \dfrac{1}{b - a}\mathrm{d}x = \dfrac{d - c}{b - a}$

此式表明：随机变量 X 落在 $[a, b]$ 中任一子区间 $[c, d]$ 中的概率只与子区间的长度有关，而与子区间的位置无关。

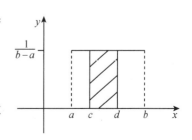

1.1.3.6 指数分布

定义 若随机变量 X 的密度函数为 $P(x) = \begin{cases} \lambda e^{-\lambda x} & x > 0 \\ 0 & x \leqslant 0 \end{cases}$ ，其中 $\lambda > 0$ 常数，则称随机变量 X 服从指数分布。记作 $R.V.X \sim E(\lambda)$

指数分布的密度函数满足两条性质:

① $$P(x) \geqslant 0$$

② $$\int_{-\infty}^{+\infty} p(x)\, dx = \int_{0}^{+\infty} \lambda e^{-\lambda x}\, dx = e^{-\lambda x} \Big|_{0}^{\infty} = 1$$

指数分布函数为 $F(x) = \begin{cases} 1 - e^{-\lambda x} & x \geqslant 0 \\ 0 & x < 0 \end{cases}$ ，其中 $\lambda > 0$ 常数。

1.1.3.7 正态分布

定义 1 如果随机变量 X 的密度函数为

$$P(x) = \frac{1}{\sqrt{2\pi}\,\sigma} e^{-\frac{(x-\mu)^2}{2\sigma^2}} \qquad x \in (-\infty, +\infty)$$

其中 μ，$\sigma > 0$ 是常数，则称随机变量 X 服从参数为 μ，σ 的正态分布。记作 $R.V.X \sim N(\mu, \sigma^2)$

正态分布的密度函数满足两条性质:

① $P(x) \geqslant 0$

② $$\int_{-\infty}^{+\infty} p(x)\, dx = \int_{-\infty}^{+\infty} \frac{1}{\sqrt{2\pi}\,\sigma} e^{-\frac{(x-\mu)^2}{2\sigma^2}}\, dx$$

$$\overset{\diamond \frac{x-\mu}{\sigma} = y}{\underset{dx = \sigma dy}{=}} \frac{1}{\sqrt{2\pi}} \int_{-\infty}^{+\infty} e^{-\frac{y^2}{2}}\, dy$$

$$= \frac{1}{\sqrt{2\pi}} \times \sqrt{2\pi}$$

$$= 1$$

正态分布函数为

$$F(x) = P(X \leqslant x) = \int_{-\infty}^{x} p(t)\, dt$$

$$= \int_{-\infty}^{x} \frac{1}{\sqrt{2\pi}\sigma} e^{-\frac{(t-\mu)^2}{2\sigma^2}}\, dt$$

$$= \frac{1}{\sqrt{2\pi}\sigma} \int_{-\infty}^{x} e^{-\frac{(t-\mu)^2}{2\sigma^2}}\, dt \qquad x \in (-\infty, +\infty)$$

正态分布的特点:

① 正态密度 $P(x)$ 关于直线 $X = \mu$ 对称，且在 $X = \mu$ 处达到极大，极大值等于 $\dfrac{1}{\sqrt{2\pi}\,\sigma}$，如

图1-1。

②当 $X \to \pm\infty$ 时，$P(x) \to 0$，即 $P(x)$ 以横轴 x 为渐近线，如图1-2。

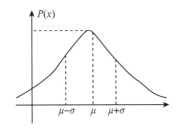

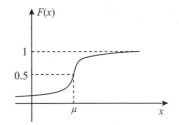

图1-1　正态分布密度图(两头大，中间小，左右对称)山形或吊钟形曲线　　**图1-2　正态分布函数图对称的S形曲线**

③正态密度曲线是一个"单峰"曲线，并且在 $x = \mu \pm \sigma$ 处有拐点。

④参数 σ 不变，μ 变，则正态密度的高度、形状不变，只是整个图形左右平移，所以称 μ 为一个位置参数；参数 σ 变，μ 不变，则整个图形的位置不变，而形状变，所以称 σ 为形状参数，如图1-3。

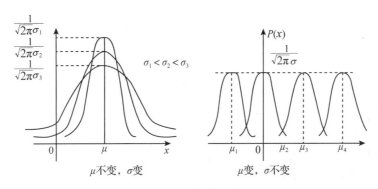

图1-3　正态分布参数关系图

定义2　参数 $\mu = 0$，$\sigma = 1$ 的正态分布称为标准正态分布，记作 $R.V.X \sim N(0, 1)$。

标准正态密度函数：

$$\varphi(x) = \frac{1}{\sqrt{2\pi}} e^{-\frac{x^2}{2}} \quad x \in (-\infty, +\infty)$$

标准正态分布函数：

$$\Phi(x) = \frac{1}{\sqrt{2\pi}} \int_{-\infty}^{x} e^{-\frac{t^2}{2}} dt \quad x \in (-\infty, +\infty)$$

显然：$\varphi(x) \geqslant 0$

$$\int_{-\infty}^{+\infty} \varphi(x)\, dx = 1$$

性质：

①$\varphi(-x) = \varphi(x)$

②$1 - \Phi(-x) = 1 - \Phi(x)$

通过一个简单变换可将一般正态分布转化为标准正态分布：

$X \sim N(\mu, \ \sigma^2) \xrightarrow{\text{通过变量代换}} Y \sim N(0, \ 1)$

因为 $X \sim N(\mu, \ \sigma^2)$

故 $F(x) = P(X < x) = \dfrac{1}{\sqrt{2\pi}\sigma} \displaystyle\int_{-\infty}^{x} e^{-\frac{(t-\mu)^2}{2\sigma^2}} dt$

$\underset{dt = \sigma dy}{\overset{\text{令} y = \frac{t-\mu}{\sigma}}{=}} \dfrac{1}{\sqrt{2\pi}} \displaystyle\int_{-\infty}^{\frac{x-\mu}{\sigma}} e^{-\frac{y^2}{2}} dy$

$= \Phi\left(\dfrac{x-\mu}{\sigma}\right)$

即 $\qquad\qquad\qquad\qquad Y = \dfrac{x-\mu}{\sigma} \sim N(0, \ 1)$

所以一张 $N(0, \ 1)$ 分布表，可以解决所有正态分布 $N(\mu, \ \sigma^2)$ 的查表问题。上面的变换通常称为"标准化"变换。

1.1.3.8 χ^2 分布

定义 设 $X_1, \ X_2, \ \cdots, \ X_n$ 是相互独立，且同服从于 $N(0, \ 1)$ 分布的随机变量，则称随机变量

$$\chi^2 = \sum_{i=1}^{n} X_i^2$$

服从参数为 n 的 χ^2 分布，记为 $\chi^2 \sim \chi^2(n)$，其中 $n>0$ 为自由度（可以理解为独立随机变量的个数）。

χ^2 分布是 Helmert(1875)，K. Pearson(1900) 分别独立提出来的。

服从自由度为 n 的 χ^2 分布的密度函数为

$$p(x) = \begin{cases} \dfrac{1}{2^{\frac{n}{2}} \Gamma\left(\dfrac{n}{2}\right)} x^{\frac{n}{2}-1} e^{-\frac{x}{2}}, & x>0 \\ \\ 0, & x \leqslant 0 \end{cases}$$

其中 $\Gamma\left(\dfrac{n}{2}\right)$ 为 Γ 函数。

χ^2 分布的密度函数 $p(x)$ 满足（图 1-4）：

① $p(x) \geqslant 0$

② $\displaystyle\int_{-\infty}^{+\infty} p(x) \, dx = 1$（证明略）

性质 若 $X_1 \sim \chi^2(n_1)$ 和 $X_2 \sim \chi^2(n_2)$，且 $X_1, \ X_2$ 相互独立，则 $X_1 + X_2 \sim \chi^2(n_1 + n_2)$。

称此性质为 χ^2 分布对参数具有可加性，由此可得到下面两个重要推论：

推论 1 若 $X_i \sim \chi^2(n_i)$，$i = 1, \ 2, \ \cdots, \ k$，且

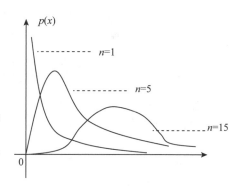

图 1-4 分布的密度函数曲线

相互独立，则 $\sum_{i=1}^{k} X_i \sim \chi^2\left(\sum_{i=1}^{k} n_i\right)$。

推论2 若 $X = X_1 + X_2$，已知 X_1 与 X_2 相互独立，且 $X \sim \chi^2(n)$，$X_1 \sim \chi^2(n_1)$，则 $X_2 \sim \chi^2(n_2)$，其中 $n > n_1$。

1.1.3.9 t 分布

定义 若随机变量 $X \sim N(0, 1)$，$Y \sim \chi^2(n)$，且 X 与 Y 相互独立，则称随机变量

$$T = \frac{X}{\sqrt{T/n}}$$

服从自由度为 n 的 Student 分布，简称 t 分布，记作 $T \sim t(n)$。

t 分布是 1908 年由 W. S. Gosset 以笔名"Student"发表在 *Biometrika* 上的一篇论文中首先提出的。由标准正态分布与 χ^2 分布的密度函数及商的分布公式导出 t 分布的密度函数是

$$p(x) = \frac{\Gamma\left(\dfrac{n+1}{2}\right)}{\sqrt{n\pi}\,\Gamma\left(\dfrac{n}{2}\right)}\left(1 + \frac{x^2}{n}\right)^{-\frac{n+1}{2}} \quad (-\infty < x < +\infty)$$

t 分布的密度函数满足：

①$p(x) \geqslant 0$

②$\int_{-\infty}^{+\infty} p(x)\,\mathrm{d}x = 1$（证明略）

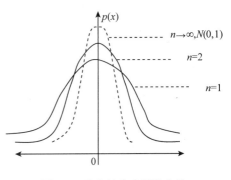

t 分布的密度函数曲线 $p(x)$ 如图 1-5 所示，其特征是，密度函数曲线关于 y 对称，在 $x = 0$ 处取得最大值；随着自由度的增加，曲线的最高峰越来越向上；可以证明，当 $n \to \infty$ 时，t 分布的密度函数趋于标准正态分布的密度函数，即

图 1-5 分布的密度函数曲线

$$p(x) \to \frac{1}{\sqrt{2\pi}}\mathrm{e}^{-\frac{x^2}{2}}$$

1.1.3.10 F 分布

定义 若随机变量 $X \sim \chi^2(n_1)$，$Y \sim \chi^2(n_2)$，且 X 与 Y 相互独立，则称随机变量

$$F = \frac{X/n_1}{Y/n_2}$$

服从第一自由度为 n_1，第二自由度为 n_2 的 F 分布记为 $F \sim F(n_1, n_2)$。F 分布是英国统计学家 R. A. Fisher 首先将两个 χ^2 分布分别除以其自由度后再相除而提出的，其密度函数是 Snedcor 于 1934 年给出的：

$$p(x) = \begin{cases} \dfrac{\Gamma\left(\dfrac{n_1 + n_2}{2}\right)}{\Gamma\left(\dfrac{n_1}{2}\right)\Gamma\left(\dfrac{n_2}{2}\right)}\left(\dfrac{n_1}{n_2}\right)^{\frac{n_1}{2}} x^{\frac{n_1}{2}-1}\left(1 + \dfrac{n_1}{n_2}x\right)^{-\frac{n_1+n_2}{2}}, & x > 0 \\ \\ 0, & x \leqslant 0 \end{cases}$$

其密度函数满足：

①$p(x) \geqslant 0$

②$\int_{-\infty}^{+\infty} p(x)\,\mathrm{d}x = 1$（证明略）

从 F 分布定义可得一个非常重要的性质：若 $F \sim F(n_1, n_2)$，则 $\dfrac{1}{F} \sim F(n_2, n_1)$（图 1-6）。

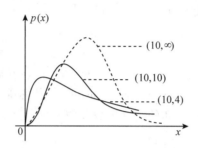

$(10,\infty)$

$(10,10)$

$(10,4)$

图 1-6　$F(n_1, n_2)$ 分布密度函数曲线

1.1.4　数字特征

1.1.4.1　数学期望

定义　设离散型随机变量 X 的概率分布为 $p(X=x_k) = p_k$，$k = 1, 2, \cdots$

若级数 $\displaystyle\sum_{k=1}^{\infty} x_k p_k$ 绝对收敛，则称此 $\displaystyle\sum_{k=1}^{\infty} x_k p_k$ 为离散型随机变量 X 的数学期望，记为 EX。即 $EX = \displaystyle\sum_{k=1}^{\infty} x_k p_k$

设连续型随机变量 X 的概率密度为 $p(x)$，若积分 $\displaystyle\int_{-\infty}^{+\infty} xf(x)\,\mathrm{d}x$ 绝对收敛，则称此 $\displaystyle\int_{-\infty}^{+\infty} xf(x)\,\mathrm{d}x$ 为连续性随机变量 X 的数学期望，记为 EX，即 $EX = \displaystyle\int_{-\infty}^{+\infty} xf(x)\,\mathrm{d}x$

数学期望通常简称为期望或均值。

数学期望的性质：

①设 C 是常数，则有 $E(C) = C$；

②设 X 是一个随机变量，C 是常数，则有 $E(CX) = CE(X)$；

③设 X、Y 是两个随机变量，则有 $E(X \pm Y) = E(X) \pm E(Y)$；

④设 X、Y 是相互独立的随机变量，则有 $E(XY) = E(X)E(Y)$。

随机变量函数的数学期望：

①若 X 是离散型随机变量，其概率分布为 $P(X=x_k) = P_k$，$k = 1, 2, \cdots$则函数 $Y = f(X)$ 的数学期望为

$$E(Y) = E[f(X)] = \sum_{k=1}^{\infty} f(x_k) P(X = x_k) = \sum_{k=1}^{\infty} f(x_k) P_k$$

②若 X 是连续型随机变量，其密度函数为 $p(X)$，则函数 $Y = f(X)$ 的数学期望为

$$E(Y) = E[f(X)] = \int_{-\infty}^{+\infty} f(x) P(x) \, dx$$

③若 (X, Y) 是二维离散型随机变量，其联合分布为

$$P(X=x_i, Y=y_i) = P_{ij}, \quad i, j = 1, 2, \cdots$$

则函数 $Z = f(X, Y)$ 的数学期望为

$$E(Z) = E[f(X, Y)] = \sum_{i-1}^{\infty} \sum_{j=1}^{\infty} f(x_i, y_i) P(X=x_i, Y=y_i) = \sum_{i-1}^{\infty} \sum_{j=1}^{\infty} f(x_i, y_i) P_{ij}$$

④若 (X, Y) 是二维连续型随机变量，其联合密度为 $P(x, y)$，则函数 $Z = f(X, Y)$ 的数学期望为

$$E(Z) = \int_{-\infty}^{+\infty} \int_{-\infty}^{+\infty} f(x, y) P(x, y) \, dxdy$$

1.1.4.2　方差

定义　随机变量 X 与期望 EX 离差平方的期望称作随机变量 X 的方差，记为 DX 或 $Var(X)$，即 $DX = E(X-EX)^2$

方差的开方称作标准差，记作 σ_x，即 $\sigma_x = \sqrt{DX}$

(1) 设离散型随机变量 X 的概率分布为 $P(X=x_k) = p_k$，$k = 1, 2, \cdots$

则 $DX = E(X-EX)^2 = \sum_{k=1}^{\infty} (x_k - EX)^2 p_k$ 称为离散型随机变量 X 的方差。

(2) 设连续型随机变量 X 的密度函数为 $p(x)$，则 $DX = E(X-EX)^2 = \int_{-\infty}^{+\infty} (x - EX)^2 P(x) \, dx$ 称为连续型随机变量 X 的方差。

为了方便计算，方差另一种表达形式为

$$DX = E(X-EX)^2 = EX^2 - (EX)^2$$

方差的性质：

①设 C 是常数，则有 $D(C) = 0$；

②设 X 是一个随机变量，C 是常数，则有 $D(CX) = C^2 DX$；

③设 X 是一个随机变量，C 是常数，则有 $D(X+C) = DX$；

④设 X、Y 是两个随机变量，则有 $D(X \pm Y) = DX + DY \pm 2E(X-EX)(Y-EY)$；

⑤设 X、Y 是相互独立的随机变量，则有 $D(X \pm Y) = DX + DY$。

1.1.4.3　协方差

定义　称 $E(X-EX)(Y-EY)$ 为随机变量 X 与 Y 的协方差，记为 $Cov(X, Y)$，即

$$Cov(X, Y) = E(X-EX)(Y-EY)$$

且 $Cov(X, Y) = E(X - EX)(Y - EY) = \begin{cases} \sum_{i-1}^{\infty} \sum_{j=1}^{\infty} (x_i - EX)(y_i - EY) p_{ij} \\ \int_{-\infty}^{+\infty} \int_{-\infty}^{+\infty} (x - EX)(y - EY) p(x, y) \, dxdy \end{cases}$

协方差的性质：

设 X, Y 是任意两个随机变量，a, b 是常数。

① $Cov(X, Y) = Cov(Y, X)$

② $Cov(X, Y) = E(XY) - EXEY$

③ $Cov(X, Y) = DX$

④ $Cov(aX, bY) = abCov(X, Y)$

此性质说明 $Cov(X, Y)$ 与 X，Y 自身的大小有关，如 $Cov(kX, kY) = k^2 Cov(X, Y)$

⑤ $Cov(X+Y, Z) = Cov(X, Z) + Cov(Y, Z)$

1.1.4.4 相关系数

定义 称 $\rho_{XY} = \dfrac{Cov(X, Y)}{\sqrt{DX}\sqrt{DY}}$ 为随机变量 X 与 Y 的相关系数(即随机变量标准化以后的协方差就是相关系数)。

相关系数的性质：

① $|\rho_{XY}| \leqslant 1$

② $|\rho_{XY}| = 1$ 的充要条件是，存在常数 a，b，使 $P\{Y = a + bX\} = 1$

$|\rho_{XY}|$ 的大小表征着 X 与 Y 的线性相关程度。当 $|\rho_{XY}|$ 较大时，则 X 与 Y 的线性相关程度较好；当 $|\rho_{XY}|$ 较小时，则 X 与 Y 的线性相关程度较差。

当 $\rho_{XY} = 0$ 时，称 X 与 Y 不相关(即无线性相关关系)。

当 X 与 Y 互相独立时，X 与 Y 不相关。反之，若 X 与 Y 不相关，X 与 Y 却不一定相互独立。

1.1.4.5 矩

定义 设 X 和 Y 是随机变量，

若 $E(X^k)$，$k = 1, 2, \cdots$ 存在，称它为 X 的 k 阶原点矩。

若 $E(X - EX)^k$，$k = 2, 3, \cdots$ 存在，称它为 X 的 k 阶中心矩。

若 $E(X^k Y^l)$，k，$l = 1, 2, \cdots$ 存在，称它为 X 和 Y 的 $k+l$ 阶混合原点矩。

若 $E(X - EX)^k (Y - EY)^l$，k，$l = 1, 2, \cdots$ 存在，称它为 X 和 Y 的 $k+l$ 阶混合中心矩。

X 的一阶原点矩即为数学期望，二阶中心矩即为方差；X 和 Y 的二阶混合中心矩即为协方差。

1.2 假设检验

假设检验是统计推断的一类重要问题。在总体的分布完全未知或只知其分布形式而不知其参数的情况下，为了推断总体的某些未知特性，可以提出某些关于总体的假设。例如，提出总体服从泊松分布的假设；对于正态总体提出数学期望等于 μ_0 的假设等。然后在假设成立的条件下，根据样本资料对所提出的假设作出是接受还是拒绝的决策。假设检验就是作出这一决策的过程。

1.2.1 假设检验基本原理

1.2.1.1 假设检验的基本思想

以 μ，σ 分别表示总体 X 的均值和标准差。由于长期实践表明标准差通常比较稳定，

一般 μ 未知。为此，提出两个相互对立的假设

$$H_0: \mu = \mu_0 \,(\text{原假设})$$

和

$$H_1: \mu \neq \mu_0 \,(\text{备择假设})$$

然后，给出一个合理的法则，根据这一法则，利用已知样本作出是接受原假设 H_0，还是拒绝原假设 H_0 的决策。

由于要检验的假设涉及总体均值 μ，故首先想到是否可借助样本均值 $\bar{X}$ 这一统计量来进行判断。因为统计量 $\bar{X}$ 是 μ 的无偏估计，所以 $\bar{X}$ 观测值 $\bar{x}$ 的大小在一定程度上反映 μ 的大小。因此，如果假设 H_0 为真，则观测值 $\bar{x}$ 与 μ_0 的偏差 $|\bar{x} - \mu_0|$ 一般不应太大。若 $|\bar{x} - \mu_0|$ 过分大，则怀疑假设 H_0 的正确性而拒绝 H_0，并考虑到当 H_0 为真时 $\dfrac{|\bar{x} - \mu_0|}{\sigma / \sqrt{n}} \sim N(0，1)$，而衡量 $|\bar{x} - \mu_0|$ 的大小可归结为衡量 $\dfrac{|\bar{x} - \mu_0|}{\sigma / \sqrt{n}}$ 的大小。基于上面的想法，我们可适当选定一正数 k，当观测值 $\bar{x}$ 满足 $\dfrac{|\bar{x} - \mu_0|}{\sigma / \sqrt{n}} \geq k$ 时就拒绝假设 H_0。反之，若 $\dfrac{|\bar{x} - \mu_0|}{\sigma / \sqrt{n}} < k$，就接受假设 H_0。

1.2.1.2 假设检验的基本步骤

①根据实际问题的要求，提出原假设 H_0 及备择假设 H_1；

②在 H_0 成立的条件下，确定检验统计量及其分布；

③根据给定的显著水平 α 和检验统计量的分布确定 H_0 的拒绝域；

④根据样本数据和拒绝域作出拒绝或接受 H_0 的决策。

1.2.1.3 小概率原理

小概率原理是指一个事件发生的概率很小，那么它在一次试验中几乎是不可能发生的，但在多次重复试验中是必然发生的。统计学上，把小概率事件在一次试验中看成是实际不可能发生的事件，一般认为小于或等于 0.05 或 0.01 的概率为小概率。

小概率事件在一次试验中几乎不会发生，并不代表它永远都不会发生。小概率事件迟早都会发生是指只要独立的试验次数无限增多，那么小概率事件将会发生。小概率事件因其概率小而常常会与不可能事件混淆。但两者从本质上讲是有区别的。所谓小概率事件是指发生的可能性很小，但它是有发生机会的事件，而不可能事件是指在任何情况下都不可能发生的事件。

小概率原理在假设检验中的应用：如果从事先提出的一个假设 H_0 出发，事件 A 属于小概率事件，由于小概率事件在一次试验中几乎不会发生，但在一次试验中，若事件 A 竟然发生了，则有理由怀疑原假设 H_0 不真，从而否定 H_0。

1.2.1.4 假设检验中的两类错误

在假设 H_0 实际上为真时，我们可能犯拒绝 H_0 的错误，称这类"弃真"的错误为第 I 类错误，概率记为 $P(\text{拒绝 } H_0 | H_0 \text{ 真}) = \alpha$；

在假设 H_0 实际上不真时，我们也有可能接受 H_0，称这类"采伪"的错误为第 II 类错

误，概率记为 $P(接受\ H_0 | H_0\ 假) = \beta$。

1.2.2　一个正态总体参数的假设检验

1.2.2.1　总体平均值的假设检验

（1）σ^2 已知，关于 μ 的检验（U 检验）

设总体 $X \sim N(\mu,\ \sigma^2)$，其中 μ 未知，σ^2 已知

①H_0：$\mu = \mu_0$；H_1：$\mu \neq \mu_0$

②在 H_0 成立的条件下确定检验统计量及其分布

$$U = \frac{|\bar{x} - \mu_0|}{\sigma_{\bar{x}}} = \frac{|\bar{x} - \mu_0|}{\dfrac{\sigma}{\sqrt{n}}} \sim N(0,\ 1)$$

③给定显著水平 α，查正态分布双侧分位数表决定 $\mu_{\frac{\alpha}{2}}$

④结论

ⅰ）当 $U \geqslant \mu_{\frac{\alpha}{2}}$ 时，拒绝 H_0；

ⅱ）当 $U < \mu_{\frac{\alpha}{2}}$ 时，接受 H_0。

（2）σ^2 未知，关于 μ 的检验（t 检验）

设总体 $X \sim N(\mu,\ \sigma^2)$，其中 μ 未知，σ^2 未知

（因为样本修正方差是总体方差的无偏估计量，所以用 $S^{*2} = \dfrac{n}{n-1} S^2 = \dfrac{\sum\limits_{i=1}^{n}(x_i - \bar{x})^2}{n-1}$ 来近似代替 σ^2）

①H_0：$\mu = \mu_0$；H_1：$\mu \neq \mu_0$

②在 H_0 成立的条件下，确定检验统计量及其分布

$$T = \frac{|\bar{x} - \mu_0|}{\dfrac{s}{\sqrt{n-1}}} \sim t_{\frac{\alpha}{2}}(n-1)$$

③给定显著水平 α，$k = n-1$ 查 t 分布双侧分位数表决定 $t_{\frac{\alpha}{2}}(n-1)$

④结论

ⅰ）当 $T \geqslant t_{\frac{\alpha}{2}}(n-1)$ 时，拒绝 H_0；

ⅱ）当 $T < t_{\frac{\alpha}{2}}(n-1)$ 时，接受 H_0。

1.2.2.2　总体方差的假设检验

设总体 $X \sim N(\mu,\ \sigma^2)$，其中 μ，σ^2 均未知

①H_0：$\sigma^2 = \sigma_0^2$；H_1：$\sigma^2 \neq \sigma_0^2$

②在 H_0 成立的条件下，确定检验统计量及其分布

$$\chi^2 = \frac{(n-1)S^{*2}}{\sigma_0^2} \sim \chi^2(n-1)$$

③给定显著水平 α，$k=n-1$，查 χ^2 分布双侧分位数表确定 $\chi_{\frac{\alpha}{2}}(n-1)$，$\chi_{1-\frac{\alpha}{2}}(n-1)$

④结论

ⅰ）当 $\chi^2 \leqslant \chi_{1-\frac{\alpha}{2}}(n-1)$ 或 $\chi^2 \geqslant \chi_{\frac{\alpha}{2}}(n-1)$ 时，拒绝 H_0；

ⅱ）当 $\chi_{1-\frac{\alpha}{2}}(n-1) < \chi^2 < \chi_{\frac{\alpha}{2}}(n-1)$ 时，接受 H_0。

1.2.3　两个正态总体参数的假设检验

设 X、Y 是两个相互独立的正态总体，$X \sim N(\mu_1，\sigma_1^2)$，$Y \sim N(\mu_2，\sigma_2^2)$，从中分别抽取一个样本。

样本甲：x_1，x_2，$\cdots$，x_{n1}

样本乙：y_1，y_2，$\cdots$，y_{n2}

显然 $\bar{x}$ 与 $\bar{y}$ 相互独立。

1.2.3.1　两个总体均值差异的显著性检验

若 $\sigma_1^2 = \sigma_2^2 = \sigma^2$ 未知，则两总体均值的检验为：

①H_0：$\mu_1 = \mu_2$；　$H_1 : \mu_1 \neq \mu_2$

②在 H_0 成立的条件下，确定检验统计量及其分布

$$T = \frac{|\bar{x}-\bar{y}|}{\sqrt{\sigma_{\bar{x}}^2 + \sigma_{\bar{y}}^2}} = \frac{|\bar{x}-\bar{y}|}{\sqrt{\dfrac{n_1 s_1^2 + n_2 s_2^2}{n_1+n_2-2}\left(\dfrac{1}{n_1}+\dfrac{1}{n_2}\right)}} \sim t_{\frac{\alpha}{2}}(n_1+n_2-2)$$

③给定 α，　$k=n_1+n_2-2$，查 t 分布双侧分位数表确定 $t_{\frac{\alpha}{2}}(n_1+n_2-2)$

④结论

ⅰ）当 $T \geqslant t_{\frac{\alpha}{2}}(n_1+n_2-2)$ 时，拒绝 H_0；

ⅱ）当 $T < t_{\frac{\alpha}{2}}(n_1+n_2-2)$ 时，接受 H_0。

1.2.3.2　两个正态总体方差齐性的假设检验

若两正态总体参数 μ_1，μ_2，σ_1^2，σ_2^2 均未知，则两正态总体方差齐性的检验为

①H_0：$\sigma_1^2 = \sigma_2^2$；H_1：$\sigma_1^2 \neq \sigma_2^2$

②在 H_0 成立的条件下，确定检验统计量及其分布

$$F = \frac{S_1^{*2}}{S_2^{*2}} = \frac{\dfrac{n_1}{n_1-1}S_1^2}{\dfrac{n_2}{n_2-1}S_2^2} = \frac{\dfrac{n_1 S_1^2}{\sigma^2}}{\dfrac{n_2 S_2^2}{\sigma^2}} \sim F_\alpha(n_1-1，n_2-1)$$

约定：在计算 F 值时，先分别将分子、分母的值算出来，然后将较大的值放在分子上，较小的值放在分母上，并且在一般情况下，分子、分母的值都应大于零(等于零的情况很少见)。

③给定 α，第一自由度 $k_1 = n_1 - 1$，第二自由度 $k_2 = n_2 - 1$，查 F 分布的上侧临界值得 $F_\alpha = (n_1 - 1, \ n_2 - 1)$

④结论

ⅰ）当 $F \geqslant F_\alpha(n_1 - 1, \ n_2 - 1)$ 时，拒绝 H_0；

ⅱ）当 $F < F_\alpha(n_1 - 1, \ n_2 - 1)$ 时，接受 H_0。

通常对两总体均值做差异显著性检验时，首先要检验两总体的方差是否齐性（在大样本的情况下一般满足方差齐性的条件），然后再进行均值差异的显著性检验。

1.3 方差分析

方差分析是 20 世纪 20 年代由英国统计学家 R. A. Fisher 提出的一种统计分析方法，它将总变异分解为各个变异来源的相应部分，从而发现各变异来源在总变异中的相对重要程度。从形式上看，方差分析是比较多个总体的均值是否相等，但本质上它所研究的是变量之间的关系，即方差分析所研究的是分类型自变量对数值型因变量的影响。比如它们之间有没有关系、关系的强度如何等，所采用的方法就是通过检验各总体的均值是否相等来判断分类型自变量对数值型因变量是否有显著影响。

1.3.1 方差分析及其有关术语

定义 1 检验多个总体均值是否相等的统计分析方法，称为方差分析（analysis of variance，ANOVA）。

定义 2 试验中，判断试验效果好坏所采用的标准称为试验指标，简称指标。试验指标是试验要观测的项目。

定义 3 在方差分析中，可能影响试验指标的条件称为试验因素，简称因素或因子（factor）。因素一般用 A、B、C……表示。

定义 4 试验因素所取的不同等级或状态称为水平或处理（treatment）。

定义 5 试验观测的基本单位称为试验单元，简称单元。

（1）一个试验单元里有一个样本观测值，试验单元内的观测值大多是平均值。

（2）场圃试验的基本单位又称试验小区（它由一定面积或一定株数的林地或苗圃组成）。

在只有一个因素的方差分析（称为单因素方差分析）中，涉及两个变量：一个是分类型自变量，一个是数值型因变量。当我们研究分类型自变量对数值型因变量的影响时，所用的方法就是方差分析。具体做法是通过对数据误差来源的分析判断不同总体的均值是否相等，进而分析自变量对因变量是否有影响。因此，进行方差分析时，需要考察数据误差的来源。

数据的误差是用平方和（sum of squares）来表示的。衡量因素的同一水平（同一个子总体）下样本数据的误差，称为组内误差（within groups），衡量因素的不同水平（不同子总体）下各样本之间的误差，称为组间误差（between groups）。显然，组内误差只包含随机误差，而组间误差内包含了处理误差和随机误差。

1.3.2　方差分析中的基本假定

方差分析中有 3 个基本的假定：

（1）每个总体都服从正态分布。即对于因素的每一个水平，其观测值是来自正态分布总体的简单随机样本。

（2）各个总体的方差 σ^2 相同，即方差齐性。也就是说对于各组观测数据，是从具有相同方差的正态总体中抽取的。

（3）观测值间是相互独立的。

1.3.3　单因素试验的方差分析

定义　当方差分析中只涉及一个分类型自变量时，称为单因素方差分析（one-way analysis of variance）。

（1）数据资料

设单因素 A 有 a 个水平 A_1，A_2，$\cdots$，A_a，在水平 $A_i(i=1,\ 2,\ \cdots,\ a)$ 下，进行 n 次等重复独立试验，得到试验指标的观测值列于表 1-1。

表 1-1　单因素试验观测数据

重复	因素 A			
	1	2	$\cdots$	n
A_1	y_{11}	y_{12}	$\cdots$	y_{1n}
A_2	y_{21}	y_{22}	$\cdots$	y_{2n}
$\vdots$	$\vdots$	$\vdots$	$\cdots$	$\vdots$
A_i	y_{i1}	y_{i2}	$\cdots$	y_{in}
$\vdots$	$\vdots$	$\vdots$	$\cdots$	$\vdots$
A_a	y_{a1}	y_{a2}	$\cdots$	y_{an}

（2）平方和分解

假定在各个水平 $A_i(i=1,\ 2,\ \cdots,\ a)$ 下的样本为 y_{i1}，y_{i2}，$\cdots$，y_{in}，它们来自各具有相同方差 σ^2，均值分别为 μ_i 的正态总体 $y_i \sim N(\mu_i,\ \sigma^2)$，$i=1,\ 2,\ \cdots,\ a$，其中 σ^2、μ_i 均为未知，并且不同水平 A_i 下的样本之间相互独立。

取线性统计模型：

$$\begin{cases} y_{ij}=\mu_i+\varepsilon_{ij}, & i=1,\ 2,\ \cdots,\ a;\quad j=1,\ 2,\ \cdots,\ n \\ \varepsilon_{ij}\sim N(0,\ \sigma^2), & \text{各 } \varepsilon_{ij} \text{ 相互独立} \end{cases} \qquad (1-1)$$

其中 ε_{ij} 为随机误差。

设

$$\mu=\frac{1}{a}\sum_{i=1}^{a}\mu_i \qquad (1-2)$$

为总平均值。令

$$\tau_i = \mu_i - \mu \tag{1-3}$$

为第 i 个水平 A_i 的效应，则式(1-1)变成

$$\begin{cases} y_{ij} = \mu + \tau_i + \varepsilon_{ij} \\ \varepsilon_{ij} \sim N(0, \ \sigma^2) \end{cases}, \quad i = 1, \ 2, \ \cdots, \ a; \quad j = 1, \ 2, \ \cdots, \ n \tag{1-4}$$

方差分析的任务就是检验线性统计模型(1-1)中 a 个正态总体 $N(\mu_i, \ \sigma^2)$ 中各 μ_i 的相等性，即有

原假设 H_0：$\mu_1 = \mu_2 = \cdots = \mu_a$

备择假设 H_1：$\mu_i \neq \mu_j$，至少有一对这样的 i, j $\qquad$ (1-5)

有其等价假设：

$$H_0: \ \tau_1 = \tau_2 = \cdots = \tau_a = 0$$

$$H_1: \ \tau_i \neq 0, \qquad \text{至少有一个 } i \tag{1-6}$$

检验这种假设的有效方法是方差分析，总离差平方和的分解步骤如下：

记在水平 A_i 下的样本均值为

$$\bar{y}_{i.} = \frac{1}{n} \sum_{j=1}^{n} y_{ij} \tag{1-7}$$

样本数据的总平均值为

$$\bar{y} = \frac{1}{an} \sum_{i=1}^{a} \sum_{j=1}^{n} y_{ij} \tag{1-8}$$

总离差平方和为

$$SS_T = \sum_{i=1}^{a} \sum_{j=1}^{n} (y_{ij} - \bar{y})^2 \tag{1-9}$$

将 SS_T 分解，得

$$SS_T = \sum_{i=1}^{a} \sum_{j=1}^{n} [(\bar{y}_{i.} - \bar{y}) + (y_{ij} - \bar{y}_{i.})]^2$$

$$= \sum_{i=1}^{a} \sum_{j=1}^{n} (\bar{y}_{i.} - \bar{y})^2 + \sum_{i=1}^{a} \sum_{j=1}^{n} (y_{ij} - \bar{y}_{i.})^2 + 2 \sum_{i=1}^{a} \sum_{j=1}^{n} (\bar{y}_{i.} - \bar{y})(y_{ij} - \bar{y}_{i.})$$

上面展开式中的第三项为 0。

因为

$$2 \sum_{i=1}^{a} \sum_{j=1}^{n} (\bar{y}_{i.} - \bar{y})(y_{ij} - \bar{y}_{i.}) = 2 \sum_{i=1}^{a} (\bar{y}_{i.} - \bar{y}) \sum_{j=1}^{n} (y_{ij} - \bar{y}_{i.})$$

$$= 2 \sum_{i=1}^{a} (\bar{y}_{i.} - \bar{y}) \left(\sum_{j=1}^{n} y_{ij} - n\bar{y}_{i.} \right)$$

$$= 0$$

若记

$$SS_A = \sum_{i=1}^{a} \sum_{j=1}^{n} (\bar{y}_{i.} - \bar{y})^2 \tag{1-10}$$

$$SS_e = \sum_{i=1}^{a} \sum_{j=1}^{n} (y_{ij} - \bar{y}_{i.})^2 \tag{1-11}$$

则有

$$SS_T = SS_A + SS_e \qquad (1-12)$$

这里 SS_T 表示全部试验数据与总平均值之间的差异，称为总离差平方和。SS_A 表示 A_i 水平下的样本均值与总平均值之间的差异，叫作因素 A 效应的平方和，也称为组间离差平方和，SS_e 表示在 A_i 水平下的样本值与样本均值之间的差异，它是由随机误差引起的，叫作误差平方和，又称为组内离差平方和。式(1-12)表示 SS_T 等于 SS_A 与 SS_e 之和。这就是总离差平方和的分解式。

（3）统计量的构造

由式(1-1)知

$$y_{ij} \sim N(\mu_i, \sigma^2) \qquad (1-13)$$

将 SS_T 改写为

$$SS_T = \sum_{i=1}^{a} \sum_{j=1}^{n} (y_{ij} - \bar{y})^2 = (an - 1) S^2 \qquad (1-14)$$

这里 S^2 是样本方差，即

$$S^2 = \frac{1}{an - 1} \sum_{i=1}^{a} \sum_{j=1}^{n} (y_{ij} - \bar{y})^2$$

考虑到

$$\frac{SS_T}{\sigma^2} = \frac{(an - 1) S^2}{\sigma^2} \sim \chi^2(an - 1) \qquad (1-15)$$

从而知 SS_T 的自由度为 $an-1$。

将 SS_e 改写为

$$SS_e = \sum_{i=1}^{a} \sum_{j=1}^{n} (y_{ij} - \bar{y}_{i.})^2 = \sum_{i=1}^{a} (n - 1) S_i^2 \qquad (1-16)$$

这里 S_i^2 是在 A_i 水平下的样本方差，即

$$S_i^2 = \frac{1}{n - 1} \sum_{j=1}^{n} (y_{ij} - \bar{y}_{i.})^2$$

因为

$$\frac{(n - 1) S_i^2}{\sigma^2} \sim \chi^2(n - 1) \qquad (1-17)$$

再由 χ^2 分布的可加性知

$$\frac{SS_e}{\sigma^2} = \sum_{i=1}^{a} \frac{(n - 1) S_i^2}{\sigma^2} \sim \chi^2(an - a) \qquad (1-18)$$

由此可见，SS_e 的自由度为 $an-a$，并且有

$$E\left(\frac{SS_e}{\sigma^2}\right) = an - a \qquad (1-19)$$

即有

$$E(SS_e) = (an - a) \sigma^2 \qquad (1-20)$$

或

$$E\left(\frac{SS_e}{an-a}\right) = \sigma^2 \tag{1-21}$$

由式(1-10)知

$$SS_A = \sum_{i=1}^{a} \sum_{j=1}^{n} (\bar{y}_{i.} - \bar{y})^2 = n \sum_{i=1}^{a} (\bar{y}_{i.} - \bar{y})^2 \tag{1-22}$$

展开后可化成

$$SS_A = n \sum_{i=1}^{a} \bar{y}_i^2 - an\bar{y}^2 \tag{1-23}$$

由式(1-2)、式(1-13)和 y_{ij} 之间的独立性可知

$$\bar{y}_{i.} \sim N\left(\mu_i, \frac{\sigma^2}{n}\right) \tag{1-24}$$

$$\bar{y} \sim N\left(\mu, \frac{\sigma^2}{an}\right) \tag{1-25}$$

所以

$$E(\bar{y}_{i.}) = \mu_i \quad D(\bar{y}_{i.}) = \frac{\sigma^2}{n}$$

$$E(\bar{y}) = \mu \qquad D(\bar{y}) = \frac{\sigma^2}{an}$$

再由 $E(\bar{y}_{i.}^2) = D(\bar{y}_{i.}) + E^2(\bar{y}_{i.})$，$E(\bar{y}^2) = D(\bar{y}) + E^2(\bar{y})$ 得

$$E(\bar{y}_{i.}) = \mu_i, \ Var(\bar{y}_{i.}) = \frac{\sigma^2}{n}, \ E(\bar{y}) = \mu, \ Var(\bar{y}) = \frac{\sigma^2}{n}$$

$$E(SS_A) = E\left(\sum_{i=1}^{a} n\bar{y}_{i.}^2 - an\bar{y}^2\right)$$

$$= \sum_{i=1}^{a} nE(\bar{y}_{i.}^2) - anE(\bar{y}^2)$$

$$= \sum_{i=1}^{a} n\left(\frac{\sigma^2}{n} + \mu_i^2\right) - an\left(\frac{\sigma^2}{an} + \mu^2\right)$$

$$= a\sigma^2 + \sum_{i=1}^{a} n(\mu + \tau_i)^2 - \sigma^2 - an\mu^2$$

$$= (a-1)\sigma^2 + \sum_{i=1}^{a} n\mu^2 + 2\mu \sum_{i=1}^{a} n\tau_i + \sum_{i=1}^{a} n\tau_i^2 - an\mu^2$$

由于 $\sum_{i=1}^{a} \tau_i = 0$，所以得出

$$E(SS_A) = (a-1)\sigma^2 + \sum_{i=1}^{a} n\tau_i^2 \tag{1-26}$$

在 $H_0: \tau_i = 0$ 成立的条件下，有

$$E(SS_A) = (a-1)\sigma^2 \tag{1-27}$$

$$E\left(\frac{SS_A}{a-1}\right) = \sigma^2 \tag{1-28}$$

因为 SS_A 与 SS_e 相互独立，由 χ^2 分布的加法性质可得出

$$\frac{SS_A}{\sigma^2} \sim \chi^2(a-1) \tag{1-29}$$

并得出 SS_A 的自由度为 $a-1$。

记

$$MS_A = \frac{SS_A}{a-1} \tag{1-30}$$

$$MS_e = \frac{SS_e}{an-a} \tag{1-31}$$

并分别称为 SS_A，SS_e 的均方。由式(1-21)可知，MS_e 是 σ^2 的无偏估计，当 H_0 成立时，由式(1-28)可知，MS_A 也是 σ^2 的无偏估计。

在 H_0 成立的条件下，取统计量

$$F = \frac{\dfrac{\dfrac{SS_A}{\sigma^2}}{(a-1)}}{\dfrac{\dfrac{SS_e}{\sigma^2}}{(an-a)}} \sim F(a-1,\ an-a) \tag{1-32}$$

即

$$F = \frac{MS_A}{MS_e} \sim F(a-1,\ an-a) \tag{1-33}$$

对于给出的 α，查出 $F_\alpha(a-1, an-a)$ 的值。由样本值计算出，从而算出 F 值。由式(1-26)看出，若 H_0 不成立，即 $\tau \neq 0$(至少一个 i)，SS_A 偏大，导致 F 偏大。因此，判断如下

若 $F > F_\alpha(a-1, an-a)$，则拒绝 H_0；

若 $F \leqslant F_\alpha(a-1, an-a)$，则接受 H_0。

将上面的分析结果，列成一个表格(表1-2)，称此表为单因素方差分析表。

表1-2 单因素方差分析表

变异来源	自由度 df	平方和 SS	均方 MS	F 比	显著性
因素 A	$a-1$	SS_A	$MS_A = \dfrac{SS_A}{a-1}$	$F = \dfrac{MS_A}{MS_e}$	$F_\alpha(a-1,\ an-a)$
误差 e	$an-a$	SS_e	$MS_e = \dfrac{SS_e}{an-a}$		
总和 T	$an-1$	SS_T			

说明：两因素方差分析的内容详见4.3两因素完全随机设计的统计分析。

例1 由云杉树冠不同部位采集的球果，测量其长度，得如下数据，试问由树冠不同

部位所采集的球果在长度方面是否有显著差异（取 $\alpha = 0.05$）？

部位	球果数	球果平均长 $\bar{x}_i$/cm	标准差 s/cm
东南	$n_1 = 317$	$\bar{x}_1 = 7.64$	$s_1 = 1.0903$
西北	$n_2 = 269$	$\bar{x}_2 = 7.87$	$s_2 = 1.0900$

解：提出原假设 H_0：由树冠两种部位所采集的球果在长度方面无显著差异，即 $\mu_1 = \mu_2$。依题意知，满足 t 检验的应用条件。

根据表中所给数据计算 t 的实现

$$|t| = \left| \frac{\bar{x}_1 - \bar{x}_2}{\sqrt{\frac{(n_1-1)s_1^2 + (n_2-1)s_2^2}{n_1+n_2-2}\left(\frac{1}{n_1}+\frac{1}{n_2}\right)}} \right| = 2.545$$

根据 $\alpha = 0.05$，$f = n_1 + n_2 - 2 = 584$，查表得 $t_{\alpha/2}(584) = t_{0.025}(584) = 1.964$，由于 $|t| = 2.545 > t_{0.025}(584) = 1.964$，故拒绝 H_0，认为树冠两种部位所采集的球果在长度方面有显著差异。

此题属于大样本，也可考虑用 U 检验做近似计算。

例 2 从毛白杨基因库中随机选取 5 种同龄毛白杨无性系品种，每种随机抽取 4 株测其树高，数据见下表。试问整个毛白杨无性系间树高变异是否显著？（取 $\alpha = 0.05$）

品种	树高/m			
1	4.1	3.8	4.4	3.5
2	4.9	5.1	5.2	4.6
3	5.0	5.4	4.9	4.8
4	4.4	3.7	3.9	4.3
5	3.8	4.0	4.2	4.5

解：这是一个单因素试验，$a = 5$，$n = 4$。现对此试验结果进行方差分析如下：

（1）计算各项平方和与自由度

$C = y^2.. / an = 88.5^2/(5 \times 4) = 391.6125$

$$SS_T = \sum_{i=1}^{a} \sum_{j=1}^{n} y_{ij}^2 - C = (4.1^2 + 3.8^2 + \cdots + 4.5^2) - 391.6125 = 5.7575$$

$$SS_A = \sum_{i=1}^{a} \frac{y_{i.}^2}{n} - C = \frac{1}{4}(15.8^2 + 19.8^2 + \cdots + 16.5^2) - 391.6125 = 4.295$$

$SS_e = SS_T - SS_A = 5.7575 - 4.295 = 1.4625$

$f_T = an - 1 = 5 \times 4 - 1 = 19$，$f_A = a - 1 = 5 - 1 = 4$

$f_e = f_T - f_A = 19 - 4 = 15$

（2）列出方差分析表，进行 F 检验

将上达结果列方差分析表（表 1-3）。实得 $F_0 = \dfrac{1.0738}{0.0975} = 11.01$，从 F 表中，由给出显著

水平 $\alpha = 0.05$，查显著临界点 $F_{0.05(4,15)} = 3.06$。

表 1-3　温地松 5 个种源种子百粒重方差分析表

交因	f	SS	MS	F_0	$F_{0.01}$
t_A	4	4.295	1.0738	11.01*	3.06
e	15	1.4625	0.0975		
总计 T	19	5.7575			

注：* 为显著。

实得 $F_0 = 11.01 > F_{0.05(4,15)} = 3.06$，所以拒绝 H_0，整个毛白杨无性系间树高变异有显著差异。

1.4　一元回归与相关分析

1.4.1　相关基本概念

实际生产中经常会研究变量之间的关系，这种关系可分成两大类，一种是确定性关系，一种是非确定性关系。前者是指给出某一变量的值就可以直接得到另一变量的值，比如半径 r 与圆面积 A 的关系：$A = \pi \cdot r^2$，给出任一 r 值，都有唯一圆面积 A 与其相对应。后者则是给出某一变量的值，会有一系列的值跟它对应，比如身高 H 与体重 W，某一身高的成年人，由于胖瘦的缘故，他的体重也不一样，呈现出多种变化。回归分析则是研究这种多个变量之间的不确定性关系。

研究多个变量之间的关系，一般有一个感兴趣的变量 Y，另外均为与 Y 有关的变量 X，Y 被称为响应变量或因变量，X 为解释变量或自变量。响应变量一般只有一个，而解释变量可以一个，也可以多个。建立这种关系的过程就叫回归(regression)，而这种关系则通过回归方程或回归函数来表达。若解释变量只有一个，则称为一元回归，若这种回归表现为线性关系，则是一元线性回归。若解释变量有多个，则称为多元回归。

描述响应变量和解释变量的回归关系强弱，通常用相关系数表示，这种回归关系越紧密，相关系数的值就越高，反之，就越低。相关分析则是通过响应变量和解释变量间的回归关系，来分析变量之间的相关程度，并根据这种相关程度开展相应的预测分析。

回归分析和相关分析一般解决下面四种问题：

①响应变量与解释变量之间存在什么样的回归关系，即回归方程的建立。

②建立的这种回归方程是否可靠，即对回归方程的检验。

③响应变量与解释变量之间的相关程度有多高，即相关系数的求算。

④给出解释变量的任一值，可预测出相应的响应变量的值，并可以得到这种预测误差。

1.4.2 一元线性回归

1.4.2.1 一元线性回归模型

在回归分析中，如果解释变量(自变量)只有一个 X，且响应变量(Y)与其存在一种线性的回归关系，也就是说，Y 与 X 的回归关系可以通过一条直线来描述，这条直线显示在坐标系内则可以通过截距(β_0)和斜率(β_1)确定下来，而 β_0 和 β_1 则为这条回归直线的决定参数或系数。

对解释变量 X 和响应变量 Y 进行研究，记得其观测数据 $(x_i, y_i)(i=1, \cdots, n)$ 分别为 X、Y 的 n 组观测值，对于每一个 x_i，y 都有一些值与其相对应。所以，对于某一解释变量 X 的取值 x_i，响应变量 Y 的取值 y 不是唯一的，而是有一系列值与其对应，可以记作 $y \mid x_i$，$y \mid x_i$ 是个变量，有其概率分布，有数学期望和方差。

对自变量 X 和响应变量(因变量)Y 建立一元线性回归模型，如下：

$$y = \beta_0 + \beta_1 x + \varepsilon \tag{1-34}$$

其中，β_0、β_1 是线性回归模型的两个参数，ε 为随机项，也可称为随机误差。

给任一组样本 $(x_i, y_i)(i=1, \cdots, n)$，满足

$$y_i = \beta_0 + \beta_1 x_i + \varepsilon_i \quad (i=1, \cdots, n) \tag{1-35}$$

回归模型满足如下几个条件：

①$\varepsilon_i \sim N(0, \sigma^2)(i=1, \cdots, n)$

②$\varepsilon_1, \cdots, \varepsilon_n$ 之间相互独立

1.4.2.2 一元线性回归方程建立

(1) 参数 β_0、β_1 的最小二乘估计(LS 估计)

对于一元线性回归方程 $Y = \beta_0 + \beta_1 X$，一旦得知 β_0、β_1 两个参数，便能确定因变量 Y 与自变量 X 的回归关系。

设 $(x_i, y_i)(i=1, \cdots, n)$ 为回归方程自变量 X 和因变量 Y 的 n 组观测值，$\widehat{\beta_0}$、$\widehat{\beta_0}$ 分别为 β_0、β_1 的估计值，则

$$\widehat{y_i} = \widehat{\beta_0} + \widehat{\beta_0} x_i \tag{1-36}$$

记 $\widehat{y_i}$ 与实际测得的观测 y_i 之差为 e_i，即为残差，有

$$e_i = y_i - \widehat{y_i} = y_i - \widehat{\beta_0} - \widehat{\beta_0} x_i \quad (i=1, \cdots, n) \tag{1-37}$$

最小二乘估计则是找到 $\widehat{\beta_0}$、$\widehat{\beta_0}$，使其满足 $\sum_{i=1}^{n} e_i^2$ 最小，即 $\sum_{i=1}^{n} (y_i - \widehat{\beta_0} - \widehat{\beta_0} x_i)^2$ 最小。

令 $SS_e = \sum_{i=1}^{n} e_i^2$，$SS_e$ 被称为残差平方和。若使 SS_e 最小，可使

$$\begin{cases} \dfrac{\partial SS_e}{\partial \widehat{\beta_0}} = 0 \\ \dfrac{\partial SS_e}{\partial \widehat{\beta_0}} = 0 \end{cases}, \text{整理后得到} \begin{cases} n\widehat{\beta_0} + \left(\sum x_i\right)\widehat{\beta_0} = \sum y_i \\ \left(\sum x_i\right)\widehat{\beta_0} + \left(\sum x_i^2\right)\widehat{\beta_0} = \sum x_i y_i \end{cases} \tag{1-38}$$

由此可得到

$$\begin{cases} \widehat{\beta_0} = \bar{y} - \widehat{\beta_0}\bar{x} \\ \widehat{\beta_0} = \dfrac{\sum x_i y_i - \dfrac{1}{n}(\sum x_i)(\sum y_i)}{\sum x_i^2 - \dfrac{1}{n}(\sum x_i)^2} = \dfrac{\sum (x_i - \bar{x})(y_i - \bar{y})}{\sum (x_i - \bar{x})^2} \end{cases} \quad (1-39)$$

$\widehat{\beta_0}$、$\widehat{\beta_0}$ 即为一元线性回归方程 β_0、β_1 的两个估计值，分别被称为回归方程的常数项和回归系数。

（2）参数估计值 $\widehat{\beta_0}$、$\widehat{\beta_0}$ 的统计学性质

由最小二乘估计可知，$\widehat{\beta_0}$、$\widehat{\beta_0}$ 分别为一元线性回归方程参数 β_0、β_1 的无偏估计值，即

$$\begin{cases} E(\widehat{\beta_0}) = \beta_0 \\ E(\widehat{\beta_0}) = \beta_1 \end{cases} \quad (1-40)$$

而参数估计值 $\widehat{\beta_0}$、$\widehat{\beta_0}$ 的方差分别为

$$D(\widehat{\beta_0}) = \left(\frac{1}{n} + \frac{\bar{x}^2}{\sum (x_i - \bar{x})^2} \right) \sigma^2 \quad (1-41)$$

$$D(\widehat{\beta_0}) = \frac{1}{\sum (x_i - \bar{x})^2} \sigma^2 \quad (1-42)$$

其中，σ^2 的无偏估计值是 $\dfrac{SS_e}{n-2}$，即 $E\left(\dfrac{SS_e}{n-2}\right) = \sigma^2$，或记作 $\widehat{\sigma^2} = \dfrac{SS_e}{n-2}$。

1.4.2.3 一元线性回归方程检验

（1）回归系数检验

建立的回归方程 $Y = \beta_0 + \beta_1 X$ 应能表示出因变量与自变量之间的线性关系，如果不存在这种关系，则建立的回归方程无意义，因此，要对回归方程进行检验。

从回归方程上看，因变量 Y 随自变量 X 的变化而变化，起决定作用的应该是回归系数 β_1，而不是回归常数项 β_0。因为，$\beta_1 = 0$ 时，因变量 $Y = \beta_0$ 为一常数，这样因变量与自变量之间就没有上述的回归关系了。也就是说，仅当 $\beta_1 \neq 0$ 时，一元线性回归方程才有意义。因此，假设检验为：

$$H_0:\beta_1 = 0, \qquad H_A:\beta_1 \neq 0$$

常见的回归系数检验方法有两种：

①t 检验法。当 H_0 成立时，统计量

$$T = \frac{\widehat{\beta_0} \sqrt{\sum (x_i - \bar{x})^2}}{\sqrt{\dfrac{SS_e}{n-2}}} \sim t(n-2) \quad (1-43)$$

$|T| > t_{\frac{\alpha}{2}}(n-2)$ 时，否定 H_0，认为回归方程在 α 显著水平下有意义。

②F 检验法。当 H_0 成立时，统计量

$$F = \frac{\hat{\beta}_0^2 \sum (x_i - \bar{x})^2}{\frac{SS_e}{n-2}} \sim F(1, n-2) \qquad (1-44)$$

很显然，$F = T^2$。

$F > F_\alpha(1, n-2)$ 时，否定 H_0，认为回归方程在 α 显著水平下有意义。

（2）相关系数检验

①相关系数定义

因变量 Y 与自变量 X 之间的相关程度用相关系数 r 来表示。

$$r = \frac{\sum (x_i - \bar{x})(y_i - \bar{y})}{\sqrt{\sum (x_i - \bar{x})^2 \sum (y_i - \bar{y})^2}} = \hat{\beta}_0 \sqrt{\frac{\sum (x_i - \bar{x})^2}{\sum (y_i - \bar{y})^2}} \qquad (1-45)$$

定义 $\sum (y_i - \bar{y})^2$ 为总平方和，记作 SS_y。

$$SS_y = \sum (y_i - \bar{y})^2 = \sum [(y_i - \hat{y_i}) + (\hat{y_i} - \bar{y})]^2 = \sum (y_i - \hat{y_i})^2 + \sum (\hat{y_i} - \bar{y})^2$$

记 SS_r 为 $\sum (\hat{y_i} - \bar{y})^2$，称为回归平方和，则 $SS_y = SS_e + SS_r$

$$SS_r = \sum (\hat{y_i} - \bar{y})^2 = \hat{\beta}_0^2 \sum (x_i - \bar{x})^2 = r^2 SS_y，则 SS_e = (1-r^2) SS_y$$

从相关系数的定义可看出，r 与 $\hat{\beta}_0$ 同号，当 $r>0$，$\hat{\beta}_0$ 也大于 0，因变量 Y 与自变量 X 表现出正相关，表示因变量 Y 随 X 的增大而增大；反之，$r<0$，$\hat{\beta}_0$ 也小于 0，因变量 Y 与自变量 X 表现出负相关，表示因变量 Y 随 X 的增大而减小。

②相关系数检验

利用相关系数 r 做"H_0：$\beta_1 = 0$"的检验，也被称为 r 检验。

$$T = \frac{\hat{\beta}_0 \sqrt{\sum (x_i - \bar{x})^2}}{\sqrt{\frac{SS_e}{n-2}}} = \frac{\hat{\beta}_0 \sqrt{(x_i - \bar{x})^2}}{\sqrt{\frac{1-r^2}{n-2}} \sqrt{\sum (y_i - \bar{y})^2}} = \frac{r}{\sqrt{\frac{1-r^2}{n-2}}} \sim t(n-2) \qquad (1-46)$$

1.4.2.4　回归预测与估计

（1）特定 X 下 Y 单一值的预测与估计

开展回归分析的目的则是为了预测，即给出自变量 X 的值 x_0，预测该值对应的应变量 $y_{x=x_0}$，即 $\hat{y_0}$。

$$\hat{y_0} = \hat{\beta}_0 + \hat{\beta}_0 x_0 \qquad (1-47)$$

Y 单一值 $\hat{y_0}$ 的 $(1-\alpha)100\%$ 的置信区间为

$$\hat{y_0} \mp t_{\frac{\alpha}{2}}(n-2) \cdot \sqrt{\frac{SS_e}{n-2}} \cdot \sqrt{1 + \frac{1}{n} + \frac{(x_0 - \bar{x})^2}{\sum (x_i - \bar{x})^2}} \qquad (1-48)$$

当 n 越大，误差项越小，$\hat{y_0}$ 的估计越精确，反之，$\hat{y_0}$ 的估计越不精确，偏差也就越大。x_0 越接近 $\bar{x}$，$(x_0 - \bar{x})^2$ 越小，误差项也越小，反之，误差项越大。

（2）特定 X 下 Y 平均值的预测与估计

对于每一个给定的自变量 x_0，其对应的观测值（预测值）$\widehat{y_0}$ 实际上都是来自一个均值为 $\widehat{\beta_0} + \widehat{\beta_0} x_0$，标准差为 $\sqrt{\dfrac{SS_e}{n-2}}$ 的正态分布，所以 Y 平均值 $\widehat{y_0}$ 的区间估计为

$$\widehat{\beta_0} + \widehat{\beta_0} x_0 \mp t_{\frac{\alpha}{2}}(n-2) \cdot \sqrt{\frac{SS_e}{n-2}} \cdot \sqrt{\frac{1}{n} + \frac{(x_0 - \bar{x})^2}{\sum (x_i - \bar{x})^2}} \tag{1-49}$$

1.4.3　可线性化的非线性回归

实际应用中，响应变量（因变量）与解释变量（自变量）之间的直线关系很少，大多呈现出非线性关系。对变量之间的这种非线性关系，采用的回归分析方法不同前面所述的线性回归分析方法，常见的是一种可线性化的非线性回归方法。当然，在如今软件、计算机允许的条件下，直接开展非线性回归也是有可能的。下面重点讨论一些可线性化的非线性回归分析方法。

在一些常见的非线性回归模型中，因变量 Y 与自变量 X 之间的回归方程一般可以写成如表1-4所示的几种形式。

表 1-4　常见非线性回归模型对应表

常见回归方程名称	方程形式
对数函数	$Y = b_0 + b_1 \ln X$
逆函数	$Y = b_0 + \dfrac{b_1}{X}$
幂函数	$Y = b_0 X^{b_1}$
指数函数	$Y = b_0 \exp(b_1 X)$
逻辑函数	$Y = \dfrac{b_0}{1 + b_1 e^{-b_2 X}}$
（一元二次）多项式方程	$Y = b_0 + b_1 X + b_2 X^2$
理查德方程	$Y = b_0 (1 - e^{-b_1 X})^{b_2}$

上表几种常见非线性回归模型中，通常可以进行一些转换，将非线性回归模型转化为线性模型，再按照线性回归方程的方法估计相应的回归参数。如一元对数方程 $Y = b_0 + b_1 \ln X$，可令 $\ln X = \widetilde{X}$，则一元对数方程 $Y = b_0 + b_1 \ln X$ 转化为一元线性方程 $Y = b_0 + b_1 \widetilde{X}$，该过程被称为线性化。其他几种非线性回归方程也可采用该方法进行线性化，然后再进行相应参数的估计。需要指出的是，通过线性化转换后得到的回归参数是通过最小二乘估计方法得到的，并不能保证它们代回到原先的非线性方程（模型）中仍是无偏估计。

关于非线性回归的几点说明：

①非线性回归模型的误差项有两种形式，一种是加性误差项，如 $Y = b_0 + \dfrac{b_1}{X} + \varepsilon$；另一种是非加性误差项，但经过线性化以后呈现出加性误差项，如 $Y = b_0 X^{b_1} e^{\varepsilon}$，经线性化后，可转换为线性误差 $\ln Y = \ln b_0 + b_1 \ln X + \varepsilon$。

②加性误差项和非加性误差项对非线性回归方程的参数估计影响很大，经典的最小二乘估计方法，也即是线性回归方程的参数估计是基于 $\varepsilon \sim N(0, \sigma^2)$ 的假设，若线性后的误差项不遵从这个假设，则线性化没意义，此时，回归方程的参数估计则更复杂，已不属于本书所讨论的内容。

1.4.4 实例分析

现以一元线性回归模型为例，进行回归和相关分析。

例 某林场随机抽取八块 0.08 hm^2 大小的样地，测得样地的平均树高 X 与每公顷断面积 Y 的值见表 1-5 所列。

表 1-5 样地平均树高与断高面积调查结果表

X(m)	10	12	14	16	18	20	22	24
Y(m^2)	18.7	20.3	21.7	22.4	24.3	26.5	25.4	28.7

试求：①Y 对 X 的一元线性回归方程 $Y = \beta_0 + \beta_1 X$；

②对回归方程进行"$\beta_1 = 0$"的检验（显著水平 $\alpha = 0.05$）；

③Y 与 X 的相关系数 r；

④若林分平均树高为 19 m 时，预测其每公顷断面积 $\hat{y_0}$，并指出其置信区间（95%可靠性）。

解：

运用 R 的 lm( ) 进行回归分析，代码如下：

```
x<-c(10, 12, 14, 16, 18, 20, 22, 24)    #输入自变量
y<-c(18.7, 20.3, 21.7, 22.4, 24.3, 26.5, 25.4, 28.7)    #输入因变量
plot(x, y, ylab="每公顷断面积/m^2", xlab="林分平均高/m")    #生成散点图
lmfit<-lm(y~1+x)    #线性回归方程
summary(lmfit)    #线性回归结果统计
```

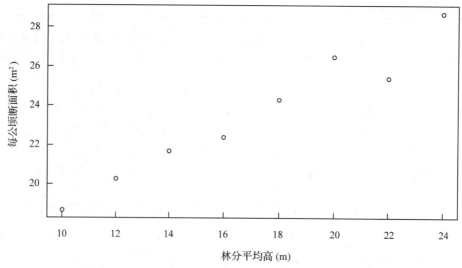

因变量 Y（每公顷断面积）与自变量 X（林分平均高）之间的散点图

从上图可看到，Y 与 X 呈现出直线相关的关系。

```
Call：
lm(formula = y ~ 1+x)
Residuals：
    Min    1Q     Median   3Q     Max
  -1.427  -0.215  0.131   0.283  1.004
Coefficients：
              Estimate Std. Error t value Pr(>|t|)
(Intercept)  12.1869    1.0551    11.6   2.5e-05 * * *
x             0.6655    0.0599    11.1   3.2e-05 * * *
---
  Signif. codes：   0'* * *'0.001'* *'0.01'*'0.05'.'0.1''1
  Residual standard error：0.777 on 6 degrees of freedom
  Multiple R-squared：  0.954,      Adjusted R-squared：  0.946
  F-statistic：   123 on 1 and 6 DF,    p-value：3.18e-05
```

上述 R 代码操作中，第一行是输入自变量 X，第二行是输入因变量 Y，第三行 $plot()$ 生成散点图，第四行 lm( ) 表示线性模型，模型 $y \sim 1+x$ 表示 $Y=\beta_0+\beta_1 X$，第五行 summary( ) 是提取模型的计算结果。

在计算结果中，第一部分(Call)中列出了回归方程的公式，即 formula = $y \sim 1+x$。第二部分(Residuals)分别列出了残差的最小值点、1/4 分位点数点、中位数(1/2 分位数)点、3/4 分位数点和最大值点。第三部分(Coefficients)列出了回归方程两个参数的估计值 $\hat{\beta_0}$、$\hat{\beta_0}$ 及其标准差和检验的统计量值，并给出了相应的概率值和显著性。在计算结果的最后，给出了残差的标准差(Residual standard error)及其自由度、r^2(Multiple R-squared)和 F 检验的统计量值(F-statistic)及其概率值。

x0<-data.frame(x=19)

lm.pred<-predict(lm.1, x0, interval = "prediction", level = 0.95)

上述两行 R 代码运行后，得到 $x_0=19$ 时，$y_{x=x_0}$ 估计值 $\hat{y_0}$ 及其置信区间如下：

```
       fit      lwr      upr
1     24.83    22.79    26.87
```

其中，fit 是预测值，lwr 是置信区间的下限，upr 是置信区间的上限。

2 多元统计分析

本章摘要

多元统计分析是从经典统计学中发展起来的一个分支，是一种综合分析方法，它能够在多个对象和多个指标互相关联的情况下分析它们的统计规律，很适合农业科学研究的特点。本章主要介绍几种常见的多元统计分析方法，包括多元线性回归与相关分析、典型相关分析、主成分分析、聚类分析和判别分析等。通过本章的学习，可以使读者更好地掌握常用的多元统计分析方法及其应用。

2.1 多元线性回归与相关分析

直线回归分析是研究一个自变量与一个因变量的因果关系。直线相关分析（也称为简单相关分析）是研究两个相关变量之间的直线关系。也就是说，直线回归分析和直线相关分析仅研究两个相关变量之间的关系。但在农学、生物学试验研究中，常常需要研究多个相关变量之间的关系。例如，研究作物单位面积产量与单位面积穗数、每穗粒数、千粒重的关系；研究害虫发生量与温度、湿度、雨量的关系等。研究多个自变量与一个因变量的回归分析称为多元回归分析。其中最基本、最常用的是多元线性回归分析（multiple linear regression analysis）。对多个变量进行相关分析时，研究一个变量与多个变量之间的线性相关称为复相关分析（multiple correlation analysis）；研究其余变量保持不变的条件下两个变量之间的直线相关称为偏相关分析（partial correlation analysis）。

2.1.1 多元线性回归分析

2.1.1.1 多元线性回归模型

设变量 Y 与 X_1，X_2，$\cdots$，X_m 之间存在线性关系

$$Y = \beta_0 + \beta_1 X_1 + \cdots + \beta_m X_m + \varepsilon \qquad (2-1)$$

式中，X_1，X_2，$\cdots$，X_m 为自变量；Y 为因变量；β_0 是 X_1，X_2，$\cdots$，X_m 为 0 时的 Y 值；β_i 为偏回归系数；ε 为服从 $N(0, \sigma^2)$ 的随机变量。

该线性关系就是多元线性回归的数学模型。

2.1.1.2 建立多元线性回归方程

设因变量 Y 与自变量 X_1，X_2，$\cdots$，X_m 的 m 元线性回归方程为

$$\hat{y} = b_0 + b_1 x_1 + \cdots + b_m x_m \tag{2-2}$$

式中，b_0，b_1，$\cdots$，b_m 为 β_0，β_1，$\cdots$，β_m 的估计值；b_0 为样本回归常数项，是总体回归常数项 β_0 的最小二乘估计值，也是无偏估计；$b_i(i=1,2,\cdots,m)$ 为因变量 Y 对自变量 X_i 的样本偏回归系数，它表示自变量 X_i 对因变量 Y 影响的程度和性质。b_i 的绝对值大小表示了自变量 X_i 对因变量 Y 影响的程度；b_i 的正、负表示了自变量 X_i 对因变量 Y 影响的性质，$b_i>0$ 表示因变量 Y 与自变量 X_i 同向增减，$b_i<0$ 表示因变量 Y 与自变量 X_i 异向增减。

设因变量 Y 与自变量 X_1，X_2，$\cdots$，X_m 有 n 组实际观测值，形成 n 个等式，用矩阵表示为

$$\begin{pmatrix} y_1 \\ y_2 \\ \vdots \\ y_n \end{pmatrix} = \begin{pmatrix} 1 & x_{11} & \cdots & x_{m1} \\ 1 & x_{12} & \cdots & x_{m2} \\ \vdots & \vdots & \cdots & \vdots \\ 1 & x_{1n} & \cdots & x_{mn} \end{pmatrix} \begin{pmatrix} b_0 \\ b_1 \\ \vdots \\ b_m \end{pmatrix} + \begin{pmatrix} e_1 \\ e_2 \\ \vdots \\ e_n \end{pmatrix}$$

即

$$\boldsymbol{Y} = \boldsymbol{X}b + e$$

利用最小二乘法可求出回归系数

$$b = (\boldsymbol{X'X})^{-1} \boldsymbol{X'Y}$$

式中，$(\boldsymbol{X'X})^{-1} = \begin{pmatrix} c_{11} & \cdots & c_{1(m+1)} \\ \vdots & \cdots & \vdots \\ c_{(m+1)1} & \cdots & c_{(m+1)(m+1)} \end{pmatrix}$ 为 $\boldsymbol{X'X}$ 的逆矩阵。

2.1.1.3 多元线性回归关系的假设检验

与直线回归分析一样，对于多元线性回归分析，因变量 Y 的总离差平方和可以分解为回归平方和 $SS_回$ 和剩余平方和 $SS_剩$ 两部分，即

$$SS_T = SS_回 + SS_剩$$

式中，$SS_T = \sum (y - \bar{y})^2$；$SS_回 = \sum (\hat{y} - \bar{y})^2$；$SS_剩 = \sum (y - \hat{y})^2$。

因变量 Y 的总自由度可以分解为回归自由度 $df_回$ 和剩余自由度 $df_剩$ 两部分，即

$$df_T = df_回 + df_剩$$

式中，$df_T = n-1$；$df_回 = m$；$df_剩 = n-(m+1)$。

进行多元线性回归关系的假设检验，目的是判断因变量 Y 与自变量 X_1，X_2，$\cdots$，X_m 之间是否存在多元线性回归关系，也就是检验因变量 Y 与自变量 X_1，X_2，$\cdots$，X_m 的总体偏回归系数 $\beta_i(i=1,2,\cdots,m)$ 是否全为 0。

提出假设　　$H_0: \beta_1 = \beta_2 = \cdots = \beta_m = 0$　　$H_1: \beta_i(i=1,2,\cdots,m)$ 不全为 0

构造统计量

$$F = \frac{MS_回}{MS_剩} = \frac{SS_回 / df_回}{SS_剩 / df_剩} \tag{2-3}$$

进行 F 检验，判断因变量 Y 与自变量 X_1，X_2，$\cdots$，X_m 之间是否存在线性关系。

2.1.1.4 偏回归系数的假设检验

如果经多元线性回归关系假设检验（F 检验）否定 $H_0: \beta_1 = \beta_2 = \cdots = \beta_m = 0$，接受 $H_1: \beta_i$

$(i=1,2,\cdots,m)$ 不全为 0，表明因变量 Y 与 m 个自变量 X_1，X_2，$\cdots$，X_m 之间存在显著或极显著的回归关系。但 H_1 成立并不表示 β_i 不全为 0，在 β_i 中也许有等于 0 的。因此，当因变量 Y 与 m 个自变量 X_1，X_2，$\cdots$，X_m 之间存在显著或极显著的回归关系时，还必须逐一对每个偏回归系数进行假设检验，发现并剔除偏回归系数不显著的自变量。

进行偏回归系数的假设检验，其目的是判断各自变量 X_i 对因变量 Y 是否有真实的回归关系，即对总体偏回归系数 β_i 是否为 0 做出判断。

提出假设 $\qquad H_0: \beta_i = 0 \qquad H_1: \beta_i \neq 0$

由 $b=(X'X)^{-1}X'Y$ 知

$$D(b)=\begin{pmatrix} \hat{\sigma}_{b_0}^2 & \cdots & \hat{\sigma}_{b_0 b_m} \\ \vdots & \cdots & \vdots \\ \hat{\sigma}_{b_m b_0} & \cdots & \hat{\sigma}_{b_m}^2 \end{pmatrix}=(X'X)^{-1}s_r^2=\begin{pmatrix} c_{11} & \cdots & c_{1(m+1)} \\ \vdots & \cdots & \vdots \\ c_{(m+1)1} & \cdots & c_{(m+1)(m+1)} \end{pmatrix}s_r^2$$

构造统计量

$$t=\frac{b_i}{s_{b_i}} \quad df=n-(m+1) \tag{2-4}$$

式中，$s_{b_i}=s_r\sqrt{c_{(i+1)(i+1)}}$ 为偏回归系数标准误；$c_{(i+1)(i+1)}$ 为 $(X'X)^{-1}$ 的主对角线元素；

$s_r=\sqrt{\dfrac{\sum(y-\hat{y})^2}{n-(m+1)}}$ 为回归方程的离回归标准误，其大小表示回归平面与实测点偏离度的大小，即回归估计值 $\hat{y}$ 与实际观测值 y 偏离程度的大小。或者说离回归标准误的大小表示回归方程偏离程度的大小，若离回归标准误大，则回归方程偏离度大；反之，若离回归标准误小，则回归方程偏离度小。

2.1.2 复相关分析

研究一个变量与多个变量的线性相关分析称为复相关分析。从相关分析角度来说，复相关分析的变量没有因变量与自变量之分，但在实际应用中，复相关分析经常与多元线性回归分析联系在一起。复相关分析一般指因变量 Y 与自变量 X_1，X_2，$\cdots$，X_m 的线性相关分析。

2.1.2.1 复相关系数

在多元线性回归分析中，如果 m 个自变量对因变量的回归平方和 $SS_{回}$ 与因变量 Y 的总离差平方和 SS_T 的比值越大，则表明因变量 Y 与 m 个自变量的线性关系越密切。$SS_{回}$ 与 SS_T 的比值称为 Y 与 X_1，X_2，$\cdots$，X_m 的复相关指数，简称相关指数(也称为决定系数)，记为 R^2，即

$$R^2=\frac{SS_{回}}{SS_T} \tag{2-5}$$

相关指数 R^2 的大小表示多元线性回归方程拟合度的高低，或者说表示多元线性回归方程预测可靠程度的高低，显然 $0 \leqslant R^2 \leqslant 1$。通常在给出 Y 对 X_1，X_2，$\cdots$，X_m 的多元线性回归方程时，也给出相关指数 R^2。

相关指数 R^2 的平方根称为因变量 Y 与 m 个自变量 X_1，X_2，$\cdots$，X_m 的复相关系数，即

$$R = \sqrt{\frac{SS_{回}}{SS_T}} \qquad (2-6)$$

复相关系数 R 表示 Y 与 X_1，X_2，$\cdots$，X_m 的线性关系的密切程度。显然，复相关系数 R 的取值范围为 $0 \leqslant R \leqslant 1$。

2.1.2.2　复相关系数的假设检验

复相关系数的假设检验也就是 Y 与 X_1，X_2，$\cdots$，X_m 线性关系的假设检验，因此，复相关系数的假设检验与多元线性回归关系的假设检验是等价的。

设 ρ 为 Y 与 X_1，X_2，$\cdots$，X_m 的总体复相关系数，对复相关系数进行假设检验。

提出假设　　　H_0：$\rho = 0$　　　H_1：$\rho \neq 0$

构造统计量

$$F = \frac{R^2/m}{(1 - R^2)/[n - (m + 1)]} \qquad (2-7)$$

注意，因为 $R^2 = SS_{回}/SS_T$，将其代入 F 得

$$F = \frac{SS_{回}/m}{SS_T(1 - SS_{回}/SS_T)/[n - (m + 1)]} = \frac{MS_{回}}{MS_{剩}}$$

表明，此时的 F 实际上就是多元线性回归关系假设检验——F 检验计算的 F。也就是说，复相关系数的假设检验与多元线性回归关系的假设检验是等价的。

2.1.3　偏相关分析

多个相关变量之间的关系是较为复杂的，其中任何两个变量之间常常存在不同程度的直线相关，但是这种相关又包含其他变量的影响。此时，直线相关分析并不能真实反映两个相关变量之间的关系，只有排除了其他变量的影响之后，研究两个变量之间的相关，才能真实反映这两个变量之间的直线相关程度与性质。偏相关分析就是在研究多个相关变量之间的关系时，其他变量固定不变研究其中两个变量直线相关程度与性质的统计分析方法。

2.1.3.1　偏相关系数

在多个相关变量中，其他变量固定不变，所研究的两个变量之间的直线相关称为偏相关。用来表示两个相关变量偏相关的程度与性质的统计数称为偏相关系数。

偏相关系数的一般解法是，由直线相关系数 $r_{ij}(i, j = 1, 2, \cdots, M)$ 组成的相关系数矩阵 $\boldsymbol{R}$

$$\boldsymbol{R} = (r_{ij})_{M \times M} = \begin{pmatrix} r_{11} & r_{12} & \cdots & r_{1M} \\ r_{21} & r_{22} & \cdots & r_{2M} \\ \vdots & \vdots & \cdots & \vdots \\ r_{M1} & r_{M2} & \cdots & r_{MM} \end{pmatrix}$$

求得其逆矩阵 $\boldsymbol{R}^{-1}$

$$\boldsymbol{R}^{-1} = (c'_{ij})_{M \times M} = \begin{pmatrix} c'_{11} & c'_{12} & \cdots & c'_{1M} \\ c'_{21} & c'_{22} & \cdots & c'_{2M} \\ \vdots & \vdots & \cdots & \vdots \\ c'_{M1} & c'_{M2} & \cdots & c'_{MM} \end{pmatrix}$$

则相关变量 X_i 与 X_j 的偏相关系数为

$$r_{ij\cdot} = \frac{-c'_{ij}}{\sqrt{c'_{ii} c'_{jj}}} \quad (i, j = 1, 2, \cdots, M; \ i \neq j) \tag{2-8}$$

偏相关系数的取值范围和直线相关系数一样，也是 $[-1, 1]$，即 $-1 \leqslant r_{ij\cdot} \leqslant 1$。

在多个变量错综复杂的关系中，偏相关系数可帮助排除假象相关，找到真实联系最为密切的变量。

2.1.3.2 偏相关系数的假设检验

偏相关系数的假设检验也就是当其他变量固定不变时，研究两个变量之间直线关系的假设检验。

设相关变量 X_i 与 X_j 的总体偏相关系数为 $\rho_{ij\cdot}$，对偏相关系数进行假设检验，
提出假设 $H_0: \rho_{ij\cdot} = 0$ $H_1: \rho_{ij\cdot} \neq 0$
构造统计量

$$t = \frac{r_{ij\cdot}}{s_{r_{ij\cdot}}} \quad df = n - M \tag{2-9}$$

式中，$s_{r_{ij\cdot}} = \sqrt{(1 - r_{ij\cdot}^2)/(n - M)}$ 为偏相关系数标准误；n 为实际观测值组数；M 为相关变量总个数。

对多个相关变量进行相关分析，两个相关变量的偏相关系数与直线相关系数在数值上可以相差很大，有时甚至连正、负号都可能相反，原因在于多个相关变量之间存在相关性。对多个相关变量进行相关分析只有偏相关系数才能真实反映两个相关变量之间直线相关的程度与性质，直线相关系数则可能由于其他变量的影响，反映的两个相关变量之间的关系是非真实的关系。因此，对多个相关变量进行相关分析时，应进行偏相关分析。

2.1.4 通径分析

通径分析（path analysis）是由数量遗传学家 S. Wright 于 1921 年提出，经遗传育种学者不断完善和改进而形成的一种统计分析方法。通径分析广泛应用于各个领域，如在农业研究中分析产量构成因素对产量的直接影响和间接影响；在遗传育种工作中研究遗传相关、近交系数、亲缘系数、遗传力，确定综合选择指数、复合育种值，剖分性状间的相关系数为直接作用与间接作用的代数和等。

通径分析就是把自变量与因变量之间的相关关系分解为该自变量对因变量的直接影响和通过其他相关自变量对因变量的间接影响的分析过程，自变量对因变量的直接影响程度用通径系数来度量。

设因变量 Y 与自变量 X_1，X_2，$\cdots$，X_m 之间的多元线性回归模型为

$$Y = \beta_0 + \beta_1 X_1 + \beta_2 X_2 + \cdots + \beta_m X_m + \varepsilon$$

多元线性回归方程为

$$\hat{y} = b_0 + b_1 x_1 + \cdots + b_m x_m$$

对因变量样本值 y 与自变量样本值 x 进行标准化处理 $y_j^* = (y_j - \bar{y})/s_y$，$x_{ij}^* = (x_{ij} - \bar{x}_i)/s_{x_i}$。

式中，$s_y = \sqrt{\sum (y_j - \bar{y})^2/(n-1)}$；$s_{x_i} = \sqrt{\sum (x_{ij} - \bar{x}_i)^2/(n-1)}$；$i = 1, 2, \cdots, m$；$j = 1, 2, \cdots, n$。

于是利用最小二乘估计求得的线性回归方程为

$$\hat{y}^* = b_1^* x_1^* + b_2^* x_2^* + \cdots + b_m^* x_m^*$$

求得 b_i^* 的正规方程组

$$\begin{cases} b_1^* + r_{12}b_2^* + \cdots + r_{1m}b_m^* = r_{1y} \\ r_{21}b_1^* + b_2^* + \cdots + r_{2m}b_m^* = r_{2y} \\ \qquad\qquad \vdots \\ r_{m1}b_1^* + r_{m2}b_2^* + \cdots + b_m^* = r_{my} \end{cases}$$

方程组的矩阵形式为 $\boldsymbol{R}_{xx}\boldsymbol{b}^* = R_{xy}$，则 $\boldsymbol{b}^* = R_{xx}^{-1}R_{xy}$。其中 $\boldsymbol{b}^* = (b_1^*, b_2^*, \cdots, b_m^*)'$，$\boldsymbol{R}_{xx}$ 是自变量 X 之间的相关系数矩阵，$\boldsymbol{R}_{xy}$ 是自变量 X 与因变量 Y 的相关系数矩阵。b_i^* 与未经标准化的偏回归系数 b_i 的关系式为

$$b_i^* = b_i \cdot \frac{s_{x_i}}{s_y} \tag{2-10}$$

由于标准化多元线性回归方程中的因变量 y 与自变量 x_i 均已标准化，即已克服了不同纲量对各偏回归系数的影响，因而 b_i^* 反映了 x_i 对 y 的标准效应，用它的绝对值大小及符号可直接看出 x_i 对 y 的影响的大小及作用方向。

经标准化后的线性回归中，总平方和 $SS_T = 1$，回归平方和等于相关指数 $SS_回 = b_1^* r_{1y} + b_2^* r_{2y} + \cdots + b_m^* r_{my} = R^2$，剩余平方和 $SS_剩 = 1 - R^2$。

因此，进行标准化的多元线性回归关系的假设检验，

提出假设　　　　$H_0 : \beta_1^* = \beta_2^* = \cdots = \beta_m^* = 0$　　　$H_1 : \beta_i^* (i = 1, 2, \cdots, m)$ 不全等 0

构造统计量

$$F = \frac{MS_回}{MS_剩} = \frac{SS_回/df_回}{SS_剩/df_剩} = \frac{R^2/m}{(1-R^2)/[n-(m+1)]}$$

它等同于复相关系数 R 的检验。

而标准化偏回归系数的假设检验，

提出假设　　　　$H_0 : \beta_i^* = 0$　　　$H_1 : \beta_i^* \neq 0$

构造统计量

$$t_i^* = \frac{b_i^*}{s_{b_i}^*} \quad df = n - (m+1)$$

式中，$s_{b_i}^* = \sqrt{c_{ii}(1-R^2)/[n-(m+1)]}$ 为标准误；c_{ii} 为 R_{xx}^{-1} 中的元素。

由于各自变量间存在相关性，因而 y 关于各个 x 之间的因果关系可用通径图（设 $m =$

3）表示。

图 2-1 中，单箭头线"→"表示变量间存在着因果关系，方向为原因到结果，称为通径，也称为直接通径，其重要性用通径系数（标准化后的线性回归方程的偏回归系数 b_i^*）表示，记为 $P_{i \to y} = b_i^* = b_i \cdot s_{x_i}/s_y$。双箭头线"↔"表示变量间存在着平行关系（互为因果），称为相关线，其重要性用相关系数 r_{ij} 表示。将包含两条或两条以上通径，也可以包含一条相关线的链称为间接通径，其重要性用间接通径系数表示，间接通径系数等于各段路径系数之积，记为 $P_{i \to j \to y} = r_{ij} \cdot P_{j \to y}$。

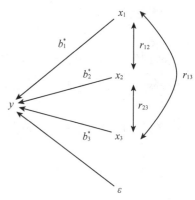

图 2-1 y 关于各 x 的通径图

图 2-1 中，$x_1 \xrightarrow{b_1^*} y$ 为通径或直接通径，表示变量 x_1 对 y 的直接作用，大小为 $P_{1 \to y} = b_1^*$；$x_1 \xrightarrow{r_{12}} x_2 \xrightarrow{b_2^*} y$ 为间接通径，表示变量 x_1 通过其相关变量 x_2 对 y 的间接作用，大小为 $P_{1 \to 2 \to y} = r_{12} \cdot P_{2 \to y} = r_{12}b_2^*$。

根据标准化多元线性回归的正规方程组，可知

$$\begin{cases} b_1^* + r_{12}b_2^* + r_{13}b_3^* = r_{1y} \\ r_{21}b_1^* + b_2^* + r_{23}b_3^* = r_{2y} \\ r_{31}b_1^* + r_{32}b_2^* + b_3^* = r_{3y} \end{cases}$$

由第一个等式可知，x_1 对 y 的直接影响为 b_1^*，x_1 通过 x_2 对 y 的间接影响为 $r_{12}b_2^*$，x_1 通过 x_3 对 y 的间接影响为 $r_{13}b_3^*$，三者之和为 x_1 对 y 的总影响力 r_{1y}，即自变量 x_1 与因变量 y 的相关系数可以分解为 x_1 对 y 的直接作用与两个间接作用之和。同理，x_2 和 x_3 亦是如此。因此，通径分析不是一般的标准化多元线性回归分析，它不是用来预测或控制的，也不是相关分析，而是把一个自变量与因变量的相关系数剖分成自变量的直接作用和间接作用的一种统计方法，即进行相关系数剖分的一种统计方法，通过这种剖分的研究，可以使我们选择适宜的路径较好地实现对因变量的控制。

在考虑多个变量之间关系时，除了这里介绍的回归分析、通径分析外，还有一种比较常见的方法——结构方程。结构方程模型是一种建立、估计和检验因果关系模型的方法。模型中既包含有可观测的显在变量，也可能包含无法直接观测的潜在变量。结构方程模型可以替代多元回归、通径分析、因子分析、协方差分析等方法，清晰分析单项指标对总体的作用和单项指标间的相互关系。

关于结构方程的相关内容有兴趣的同学可以自行学习，这里不再介绍。

2.1.5 实例分析

在林木生长量生产率研究中，为了了解林地施肥量（x_1，kg）、灌溉量（x_2，100 m³）与生物量（y，kg）的关系，设置 20 块样地开展试验，观测值见表 2-1。试研究 y 与 x_1、x_2 之间的回归关系。

表 2-1　20 块样地的试验数据

N	x_1	x_2	y	N	x_1	x_2	y
1	54	29	50	11	71	36	70
2	61	39	51	12	82	50	73
3	52	26	52	13	75	39	74
4	70	48	54	14	92	60	78
5	63	42	53	15	96	62	82
6	79	64	60	16	92	61	80
7	68	45	59	17	91	50	87
8	65	30	65	18	85	47	84
9	79	51	67	19	106	72	88
10	76	44	70	20	90	52	92

利用 R 语言对本例进行统计分析。

（1）线性回归分析

```
> mydata<-read. csv("试验数据.csv", header=TRUE)  #读取数据
> sol<-lm(y~x1+x2, data=mydata)  #建立线性回归模型
> summary(sol)
Call:
lm(formula=y~x1+x2, data=mydata)
Residuals:
    Min      1Q    Median      3Q      Max
-3.5211  -1.6120  -0.6777   1.0161   7.4640
Coefficients:
            Estimate   Std. Error   t value    Pr(>|t|)
(Intercept) -4.94048    3.45734    -1.429     0.171
x1           1.53952    0.08816    17.463     2.71e-12 * * *
x2          -0.94385    0.10391    -9.083     6.22e-08 * * *
---
Signif. codes:  0 ' * * * ' 0.001 ' * * ' 0.01 ' * ' 0.05 '.' 0.1 ' ' 1
Residual standard error: 2.65 on 17 degrees of freedom
Multiple R-squared:  0.9659,    Adjusted R-squared:  0.9619
F-statistic:   241 on 2 and 17 DF,    p-value: 3.351e-13
```

由回归系数的显著性结果可知，x_1，x_2 的概率 P 均<0.01，表明林地施肥量 x_1、灌溉量 x_2 对生物量 y 均存在极显著的偏回归关系。

即回归方程为 $\hat{y}=-4.9405+1.5395x_1-0.9439x_2$。

其中，回归系数 $b_1=1.5395$ 表示当灌溉量保持不变的情况下，施肥量每增加 1 kg，生物量将增加 1.5395 kg；$b_2=-0.9439$ 表示当施肥量保持不变的情况下，灌溉量每增加 100 m³，

生物量将减少 0.9439 kg。

由回归方程的显著性检验可知，相关指数为 0.9659、$F=241$、$P<0.01$，表明生物量与施肥量、灌溉量之间存在极显著的多元线性回归关系，即回归模型拟合度高。

（2）偏相关分析

```
> library( corpcor)    #加载"corpcor"包
> stade<-as. matrix( mydata)    #将 mydata 转变为矩阵
> xcor<-cor( stade)   #计算相关系数矩阵
> cor2pcor( xcor)   #计算偏相关系数
```

	[, 1]	[, 2]	[, 3]
[1,]	1.0000000	0.9698723	0.9732395
[2,]	0.9698723	1.0000000	-0.9105732
[3,]	0.9732395	-0.9105732	1.0000000

根据偏相关系数可知，在控制施肥量 x_1 情况下，生物量 y 和灌溉量 x_2 的偏相关系数为 -0.9106；控制灌溉量 x_2 情况下，生物量 y 和施肥量 x_1 的偏相关系数为 0.9732。

（3）通径分析

```
>library( lavaan)
>dat. cor<-lav_ matrix_ lower2full ( c( 1.00, 0.895, 1.00, 0.595, 0.881, 1.00))
>colnames( dat. cor)<-rownames( dat. cor)<-c( "Y", "x", "z")
>dat. cor
>full. model<-'
Y~a * x+b * z
z~c * x
'
>full. fit<-sem( full. model, sample. cov=dat. cor, sample. nobs=20)
>parameterEstimates( full. fit)
```

	lhs op rhs	label	est	se	z	pvalue	ci. lower	ci. upper
1	Y~x	a	1.657	0.084	19.683	0.000	1.492	1.822
2	Y~z	b	-0.864	0.084	-10.271	0.000	-1.029	-0.699
3	z~x	c	0.881	0.106	8.328	0.000	0.674	1.088
4	Y~~Y		0.030	0.010	3.162	0.002	0.011	0.049

其中，Y 为生物量，x 为施肥量 x_1，z 为灌溉量 x_2。直接通径系数分别为 1.657 和 -0.864。（详细应用请参照 lavaan 包）

2.2　典型相关分析

在统计分析中，用直线相关系数反映两个变量之间的线性相关关系；用复相关系数反映一个变量和多个变量之间的线性相关关系。而有些时候，研究对象是两组变量，此时直线相关分析和复相关分析不再适用，会采用一种新的统计分析方法——典型相关分析。典型相关分析(canonical correlation analysis)是1936年由Hotelling在将线性相关推广到两组变量的讨论中提出来的，它将两组变量相关关系的分析转化为一组变量的线性组合与另一组变量线性组合之间的相关关系分析，它能够揭示出两组变量之间的内在联系。

2.2.1　典型相关分析的基本原理

典型相关分析的基本思想，首先在每组变量中找出变量的一个线性组合，使得两组变量的线性组合之间具有最大的相关系数。然后选取相关系数仅次于第一对线性组合并且与第一对线性组合不相关的第二对线性组合，如此继续下去，直到两组变量之间的相关性被提取完毕为止。因此，典型相关分析是把原来两组变量之间的相关，转化为研究从各组中提取的少数几个典型变量之间的典型相关，从而减少研究变量的个数。被选出的线性组合配对称为典型变量，它们的相关系数称为典型相关系数。典型相关系数度量了这两组变量之间联系的强度。

这里值得注意的是，我们可以通过检验各对典型相关变量相关系数的显著性，来反映每一对综合变量的代表性，如果某一对的相关程度不显著，那么这对变量就不具代表性，不具代表性的变量就可以忽略。这样就可以通过对少数典型相关变量的研究代替原来两组变量之间的相关关系研究，从而容易抓到问题的本质。

设有两组随机向量，X 代表第一组的 p 个变量，Y 代表第二组的 q 个变量，假设 $p \leqslant q$。令

$$Cov(X, X) = \sum{}_{11}, \ Cov(Y, Y) = \sum{}_{22}, \ Cov(X, Y) = \sum{}_{12} = \sum{}'_{21}$$

$$Z_{(p+q) \times 1} = \begin{bmatrix} X \\ Y \end{bmatrix} = \begin{bmatrix} X_1 \\ X_2 \\ \vdots \\ X_p \\ Y_1 \\ Y_2 \\ \vdots \\ Y_q \end{bmatrix} \qquad Cov(Z, Z) = \begin{bmatrix} \sum\limits_{(p \times p)}{}_{11} & \sum\limits_{(p \times q)}{}_{12} \\ \sum\limits_{(q \times p)}{}_{21} & \sum\limits_{(q \times q)}{}_{22} \end{bmatrix}$$

根据典型相关分析的基本思想，要进行两组随机变量间的相关分析，首先要计算出各组变量的线性组合——典型变量，并使其相关系数达到最大。

设两组变量的线性组合分别为

$$\begin{aligned} U = a'X = a_1 X_1 + a_2 X_2 + \cdots + a_p X_p \\ V = b'Y = b_1 Y_1 + b_2 Y_2 + \cdots + b_q Y_q \end{aligned} \qquad (2-11)$$

见

$$D(U) = D(a'X) = a' Cov(X, X) a = a' \sum{}_{11} a$$

$$D(V) = D(b'Y) = b' Cov(Y, Y) b = b' \sum{}_{22} b$$

$$Cov(U, V) = a' Cov(X, Y) b = a' \sum{}_{12} b$$

令
$$D(U) = a' \sum{}_{11} a = 1, \quad D(V) = b' \sum{}_{22} b = 1$$

则 U, V 的相关系数为

$$\rho(U, V) = \frac{Cov(U, V)}{\sqrt{D(U)}\sqrt{D(V)}} = \frac{a' \sum{}_{12} b}{\sqrt{a' \sum{}_{11} a}\sqrt{b' \sum{}_{22} b}} = a' \sum{}_{12} b \qquad (2-12)$$

根据条件极值的求法引入 Lagrange 乘数，将问题转化为求

$$L(a, b) = a' \sum{}_{12} b - \frac{\lambda}{2}\left(a' \sum{}_{11} a - 1\right) - \frac{\nu}{2}\left(b' \sum{}_{22} b - 1\right)$$

的极大值，其中 λ, ν 为 Lagrange 乘数。

由函数求极值的必要条件，$L(a, b)$ 关于 a 和 b 求偏导并设为 0，可得

① $\lambda = \nu = a' \sum{}_{12} b$，即 λ 和 ν 是 U, V 的相关系数(称为典型相关系数)；

② λ^2 是 $M_1 = \sum{}_{11}^{-1} \sum{}_{12} \sum{}_{22}^{-1} \sum{}_{21}$ 和 $M_2 = \sum{}_{22}^{-1} \sum{}_{21} \sum{}_{11}^{-1} \sum{}_{12}$ 的特征根，a 和 b 是其对应的特征向量。

因此，M_1, M_2 的最大特征根 λ_1^2 对应的特征向量 $a^{(1)} = (a_1^{(1)}, a_2^{(1)}, \cdots, a_p^{(1)})$ 和 $b^{(1)} = (b_1^{(1)}, b_2^{(1)}, \cdots, b_q^{(1)})$ 就是所求的典型变量的系数向量，即可得

$$U_1 = a^{(1)'} X = a_1^{(1)} X_1 + a_2^{(1)} X_2 + \cdots + a_p^{(1)} X_p$$
$$V_1 = b^{(1)'} Y = b_1^{(1)} Y_1 + b_2^{(1)} Y_2 + \cdots + b_q^{(1)} Y_q$$

我们称其为第一对典型变量，最大特征根的平方根 λ_1 为两典型变量的相关系数，称其为第一典型相关系数。

如果第一典型变量不足以代表两组原始变量的信息，则需要求得第二对典型变量，即
$$U_2 = a^{(2)'} X \qquad V_2 = b^{(2)'} Y$$

约束条件为 $D(U_2) = a^{(2)'} \sum{}_{11} a^{(2)} = 1$, $D(V_2) = b^{(2)'} \sum{}_{22} b^{(2)} = 1$。

另外，为了有效测度两组变量的相关信息，第二对典型变量应不再包含第一对典型变量已包含的信息，因而需增加约束条件

$$\begin{cases} Cov(U_1, U_2) = Cov(a^{(1)'} X, a^{(2)'} X) = a^{(1)'} \sum{}_{11} a^{(2)} = 0 \\ Cov(V_1, V_2) = Cov(b^{(1)'} Y, b^{(2)'} Y) = b^{(1)'} \sum{}_{22} b^{(2)} = 0 \end{cases}$$

因此，在约束条件下可求得其相关系数 $\rho(U_2, V_2) = a^{(2)'} \sum{}_{12} b^{(2)}$ 为上述矩阵 $\boldsymbol{M}_1$ 和 $\boldsymbol{M}_2$ 的第二大特征根 λ_2^2 的平方根 λ_2，其对应的特征向量 $a^{(2)}$, $b^{(2)}$ 就是第二对典型变量的系数向量，称 $U_2 = a^{(2)'} X$ 和 $V_2 = b^{(2)'} Y$ 为第二对典型变量，λ_2 为第二典型相关系数。

类似地，依次可求出第 r 对典型变量 $U_r = a^{(r)'} X$ 和 $V_r = b^{(r)'} Y$，其系数向量 $a^{(r)}$ 和 $b^{(r)}$ 分别为矩阵 $\boldsymbol{M}_1$ 和 $\boldsymbol{M}_2$ 的第 r 特征根 λ_r^2 对应的特征向量，λ_r 为第 r 典型相关系数。

综上所述，典型变量和典型相关系数的计算可归结为矩阵 $\boldsymbol{M}_1$ 和 $\boldsymbol{M}_2$ 特征根及相应特征向量的求解。如果矩阵 $\boldsymbol{M}_1$ 和 $\boldsymbol{M}_2$ 的秩为 r，则 $\boldsymbol{M}_1$ 和 $\boldsymbol{M}_2$ 的非零特征根为 $\lambda_1^2 \geqslant \lambda_2^2 \geqslant \cdots \geqslant \lambda_r^2$，其相应的特征向量为 $a^{(1)}$, $a^{(2)}$, $\cdots$, $a^{(r)}$ 和 $b^{(1)}$, $b^{(2)}$, $\cdots$, $b^{(r)}$。则共有 r 对典

型变量，第 k 对$(1 \leqslant k \leqslant r)$典型变量的系数向量分别是矩阵 $\boldsymbol{M}_1$ 和 $\boldsymbol{M}_2$ 的第 k 特征根 λ_k^2 相应的特征向量，典型相关系数为 λ_k。

典型变量具有如下性质：

（1）$D(U_k) = 1$，$D(V_k) = 1$　$(k = 1, 2, \cdots, r)$

$\quad\quad Cov(U_i, U_j) = 0$，$Cov(V_i, V_j) = 0 (i \neq j)$

（2）$Cov(U_i, V_j) = \begin{cases} \lambda_i \neq 0 & (i = j, i = 1, 2, \cdots, r) \\ 0 & (i \neq j) \\ 0 & (j > r) \end{cases}$

2.2.2　样本典型相关分析

在实际分析应用中，总体的协差阵通常是未知的，往往需要从研究的总体中随机抽取一个样本，根据样本估计总体的协差阵，并在此基础上进行典型相关分析。

设 $Z_{(p+q) \times 1} = \begin{bmatrix} X \\ Y \end{bmatrix}$ 服从正态分布 $N_{p+q}(\mu, \sum)$，从该总体中抽取样本容量为 n 的样本，得到样本均值向量 $\bar{z} = \begin{bmatrix} \bar{x} \\ \bar{y} \end{bmatrix}$，样本协差阵 $\widehat{\sum} = \begin{bmatrix} \widehat{\sum}_{11} & \widehat{\sum}_{12} \\ \widehat{\sum}_{21} & \widehat{\sum}_{22} \end{bmatrix}$。

由此可得矩阵 $\boldsymbol{M}_1$ 和 $\boldsymbol{M}_2$ 的样本估计

$$\hat{M}_1 = \widehat{\sum}_{11}^{-1} \widehat{\sum}_{12} \widehat{\sum}_{22}^{-1} \widehat{\sum}_{21} \qquad \hat{M}_2 = \widehat{\sum}_{22}^{-1} \widehat{\sum}_{21} \widehat{\sum}_{11}^{-1} \widehat{\sum}_{12}$$

如前所述，求解 $\hat{M}_1$，$\hat{M}_2$ 的特征根及其相应的特征向量，即可得到所要求的典型相关变量及其典型相关系数。

这里需要注意，若样本数据矩阵已经标准化处理，此时样本的协差阵就等于样本的相关系数矩阵

$$\hat{\boldsymbol{R}} = \begin{bmatrix} \hat{R}_{11} & \hat{R}_{12} \\ \hat{R}_{21} & \hat{R}_{22} \end{bmatrix}$$

由此可得矩阵 $\hat{M}_1$，$\hat{M}_2$ 的样本估计为 $\hat{M}_1 = \hat{R}_{11}^{-1} \hat{R}_{12} \hat{R}_{22}^{-1} \hat{R}_{21}$，$\hat{M}_2 = \hat{R}_{22}^{-1} \hat{R}_{21} \hat{R}_{11}^{-1} \hat{R}_{12}$。

求解 $\hat{M}_1$，$\hat{M}_2$ 的特征根及相应的特征向量，即可得到典型相关系数和典型相关变量。此时相当于从相关矩阵出发计算典型变量。

2.2.3　典型相关系数的显著性检验

在利用样本进行两组变量的典型相关分析时，应就两组变量的相关性进行检验。如果不相关，即 $Cov(X, Y) = 0$，则讨论两组变量的典型相关就毫无意义。因此，在用样本数据进行典型相关分析时应就两组变量的协差阵是否为零进行检验，即检验 $\sum_{12}$ 是否为 0。

由 $\rho(U, V) = a' \sum_{12} b$ 可知，对两组变量协差阵为零的检验等价于检验 $\lambda_1 = \lambda_2 = \cdots = \lambda_r = 0$，又因为 $\lambda_1 \geqslant \lambda_2 \geqslant \cdots \geqslant \lambda_r$，则提出假设

$$H_0: \lambda_1 = \lambda_2 = \cdots = \lambda_r = 0 \qquad H_1: \lambda_1 \neq 0$$

设 $Z = \begin{bmatrix} X \\ Y \end{bmatrix}$ 服从正态分布 $N_{p+q}(\mu, \Sigma)$，根据随机向量的检验理论可知，用于检验的似然比统计量为

$$\Lambda_0 = \frac{|\hat{\Sigma}|}{|\hat{\Sigma}_{11}||\hat{\Sigma}_{22}|} = \prod_{i=1}^{r}(1 - \hat{\lambda}_i^2)$$

其中，$\hat{\lambda}_i^2$ 是矩阵 M_1 和 M_2 的第 i 特征根的估计值。巴特莱特证明，当 H_0 成立时，$Q_0 = -m\ln\Lambda_0$ 近似服从 $\chi^2(df)$ 分布，其中 $m = (n-1) - (p+q+1)/2$，自由度 $df = pq$。在给定的显著水平 α 下，当由样本计算的 $Q_0 \geqslant \chi_\alpha^2$ 时，拒绝无效假设，认为第一对典型变量间存在相关性，即至少可以认为第一个典型相关系数是显著的。

将它检验之后，再检验第二个典型相关系数的显著性，这时计算 $\Lambda_1 = \prod_{i=2}^{r}(1 - \hat{\lambda}_i^2)$，则统计量 $Q_1 = -[n-2-(p+q+1)/2]\ln\Lambda_1$ 近似服从自由度为 $(p-1)(q-1)$ 的卡方分布，如果 $Q_1 \geqslant \chi_\alpha^2$，认为 λ_2 显著，即第二对典型变量存在相关性。以下逐个进行检验，直至某个 λ_k 不显著为止。

2.2.4 实例分析

为考察温室内温度与温室外温度的相关关系，连续 31 天测定了室外日高温(x_1)、室外日低温(x_2)、室外日均温(x_3)、室外日温差(x_4)、室外日辐射(x_5)、室内日高温(y_1)、室内日低温(y_2)和室内日均温(y_3)8 个变量的数据，如表 2-2 所示。试分析温室内温度与温室外温度之间的相关关系。

表 2-2　温室内外温度的观测样本数据

序号	x_1	x_2	x_3	x_4	x_5	y_1	y_2	y_3
1	6.72	-3.86	0.62	10.58	0.591	24.92	5.37	11.28
2	4.23	-4.21	-0.59	8.43	0.347	20.25	5.61	9.40
3	5.39	-2.89	0.68	8.28	0.528	23.41	5.08	11.06
4	-0.51	-3.00	-1.65	2.49	0.187	10.00	5.87	7.54
5	0.18	-10.20	-4.04	10.38	0.537	17.48	2.27	7.51
6	1.04	-7.44	-4.01	8.49	0.766	27.77	1.61	10.12
7	-1.31	-6.87	-3.71	5.56	0.193	11.22	3.37	6.71
8	4.99	-7.32	-1.93	12.31	0.696	27.01	2.51	10.14
9	4.43	-4.02	-1.07	8.45	0.471	21.11	5.80	9.46
10	0.41	-2.76	-1.45	3.16	0.244	11.01	6.40	7.76
11	-0.34	-2.04	-1.27	1.70	0.070	9.04	5.72	6.97
12	-0.45	-7.81	-4.39	7.36	0.522	15.69	2.86	6.82
13	-3.77	-10.97	-7.97	7.20	0.677	20.04	0.78	6.48

（续）

序号	x_1	x_2	x_3	x_4	x_5	y_1	y_2	y_3
14	1.13	−13.24	−7.17	14.37	0.661	22.73	−0.70	6.93
15	−0.69	−11.83	−6.25	11.14	0.543	16.25	0.95	5.70
16	3.36	−8.15	−3.51	11.51	0.551	18.56	2.03	7.50
17	0.93	−9.73	−4.48	10.66	0.495	15.65	0.94	5.74
18	0.74	−8.22	−3.86	8.96	0.350	14.91	1.96	6.43
19	1.07	−3.37	−1.95	4.44	0.285	14.56	5.84	7.87
20	−1.53	−8.37	−5.33	6.83	0.777	18.63	1.67	7.56
21	0.74	−9.27	−5.13	10.01	0.804	19.49	−0.22	6.37
22	2.54	−13.74	−5.95	16.28	0.819	21.46	−3.47	5.77
23	1.96	−12.39	−5.56	14.35	0.870	22.18	0.41	7.96
24	−2.42	−10.52	−7.49	8.10	0.842	20.26	−0.18	6.50
25	−2.46	−16.05	−9.06	13.59	0.632	17.75	−1.30	5.16
26	−1.01	−12.99	−7.62	11.97	0.325	12.74	−0.23	4.23
27	1.77	−12.86	−5.49	14.63	0.640	21.63	−0.70	6.45
28	2.47	−7.06	−2.67	9.53	0.794	22.31	1.67	8.40
29	5.26	−3.05	0.12	8.30	0.848	24.79	2.93	9.99
30	8.34	−8.01	0.25	16.34	0.690	25.92	1.76	10.05
31	6.38	−6.91	−0.57	13.29	0.692	25.99	3.60	10.49

利用 R 语言对本例进行统计分析

```
> mydata<-read.csv("典型相关.csv", header=T)
>library(yacca)    #加载包
>a<-cca(mydata[, 1:5], mydata[, 6:8], xscale=TRUE, yscale=TRUE)#进行典型相关分析, 并对数据进行标准化处理
>a$corr #返回典型相关系数
      CV 1          CV 2          CV 3
0.9746477     0.9267434     0.5105524
>a$xcoef    #x 的典型变量的系数
            CV 1              CV 2              CV 3
x1      −39.3775710      −103.8390666      −41.0127627
x2       51.6222721       135.1704693       61.4585147
x3       −0.7255393         0.6155558       −6.1630400
x4       51.4546108       134.0625694       57.0479068
x5        0.4559773         0.5412861       −0.5134102
>a$ycoef    #y 的典型变量的系数
```

	CV 1	CV 2	CV 3
y1	0.8688690	−0.1887617	3.961859
y2	−0.3923364	−0.4086421	3.766207
y3	−0.5133931	1.3306669	−4.564856

第一对典型变量的表达式为

$$U_1 = -39.378x_1 + 51.622x_2 - 0.726x_3 + 51.455x_4 + 0.456x_5$$
$$V_1 = 0.869y_1 - 0.392y_2 - 0.513y_3$$

第二对典型变量的表达式为

$$U_2 = -103.839x_1 + 135.170x_2 + 0.616x_3 + 134.063x_4 + 0.541x_5$$
$$V_2 = -0.189y_1 - 0.409y_2 + 1.331y_3$$

第一对典型变量、第二对典型变量的典型相关系数分别为 0.975、0.927。

可进行典型相关系数的显著性检验，经检验第一对典型变量和第二对典型变量显著。

2.3　主成分分析

多元统计分析处理的是多变量(多指标)问题。由于变量较多，增加了分析问题的复杂性。在实际问题中，变量之间也可能存在一定的相关性，因此，多变量中可能存在信息的重叠。为了克服变量间的相关性、重叠性，往往希望采用较少的变量来代替原来较多的变量，同时希望这种代替可以反映原来多个变量的大部分信息。主成分分析就是这样一种能够有效降低变量维数，同时也不会造成信息大量流失的多元统计方法。

2.3.1　主成分分析的基本原理

当原始变量之间存在相关关系时，通过原始变量的少数几个线性组合来解释原始变量以实现降维的多元统计方法，称为主成分分析(principal component analysis，PCA)。

主成分与原始变量间的关系：

①每一个主成分都是各原始变量的线性组合。

②主成分的数目大大少于原始变量的数目。

③主成分保留了原始变量绝大部分信息。

④各个主成分之间互不相关。

假设研究对象是 n 个样本，p 个变量的数据$(n>p)$，则有

$$\boldsymbol{X} = \begin{pmatrix} x_{11} & x_{21} & \cdots & x_{p1} \\ x_{12} & x_{22} & \cdots & x_{p2} \\ \vdots & \vdots & \cdots & \vdots \\ x_{1n} & x_{2n} & \cdots & x_{pn} \end{pmatrix}$$

即 $\boldsymbol{X} = (X_1, X_2, \cdots, X_p)$。

构造新的变量 Y

$$\begin{cases} Y_1 = u_{11}X_1 + u_{12}X_2 + \cdots + u_{1p}X_p \\ Y_2 = u_{21}X_1 + u_{22}X_2 + \cdots + u_{2p}X_p \\ \qquad\qquad\qquad \vdots \\ Y_p = u_{p1}X_1 + u_{p2}X_2 + \cdots + u_{pp}X_p \end{cases} \qquad (2-13)$$

即
$$Y = U'X$$

式中，$u_{k1}^2 + u_{k2}^2 + \cdots + u_{kp}^2 = 1$，即 $U_k'U_k = 1$，$k = 1, 2, \cdots, p$。

主成分确定原则：

①Y_i 与 Y_j 不相关，其中 $i \neq j$，$i = 1, 2, \cdots, p$；$j = 1, 2, \cdots, p$。

②Y_1 是 X_1，X_2，$\cdots$，X_p 的线性组合中方差最大者，即 $D(Y_1)$ 最大；Y_2 是与 Y_1 不相关的 X_1，X_2，$\cdots$，X_p 的线性组合中方差最大者，即 $Cov(Y_1, Y_2) = 0$，$D(Y_2)$ 最大；$\cdots\cdots$；Y_p 是与 Y_1，Y_2，$\cdots$，Y_{p-1} 都不相关的 X_1，X_2，$\cdots$，X_p 的线性组合中方差最大者，即 $Cov(Y_p, Y_i) = 0$，$i < p$，$D(Y_p)$ 最大。

其中，$D(Y_i) = D(U_i'X) = U_i'D(X)U_i = U_i'\sum U_i$，$\sum = D(X)$ 为协方差阵
$$Cov(Y_i, Y_j) = Cov(U_i'X, U_j'X) = U_i'Cov(X, X)U_j'' = U_i'\sum U_j$$

则 Y_1，Y_2，$\cdots$，Y_p 分别称为原始变量 X 的第一主成分、第二主成分、$\cdots$、第 p 主成分。

2.3.2 主成分的性质

性质 1 主成分的协方差阵为对角阵 Λ。
$$D(Y) = U'D(X)U = U'\sum U = \Lambda$$

式中，$\Lambda = \begin{pmatrix} \lambda_1 & & 0 \\ & \ddots & \\ 0 & & \lambda_p \end{pmatrix}$，$\lambda_i(i = 1, 2, \cdots, p)$ 为 $Y_i(i = 1, 2, \cdots, p)$ 的方差。

性质 2 主成分的总方差等于原始变量的总方差，$\sum_{i=1}^{p}\lambda_i = \sum_{i=1}^{p}\sigma_i^2$。

性质 3 主成分 Y_k 与原始变量 X_i 的相关系数为
$$\rho(Y_k, X_i) = \frac{\sqrt{\lambda_k}}{\sqrt{\sigma_i}}u_{ki} \quad i, k = 1, 2, \cdots, p$$

并称其为主成分载荷。

2.3.3 主成分的选取

定义 $\alpha_k = \lambda_k / \sum_{i=1}^{p}\lambda_i$ 为第 k 个主成分的方差贡献率。

定义 $\sum_{i=1}^{m}\alpha_i = \sum_{i=1}^{m}\lambda_i / \sum_{i=1}^{p}\lambda_i (m < p)$ 为前 m 个主成分的累计方差贡献率。

累计方差贡献率越大，表示所选的少数几个主成分解释随机向量 X 的差异的能力越强，通常取 m，使 $\sum_{i=1}^{m}\alpha_i \geq 85\%$。因为它们反映了至少 85% 的原始变量的信息，漏掉了最

多 15%的信息。反映原始变量的信息自然是越多越充分，譬如 95%。但是许多时候希望选取的主成分越少越好，主成分个数越少越便于对原有问题的解释。85%只是许多人认可的一个适中的标准，并非一定要 85%，通常认为累计贡献率达到 50%是必需的，否则就不能称为主成分分析了。

2.3.4 实例分析

为研究杨树性状，测定 20 株杨树树叶，每片叶片测定了四个变量，变量名称及测量值列于表 2-3，进行主成分分析。

表 2-3 杨树叶片观测数据

样品号	叶长 x_1	2/3 处宽 x_2	1/3 处宽 x_3	1/2 处宽 x_4
1	108	95	118	110
2	90	95	117	110
3	130	95	140	125
4	114	85	113	108
5	113	87	121	110
6	120	90	122	114
7	87	67	97	88
8	94	66	88	86
9	115	84	118	106
10	90	75	103	96
11	117	60	84	76
12	134	73	104	92
13	150	73	110	96
14	140	64	95	87
15	126	75	96	90
16	118	43	59	52
17	136	55	89	75
18	145	63	97	84
19	161	64	112	94
20	155	60	100	83

利用 R 语言对本例进行统计分析。

```
>mydata<-read.csv("主成分分析.csv", header=TRUE)
>sol<-princomp(mydata, cor=TRUE)    #主成分分析
>summary(sol, loadings=TRUE, cutoff=0)    #输出各主成分信息
Importance of components：
```

	Comp. 1	Comp. 2	Comp. 3	Comp. 4
Standard deviation	1. 7087958	1. 0117682	0. 22117485	0. 086160897

Proportion of Variance	0. 7299958	0. 2559187	0. 01222958	0. 001855925
Cumulative Proportion	0. 7299958	0. 9859145	0. 99814407	1. 000000000

Loadings：

	Comp. 1	Comp. 2	Comp. 3	Comp. 4
x1	0. 149	0. 954	0. 252	0. 061
x2	−0. 573	−0. 098	0. 773	−0. 251
x3	−0. 558	0. 270	−0. 559	−0. 552
x4	−0. 581	0. 082	−0. 163	0. 793

> screeplot(sol，type＝"lines") #碎石图(图 2-2)

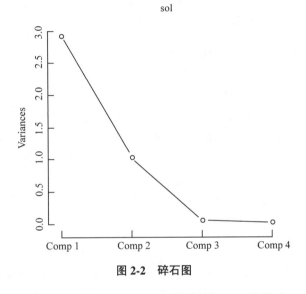

图 2-2　碎石图

由方差贡献率可知，第一主成分解释了原始变量 73% 的信息，第二主成分解释了 25.592% 的信息。按照累计方差贡献率大于 85% 的原则，本例选定前两个主成分，其累计方差贡献率为 98.591%。从碎石图上也可看出选择前两个主成分比较合适。

由主成分载荷阵可知，第一主成分主要由变量 x_2、x_3、x_4 决定，是表示"叶宽"的综合因子；第二主成分主要由变量 x_1 决定，是表示"叶长"的综合因子。

对于多个变量的降维研究，除了主成分分析之外，在统计学中还有另外一种常见的分析方法——因子分析。因子分析(factor analysis)最早由英国心理学家 C. E. 斯皮尔曼提出，它是一种降维、简化数据的技术。它通过研究众多原始变量之间的内部依赖关系，探求观测数据中的基本结构，并用少数几个抽象的变量来表示其基本的数据结构。这几个抽象的变量被称作因子，能反映原来众多变量的主要信息。原始变量是可观测的显在变量，而因子一般是不可观测的潜在变量。因子分析在某种程度上可以被看成是主成分分析的推广和扩展。

关于因子分析的相关内容有兴趣的同学可以自行学习，这里不再介绍。

2.4　聚类分析

聚类分析(cluster analysis)也叫分类分析,是根据"物以类聚"的道理,在相似的基础上对样品或指标进行分类的一种多元统计分析方法。聚类不同于分类,聚类所要求划分的类通常是未知的。聚类是将数据分到不同类的一个过程,要求同一个类中的对象有很大的相似性,而不同类间的对象有很大的相异性。从统计学的观点看,聚类分析是通过数据建模简化数据的一种方法。从实际应用的角度看,聚类分析是数据挖掘的主要任务之一。

20 世纪 70 年代以来,聚类分析方法得到国内外农林科学工作者越来越多的重视。许多学者用这一方法解决了土壤、地质、植物、动物、气象、作物的分类问题,跳出了传统农林上所建立的一套定性分类体系,提高了分类的速度和精度。

2.4.1　聚类分析的基本原理

2.4.1.1　聚类分析的基本思想

根据一批样品的多个观测指标,具体找出一些能够度量样品或指标间相似程度的统计量,以这些统计量为划分类型的依据,把一些相似程度较大的样品聚为一类。关系密切的聚为一个小的分类单位,关系疏远的聚为一个大的分类单位,直到把所有样品或指标都聚类完毕,这样就可以形成一个由小到大的分类系统,这就是聚类分析。

聚类分析按聚类对象不同分为样品聚类(Q 聚类)和指标聚类(R 聚类);按聚类方法不同分为系统聚类和快速聚类。

2.4.1.2　聚类统计量

对样品(或指标)进行聚类时,用样品(或指标)之间的"距离"来刻画样品(或指标)之间的相似程度。两个样品(或指标)之间的距离越小,表示两个样品(或指标)之间的共同点越多,相似程度越大;反之,距离越大,共同点越少,相似程度越小。

(1) Q 型聚类统计量——距离

绝对值距离　　　　　　　　$\text{distance}(x, y) = \sum_{k=1}^{p} |x_k - y_k|$

欧氏距离　　　　　　　　　$\text{distance}(x, y) = \sqrt{\sum_{k=1}^{p} (x_k - y_k)^2}$

切比雪夫距离　　　　　　　$\text{distance}(x, y) = \max_{1 \leqslant k \leqslant p} |x_k - y_k|$

闵可夫斯基距离　　　　　　$\text{distance}(x, y) = \sqrt[q]{\sum_{k=1}^{p} |x_k - y_k|^q}$

(2) R 型聚类统计量——相似系数

夹角余弦　　　　　　　　$\cos \theta = \dfrac{\sum\limits_{k=1}^{p} x_k y_k}{\sqrt{\sum\limits_{k=1}^{p} x_k^2} \sqrt{\sum\limits_{k=1}^{p} y_k^2}}$

皮尔逊相关系数 $\quad r_{xy} = \dfrac{\sum\limits_{k=1}^{p}(x_k-\bar{x})(y_k-\bar{y})}{\sqrt{\sum\limits_{k=1}^{p}(x_k-\bar{x})^2}\sqrt{\sum\limits_{k=1}^{p}(y_k-\bar{y})^2}}$

2.4.2 系统聚类法

系统聚类法(hierarchical clustering method)是最常用的一种聚类分析方法。其基本思想为,假设总共有 n 个样品(或指标),第一步将每个样品(或指标)独自聚成一类,共有 n 类;第二步根据所确定的样品(或指标)"距离"公式,把距离较近的两个样品(或指标)聚合为一类,其他的样品(或指标)仍各自聚为一类,这样,形成 $(n-1)$ 类;第三步将 $(n-1)$ 个类中"距离"最近的两个类聚成一类,这样,形成 $(n-2)$ 类;……;以上步骤一直进行下去,最后将所有的样品(或指标)全聚成一类。为了直观地反映以上的系统聚类过程,可以把整个分类系统画成一张聚类谱系图。所以,有时系统聚类也称为谱系分析。

系统聚类法的聚类原则取决于样品间的距离或指标间的相似系数以及类间距离的定义,不同的类与类之间的距离,会产生不同的系统聚类方法。下面介绍五种常用的聚类方法。

2.4.2.1 最短距离法

将两类间的距离定义为一个类中所有个体与另一个类中的所有个体距离最小者。

设 X_i 为 G_p 中的任一个体, X_j 为 G_q 中的任一个体, d_{ij} 表示个体 X_i 与 X_j 间的距离。 D_{pq} 表示 G_p 与 G_q 间的距离,则最短距离法把两类间距离 D_{pq} 定义为

$$D_{pq} = \min_{X_i \in G_p, X_j \in G_q} d_{ij}$$

设 G_p, G_q 合并成一个新类记为 G_r,则任一类 G_k 与 G_r 的距离为

$$D_{kr} = \min_{X_i \in G_k, X_j \in G_r} d_{ij} = \min\{\min_{X_i \in G_k, X_j \in G_p} d_{ij}, \min_{X_i \in G_k, X_j \in G_q} d_{ij}\} = \min\{D_{kp}, D_{kq}\}$$

2.4.2.2 最长距离法

将两类间的距离定义为一个类中所有个体与另一类中所有个体间距离最大者,即 $D_{pq} = \max\limits_{X_i \in G_p, X_j \in G_q} d_{ij}$。

设 G_p, G_q 合并成一个新类记为 G_r,则任一类 G_k 与 G_r 的距离为

$$D_{kr} = \max_{X_i \in G_k, X_j \in G_r} d_{ij} = \max\{\max_{X_i \in G_k, X_j \in G_p} d_{ij}, \max_{X_i \in G_k, X_j \in G_q} d_{ij}\} = \max\{D_{kp}, D_{kq}\}$$

2.4.2.3 重心法

以上两种方法在定义类与类间距离时,没有考虑每一类中所包含的样品个数,如果将两类间的距离定义为两类重心(均值)之间的距离,这种聚类方法称为重心法。

重心法要求用欧氏距离,每聚一次类,都要重新计算重心。

设 G_p 与 G_q 分别有样品 n_p, n_q 个,其重心分别为 $\bar{x}_p$, $\bar{x}_q$,则 G_p 与 G_q 之间的距离为

$$D_{pq}^2 = (\bar{x}_p - \bar{x}_q)'(\bar{x}_p - \bar{x}_q)$$

设将 G_p 与 G_q 合并为 G_r,则 G_r 内的样品个数为 $n_r = n_p + n_q$,它的重心是 $\bar{x}_r =$

$(n_p \bar{x}_p + n_q \bar{x}_q) / n_r$；任一类 G_k 的重心是 $\bar{x}_k$，则与新类 G_r 的距离为

$$D_{kr}^2 = \frac{n_p}{n_r} D_{kp}^2 + \frac{n_q}{n_r} D_{kq}^2 - \frac{n_p n_q}{n_r^2} D_{pq}^2$$

2.4.2.4 类平均法

重心法虽有较好的代表性，但并未充分利用各样品的信息，因而有人提出将类间的距离定义为两类元素两两之间平方距离的平均数，即为

$$D_{pq}^2 = \frac{\sum\limits_{X_i \in G_p, \, X_j \in G_q} d_{ij}^2}{n_p n_q}$$

采用这种类间距离的聚类方法，称为类平均法。

设聚类的某一步将 G_p 与 G_q 合并为 G_r，则任一类 G_k 与 G_r 的距离为

$$D_{kr}^2 = \frac{1}{n_k n_r} \sum_{X_i \in G_k} \sum_{X_j \in G_r} d_{ij}^2 = \frac{1}{n_k n_r} \left(\sum_{X_i \in G_k} \sum_{X_j \in G_p} d_{ij}^2 + \sum_{X_i \in G_k} \sum_{X_j \in G_q} d_{ij}^2 \right) = \frac{n_p}{n_r} D_{kp}^2 + \frac{n_q}{n_r} D_{kq}^2$$

2.4.2.5 离差平方和法

离差平方和法是 Ward 于 1936 年提出的，同时也叫 Ward 法。它利用方差分析的思想，"好"的聚类法是使类内差异尽量小，类间差异尽量大。当类数固定时，使整个类内离差平方和达到极小的分类即为最优。这种系统聚类法称为离差平方和法或 Ward 法。

设将 n 个样品分成 k 类 G_1，G_2，$\cdots$，G_k，用 X_{it} 表示 G_t 中的第 i 个样品，n_t 表示 G_t 中的样品个数，$\bar{x}_t$ 是 G_t 的重心，则 G_t 的样品离差平方和为

$$SS_t = \sum_{i=1}^{n_t} (X_{it} - \bar{x}_t)'(X_{it} - \bar{x}_t)$$

如果类 G_p 与 G_q 合并成新类 G_r，则类内离差平方和分别为

$$SS_p = \sum_{i=1}^{n_p} (X_{ip} - \bar{x}_p)'(X_{ip} - \bar{x}_p)$$

$$SS_q = \sum_{i=1}^{n_q} (X_{iq} - \bar{x}_q)'(X_{iq} - \bar{x}_q)$$

$$SS_r = \sum_{i=1}^{n_r} (X_{ir} - \bar{x}_r)'(X_{ir} - \bar{x}_r)$$

它们反映了各自类内样品的分散程度，如果 G_p 与 G_q 这两类相距较近，则合并后所增加的离差平方和 $SS_r - SS_p - SS_q$ 应较小；否则，应较大。于是定义 G_p 与 G_q 之间的距离平方为 $D_{pq}^2 = SS_r - SS_p - SS_q$，其中 $G_r = G_p \cup G_q$。

则任一类 G_k 与 G_r 的距离为

$$D_{kr}^2 = \frac{n_k + n_p}{n_r + n_k} D_{kp}^2 + \frac{n_k + n_q}{n_r + n_k} D_{kq}^2 - \frac{n_k}{n_r + n_k} D_{pq}^2$$

在实际应用中，离差平方和法应用比较广泛，分类效果较好，但它要求样品间距离必须采用欧式距离。

2.4.3 *K* 均值聚类法

快速聚类法中最常用的就是 *K* 均值法(K-means clustering),这种方法是麦奎因于 1967 年提出的。*K* 均值法首先根据事先确定的类数 *K* 确定 *K* 个初始点,然后将其他个体逐一输入,同时改变凝聚点,不断迭代,直到找到合理的分类为止。一般的,当两次迭代间的结果差不多或达到规定的迭代次数时,迭代停止。

这种算法的基本思想是将每一个样品分配给最近中心(均值)的类中,步骤如下:

①将所有的样品分成 *K* 个初始类。

②通过欧几里得距离将某个样品划入离中心最近的类中,并对获得样品与失去样品的类,重新计算中心坐标。

③重复步骤②,直到所有的样品不能再分配时为止。

K 均值法和系统聚类法一样,都是以距离的远近亲疏为标准进行聚类的,但是两者的不同之处也是明显的,系统聚类对不同的类数产生一系列的聚类结果,而 *K* 均值法只能产生指定类数的聚类结果。具体类数的确定,离不开实践经验的积累,有时也可以借助系统聚类法以一部分样品为对象进行聚类,其结果作为 *K* 均值法确定类数的参考。

系统聚类法需要计算出不同样品或变量的距离,还要在聚类的每一步都要计算类间距离,相应的计算量自然比较大;特别是当样品的容量很大时,需要占据非常大的计算机内存空间,这给应用带来一定的困难。而 *K* 均值法是一种快速聚类法,采用该方法得到的结果比较简单易懂,对计算机的性能要求不高,因此应用也比较广泛。

2.4.4 实例分析

为研究某湖区土壤分类,对土壤测定 7 项指标。现取出 8 个湖区的资料进行研究,数据如表 2-4 所示,进行聚类分析。

表 2-4 8 个湖区的土壤资料

土壤号	燃烧损失(%)	可交换磷(μg/g)	磷盐活性	可提取铁(mg/100 g)	总磷(%)	总氮(%)	pH
1	10.56	192.9	352.4	1000	0.10	0.33	4.59
2	15.63	118.4	300.2	1900	0.11	0.61	4.16
3	19.71	297.7	467.9	2200	0.08	0.63	4.04
4	10.71	127.3	330.3	910	0.13	0.43	4.56
5	8.3	107.4	241.4	88	0.08	0.31	4.74
6	15.92	203.6	336.9	1500	0.08	0.52	4.13
7	12.92	170.6	319.6	1600	0.06	0.44	4.05
8	21.96	104.3	578.8	1900	0.12	0.81	4.11

利用 R 语言对本例进行统计分析。

(1)采用 Ward 法进行系统聚类

>mydata<-read.csv("聚类分析.csv",header=T)

>d1<-dist(mydata,method="euclidean") #采用欧式距离计算距离矩阵

>sol<-hclust(d1，method＝"ward. D")　#采用 Ward 法进行聚类分析
>plot(sol)#树状图

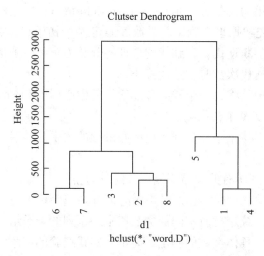

图 2-3　树状图

采用 Ward 法将样品进行聚类分析，由树状图(图 2-3)可知若将样品分为两类，则第一类包括 2、3、6、7、8 号五块样地，第二类包括 1、4、5 号三块样地。

(2) K 均值法(分 2 类)

> kmeans(x＝mydata，centers＝2)　#K 均值聚类分析，分 2 类

K-means clustering with 2 clusters of sizes 5，3

Cluster means：

	燃烧损失	可交换磷	磷盐活性	可提取铁	总磷	总氮	pH
1	17. 228000	178. 9200	400. 6800	1820	0. 0900000	0. 6020000	4. 098
2	9. 856667	142. 5333	308. 0333	666	0. 1033333	0. 3566667	4. 630

Clustering vector：

[1] 2 1 1 2 2 1 1 1

根据 K 均值法将样品分为 2 类，第一类包括 2、3、6、7、8 号五块样地，第二类包括 1、4、5 号三块样地。结果与系统聚类一致。

2. 5　判别分析

在生活中经常需要根据观测到的数据资料对所研究的对象进行分类。例如，在环境监测中，需要根据对某地区的环境污染的综合测定结果，来判定该地区属于哪一种污染类型；在农林害虫预报中，根据以往的虫情、多种气象因子来判别一个月后的虫情是大发生、中发生还是正常等。判别分析(discriminant analysis)就是这样一种利用已知类别的样本建立判别模型，对未知类别的样本进行判别的多元统计方法。

2.5.1 判别分析的基本原理

假设有 n 个样本，对每个样本测得 p 项指标(变量)的数据，已知每个样本属于 k 个类别(或总体) G_1，G_2，$\cdots$，G_k 中的某一类，且它们的分布函数分别为 $F_1(x)$，$F_2(x)$，$\cdots$，$F_k(x)$。我们希望利用这些数据，找出一种判别函数，使得这一函数具有某种最优性质，能把属于不同类别的样点尽可能地区分出来并对测得同样具有 p 项指标(变量)数据的新样本进行判定，判定这个样本归属哪一类。实际上判别分析的过程分为两个部分，首先是依据已知样本及其预测变量建立起一系列分类规则或判别规则，其次是运用这一规则对样本的原有分类进行检验，以确定原有分类的准确率。同时如果原有分类具有较高的准确率，则建立起来的分类规则可以应用于实际工作中。

判别分析与聚类分析不同。判别分析是在已知研究对象分成若干类型(或组别)并已取得各种类型的一批已知样品的观测数据，在此基础上根据某些准则建立判别式，然后对未知类型的样品进行判别分类。对于聚类分析来说，一批给定样品要划分的类型事先并不知道，需要通过聚类分析来确定类型。

正因为如此，判别分析和聚类分析往往联合起来使用。例如，判别分析是要求先知道各类总体情况才能判断新样品的归类，当总体分类不清楚时，可先用聚类分析对原来的一批样品进行分类，然后再用判别分析建立判别式以对新样品进行判别。

判别分析内容很丰富，方法很多。本书主要介绍距离判别法、贝叶斯判别法和费希尔判别法。

2.5.2 距离判别法

距离判别法是最简单、最直观的一种判别方法，其准则就是判别新样品属于与它距离最小的总体。一般常采用马氏距离进行判别分析。

设 X 和 Y 是来自均值为 μ、协方差为 $\sum(>0)$ 的总体 G 中的 p 维样本，则总体 G 内两样本 X 和 Y 之间的马氏距离定义为

$$D^2(X, Y) = (X - Y)' \sum\nolimits^{-1} (X - Y)$$

点 X 到总体 G 的马氏距离为

$$D^2(X, G) = (X - \mu)' \sum\nolimits^{-1} (X - \mu)$$

2.5.2.1 两个总体的距离判别

设有均值分别为 μ_1 和 μ_2，协方差矩阵分别为 Σ_1 和 Σ_2 的两个总体 G_1 和 G_2，对于一个新样品 X，要判断它来自哪个总体。

新样品 X 到两个总体的马氏距离分别为

$$D^2(X, G_1) = (X - \mu_1)' \sum\nolimits_1^{-1} (X - \mu_1)$$

$$D^2(X, G_2) = (X - \mu_2)' \sum\nolimits_2^{-1} (X - \mu_2)$$

则判别规则为 $\begin{cases} X \in G_1 & \text{如果 } D^2(X, G_1) \leqslant D^2(X, G_2) \\ X \in G_2 & \text{如果 } D^2(X, G_1) > D^2(X, G_2) \end{cases}$

2.5.2.2 多个总体的距离判别

设有 k 个总体 G_1，G_2，$\cdots$，G_k，其均值和协方差矩阵分别为 μ_1，μ_2，$\cdots$，μ_k 和 $\sum_1$，$\sum_2$，$\cdots$，$\sum_k$，对于一个新样本 X，要判断它来自哪个总体。

首先计算新样本 X 到每一个总体的距离，即

$$D^2(X, G_j) = (X - \mu_j)'\sum_j^{-1}(X - \mu_j) \qquad j = 1, 2, \cdots, k$$

则判别规则为 $X \in G_i$，如果 $D^2(X, G_i) = \min_{1 \leqslant j \leqslant k} D^2(X, G_j)$。

2.5.3 贝叶斯判别法

距离判别法虽然简单，但是该方法也有其明显不足之处。第一，判别方法与总体各自出现的概率大小无关；第二，判别方法与错判之后造成的损失无关。贝叶斯判别法就是为了解决这些问题而提出的一种判别方法。

设有 k 个总体 G_1，G_2，$\cdots$，G_k，其各自的分布密度函数 $f_1(x)$，$f_2(x)$，$\cdots$，$f_k(x)$ 互不相同，假设 k 个总体各自出现的概率分别为 q_1，q_2，$\cdots$，q_k，$q_i \geqslant 0$，$\sum_{i=1}^k q_i = 1$。对于样品 $X = (X_1, X_2, \cdots, X_p)'$，需要判定 X 归属哪一个总体。把 X 看成 p 维欧式空间 R^p 的一个点，那么，贝叶斯判别规则期望对样本空间实现一个划分 R_1，R_2，$\cdots$，R_k，这个划分既考虑各总体出现的概率又考虑使误差的可能性最小，这个划分就成了一个判别规则，即若 X 落入 $R_i(i=1, 2, \cdots, k)$，则 $X \in G_i$。

根据贝叶斯公式，样品 X 来自 G_i 的后验概率为

$$P(G_i|X) = \frac{q_i f_i(x)}{\sum_{j=1}^k q_j f_j(x)}$$

若 X 属于 G_i，而被误判为 $G_j(i \neq j)$ 的概率为 $1-P(G_i|X)$。当因误判而产生的损失函数为 $L(j|i)$，那么错判的平均损失为

$$E(i|X) = \sum_{j \neq i}\left[\frac{q_i f_i(x)}{\sum_{j=1}^k q_j f_j(x)} \cdot L(j|i)\right]$$

它表示了本属于第 i 个总体的样品被错判为第 j 个总体的损失。判别一个样品属于哪一类，自然既希望属于这一类的后验概率大，又希望错判为这一类的平均损失小。在实际应用中确定损失函数比较困难，故常假设各种错判的损失一样。此时，要使 $P(G_i|X)$ 最大与 $E(i|X)$ 最小是等价的。这样，建立判别函数就只需使 $P(G_i|X)$ 最大，它等价于使 $q_i f_i(x)$ 最大，故判别函数为

$$y_i(x) = q_i f_i(x) \quad i = 1, 2, \cdots, k$$

判别规则为，当 X 落入 R_i，则 $X \in G_i$，其中

$$R_i = \{x \mid y_i(x) = \max_{1 \leqslant j \leqslant k} y_j(x)\}$$

或者说，对于 X，若 $y_i(x) = \max_{1 \leqslant j \leqslant k} y_j(x)$，则 $X \in G_i$。

2.5.4　费希尔判别法

费希尔判别法的主要思想是通过将多维数据投影到某个方向上，投影的原则是将总体与总体之间尽可能的放开，然后再选择合适的判别规则，将新的样品进行分类判别。

现从 k 个总体中抽取具有 p 个指标的样品观测数据，借助方差分析的思想构造一个线性函数 $U(X)=u_1X_1+u_2X_2+\cdots+u_pX_p=u'X$。其中，系数 $u=(u_1,\ u_2,\ \cdots,\ u_p)'$ 确定的原则是使总体之间区别最大，而使每个总体内部的离差最小。有了线性判别函数后，对于一个新的样品，将它的 p 个指标值代入线性判别函数式中求出 $U(X)$ 值，然后根据一定的判别规则，就可以判别新的样品属于哪个总体。

2.5.4.1　两个总体的判别

设有两总体 G_1 和 G_2，其均值分别为 μ_1 和 μ_2，协方差矩阵为 $\sum_1$ 和 $\sum_2$。当 $X\in G_i$ 时，可求出 $u'X$ 的均值和方差，即

$$E(u'X)=E(u'X\mid G_i)=u'E(X\mid G_i)=u'\mu_i=\bar{\mu}_i,\ i=1,\ 2$$

$$D(u'X)=D(u'X\mid G_i)=u'D(X\mid G_i)u=u'\sum_i u=\sigma_i^2,\ i=1,\ 2$$

在求线性判别函数时，尽量使总体之间差异大，也就是要求 $u'\mu_1-u'\mu_2$ 尽可能的大，即 $\bar{\mu}_1-\bar{\mu}_2$ 大；同时要求每一个总体内的离差平方和最小，即 $\sigma_1^2+\sigma_2^2$ 最小。则建立一个目标函数 $L(u)=(\bar{\mu}_1-\bar{\mu}_2)/(\sigma_1^2+\sigma_2^2)$，只需要找出 u 使目标函数 $L(u)$ 最大即可。

2.5.4.2　多个总体的判别

设有 k 个总体 G_1，G_2，$\cdots$，G_k，其均值和协方差矩阵分别为 $\boldsymbol{\mu}_i$，$\sum_i(\ >0)$，$i=1$，2，$\cdots$，k。

同样，可求出 $u'X$ 的均值和方差，即

$$E(u'X)=E(u'X\mid G_i)=u'\mu_i,\ i=1,\ 2,\ \cdots,\ k$$

$$D(u'X)=D(u'X\mid G_i)=u'D(X\mid G_i)u=u'\sum_i u,\ i=1,\ 2,\ \cdots,\ k$$

令 $b=\sum_{i=1}^{k}(u'\mu_i-u'\bar{\mu})^2$，$e=\sum_{i=1}^{k}u'\sum_i u=u'(\sum_{i=1}^{k}\sum_i)u=u'Eu$

其中，$\bar{\mu}=\dfrac{1}{k}\sum_{i=1}^{k}\mu_i$，$E=\sum_{i=1}^{k}\sum_i$。

建立目标函数 $L(u)=b/e$，使其达到极大。

2.5.5　实例分析

为了区分小麦品种的两种不同的分蘖类型，用 x_1，x_2，x_3 三个指标求其判别函数。经验样品中，第一类(主茎型)取 11 个样品，第二类(分蘖型)取 12 个样品，数据如表 2-5 所示，进行判别分析。

表 2-5 小麦主茎型与分蘖型经验样本

	第一类（主茎型）				第二类（分蘖型）		
样品	x_1	x_2	x_3	样品	x_1	x_2	x_3
1	0.71	3.80	12.00	1	1.00	4.25	15.16
2	0.78	3.86	12.17	2	1.00	3.43	16.25
3	1.00	2.10	5.70	3	1.00	3.70	11.40
4	0.70	1.70	5.90	4	1.00	3.80	12.40
5	0.30	1.80	6.10	5	1.00	4.00	13.60
6	0.60	3.40	10.20	6	1.00	4.00	12.80
7	1.00	3.60	10.20	7	1.00	4.20	13.40
8	0.50	3.50	10.50	8	1.00	4.30	14.00
9	0.50	5.00	11.50	9	1.00	5.70	15.80
10	0.71	4.00	11.25	10	1.00	4.70	20.40
11	1.00	4.50	12.00	11	0.80	4.60	14.00
				12	1.00	4.56	14.60

利用 R 语言对本例进行统计分析。

```
>library(MASS)   #加载包
>mydata<-read.csv("判别分析.csv", header=T)
>sol<-lda(Type~x1+x2+x3, data=mydata)   #进行线性判别分析
>sol
Call：
lda(Type~x1+x2+x3, data=mydata)
Prior probabilities of groups：
          1                2
0.4782609      0.5217391
Group means：
          x1             x2             x3
1   0.7090909     3.387273     9.774545
2   0.9833333     4.270000     14.484167
Coefficients of linear discriminants：
            LD1
x1   3.7087409
x2-0.4075632
x3   0.3924329
>pre<-predict(sol)   #应用线性判别函数预测样本类别
>pre$class   #输出预测结果
[1] 1 1 1 1 1 1 1 1 1 1 1 2 2 2 2 2 2 2 2 2 2 2 2
```

Levels：1 2

根据预测样本可知，来自第一个总体(主茎型)判为第二个总体(分蘖型)的有1个(第11个样本)，来自第二个总体(分蘖型)的判别全部成立。

习 题

1. 测定13块南京11号高产田的每667 m² 穗数(x_1，万)、每穗粒数(x_2)和每667 m² 稻谷产量(y，kg)，结果如表2-6所示。试建立每667 m² 穗数、每穗粒数对667 m² 产量的二元线性回归方程。

表2-6 高产田试验数据

x_1	x_2	y	x_1	x_2	y
26.7	73.4	504	27.0	71.4	473
31.3	59.0	480	33.3	64.5	537
30.4	65.9	526	30.4	64.1	515
33.9	58.2	511	31.5	61.1	502
34.6	64.6	549	33.1	56.0	498
33.8	64.6	552	34.0	59.8	523
30.4	62.1	496			

($\hat{y} = -176.2402 + 12.4164x_1 + 4.6822x_2$)

2. 表2-7为西北农学院育种研究室1981年品种区试的部分资料，其中x_1为冬季分蘖(万)，x_2为株高(cm)，y_1为每穗粒数，y_2为千粒重(g)。试对x_1，x_2与y_1，y_2进行典型相关分析。

表2-7 品种区试试验资料

品种	性状			
	x_1	x_2	y_1	y_2
小偃6号	11.5	95.3	26.4	39.2
7576/3矮790	9.0	97.7	30.8	46.8
68G(2)8	7.9	110.7	39.7	39.1
70190−1	9.1	89.0	35.4	35.3
9615−11	11.6	88.0	29.3	37.0
9615−13	13.0	87.7	24.6	44.8
73(36)	11.6	79.7	25.6	43.7
丰产3号	10.7	119.3	29.9	38.8
矮丰3号	11.1	87.7	32.2	35.6

(第一对典型变量相关系数0.940)

3. 某果树所为比较18个葡萄品种的枝条抗冻性，用重复抽样检测了各个品种在4℃(Z4)、−10℃(F10)、−15℃(F15)、−20℃(F20)、−25℃(F25)、−30℃(F30)和−40℃(F40)上的电导指数(电导率×100)，结果如表2-8所示。试通过主成分分析比较葡萄品种的抗冻性。

表 2-8 18 个葡萄品种的枝条抗冻性数据

品种	Z4	F10	F15	F20	F25	F30	F40
玫瑰香	45.34	53.24	54.93	59.63	73.8	68.16	67.61
红地球	42.08	53.63	55.84	64.64	71.72	62.35	63.92
早黑宝	42.52	51.04	57.9	64.29	71.12	63.19	63.81
巨峰	42.96	50.74	60.53	64.57	67.09	63.63	60.47
无核白鸡心	42.73	53.24	56.99	56.2	66.84	68	62.48
维多利亚	41.34	53.94	55.39	61.11	64.24	65.35	64.31
梅露辄	41.84	53.46	57.89	64.86	64.3	66.26	67.66
品丽珠	47.33	60.91	62.11	64.33	59.58	67.04	63.59
贵人香	50.29	55.56	57.88	62	65.78	72.61	66.74
西拉	53.52	60.56	45.07	62.19	64.98	73.49	67.57
赤霞珠	52.71	60.87	47.09	54.77	60.27	67.62	72.7
霞多丽	47.82	49.95	49.45	56.55	65.26	72.11	70.11
RU140	39.13	36.48	37.19	38.26	50.29	61.71	64.41
1103P	44.88	43.43	41.83	47	57.43	69.77	64.71
5BB	48.61	50.6	44.1	48.96	53.71	62.9	68.26
R110	42.72	49.94	44.11	52.01	56.56	65.92	67.83
SO4	46.86	51	44.9	47.39	56.33	59.38	68.86
贝达	50.95	51.59	42.7	44.62	52.65	54.61	69.95

（采用协方差矩阵进行主成分分析，选定前两个主成分，累计贡献率 83.135%）

4. 从 12 个不同地区测得了某树种的平均发芽率 x_1 和发芽势 x_2，数据如表 2-9 所示，进行聚类分析。

表 2-9 12 个地区某树种的数据

区号	x_1	x_2	区号	x_1	x_2
1	0.707	0.385	7	0.877	0.713
2	0.600	0.433	8	0.513	0.353
3	0.693	0.505	9	0.815	0.675
4	0.717	0.343	10	0.633	0.465
5	0.688	0.605	11	0.740	0.580
6	0.533	0.380	12	0.777	0.723

（采用 Ward 法将样本进行聚类分析，分为两类）

5. 某气象站预报某地区有无春旱的观测资料中，x_1 与 x_2 是与气象有关的综合预报因子，数据包括发生春旱的 6 个年份的 x_1 和 x_2 的观测值和无春旱的 8 个年份的相应观测值，数据如表 2-10 所示，进行判别分析。

表 2-10 某地区有无春旱的观测数据

	G_1（春旱）			G_2（无春旱）	
序号	x_1	x_2	序号	x_1	x_2
1	24.8	-2.0	1	22.1	-0.7
2	24.7	-2.4	2	21.6	-1.4
3	26.6	-3.0	3	22.0	-0.8
4	23.5	-1.2	4	22.8	-1.6
5	25.5	-2.1	5	22.7	-1.5
6	27.4	-3.1	6	21.5	-1.0
			7	22.1	-1.2
			8	21.4	-1.3

（准确率为 100%）

3　试验设计概述

本章摘要

科学试验是科学研究的基本方法、途径，要得到科学的研究结论必须有合理的试验设计，一个好的试验设计要根据研究目的和试验条件做出符合统计分析要求、最大限度节约成本、高效、能得出确切的科学结论的试验方案。本章主要介绍试验设计的基本要求、基本原则，农林业田间(野外)试验的误差来源及控制途径、试验设计的基本程序。

3.1　试验设计的基本问题与要求

3.1.1　试验设计的一些基本概念

试验指标：判断试验结果好坏所采用的标准。如成活率、死亡率、单位面积蓄积量等。试验指标选择是否合理影响研究结论，同一试验采用不同的试验指标可能会得到不同的结论。对指标的回答称为指标值。

因素(因子)：有可能影响试验指标的条件。如施肥量、栽植密度等都是可能影响苗木产量这一指标的条件。药剂种类、剂量等都是可能影响昆虫死亡率这一指标的条件。试验因素分为数量因素和非数量因素。数量因素是依数量划分的因素，如栽植密度、施肥量等。非数量因素是不依数量划分的因素，如按属性划分的施肥种类、药剂种类等。

试验可以是单因素试验、双因素试验或多因素试验。

水平：能影响试验指标的因素以人为方式加以控制或分组。如比较不同海拔对倒木分解碳释放规律的影响，海拔因素划分为 200 m、400 m、600 m、800 m、1000 m、1200 m 6个水平。

试验处理：试验中具体比较的项目称为试验处理。单因素试验中，实施在试验单元上的试验因素的某一水平就是一个处理。

多因素试验中实施在试验单元上的具体项目就是试验因素的各因素某一水平组合，就是一个处理，如 $A_1B_2C_2$。

如为比较温度、湿度对倒木分解碳释放规律的影响，在室内模拟设置温度因子 4 个水平(10 ℃、15 ℃、20 ℃、25 ℃)、湿度因子 3 个水平(30%、60%、90%)，双因素试验共有 12 个试验处理：温度 10 ℃湿度 30%、温度 10 ℃湿度 60%、温度 10 ℃湿度 90%、温度

15 ℃湿度 30%、温度 15 ℃湿度 60%、温度 15 ℃湿度 90%、温度 20 ℃湿度 30%、温度 20 ℃湿度 60%、温度 20 ℃湿度 90%、温度 25 ℃湿度 30%、温度 25 ℃湿度 60%、温度 25 ℃湿度 90%。

3.1.2　试验设计的基本要求

试验设计的目的是使试验结果可靠和正确，为此，试验设计要达到以下基本要求。

（1）试验结果要可靠

科学试验的观测值可以表达为：$y = u + \varepsilon$

u 为真值，理论值；

ε 为误差，试验误差一般包括系统误差、随机(偶然)误差、过失误差。

有一定原因的偏差，称系统误差，系统误差使数据偏离理论真值，影响数据的准确性。随机(偶然)误差是完全偶然的、找不出原因的误差，偶然误差使数据相互分散，影响数据的精确性。

准确度是指试验结果的实际值或观测值与其理论真值的符合程度或接近程度。愈接近试验愈准确，但因真值未定，故准确度不易确定。

精确度是指试验误差尽可能小，使处理间差异能精确地比较。

试验结果要可靠就是要求试验有较高的准确度和精确度。

（2）试验条件要有代表性

试验条件要有代表性就是要求试验条件要能代表将来准备使用这一试验结果的地区自然条件，如试验地经纬度、海拔、气候条件、地势、土壤类型、土壤肥力等。

（3）试验的重演性

试验的重演性要求就是在相同条件下再进行试验或实践时能重复获得与试验结果类似的结果。特别是农林业试验受复杂的自然条件影响，不同年份、不同地区进行相同试验往往结果不同，为了保证试验的重演性，首先要保证准确性和代表性，在此基础上还要了解和掌握林木、农作物的生长发育特性，规范研究方法。

（4）应当选择适当的试验指标，并有相应的数据分析方法

科学试验研究选择不同的试验指标可能会得到不同结论，因此要根据相关基础理论知识或前人研究结论选择合理的试验指标。另外，试验结果分析最基本的分析方法是方差分析，因此试验结果数据必须满足方差分析的基本条件，如不能满足要采取相应的措施，如数据转换等。

3.1.3　田间(野外)试验的误差来源及控制途径

田间(野外)试验是农业和生物学研究中最常用的研究手段，但因其试验是在开放的自然条件下进行的，生物体与自然界的气候、土壤本身存在很多差异，因此误差控制尤其重要。试验误差可以分为三大类：随机误差、系统误差和过失误差。

随机误差是偶然产生的，试验因素越多，试验的环节越多、越长，随机误差发生的可能性及波动越大，随机误差不能避免，但可以减少。理论上，系统误差可以通过在试验条件及实验过程中的规范操作来控制。过失误差是由过程中的非随机事件如测量仪表失灵、

设备故障、试验人员过失等引发的试验数据严重失真现象，致使试验数据的真实值与测量值之间出现显著差异的误差。

田间(野外)试验的误差来源主要有以下三个方面：

(1) 试验材料固有的差异

在田间试验中供试的材料常是植物或其他生物，它们在其遗传或生长发育上往往存在着差异，如动植物材料的基因型不同、苗木的粗细不一、插穗的粗细不一、种子的批次不同等，均能造成试验结果的偏差。因此要通过一定的途径进行控制。试验材料固有的差异的控制途径主要是尽量选择均匀一致的材料，如基因型同质一致、生长发育程度的一致等。对于生长发育程度不一致的则可以通过分组局部控制差异，即先按差异程度分组、分档，然后将统一规格的安排在同一区组的各处理小区，从而减少试验的误差。

(2) 农业操作或管理技术不一致引起的差异

农林业试验的供试材料在田间的生长周期较长，并在生长期间要进行农事(抚育)管理、饲养管理，需要施肥、除草及病虫害防治等，操作不规范或质量不一致，以及观测人员、时间、仪器等的不一致等，均会增加试验误差。其误差控制途径主要是改进操作和管理技术，严格按试验方案中的操作规程或通过技术培训规范操作，使之标准化。除把各种操作尽可能做得一样外，一切管理操作、观察测量和数据收集都应以区组为单位进行，减少可能发生的差异。

(3) 外界环境条件差异

农林业田间试验的外界环境条件的差异主要是气候、土壤水分、土壤养分等差异，特别是土壤差异，即土壤养分、水分条件不均匀所致的条件差异。外界环境条件差异的控制途径主要是选择地势平坦、均匀的试验地；采用适当的小区技术；应用良好的试验设计和相应的统计分析，如随机区组、拉丁方、裂区试验设计，把环境差异通过区组变异从总变异中分离出来。

3.2 试验设计的基本方法

3.2.1 试验设计的基本原则

(1) 重复

重复是指每个试验处理重复若干次，试验中同一处理的单元数称为重复数，一般要求3次以上。如杉木密度比较试验，每种密度设置3个样地即为3次重复；品种比较试验，每个品种各设置4个小区即为4次重复。重复的作用有两个：一是估计试验误差，有误差的估计值才能判断处理之间差异的显著性，而误差估计值可以从重复试验中得到。二是降低误差，更精确地估计处理效应。如果用样本均值($\bar{y}$)估计试验中某一因子水平的响应均值的真值，则重复能够得到更精确的参数估计，因为如果σ^2是单个观测值的方差，且有n次重复，则样本均值的方差是$\sigma_{\bar{y}}^2 = \dfrac{\sigma^2}{n}$。同时重复还能扩大试验的代表性。但实践中重复次数多少才合适要根据实际情况确定，重复次数太少则试验误差大且不准确，重复次数太多则工作量大、成本高。一般来说试验地的地形变化大、土壤肥力差异大、试验准度要求较高时重复次数要多些，否则可以少些。要特别注意区分重复与重复测量，避免假重复现象。如有 3 个林分，每个林分代表一种森林类型，从每个林分随机设 10 个样方调查植被。如果研究问题是关于这 3 个林分的植被差异，则每种林分有 10 个样方作为重复，总自由度是 29；而如果研究问题是关于 3 个森林类型的植被差异，则实际上每种植被类型只有 1 个林分，10 个样方就可以认为是重复测量，不是真正的重复，是假重复。

（2）随机化

随机化是指试验材料的配置和处理在试验地上的顺序是随机的，以获得独立的随机变量值。随机化是试验设计统计分析的基础，因为统计学方法要求观察值或误差是独立的随机变量，通过随机化才能使这种假设得到满足。随机化使各处理在试验地中占据任何一个小区的机会均等，因此可以防止系统误差，正确地估计误差。

（3）局部控制

农林、生态学科野外试验中土壤肥力等环境条件的差异是客观存在的，增加重复次数提高精度往往带来试验地面积增大，必然增大土壤的差异程度，增大土壤差异又必然增加试验误差。为了解决这一矛盾，我们可以将试验地根据差异划分成若干区组，每一区组内比较均匀一致，也即分范围、分地段局部控制外界环境差异，在每一区组按供试的处理划分若干个小区，每个小区安排不同的处理，由于不同处理配置在较小面积且相邻的一个区组内，这样可以达到控制土壤等环境条件差异的目的，这就是局部控制，也称为区组化。对于试验材料的固有差异也可以通过将试验材料分组或分档的方式实现局部控制，减少试验误差。

3.2.2　试验设计的基本步骤

（1）明确试验目的

这是试验设计首先要考虑的问题，必须深入了解分析，提出试验目的及预期效果。相同的供试对象不同的试验目的选择的试验指标将不同，间伐强度试验可以间伐强度对林分生长的影响为试验目的，也可以间伐强度对林下植被、生物多样性的影响为试验目的。前者要选择胸径、蓄积量为试验指标，后者则可选择林下植被组成、物种丰富度、生物多样性指数为试验指标。

（2）确定因素和水平

确定试验目的之后就要根据相关专业基础理论知识和前人研究成果了解哪些因素可能对试验结果产生影响，根据试验要求选出适当因素加以研究，并合理划分各因子的水平。

（3）确定试验指标

试验指标是衡量试验结果的，在选择指标时，必须考虑指标对所研究问题能提供什么信息以及如何测定该指标。一个试验研究选择不同的指标可能会得到不同的结论。

（4）试验设计

根据试验目的、试验因素、试验地条件选择合理的试验设计方法，并要根据试验地条件、精度要求确定重复次数，还要考虑随机排列和局部控制、数据收集等。

（5）试验实施

试验设计的实施是试验过程也是收集数据的过程，农林业试验中动植物整个生长期间需要进行施肥、除草及病虫害防治等农事(抚育)管理、动物饲养管理，操作不规范或质量不一致，或观测人员、时间、仪器等的不一致等都会带来试验误差，因此设计者应亲临现场，认真监督按试验设计执行，严格各试验环节的规范。

(6)数据分析

对试验所得数据进行统计分析，统计分析前要先判断试验数据是否满足统计分析所需要的假设条件，如方差分析的正态、独立、随机、等方差的假设条件，如果不满足要采取适当的方法进行数据转换。

(7)结论与应用

从数据分析结果中归纳出有关结论，并给予生物学的解释，形成成果论文或报告。

3.2.3　控制土壤差异的小区技术

在田间试验中，安排一个处理的小块地段称试验小区，小区的面积大小、形状以及布局是试验中控制土壤差异的关键。

(1)小区的面积

小区面积大小对减少土壤差异的影响和提高试验精度有直接关系，对不同试验对象和试验目的的小区面积要求不同。一般来说，在一定范围内，试验误差与小区面积大小成反比，即小区面积增加，试验误差减少，但减少不是同比例的，当小区面积增大到一定后试验误差下降就不明显。小区面积要适当，如果小区面积不断增大，会使整个试验地面积增加，容易造成土壤差异增加，如果试验地面积一定，增加小区面积会造成试验次数减少，也会降低试验精确性。在确定一个具体试验的小区面积时要考虑以下几个方面，首先是试验种类如间伐试验、品种比较试验、施肥试验的小区面积要求是不一样的；其次是试验对象，如用材林、经济林、农作物的小区面积要求有差异，一般来说，乔木林试验小区面积要大于灌木林，灌木林试验小区面积大于草地，林业试验面积大于农业试验；最后还要考虑试验地土壤差异程度与形式、供试的试验地面积、试验过程中的取样、边际效应等。

一般来说，农作物、花卉、草地的小区面积范围为 $6 \sim 60$ m^2，乔木林试验小区面积范围为 $400 \sim 900$ m^2，灌木林试验小区面积范围为 $25 \sim 400$ m^2。

(2)小区形状

小区的形状对试验的精确度有一定影响，分长方形和正方形两种，一般情况下小区面积较大的林木试验小区形状以正方形或长方形均可，小区面积较小的灌草植物或苗木培育试验的试验小区以长方形为宜，一方面是便于试验操作，另一方面不论是呈梯度或斑块状土壤肥力差异长方形小区都能全面地包括不同肥力的土壤，相应地减少小区之间土壤差异。而且当试验地土壤水肥条件呈梯度变化时，小区的方向必须是使长边与土壤变化最大的方向平行，使区组方向与土壤变化方向垂直，这样可以提高精确度，如图3-1所示。

(3)对照区与保护行的设置

作为与处理比较的共同标准，并利用对照区(CK)估计和矫正试验地的土壤差异，一般要求每一重复内设置一个对照区或试验因素设置一个对照水平或处理。

保护行的设置是为了使各处理在较均匀的环境条件下生长发育或观测对比，保护试验

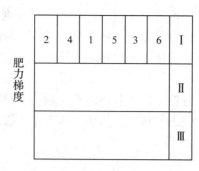

图 3-1　按土壤肥力变异趋势确定小区形状和排列方向

（Ⅰ、Ⅱ、Ⅲ代表区组，1、2、3、4、5、6代表小区）

材料不受人畜等外来因素的损害，同时也可消除因试验地环境条件差异所产生的边际效应，保证处理间有正确的比较。

习　题

1. 为使试验设计所得结果可靠和正确，试验有哪些基本要求？
2. 田间（野外）试验的可能误差来源有哪些？如何控制？
3. 试验设计有哪些基本原则？

4 完全随机设计与分析

本章摘要

完全随机试验设计是指每一供试单位都有同等机会(等概率)接受所有可能处理的试验设计方法，没有局部控制，但要求在尽可能一致的环境中进行试验。本章重点阐述单因素和双因素完全随机设计的统计分析方法与步骤，并给出了相应的实例(配有 R 程序)，以方便读者理解。

4.1 完全随机设计方法与特点

若试验只探讨一个试验因素对试验指标的影响，并将该因素取不同水平，其余因素尽可能保持一致，则称此试验为单因素试验。单因素试验中最简单的设计是单因素完全随机设计。

设一个单因素试验，因素 A 有 a 个水平(处理)，每个水平(处理)重复 n 次，共有 $N=an$ 个试验单元。若各试验单元所安排的处理完全依随机方式来确定，这种无任何随机化约束的设计为完全随机设计。

完全随机设计只遵循了试验设计的重复和随机化两个基本原则，所以其设计与分析都比较简单。在试验环境比较复杂的情况下，由于不能很好地控制除供试因素以外其他环境因素的差异，造成试验误差较大，所以在环境条件相对一致的情况下可以考虑采用完全随机试验设计，否则可以采用其他设计方法，如随机区组试验设计。

4.2 单因素完全随机设计的统计分析

4.2.1 单因素完全随机设计与分析

单因素完全随机设计只考虑一个因素 A，因素 A 有 a 个水平，分别记为 A_1，A_2，$\cdots$，A_i，$\cdots$，A_a，设置重复，每个处理的重复可相等，也可不相等，观测值按一个因素的水平(或处理)不同来分组，称这种试验资料为单向分组资料。令 $y_{ij}(i=1, 2, \cdots, a; j=1, 2, \cdots, n)$ 表示第 i 个处理的第 j 次观测值，则 $N=a\times n$ 个观测值的表示形式见表 4-1。

表 4-1　单向分组资料

处理	观测值 (y_{ij})				处理总和 ($y_{i\cdot}$)	处理平均 ($\bar{y}_{i\cdot}$)
A_1	y_{11}	y_{12}	$\cdots$	y_{1n}	$y_{1\cdot}$	$\bar{y}_{1\cdot}$
A_2	y_{21}	y_{22}	$\cdots$	y_{2n}	$y_{2\cdot}$	$\bar{y}_{2\cdot}$
$\vdots$	$\vdots$	$\vdots$	$\vdots$	$\vdots$	$\vdots$	$\vdots$
A_a	y_{a1}	y_{a2}	$\cdots$	y_{an}	$y_{a\cdot}$	$\bar{y}_{a\cdot}$
	试验总和 ($y_{\cdot\cdot}$)	试验平均 ($\bar{y}_{\cdot\cdot}$)				

表 4-1 中，$y_{i\cdot}$ 和 $\bar{y}_{i\cdot}$ 分别代表第 i 处理的观测值总和与平均，$y_{\cdot\cdot}$ 和 $\bar{y}_{\cdot\cdot}$ 分别代表全部试验观测值总和与平均，即

$$y_{i\cdot} = \sum_{j=1}^{n} y_{ij}, \quad \bar{y}_{i\cdot} = \frac{y_{i\cdot}}{n}, \quad y_{\cdot\cdot} = \sum_{i=1}^{a} \sum_{j=1}^{n} y_{ij}, \quad \bar{y}_{\cdot\cdot} = \frac{y_{\cdot\cdot}}{an} = \sum_{i=1}^{a} \frac{\bar{y}_{i\cdot}}{a}$$

上述表达方式称作点下标表示法，即点下标"·"就是对点所取代的下标求和。

在单向分组资料中，观测值的变异主要受两类因素影响，一类是受试验者控制的试验因素，另一类则是所有非试验因素即随机因素。试验因素不同水平，或试验的不同处理引起观测值之间的差异称为处理效应(或称为水平效应)；而对于非试验因素，由于不能控制到完全相同的程度，由此产生的差异称为试验误差。

设试验的第 i 处理总体平均值为 μ_i(μ_i 可看作第 i 个处理总体的真值)，其均值 $\mu = \frac{1}{a} \sum_{i=1}^{a} \mu_i$ 称为公共总体平均值；称第 i 处理平均值对公共总体平均值的离差 $\tau_i = \mu_i - \mu$ 为第 i 处理效应；称第 i 处理下第 j 次观测值对该处理平均值的离差 $\varepsilon_{ij} = y_{ij} - \mu_i$ 为第 i 处理下第 j 次观测时的试验误差。因此，每个观测值可以表示为

$$y_{ij} = \mu_i + \varepsilon_{ij}, \quad (i = 1, 2, \cdots, a; \quad j = 1, 2, \cdots, n)$$

或

$$y_{ij} = \mu + \tau_i + \varepsilon_{ij}, \quad (i = 1, 2, \cdots, a; \quad j = 1, 2, \cdots, n) \tag{4-1}$$

其中 $\varepsilon_{ij} \sim N(0, \sigma^2)$，即 ε_{ij} 相互独立，且服从均值为 0，方差为 σ^2 的正态分布。

模型(4-1)中因处理效应 τ_i 的性质不同，可分为固定效应模型和随机效应模型。

(1) 固定效应模型

若试验中 a 个处理是由试验者抽取的，试验目的只是对这 a 个处理做比较，其结论只适用于这些特定的处理，不能推广到其他处理上，这时处理效应 τ_i 是个固定数值，称这类模型为固定效应模型，简称固定模型。

在(4-1)式所表示的固定模型中，μ 和 τ_i 是固定数值，而 ε_{ij} 是服从 $N(0, \sigma^2)$ 分布的随机变量。可见，观测值 y_{ij} 是正态随机变量 ε_{ij} 的线性函数，也服从正态分布，根据数学期望和方差的性质可知 y_{ij} 的数学期望与方差分别为

$$E(y_{ij}) = \mu + \tau_i, \quad D(y_{ij}) = D(\varepsilon_{ij}) = \sigma^2$$

所以

$$y_i \sim N(\mu + \tau_i, \sigma^2) \tag{4-2}$$

其中 μ 是公共总体平均值，即

$$\mu = \sum_{i=1}^{a} \frac{\mu_i}{a} \tag{4-3}$$

因此，各 τ_i 满足约束条件

$$\sum_{i=1}^{a} \tau_i = \sum_{i=1}^{a} (\mu_i - \mu) = 0 \tag{4-4}$$

（2）随机效应模型

若试验中的 a 个处理是从一个更为庞大的处理总体中随机抽取的，试验目的是由所抽取的 a 个处理的试验结果来推断整个处理总体。此时供试处理效应 τ_i 随抽样结果不同而取不同值，即各处理效应 τ_i 都是随机变量，相互独立且均服从正态分布 $N(0, \sigma_\tau^2)$，称这类模型为随机效应模型，简称随机模型。

因为在随机模型（4-1）中，μ 是常数，$\tau_i \sim N(0, \sigma_\tau^2)$，$\varepsilon_{ij} \sim N(0, \sigma^2)$，且 τ_i 和 ε_{ij} 相互独立，可见观测值 y_{ij} 是两个相互独立的正态分布随机变量的线性组合，所以 y_{ij} 也服从正态分布，且其数学期望和方差分别为

$$E(y_{ij}) = \mu, \quad D(y_{ij}) = \sigma_\tau^2 + \sigma^2$$

因此 $\tag{4-5}$

$$y_{ij} \sim N(\mu, \sigma_\tau^2 + \sigma^2)$$

在随机模型中，观测值的总方差是由两个方差组分 σ_τ^2 和 σ^2 相加而成，故随机模型也称作方差组分模型，其中 σ_τ^2 为处理方差（组间方差），σ^2 为随机误差的方差（组内方差）。

4.2.2　固定效应模型的统计分析

对于固定模型，试验者要了解供试的 a 个处理间是否存在真实的差异，即要检验假设

$$H_0: \mu_1 = \mu_2 = \cdots = \mu_a = \mu \quad 或 \quad H_0: \tau_1 = \tau_2 = \cdots = \tau_a = 0$$

是否成立，其备择假设为

$$H_1: \text{至少有一个} \tau_i \neq 0$$

若 H_0 成立，模型（4-1）变成

$$y_{ij} = \mu + \varepsilon_{ij} \tag{4-6}$$

此时各观测值

$$y_{ij} \sim N(\mu, \sigma^2)$$

可见，固定模型的统计分析是在各观测值 y_{ij} 相互独立，服从正态分布，且各处理总体具有相等方差 σ^2 的前提下来检验各处理总体平均数是否相等。

根据表 4-1 单向分组资料数据进行方差分析。

在模型（4-1）中，μ 和 τ_i 是总体参数，可由试验的样本资料（表 4-1）给出相应的估计量。记 μ 的估计量为 $\hat{\mu}$，τ_i 的估计量为 $\hat{\tau}_i$，则有

$$\hat{\mu} = \bar{y}_{..}, \quad \hat{\tau}_i = \bar{y}_{i.} - \bar{y}_{..}, \quad \hat{\varepsilon}_{ij} = y_{ij} - \bar{y}_{i.}$$

$$i = 1, 2, \cdots, a; \ j = 1, 2, \cdots, n$$

模型（4-1）的样本估计式为

$$y_{ij} = \bar{y}_{..} + (\bar{y}_{i.} - \bar{y}_{..}) + (y_{ij} - \bar{y}_{i.}) \tag{4-7}$$

经离差平方和分解得

$$SS_T = \sum_{i=1}^{a} \sum_{j=1}^{n} (y_{ij} - \bar{y}..)^2 \quad 总平方和$$

$$SS_A = n \sum_{i=1}^{a} (\bar{y}_{i.} - \bar{y}..)^2 \quad 组间平方和$$

$$SS_e = \sum_{i=1}^{a} \sum_{j=1}^{n} (y_{ij} - \bar{y}_{i.})^2 \quad 组内平方和 \tag{4-8}$$

且平方和守恒 $\qquad SS_T = SS_A + SS_e$

（1）离差平方和展开计算式

$$SS_T = \sum_{i=1}^{a} \sum_{j=1}^{n} (y_{ij} - \bar{y}..)^2 = \sum_{i=1}^{a} \sum_{j=1}^{n} y_{ij}^2 - \frac{1}{an} \left(\sum_{i=1}^{a} \sum_{j=1}^{n} y_{ij} \right)^2 = \sum_{i=1}^{a} \sum_{j=1}^{n} y_{ij}^2 - \frac{y^2..}{an}$$

$$SS_A = \sum_{i=1}^{a} n(\bar{y}_{i.} - \bar{y}_{-})^2 = \frac{1}{n} \sum_{i=1}^{a} \left(\sum_{j=1}^{n} y_{ij} \right)^2 - \frac{1}{an} \left(\sum_{i=1}^{a} \sum_{j=1}^{n} y_{ij} \right)^2 = \frac{1}{n} \sum_{i=1}^{a} y_{i.}^2 - \frac{y^2..}{an}$$

$$SS_e = \sum_{i=1}^{a} \sum_{j=1}^{n} (y_{ij} - \bar{y}_{i.})^2 = \sum_{i=1}^{a} \sum_{j=1}^{n} (y_{ij}^2 - 2y_{ij}\bar{y}_{i.} + \bar{y}_{i.}^2) = \sum_{i=1}^{a} \sum_{j=1}^{n} y_{ij}^2 - \frac{1}{n} \sum_{i=1}^{a} y_{i.}^2$$

$$= SS_T - SS_A \tag{4-9}$$

（2）自由度的计算

①总离差平方和的自由度 f_T 为

$$f_T = an - 1$$

②组间离差平方和的自由度 f_A 为

$$f_A = a - 1$$

③组内离差平方和的自由度 f_e 为

$$f_e = a \times n - a = a(n-1) \tag{4-10}$$

④自由度守恒

总的自由度 f_T 与组间自由度 f_A 和组内自由度 f_e 的关系为

$$f_T = f_A + f_e$$

上式结论可以推广到多因素试验。

（3）均方计算

由于测量数据的个数对偏差平方和的大小有明显的影响，有时尽管数据之间的差异不大，但当数据很多时，偏差平方和仍然较大。为了克服这一缺点，可以用均方 MS 来表示偏差平方和的大小。

均方与离差平方和的关系为

$$MS = \frac{SS}{f}$$

则

$$MS_T = \frac{SS_T}{f_T} = \frac{SS_T}{an-1}$$

$$MS_A = \frac{SS_A}{f_A} = \frac{SS_A}{a-1}$$

$$MS_e = \frac{SS_e}{f_e} = \frac{SS_e}{an - a} \qquad (4-11)$$

（4）F 检验

当 H_0：$\tau_1 = \tau_2 = \cdots = \tau_a = 0$ 成立时，有

$$E(MS_A) = E(MS_e) = \sigma^2 \qquad (4-12)$$

若以 MS_A 作分子，MS_e 作分母，构造一个统计量

$$F = \frac{MS_A}{MS_e} = \frac{\dfrac{SS_A}{a-1}}{\dfrac{SS_e}{a(n-1)}} \sim F(a-1,\ a(n-1)) \qquad (4-13)$$

则在 H_0 成立时，F 值应在 1 附近摆动。若实际算得值 $F \leqslant 1$，这时便没有充分理由拒绝 H_0，而当实际算得值 $F > 1$，且超过了 F 的显著临界点 $F_\alpha(f_A, f_e)$ 时，便有理由拒绝 H_0，这时拒绝 H_0 犯错误的概率为 α，习惯上

当 $F \geqslant F_{0.01}$ 时，称处理间的差异为"极显著"，记作"＊＊"；

当 $F_{0.05} \leqslant F_0 < F_{0.01}$ 时，称差异"显著"，记作"＊"。

以上分析结果可汇总为方差分析表（表 4-2）。

表 4-2　单因素固定模型方差分析表

变异来源	自由度 f	平方和 SS	均方 MS	F	显著性
处理间 A	$a-1$	$n\sum\limits_{i=1}^{a}(\bar{y}_{i\cdot} - \bar{y}_{\cdot\cdot})^2$	$\dfrac{SS_A}{a-1}$	$\dfrac{MS_A}{MS_e}$	$F_\alpha(a-1,\ a(n-1))$
处理内 e	$a(n-1)$	$\sum\limits_{i=1}^{a}\sum\limits_{j=1}^{n}(y_{ij} - \bar{y}_{i\cdot})^2$	$\dfrac{SS_e}{a(n-1)}$		
总变异 T	$an-1$	$\sum\limits_{i=1}^{a}\sum\limits_{j=1}^{n}(y_{ij} - \bar{y}_{\cdot\cdot})^2$			

在固定模型的方差分析中，若 $F > F_\alpha$，则拒绝原假设 H_0：$\tau_1 = \tau_2 = \cdots = \tau_a = 0$，即意味着接受其备择假设 H_1：至少有一个 $\tau_i \neq 0$，为了进一步了解其中哪些处理差异显著，哪些处理差异不显著，因此，需对各处理平均值 $\bar{y}_{i\cdot}$ 作个别对比。

（1）Duncan 多重对比法，又叫新复极差法

多重对比是将 a 个处理平均值作两两对比，共有 $a(a-1)/2$ 次对比。

具体做法是：先将各处理平均值 $\bar{y}_{i\cdot}$ 依大小顺序排列为：$\bar{y}_1 > \bar{y}_2 > \bar{y}_3 > \cdots > \bar{y}_a$，并依次将各平均值先减最小的 $\bar{y}_a$，再减次小的 $\bar{y}_{a-1}$，$\cdots$，直至 $\bar{y}_1 - \bar{y}_2$ 为止。将不同序号的平均值间的差数看作 $p(p=2,\ 3,\ \cdots,\ a)$ 个平均数间的极差，记作 $R_{(p)}$。例如，最大平均值 $\bar{y}_1$ 与最小平均值 $\bar{y}_a$ 之差为 $p=a$ 的极差，即 $R_{(a)} = \bar{y}_1 - \bar{y}_a$，而相邻两序号平均值之差为 $p=2$ 的极差，即 $R_{(2)} = \bar{y}_i - \bar{y}_{i+1}$。类似地，$R_{(3)} = \bar{y}_i - \bar{y}_{i+2}$，$R_{(4)} = \bar{y}_i - \bar{y}_{i+3}$，等等。Duncan 法对不同 p 值的极差 $R_{(p)}$ 分别采用不同的最小显著极差 $R_{\alpha(p,f)}$ 作判断依据来检验其是否显著，所以此法属复极差检验。

$R_{\alpha(p,f)}$ 可依下式计算：

$$R_{\alpha(p, f)} = SSR_{\alpha(p, f)} S_{\bar{y}} \quad (p = 2, 3, \cdots, a) \qquad (4-14)$$

其中 α 为给出的显著水平，f 为误差项自由度。根据 α 和 f 的值由 Duncan 新复极差表可查出 $p = 2, 3, \cdots, a$ 时的 $SSR_{\alpha(p, f)}$ 值。$S_{\bar{y}}$ 为处理平均值的标准误，依下式计算：

$$S_{\bar{y}} = \sqrt{\frac{MS_e}{n}} \qquad (4-15)$$

上式中 MS_e 为误差项均方，n 为各处理重复次数。当各处理重复次数 n_i 不相等时，可由下式来计算其加权平均数 n_0 来取代 n：

$$n_0 = \frac{1}{a-1}\left(\sum_{i=1}^{a} n_i - \frac{\sum_{i=1}^{a} n_i^2}{\sum_{i=1}^{a} n_i} \right) \qquad (4-16)$$

（2）各处理与对照比

通常在一个试验的 a 个处理中，包含有一个对照处理。例如，施肥试验中，以不施肥作对照；品种试验中，以一个当地乡土品种作对照；药剂喷雾试验中，以喷清水为对照等。试验者希望从试验处理中，找出与对照有显著差异的那些品种或者处理。因此，将所有处理的平均值都与对照平均值相比较。C. W. Dunnett 提出了专供检验各处理平均值与对照平均值 $\bar{y}_0$ 差异显著性的最小显著差数法，简称 D. L. S. D 法。在给定显著水平 $a = 0.05$（或 $a = 0.01$）时，Dunnett 法的最小显著差数为

$$D. L. S. D_{0.05} = Dt_{0.05(t, p)} S_D \qquad (4-17)$$

其中 $S_D = \sqrt{\dfrac{2MS_e}{n}}$ 为两平均数差数的标准误，MS_e 为误差项均方，n 为各处理重复次数。$Dt_{0.05(t,p)}$ 是根据自由度 $f = f_e$ 和处理个数 p（不包括对照），由 Dunnett 的 t 表中给出（注意 Dunnett 的 t 表不是学生氏 t 表）。

若两处理重复数次数不相等，设对照处理重复次数为 n_0，第 i 处重复次数为 $n_i(i=1, 2, \cdots, (a-1))$，则第 i 处理与对照之差的标准误为

$$S_{D(i, 0)} = \sqrt{MS_e\left(\frac{1}{n_i} + \frac{1}{n_0}\right)} \qquad (4-18)$$

当第 i 处理平均值与对照平均值 $\bar{y}_0$ 之差超过了 $D. L. S. D_{0.05}$ 时，表明第 i 处理与对照处理差异显著，记" * "，若超过 $D. L. S. D_{0.01}$，则记" * * "。

4.2.3 随机效应模型的统计分析

对于随机模型，试验者关心的是试验因素全体水平间的变异性而不仅是供试的 a 个水平间是否有显著差异，即所要检验的原假设是供试因素全体水平效应的方差 σ_τ^2 是否为 0。即

$$H_0: \sigma_\tau^2 = 0$$

其备择假设为 $\qquad (4-19)$

$$H_1: \sigma_\tau^2 > 0$$

若 H_0 被拒绝，认为处理间有显著差异，试验因素对指标有显著影响。反之，若接受 H_0，

则认为所有处理间没有显著差异。

在单因素完全随机试验的随机模型

$$y_{ij} = \mu + \tau_i + \varepsilon_{ij} \tag{4-20}$$

中，$\tau_i \sim N(0, \sigma_\tau^2)$，$\varepsilon_{ij} \sim N(0, \sigma^2)$，且 τ_i 和 ε_{ij} 相互独立。

与固定模型一样，用方差分析方法来检验(4-19)是否成立。

（1）平方和与自由度分解

分解方法与固定模型一样，可分解为

$$SS_T = SS_A + SS_e$$
$$f_T = f_A + f_e \tag{4-21}$$

（2）期望均方与 F 检验

期望均方分别为

$$MS_A = \frac{SS_A}{f_A} = \frac{n\sum_{i=1}^{a}(\bar{y}_{i.} - \bar{y}_{..})^2}{a-1}$$

$$MS_e = \frac{SS_e}{f_e} = \frac{\sum_{i=1}^{a}\sum_{j=1}^{n}(y_{ij} - \bar{y}_{i.})^2}{a(n-1)}$$

当 H_0 成立时，以 MS_A 作分子，MS_e 作分母，构造一个统计量

$$F = \frac{MS_A}{MS_e} \sim F(a-1, a(n-1))$$

得单向分组资料随机效应模型方差分析表 4-3（与固定模型方差分析表相同）。

表 4-3　单因素随机模型方差分析表

变异来源	自由度 f	平方和 SS	均方 MS	F	显著性
处理间 A	$a-1$	$n\sum_{i=1}^{a}(\bar{y}_{i.} - \bar{y}_{..})^2$	$\dfrac{SS_A}{a-1}$	$\dfrac{MS_A}{MS_e}$	$F_\alpha(a-1, a(n-1))$
处理内 e	$a(n-1)$	$\sum_{i=1}^{a}\sum_{j=1}^{n}(y_{ij} - \bar{y}_{i.})^2$	$\dfrac{SS_e}{a(n-1)}$		
总变异 T	$an-1$	$\sum_{i=1}^{a}\sum_{j=1}^{n}(y_{ij} - \bar{y}_{..})^2$			

（3）方差组分估计

在随机模型的方差分析中，若 H_0：$\sigma_\tau^2 = 0$ 被拒绝，不必像固定模型那样对各处理均值作个别比较，而需要进一步估计观测值的方差组分。

在单因素完全随机试验中，观测值的总方差有两个方差组分 σ_τ^2 和 σ^2，由于

$$E(MS_A) = \sigma^2 + n\sigma_\tau^2$$

和

$$E(MS_e) = \sigma^2 \tag{4-22}$$

所以它们的无偏估计分别为

$$\hat{\sigma}^2 = MS_e, \quad \hat{\sigma}_\tau^2 = \frac{MS_A - MS_e}{n} \tag{4-23}$$

若处理重复次数 n_i 不相等，上式中的 n 可按式(4-16)所算出来的 n_0 来代替。

（4）组内相关

在统计上将处理方差 σ_τ^2 与观测值总方差 $D(y_{ij})$ 的比值叫作组内相关，并以 ρ_I 表示。在随机模型的单因素完全随机试验中

$$D(y_{ij}) = \sigma_\tau^2 + \sigma^2$$

所以，组内相关为

$$\rho_I = \frac{\sigma_\tau^2}{\sigma_\tau^2 + \sigma^2} \tag{4-24}$$

其中，σ_τ^2 和 σ^2 由公式(4-23)给出估计，记组内相关的估计量为 r_I，则

$$r_I = \hat{\rho}_I = \frac{\hat{\sigma}_\tau^2}{\hat{\sigma}_\tau^2 + \hat{\sigma}^2} = \frac{MS_A - MS_e}{MS_A + (n-1)MS_e} \tag{4-25}$$

组内相关反映同类个体间的相似程度，r_I 越大，表示观测值的总变异中 σ_τ^2 所占的比重越大，σ^2 所占比重越小，同类个体越相似。r_I 的取值区间为 $\left(-\dfrac{1}{n-1},\ 1\right)$，这是因为当取两极端值时，即当 $MS_e = 0$ 时，$r_I = 1$，当 $MS_A = 0$ 时，$r_I = -\dfrac{1}{n-1}$。但因 ρ_I 为两个方差之比，所以 ρ_I 是非负的。当其估计值 $\hat{\rho}_I = r_I < 0$ 时，便可接受 $H_0: \rho_I = 0$ 的假设。

4.3 双因素完全随机设计的统计分析

在双因素试验中，每个因素对试验指标都有各自单独的影响(主效应)，同时还存在着两者联合的影响，这种联合影响叫作交互作用(交互效应)。为了考虑问题方便，我们先讨论无交互作用的情况。如果交互作用影响很小，也可按无交互作用看待。

4.3.1 无交互作用固定效应模型的方差分析

设两因素 A，B，A 有 a 个水平：A_1，A_2，$\cdots$，A_a；B 有 b 个水平 B_1，B_2，$\cdots$，B_b。在每一个水平组合 (A_i, B_j) 下，做一次试验(无重复试验)得出试验指标的观测值，列于表4-4。

表4-4 双因素无交互完全随机试验典型资料

因素 A	因素 B						
	B_1	B_2	$\cdots$	B_j	$\cdots$	B_b	y_i
A_1	y_{11}	y_{12}	$\cdots$	y_{1j}	$\cdots$	y_{1b}	$y_1 \cdot$
A_2	y_{21}	y_{22}	$\cdots$	y_{2j}	$\cdots$	y_{2b}	$y_2 \cdot$
$\vdots$	$\vdots$	$\vdots$	$\cdots$	$\vdots$	$\cdots$	$\vdots$	$\vdots$
A_i	y_{i1}	y_{i2}	$\cdots$	y_{ij}	$\cdots$	y_{ib}	$y_i \cdot$
$\vdots$	$\vdots$	$\vdots$	$\cdots$	$\vdots$	$\cdots$	$\vdots$	$\vdots$
A_a	y_{a1}	y_{a2}	$\cdots$	y_{aj}	$\cdots$	y_{ab}	$y_a \cdot$
$y \cdot_j$	$y \cdot_1$	$y \cdot_2$	$\cdots$	$y \cdot_j$	$\cdots$	$y \cdot_b$	$y \cdot \cdot$

设 $y_{ij} \sim N(\mu_{ij}, \sigma^2)$，各 y_{ij} 相互独立，$i=1, 2, \cdots, a; j=1, 2, \cdots, b$

取线性统计模型

$$\begin{cases} y_{ij} = \mu_{ij} + \varepsilon_{ij}, \ i = 1, 2, \cdots, a; j = 1, 2, \cdots, b \\ \varepsilon_{ij} \sim N(0, \sigma^2)，各 \varepsilon_{ij} 相互独立 \end{cases} \tag{4-26}$$

若记

$$\mu_{ij} = \mu + \alpha_i + \beta_j \tag{4-27}$$

其中

$$\mu = \frac{1}{ab} \sum_{i=1}^{a} \sum_{j=1}^{b} \mu_{ij} \tag{4-28}$$

α_i 称为因素 A 的第 i 水平效应，β_j 称为因素 B 的第 j 水平效应，则

$$\sum_{i=1}^{a} \alpha_i = 0, \quad \sum_{j=1}^{b} \beta_j = 0 \tag{4-29}$$

这样，模型(4-26)变成了下面的线性模型

$$\begin{cases} y_{ij} = \mu + \alpha_i + \beta_j + \varepsilon_{ij}; \ i = 1, 2, \cdots, a; j = 1, 2, \cdots, b \\ \varepsilon_{ij} \sim N(0, \sigma^2)，各 \varepsilon_{ij} 相互独立 \\ \sum_{i=1}^{a} \alpha_i = 0, \quad \sum_{j=1}^{b} \beta_j = 0 \end{cases} \tag{4-30}$$

其中 μ，α_i，β_j，σ^2 都是未知参数。

对这个线性模型，检验假设如下：

$$\begin{cases} H_{A0}: \alpha_1 = \alpha_2 = \cdots = \alpha_\alpha = 0 \\ H_{A1}: \alpha_i \neq 0，至少一个 i \end{cases} \tag{4-31}$$

$$\begin{cases} H_{B0}: \beta_1 = \beta_2 = \cdots = \beta_b = 0 \\ H_{B1}: \beta_j \neq 0，至少一个 j \end{cases} \tag{4-32}$$

（1）总离差平方和与自由度分解

在因素 A 的第 i 水平下的样本均值为

$$\bar{y}_{i.} = \frac{1}{b} \sum_{j=1}^{b} y_{ij} \tag{4-33}$$

在因素 B 的第 j 水平下的样本均值为

$$\bar{y}_{.j} = \frac{1}{a} \sum_{i=1}^{a} y_{ij} \tag{4-34}$$

样本 y_{ij} 的总均值为

$$\bar{y} = \frac{1}{ab} \sum_{i=1}^{a} \sum_{j=1}^{b} y_{ij} \tag{4-35}$$

总离差平方和为

$$SS_T = \sum_{i=1}^{a} \sum_{j=1}^{b} (y_{ij} - \bar{y})^2 \tag{4-36}$$

将 SS_T 分解，得

$$SS_T = \sum_{i=1}^{a} \sum_{j=1}^{b} [(\bar{y}_{i.} - \bar{y}) + (\bar{y}_{.j} - \bar{y})$$
$$+ (y_{ij} - \bar{y}_{i.} - \bar{y}_{.j} + \bar{y})]^2$$
$$= \sum_{i=1}^{a} \sum_{j=1}^{b} (\bar{y}_{i.} - \bar{y})^2 + \sum_{i=1}^{a} \sum_{j=1}^{b} (\bar{y}_{.j} - \bar{y})^2$$
$$+ \sum_{i=1}^{a} \sum_{j=1}^{b} (y_{ij} - \bar{y}_{i.} - \bar{y}_{.j} + \bar{y})^2$$

（因三个交互乘积的和项为 0）

$$= b \sum_{i=1}^{a} (\bar{y}_{i.} - \bar{y})^2 + a \sum_{j=1}^{b} (\bar{y}_{.j} - \bar{y})^2$$
$$+ \sum_{i=1}^{a} \sum_{j=1}^{b} (y_{ij} - \bar{y}_{i.} - \bar{y}_{.j} + \bar{y})^2$$

记为

$$SS_T = SS_A + SS_B + SS_e \tag{4-37}$$

这就是总离差平方和的分解式，其中

$$SS_A = b \sum_{i=1}^{a} (\bar{y}_{i.} - \bar{y})^2 \tag{4-38}$$

$$SS_B = a \sum_{j=1}^{b} (\bar{y}_{.j} - \bar{y})^2 \tag{4-39}$$

$$SS_e = \sum_{i=1}^{a} \sum_{j=1}^{b} (y_{ij} - \bar{y}_{i.} - \bar{y}_{.j} + \bar{y})^2 \tag{4-40}$$

SS_A，SS_B 分别为因素 A、因素 B 主效应的平方和，SS_e 为误差平方和。

与单因素的分析类似，这里 SS_T 的自由度为 $ab-1$，SS_A 的自由度为 $a-1$，SS_B 的自由度为 $b-1$，SS_e 的自由度则为 $(ab-1)-(a-1)-(b-1) = (a-1)(b-1)$。

（2）期望均方与 F 统计量

均方为

$$\begin{cases} MS_A = \dfrac{SS_A}{a-1} \\[2mm] MS_B = \dfrac{SS_B}{b-1} \\[2mm] MS_e = \dfrac{SS_e}{(a-1)(b-1)} \end{cases} \tag{4-41}$$

期望均方为

$$\begin{cases} E(MS_A) = \sigma^2 + \dfrac{b}{a-1} \sum_{i=1}^{a} \alpha_i^2 \\[3mm] E(MS_B) = \sigma^2 + \dfrac{a}{b-1} \sum_{j=1}^{b} \beta_j^2 \\[3mm] E(MS_e) = \sigma^2 \end{cases} \tag{4-42}$$

当原假设 H_0 都成立时，$E(MS_A)$，$E(MS_B)$，$E(MS_e)$ 都是 σ^2 的无偏估计量。

在 H_0 都成立的条件下

$$\frac{SS_A}{\sigma^2} \sim \chi^2(a-1), \quad \frac{SS_B}{\sigma^2} \sim \chi^2(b-1) \tag{4-43}$$

$$\frac{SS_e}{\sigma^2} \sim \chi^2((a-1)(b-1)) \tag{4-44}$$

取统计量

$$F_A = \frac{\dfrac{SS_A}{\sigma^2}/(a-1)}{\dfrac{SS_e}{\sigma^2}/(a-1)(b-1)} \sim F(a-1,(a-1)(b-1))$$

$$F_B = \frac{\dfrac{SS_B}{\sigma^2}/(b-1)}{\dfrac{SS_e}{\sigma^2}/(a-1)(b-1)} \sim F(b-1,(a-1)(b-1))$$

即

$$F_A = \frac{MS_A}{MS_e} \sim F(a-1,(a-1)(b-1)) \tag{4-45}$$

$$F_B = \frac{MS_B}{MS_e} \sim F(b-1,(a-1)(b-1)) \tag{4-46}$$

由样本可计算出 F_A，F_B 的值。

对给定的 α 值，可查表获得

$$F_\alpha(a-1,(a-1)(b-1)), \quad F_\alpha(b-1,(a-1)(b-1))$$

如果 $F_A \geqslant F_\alpha(a-1,(a-1)(b-1))$，则拒绝 H_{A0}，否则，就接受 H_{A0}；

如果 $F_B \geqslant F_\alpha(b-1,(a-1)(b-1))$，则拒绝 H_{B0}，否则，就接受 H_{B0}。

为了计算方便，各平方和常采用下面的算式：

$$\begin{cases} SS_T = \sum_{i=1}^{a}\sum_{j=1}^{b} y_{ij}^2 - \dfrac{y_{..}^2}{ab} \\[2mm] SS_A = \sum_{i=1}^{a} \dfrac{y_{i.}^2}{b} - \dfrac{y_{..}^2}{ab} \\[2mm] SS_B = \sum_{j=1}^{b} \dfrac{y_{.j}^2}{a} - \dfrac{y_{..}^2}{ab} \\[2mm] SS_e = SS_T - SS_A - SS_B \end{cases} \tag{4-47}$$

汇总得出方差分析表，见表 4-5。

表 4-5　双因素无交互固定模型方差分析表

变异来源	平方和	自由度	均方	F 比
因素 A	SS_A	$a-1$	$MS_A = \dfrac{SS_A}{a-1}$	$F_A = \dfrac{MS_A}{MS_e}$
因素 B	SS_B	$b-1$	$MS_B = \dfrac{SS_B}{b-1}$	$F_B = \dfrac{MS_B}{MS_e}$
误差 e	SS_e	$(a-1)(b-1)$	$MS_e = \dfrac{SS_e}{(a-1)(b-1)}$	
总和 T	SS_T	$ab-1$		

若经方差分析得出因素主效应差异显著，则需对相应处理作进一步的多重对比。

4.3.2　有交互作用固定模型的方差分析

设两因素 A、B，A 有 a 个水平：A_1，A_2，$\cdots$，A_a；B 有 b 个水平：B_1，B_2，$\cdots$，B_b。为研究交互作用的影响，在每一水平组合 (A_i, B_j) 下重复做 $n(n \geqslant 2)$ 次试验，每个观测值记为 y_{ijk}，结果见表 4-6。

表 4-6　双因素有交互完全随机试验典型资料

A_i \ B_j	B_1				B_2			$\cdots$	B_b			
A_1	y_{111}	y_{112}	$\cdots$	y_{11n}	y_{121}	y_{122}	$\cdots$ y_{12n}	$\cdots$	y_{1b1}	y_{1b2}	$\cdots$	y_{1bn}
A_2	y_{211}	y_{212}	$\cdots$	y_{21n}	y_{221}	y_{222}	$\cdots$ y_{22n}	$\cdots$	y_{2b1}	y_{2b2}	$\cdots$	y_{2bn}
$\vdots$	$\vdots$	$\vdots$		$\vdots$	$\vdots$	$\vdots$	$\vdots$		$\vdots$	$\vdots$		$\vdots$
A_a	y_{a11}	y_{a12}	$\cdots$	y_{a1n}	y_{a21}	y_{a22}	$\cdots$ y_{a2n}	$\cdots$	y_{ab1}	y_{ab2}		y_{abn}

设 $y_{ijk} \sim N(\mu_{ij}, \sigma^2)$，$i = 1, 2, \cdots, a$；$j = 1, 2, \cdots, b$；$k = 1, 2, \cdots, n$，各 y_{ijk} 相互独立。

线性统计模型

$$\begin{cases} y_{ijk} = \mu_{ij} + \varepsilon_{ijk} \\ \mu_{ij} = \mu + \alpha_i + \beta_j + (\alpha\beta)_{ij} \end{cases} \tag{4-48}$$

其中 μ 为总平均值，α_i 为水平 A_i 的效应，β_j 为水平 B_j 的效应，$(\alpha\beta)_{ij}$ 为水平 A_i 和水平 B_j 的交互效应，显然有

$$\sum_{i=1}^{a} \alpha_i = 0, \quad \sum_{j=1}^{b} \beta_j = 0, \quad \sum_{i=1}^{a} (\alpha\beta)_{ij} = 0, \quad \sum_{j=1}^{b} (\alpha\beta)_{ij} = 0$$

这样，模型 (4-48) 改写成下面的线性模型

$$\begin{cases} y_{ijk} = \mu + \alpha_i + \beta_j + (\alpha\beta)_{ij} + \varepsilon_{ijk} \\ \varepsilon_{ijk} \sim N(0, \sigma^2), \text{ 各 } \varepsilon_{ijk} \text{ 相互独立} \\ i = 1, 2, \cdots, a; j = 1, 2, \cdots, b; k = 1, 2, \cdots, n \\ \sum_{i=1}^{a} \alpha_i = 0, \quad \sum_{j=1}^{b} \beta_i = 0, \quad \sum_{i=1}^{a} (\alpha\beta)_{ij} = 0, \quad \sum_{j=1}^{b} (\alpha\beta)_{ij} = 0 \end{cases} \tag{4-49}$$

其中 μ，α_i，β_j，$(\alpha\beta)_{ij}$ 和 σ^2 都是未知参数。

对于这个模型，检验假设分别为：

$$\begin{cases} H_{A0}: \ \alpha_1 = \alpha_2 = \cdots = \alpha_a = 0 \\ H_{A1}: \ \alpha_i \neq 0, \ \text{至少一个} \ i \end{cases} \tag{4-50}$$

$$\begin{cases} H_{B0}: \ \beta_1 = \beta_2 = \cdots = \beta_b = 0 \\ H_{B1}: \ \beta_j \neq 0, \ \text{至少一个} \ j \end{cases} \tag{4-51}$$

$$\begin{cases} H_{AB0}: \ (\alpha\beta)_{ij} = 0, \ i = 1, 2, \cdots, a; \ j = 1, 2, \cdots, b \\ H_{AB1}: \ (\alpha\beta)_{ij} \neq 0, \ \text{至少一对} \ i, j \end{cases} \tag{4-52}$$

（1）总离差平方和与自由度分解

记

$$\bar{y} = \frac{y_{\cdots}}{abn} = \frac{1}{abn} \sum_{i=1}^{a} \sum_{j=1}^{b} \sum_{k=1}^{n} y_{ijk}$$

$$\bar{y}_{ij\cdot} = \frac{1}{n} y_{ij\cdot} = \frac{1}{n} \sum_{k=1}^{n} y_{ijk}, \ i = 1, 2, \cdots, a; \ j = 1, 2, \cdots, b$$

$$\bar{y}_{i\cdot\cdot} = \frac{1}{bn} y_{i\cdot\cdot} = \frac{1}{bn} \sum_{j=1}^{b} \sum_{k=1}^{n} y_{ijk}, \ i = 1, 2, \cdots, a$$

$$\bar{y}_{\cdot j\cdot} = \frac{1}{an} y_{\cdot j\cdot} = \frac{1}{an} \sum_{i=1}^{a} \sum_{k=1}^{n} y_{ijk}, \ j = 1, 2, \cdots, b$$

总离差平方和为

$$SS_T = \sum_{i=1}^{a} \sum_{j=1}^{b} \sum_{k=1}^{n} (y_{ijk} - \bar{y})^2$$

将 SS_T 进行分解，得

$$SS_T = \sum_{i=1}^{a} \sum_{j=1}^{b} \sum_{k=1}^{n} [(\bar{y}_{i\cdot\cdot} - \bar{y}) + (\bar{y}_{\cdot j\cdot} - \bar{y}) + (\bar{y}_{ij\cdot} - \bar{y}_{i\cdot\cdot} - \bar{y}_{\cdot j\cdot} + \bar{y}) + (y_{ijk} - \bar{y}_{ij\cdot})]^2$$

$$= bn \sum_{i=1}^{a} (\bar{y}_{i\cdot\cdot} - \bar{y})^2 + an \sum_{j=1}^{b} (\bar{y}_{\cdot j\cdot} - \bar{y})^2$$

$$+ n \sum_{i=1}^{a} \sum_{j=1}^{b} (\bar{y}_{ij\cdot} - \bar{y}_{i\cdot\cdot} - \bar{y}_{\cdot j\cdot} + \bar{y})^2 + \sum_{i=1}^{a} \sum_{j=1}^{b} \sum_{k=1}^{n} (y_{ijk} - \bar{y}_{ij\cdot})^2$$

简记为

$$SS_T = SS_A + SS_B + SS_{AB} + SS_e \tag{4-53}$$

其中

$$SS_A = bn \sum_{i=1}^{a} (\bar{y}_{i\cdot\cdot} - \bar{y})^2 \tag{4-54}$$

$$SS_B = an \sum_{j=1}^{b} (\bar{y}_{\cdot j\cdot} - \bar{y})^2 \tag{4-55}$$

$$SS_{AB} = n \sum_{i=1}^{a} \sum_{j=1}^{b} (\bar{y}_{ij\cdot} - \bar{y}_{i\cdot\cdot} - \bar{y}_{\cdot j\cdot} + \bar{y})^2 \tag{4-56}$$

$$SS_e = \sum_{i=1}^{a} \sum_{j=1}^{b} \sum_{k=1}^{n} (y_{ijk} - \bar{y}_{ij\cdot})^2 \tag{4-57}$$

SS_A，SS_B 分别为因素 A 和因素 B 的主效应平方和，SS_{AB} 为因素 A、B 的交互效应平方和，SS_e 为误差平方和。

自由度分解：

SS_T 的总自由度为 $abn-1$；SS_A，SS_B，SS_{AB} 的自由度分别为 $a-1$，$b-1$，$(a-1)(b-1)$；SS_e 的自由度为 $(abn-1)-(a-1)-(b-1)-(a-1)(b-1)=ab(n-1)$。

（2）期望均方与统计量

各均方为

$$\begin{cases} MS_A = \dfrac{SS_A}{a-1} \\[2mm] MS_B = \dfrac{SS_B}{b-1} \\[2mm] MS_{AB} = \dfrac{SS_{AB}}{(a-1)(b-1)} \\[2mm] MS_e = \dfrac{SS_e}{ab(n-1)} \end{cases} \tag{4-58}$$

期望均方分别为

$$\begin{cases} E(MS_A) = \sigma^2 + \dfrac{bn}{a-1}\sum_{i=1}^{a}\alpha_i^2 \\[3mm] E(MS_B) = \sigma^2 + \dfrac{an}{b-1}\sum_{j=1}^{b}\beta_j^2 \\[3mm] E(MS_{AB}) = \sigma^2 + \dfrac{n}{(a-1)(b-1)}\sum_{i=1}^{a}\sum_{j=1}^{b}(\alpha\beta)_{ij}^2 \\[3mm] E(MS_e) = \sigma^2 \end{cases} \tag{4-59}$$

当各个原假设 H_0 都成立时，MS_A，MS_B，MS_{AB}，MS_e 都是 σ^2 的无偏估计量。

当 H_{A0} 成立时，取统计量

$$F_A = \frac{MS_A}{MS_e} \sim F(a-1, \ ab(n-1))$$

当 H_{B0} 成立时，取统计量

$$F_B = \frac{MS_B}{MS_e} \sim F(b-1, \ ab(n-1))$$

当 H_{AB0} 成立时，取统计量

$$F_{AB} = \frac{MS_{AB}}{MS_e} \sim F((a-1)(b-1), \ ab(n-1))$$

由样本值分别求出 F_A，F_B，F_{AB}，对给定的 α 分别查出

$F_\alpha(a-1, \ ab(n-1))$，$F_\alpha(b-1, \ ab(n-1))$，$F_\alpha((a-1)(b-1), \ ab(n-1))$。

结论如下：

如果 $F_A > F_\alpha(a-1, \ ab(n-1))$，则拒绝 H_{A0}，因素 A 有显著影响；

如果 $F_B > F_\alpha(b-1, \ ab(n-1))$，则拒绝 H_{B0}，因素 B 有显著影响；

如果 $F_{AB} > F_\alpha((a-1)(b-1),\ ab(n-1))$，则拒绝 H_{AB0}，交互作用 $A \times B$ 有显著影响。

为了计算方便，各平方和常用下面的计算公式：

$$\begin{cases} SS_T = \sum_{i=1}^{a} \sum_{j=1}^{b} \sum_{k=1}^{n} y_{ijk}^2 - \dfrac{y_{\cdots}^2}{abn} \\[2ex] SS_A = \dfrac{1}{bn} \sum_{i=1}^{a} y_{i\cdot\cdot}^2 - \dfrac{y_{\cdots}^2}{abn} \\[2ex] SS_B = \dfrac{1}{an} \sum_{j=1}^{b} y_{\cdot j\cdot}^2 - \dfrac{y_{\cdots}^2}{abn} \\[2ex] SS_{AB} = \dfrac{1}{n} \sum_{i=1}^{a} \sum_{j=1}^{b} y_{ij\cdot}^2 - \dfrac{y_{\cdots}^2}{abn} - SS_A - SS_B \\[2ex] SS_e = SS_T - SS_A - SS_B - SS_{AB} \end{cases} \qquad (4-60)$$

汇总得方差分析表(表4-7)。

表 4-7　双因素有交互固定模型方差分析表

变异来源	平方和 SS	自由度 f	均方 MS	F
因素 A	SS_A	$a-1$	MS_A	$F_A = \dfrac{MS_A}{MS_e}$
因素 B	SS_B	$b-1$	MS_B	$F_B = \dfrac{MS_B}{MS_e}$
交互作用 AB	SS_{AB}	$(a-1)(b-1)$	MS_{AB}	$F_{AB} = \dfrac{MS_{AB}}{MS_e}$
误差 e	SS_e	$ab(n-1)$	MS_e	
总和 T	SS_T	$abn-1$		

若经方差分析得出因素效应差异显著，则需对相应处理作进一步的多重对比。

由于完全随机试验对供试因素以外的环境条件要求比较高，所以在大部分试验特别是场圃试验中多采用具有随机化约束(随机区组)的试验设计，为了避免重复介绍相关内容，本章节只介绍了双因素固定模型完全随机试验设计的情况，有关其随机模型的情形及双因素完全随机试验设计的例题和习题均可参见下一章随机区组试验设计。

4.4　实例分析

例 1　有一杉木种子光照试验，将杉木种子分别用 6 个光度级作照射处理后，每种处理的种子各播 4 个小区，于秋后停止生长时调查各小区平均苗高如表 4-8 所示，试以 95% 的可靠性判断不同光度级对杉木种子平均苗高是否有显著影响。

提出假设：不同光度级对杉木种子平均苗高无显著影响，即

$$H_0: \tau_1 = \tau_2 = \cdots = \tau_6 = 0$$

首先计算离差平方和：

表 4-8　杉木种子平均苗高

光度	苗高(cm)				$y_i.$	$\bar{y}_i.$
A_1	60.50	53.88	48.25	56.80	219.43	54.86
A_2	64.33	71.40	68.00	92.23	295.96	73.99
A_3	86.29	104.75	96.33	97.62	384.99	96.25
A_4	91.33	71.00	41.00	75.27	278.60	69.65
A_5	66.52	75.00	53.00	66.75	261.27	65.32
A_6	53.00	50.00	38.21	54.00	195.21	48.80
					$(y..)$1635.46	$(\bar{y}.)$68.14

$$C = \frac{1}{an}\left(\sum_{i=1}^{a}\sum_{j=1}^{n} y_{ij}\right)^2 = \frac{1635.46^2}{6 \times 4} = 111447.0588$$

$$R = \frac{1}{n}\sum_{i=1}^{a}\left(\sum_{j=1}^{n} y_{ij}\right)^2$$

$$= \frac{1}{4}(219.43^2 + 295.96^2 + 384.99^2 + 278.60^2 + 261.27^2 + 195.21^2)$$

$$= 116986.5159$$

$$W = \sum_{i=1}^{a}\sum_{j=1}^{n} y_{ij}^2 = 60.50^2 + 53.88^2 + \cdots + 54.00^2 = 119440.1674$$

$$SS_T = \sum_{i=1}^{a}\sum_{j=1}^{n}(y_{ij} - \bar{y}..)^2 = \sum_{i=1}^{a}\sum_{j=1}^{n} y_{ij}^2 - \frac{1}{an}\left(\sum_{i=1}^{a}\sum_{j=1}^{n} y_{ij}\right)^2$$

$$= W - P = 119440.1674 - 111447.0588$$

$$= 7993.1086$$

$$SS_A = \sum_{i=1}^{a} n(\bar{y}_i. - \bar{y}..)^2 = \frac{1}{n}\sum_{i=1}^{a}\left(\sum_{j=1}^{n} y_{ij}\right)^2 - \frac{1}{an}\left(\sum_{i=1}^{a}\sum_{j=1}^{n} y_{ij}\right)^2 = R - P$$

$$= 116986.5159 - 111447.0588$$

$$= 5539.4571$$

$$SS_e = \sum_{i=1}^{a}\sum_{j=1}^{n}(y_{ij} - \bar{y}_i.)^2 = \sum_{i=1}^{a}\sum_{j=1}^{n}(y_{ij}^2 - 2y_{ij}\bar{y}_i. + \bar{y}_i.^2) = \sum_{i=1}^{a}\sum_{j=1}^{n} y_{ij}^2 - \frac{1}{n}\sum_{i=1}^{a}\left(\sum_{j=1}^{n} y_{ij}\right)^2$$

$$= W - R = SS_T - SS_A$$

$$= 119440.1674 - 116986.5159 = 7993.1086 - 5539.4571$$

$$= 2453.6515$$

然后将上述结果列入方差分析表(表 4-9)。从 F 表中，由给出的显著水平 $\alpha = 0.05$，查显著临界点 $F_{0.05}(5, 18) = 2.77$。实得 $F = 8.13 > F_{0.05}(5, 18) = 2.77$，所以拒绝 H_0，认为不同光度级对杉木种子平均苗高有显著影响。

表 4-9　例 1 方差分析表

变异来源	自由度 f	平方和 SS	均方 MS	F	$F_{0.05}$
光度级间 A	5	5539.4571	1107.8914	8.13*	2.77
光度级内 e	18	2453.6515	136.3140		
总变异 T	23	7993.1086			

注：* 为显著。

例 1 中对 6 个不同光度级的杉木种子平均苗高资料，经过方差分析，认为 6 个不同光度级的杉木种子平均苗高间差异显著，试进一步对各光度级杉木种子平均苗高 $(\bar{y}_{i\cdot})$ 作多重对比。

对例 1 中各极差进行显著性检验，从表 4-9 中可以得到该实例中 $MS_e = 136.3140$，$f_e = 18$，$a = 6$，$n = 4$，则计算得到标准误为

$$S_{\bar{y}} = \sqrt{\frac{136.3140}{4}} = 5.8377$$

再根据 $f = f_e = 18$，由 Duncan 新复极差表中查得 $p = 2$，3，4，5，6 时的 $SSR_{a(p,18)}$ 值，列于表 4-10 中，并以各 SSR_a 值乘以 5.8377，得各显著所需最小极差 $R_{a(p,f)}$。例如，

$$R_{0.05(2,18)} = 2.97 \times 5.8377 = 17.338$$
$$R_{0.01(2,18)} = 4.07 \times 5.8377 = 23.759$$

表 4-10　$f = 18$ 时的最小显著极差

p	2	3	4	5	6
$SSR_{0.05}$	2.97	3.12	3.21	3.27	3.32
$SSR_{0.01}$	4.07	4.27	4.38	4.46	4.53
$R_{0.05}$	17.34	18.21	18.74	19.09	19.38
$R_{0.01}$	23.76	24.93	25.57	26.04	26.44

表 4-11 中结果表明 A_3 光度级的杉木种子平均苗高最高，与其他所有光度级的差异均达 1% 或 5% 的显著水平；A_2 光度级的杉木种子平均苗高与 A_6、A_1 光度级的差异达到 5% 的显著水平；A_4 光度级的杉木种子平均苗高与 A_6 光度级的差异也达到 5% 的显著水平。

表 4-11　例 1 多重对比

序号	光度级	平均 y_i	$\bar{y}_i - \bar{y}_6$	$\bar{y}_i - \bar{y}_5$	$\bar{y}_i - \bar{y}_4$	$\bar{y}_i - \bar{y}_3$	$\bar{y}_i - \bar{y}_2$
1	A_3	96.25	47.55**	41.39**	30.93**	26.60**	22.26*
2	A_2	73.99	25.19*	19.13*	8.67	4.34	
3	A_4	69.65	20.85*	14.79	4.33		
4	A_5	65.32	16.52	10.46			
5	A_1	54.86	6.06				
6	A_6	48.80					

注：* 为显著；** 为极显著。

```
>library(multcomp)#)#数据包
>library(agricolae)#数据包
>a=read.csv("D：/ryy/xj.csv", header=TRUE, sep=",")
>f=aov(y~A, data=a)#方差分析
>summary(f)
```

	Df	Sum Sq	Mean Sq	F value	Pr(>F)
A	5	5539	1107.9	8.127	0.000368 * * *
Residuals	18	2454	136.3		

———

Signif. codes： 0 ' * * * ' 0.001 ' * * ' 0.01 ' * ' 0.05 '.' 0.1 ' ' 1

>plotmeans(y ~ A, data = a, main = "mean plot \ nwith 95% CI")#绘制组间均值及其置信区间的图形

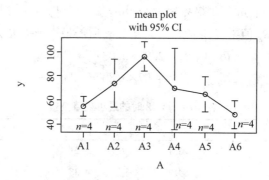

>out = LSD. test(f, "A", p. adj = "none")#多重比较

>out

$ statistics

MSerror	Df	Mean	CV	t. value	LSD
136.314	18	68.14417	17.13332	2.100922	17.34463

$ parameters

test	p. ajusted	name. t	ntr	alpha
Fisher−LSD	none	A	6	0.05

$ means

	y	std	r	LCL	UCL	Min	Max	Q25	Q50	Q75
A1	54.8575	5.1712564		42.59299	67.12201	48.25	60.50	52.4725	55.340	57.7250
A2	73.9900	12.4980194		61.72549	86.25451	64.33	92.23	67.0825	69.700	76.6075
A3	96.2475	7.6012034		83.98299	108.51201	86.29	104.75	93.8200	96.975	99.4025
A4	69.6500	21.0099334		57.38549	81.91451	41.00	91.33	63.5000	73.135	79.2850
A5	65.3175	9.1098794		53.05299	77.58201	53.00	75.00	63.1400	66.635	68.8125
A6	48.8025	7.2633344		36.53799	61.06701	38.21	54.00	47.0525	51.500	53.2500

$ comparison

NULL

$ groups

	y	groups
A3	96.2475	a
A2	73.9900	b

A4 69. 6500　　　　bc
A5 65. 3175　　　　bcd
A1 54. 8575　　　　cd
A6 48. 8025　　　　d
attr(, "class")
[1] "group"
>TukeyHSD(f)# TukeyHSD 的成对组间比较
　Tukey multiple comparisons of means
　　95% family-wise confidence level
Fit：aov(formula = y ~ A，data = a)
$ A

	diff	lwr	upr	p adj
A2-A1	19. 1325	-7. 104481	45. 3694805	0. 2374791
A3-A1	41. 3900	15. 153019	67. 6269805	0. 0010819
A4-A1	14. 7925	-11. 444481	41. 0294805	0. 4946058
A5-A1	10. 4600	-15. 776981	36. 6969805	0. 7983772
A6-A1	-6. 0550	-32. 291981	20. 1819805	0. 9749803
A3-A2	22. 2575	-3. 979481	48. 4944805	0. 1247013
A4-A2	-4. 3400	-30. 576981	21. 8969805	0. 9943651
A5-A2	-8. 6725	-34. 909481	17. 5644805	0. 8942344
A6-A2	-25. 1875	-51. 424481	1. 0494805	0. 0641290
A4-A3	-26. 5975	-52. 834481	-0. 3605195	0. 0458544
A5-A3	-30. 9300	-57. 166981	-4. 6930195	0. 0157003
A6-A3	-47. 4450	-73. 681981	-21. 2080195	0. 0002366
A5-A4	-4. 3325	-30. 569481	21. 9044805	0. 9944100
A6-A4	-20. 8475	-47. 084481	5. 3894805	0. 1683961
A6-A5	-16. 5150	-42. 751981	9. 7219805	0. 3795830

例 2　从某杂交柳的 F_1 代苗木中选出 5 株优树，将 5 株优树分别扦插繁殖 5 个无性系共得苗木 25 株，各无性系得苗数不相等。试验获得各苗 4 年生树高观测值列于表4-12 中，试分析 5 个无性系树高平均值间差异是否显著。

表 4-12　杂交柳 5 个无性系各株树高 (m)

无性系号	A_1	A_2	A_3	A_4	A_5
	9	8	14	13	12
	13	7	10	8	11
	12	10	13	9	14
	8	7	12	8	15
	9		11	10	
	9		12		

（续）

无性系号	A_1	A_2	A_3	A_4	A_5		
$y_{i\cdot}$	60	32	72	48	52	264	$(y..)$
n_i	6	4	6	5	4	25	N
$\bar{y}_{i\cdot}$	10	8	12	9.6	13	10.5	$(\bar{y}..)$

此试验要求对供试 5 个无性系作比较，属固定模型，检验的假设为

$$H_0: \tau_1 = \tau_2 = \cdots \tau_5 = 0(\tau_1 为无性系效应)$$

平方和分解如下：

$$C = \frac{y_{..}^2}{N} = \frac{264^2}{25} = 2787.84$$

$$SS_T = \sum_{i=1}^{5} \sum_{j=1}^{5} y_{ij}^2 - C$$

$$= 9^2 + 13^2 + \cdots 15^2 - 2787.84 = 132.16$$

$$SS_A = \sum_{i=1}^{5} \frac{y_{i\cdot}^2}{n} - C$$

$$= \left(\frac{60^2}{6} + \frac{32^2}{4} + \frac{72^2}{6} + \frac{48^2}{5} + \frac{52^2}{4} \right)^2 - 2787.84 = 68.96$$

$$SS_e = SS_T - SS_A = 132.16 - 68.96 = 63.20$$

汇总于方差分析表 4-13 如下：

表 4-13　例 2 的方差分析表

变异来源	f	SS	MS	F_0
无性系间 $S_{\bar{y}}$	4	68.96	17.24	5.46 **
无性系内 e	20	63.20	3.16	
总变异 T	24	132.16		

注：**为极显著。

从 F 表中查得 $F_{0.01}(4, 20) = 4.43$，实得 $F = \dfrac{17.24}{3.16} = 5.46 > F_{0.01} = 4.43$. 故拒绝 H_0，认为这 5 个杂交柳无性系 4 年生平均树高间的差异达 1% 显著水平。

```
>a = read. csv ("2-3. csv", header = TRUE, sep = ",")
>b = data. frame (a)
>r = ea1 (b, design = 1)
>names (r)
>r
              Df     Sum Sq    Mean Sq    F value    Pr(>F)
A             4      68.96     17.24      5.4557     0.0039 **
Residuals     20     63.20     3.16
---
Signif. codes： 0 '***' 0.001 '**' 0.01 '*' 0.05 '.' 0.1 ' ' 1
```

用 Duncan 法对例 2 中杂交柳 5 个无性系 4 年生平均高作多重对比。

由表 4-12 资料得 $n_1 = 6$，$n_2 = 4$，$n_3 = 6$，$n_4 = 5$，$n_5 = 4$，求各无性系重复次数之加权平均

$$n_0 = \frac{1}{4}\left(25 - \frac{6^2 + 4^2 + 6^2 + 5^2 + 4^2}{25}\right) = 5$$

再将 n_0 代替 n，算出标准误。其中 $MS_e = 3.16$，从而

$$S_{\bar{y}} = \sqrt{\frac{MS_0}{n_0}} = \sqrt{\frac{3.16}{5}} = 0.79 (\text{m})$$

Duncan 新复极差表中查得 $f = f_e = 20$，$p = 2$，3，4，5 时各 $SSR_{\alpha(p,20)}$ 分别乘以 $S_{\bar{y}}$，得各最小显著极差 $R_{\alpha(p,20)}$ 列于表 4-14 中。

表 4-14　$f = 20$ 时的 Duncan 法最小显著极差

p	2	3	4	5
$SSR_{0.05}$	2.95	3.10	3.18	3.25
$SSR_{0.01}$	4.05	4.22	4.33	4.40
$R_{0.05}$	2.35	2.45	2.51	2.57
$R_{0.01}$	3.18	3.33	3.42	3.48

若以 $\alpha = 0.05$ 为显著水平，各无性系树高平均值差异显著性表示于表 4-15 中。

表 4-15　例 2 多重对比

无性系号	A_5	A_3	A_1	A_4	A_2
平均树高（m）	$\bar{y}_1$	$\bar{y}_2$	$\bar{y}_3$	$\bar{y}_4$	$\bar{y}_5$
	13	12	10	9.6	8
差异显著性 $\alpha = 0.05$	————	————————	————————		

多重对比连线表示法说明：不同处理间可用一条直线相连则说明处理间差异不显著，否则说明其处理间差异显著。

$ Means

	treatment	mean	standard. error	tukey	snk	duncan	t	scott_ knott
1	A5	13.0	0.8888	a	a	a	a	a
2	A3	12.0	0.7257	a	ab	ab	ab	a
3	A1	10.0	0.7257	ab	bc	bc	bc	b
4	A4	9.6	0.7950	ab	bc	c	c	b
5	A2	8.0	0.8888	b	c	c	c	b

$ 'Multiple comparison test'

	pair contrast		p(tukey)	p(snk)	p(duncan)	p(t)
1	A5−A3	1.0	0.9040	0.3938	0.3938	0.3938
2	A5−A1	3.0	0.1054	0.0421	0.0213	0.0166

3	A5-A4	3.4	0.0665	0.0449	0.0152	0.0099
4	A5-A2	5.0	0.0059	0.0059	0.0015	0.0007
5	A3-A1	2.0	0.3254	0.0655	0.0655	0.0655
6	A3-A4	2.4	0.2094	0.0904	0.0463	0.0374
7	A3-A2	4.0	0.0176	0.0115	0.0038	0.0023
8	A1-A4	0.4	0.9956	0.7141	0.7141	0.7141
9	A1-A2	2.0	0.4319	0.2143	0.1136	0.0967
10	A4-A2	1.6	0.6696	0.1947	0.1947	0.1947

习 题

1. 设有三种施肥方法，每种方案随机分布 4 个小区，共 12 个小区，各小区平均苗高观测值如下：

施肥方案	平均苗高（cm）			
A	48	49	50	49
B	47	49	48	48
C	49	51	50	50

(1)计算各处理总和 $y_1.$、各处理平均 $\bar{y}_1.$.

(2)计算全试验总和 $y..$ 和全试验平均 $\bar{y}..$.

(3)对各处理效应 τ_1 给出一个估计量

(4)对公共总体平均 μ 给出一个估计量

(5)假定上述 A、B、C 三组资料来自具有相等方差 σ^2 的总体，试对 σ^2 作出估计

（答：$\hat{\sigma}^2 = 0.66$）

2. 对题 1 中资料进行方差分析，并以 $\alpha = 0.05$ 为显著水平，判断上述 A、B、C 三组资料是否来自具有相同平均数 μ 的总体。

（答：$F = 5.97$）

3. 为比较湿地松 5 个不同种源种子的重量，从湿地松 5 个种源种中，各随机抽取一份样品，将每份样品随机地分成 8 堆，每堆为 100 粒。由同一检验人员，在同一天平上分别称量每堆种子重量(g/百粒)如下，试检验这 5 个湿地松种源种子的百粒重量是否有显著差异。

湿地松 5 个种源种子百粒重(g)

种源	A_1	A_2	A_3	A_4	A_5
百粒重(g)	3.68	3.51	3.45	3.49	3.62
	3.51	3.54	3.10	3.23	3.64
	3.43	3.52	3.70	3.20	3.68
	3.47	3.52	3.91	3.23	3.68
	3.50	3.52	3.70	3.38	3.85
	3.53	3.57	3.65	3.19	3.61
	3.35	3.47	3.72	3.27	3.70
	3.28	3.45	3.45	3.17	3.81

5　随机区组设计与分析

本章摘要

随机区组设计是具有一个随机化约束的完全随机设计，该设计是根据"局部控制"的原则安排试验。本章重点阐述单因素、二因素和三因素随机区组试验结果的统计分析，并给出了便于进行方差分析的一系列法则。

5.1　随机区组设计方法与特点

区组是指试验环境条件大致相同的试验范围。在场圃试验中，通常将土壤肥力相对一致的地段作为一个区组。区组分为完全随机区组与不完全随机区组，本章主要介绍完全随机区组。

在完全随机区组设计中，划分区组必须遵循的原则是：同一区组内的环境条件要尽可能地一致，不同区组间的环境条件要尽可能地不一致。区组容量正好等于其处理（组合）数，一个区组安排一套处理，每个处理遵循随机的原则在一个区组内安排一次且仅安排一次。

随机区组设计特点：通过区组的划分，减少了环境因素对试验结果的影响，增强了处理间的可比性，同时由于区组间的差异可与试验误差分开，所以，随机区组试验比完全随机试验具有更高的精度，是一种常用的试验设计方法。

为了满足区组环境的一致性，通常区组容量不宜太大，所以这种设计安排的处理组合数不宜太多。

5.2　单因素随机区组设计的统计分析

5.2.1　单因素随机区组设计

假设单因素试验中，因素 A 有 a 个水平，为了减少试验误差，设置 b 个区组，每个区组的大小（容量）为 a 个，a 个处理在每个区组内安排一次且仅安排一次，即一个区组相当于一个重复，所以共有 $N=ab$ 个观测值。

5.2.2 试验资料及其线性模型

表 5-1 随机区组试验两向分组资料

处理(A) \ 区组(B)	1	2	…	b	处理总和 y_i.	处理平均 $\bar{y}_i$.
1	y_{11}	y_{12}	…	y_{1b}	y_1.	$\bar{y}_1$.
2	y_{21}	y_{22}	…	y_{2b}	y_2.	$\bar{y}_2$.
⋮	⋮	⋮		⋮	⋮	⋮
a	y_{a1}	y_{a2}	…	y_{ab}	y_a.	$\bar{y}_a$.
区组总和 $y_{\cdot j}$	$y_{\cdot 1}$	$y_{\cdot 2}$	…	$y_{\cdot b}$	$y..$	$\bar{y}..$
区组平均 $\bar{y}_{\cdot j}$	$\bar{y}_{\cdot 1}$	$\bar{y}_{\cdot 2}$	…	$\bar{y}_{\cdot b}$	全试验总和	全试验平均

随机区组试验观测值的线性模型为：

$$y_{ij} = \mu + \alpha_i + \beta_j + \varepsilon_{ij}$$
$$i = 1, 2, \cdots, a; \quad j = 1, 2, \cdots, b \tag{5-1}$$

其中，μ 为公共总体平均，α_i 为第 i 处理效应，ε_{ij} 为第 i 处理第 j 区组观测值的随机误差，假定各 $\varepsilon_{ij} \sim N(0, \sigma^2)$，且处理效应 α_i 和区组效应 β_j 是可加的，关于 α_i 和 β_j 的性质不同又有固定模式、随机模型和混合模型之分。若两者都是固定，属固定模型；两者都是随机，属随机模型；一个固定一个随机则属混合模型。

进行方差分析还需根据试验的目的对考察因素 A 和区间因素 B 进行抽样假定：若试验目的是 A_1，A_2，$\cdots$，A_a 间的比较，这时称 A 是固定的，即 α_1，α_2，$\cdots$，α_a 均为常量，α_i 是用离差 μ_i. $-\mu$ 来定义的，故有 $\sum\limits_{i=1}^{a} \alpha_i = 0$，$\alpha_i$ 间的变异度为 $K_A^2 = \dfrac{1}{a-1} \sum\limits_{i=1}^{a} \alpha_i^2$；若试验的目的是估计 A 的总体变量参数（总体变量服从正态分布 $N(\mu, \sigma_A^2)$），则 A 是随机的，这时参试的 A_1，A_2，$\cdots$，A_a 仅是 A 的一个随机样本，即 α_1，α_2，$\cdots$，α_a 仅是 A 的主效应的一个随机样本。它们相互独立，且均服从 $N(\mu, \sigma_A^2)$，对于 B 亦有同样类似的抽样假定，即若 B 是固定的，β_1，β_2，$\cdots$，β_b 均为常量，由于 β_j 等于离差 $\mu_{\cdot j} - \mu$，故满足 $\sum\limits_{j=1}^{b} \beta_j = 0$，它的变异度为 $K_B^2 = \dfrac{1}{b-1} \sum\limits_{j=1}^{b} \beta_j^2$；若 B 是随机的，β_1，β_2，$\cdots$，β_b 相互独立，且均服从 $N(0, \sigma_B^2)$，因此单因素随机完全区组试验的线性模型有 4 种：固定效应模型（A、B 均固定）、随机效应模型（A、B 均随机）和混合效应模型（A 固定、B 随机与 A 随机、B 固定）。

5.2.3 方差分析

模型(5-1)中各项参数可由表 5-1 的样本资料给出相应的估计，即：

$$\hat{\mu} = \bar{y}.., \quad \hat{\alpha}_i = \bar{y}_i. - \bar{y}.., \quad \hat{\beta}_j = \bar{y}_{\cdot j} - \bar{y}.., \quad \hat{\varepsilon}_{ij} = y_{ij} - \bar{y}_i. - \bar{y}_{\cdot j} + \bar{y}..$$
$$i = 1, 2, \cdots, a; j = 1, 2, \cdots, b \tag{5-2}$$

则模型(5-1)的样本估计式为

$$y_{ij} = \bar{y}.. + (\bar{y}_i. - \bar{y}..) + (\bar{y}_{\cdot j} - \bar{y}..) + (y_{ij} - \bar{y}_i. - \bar{y}_{\cdot j} + \bar{y}..)$$

可见，随机区组试验中，每个观测值的总离差可分解为三个部分，即：

$$(y_{ij} - \bar{y}..) = (\bar{y}_{i.} - \bar{y}..) + (\bar{y}_{.j} - \bar{y}..) + (y_{ij} - \bar{y}_{i.} - \bar{y}_{.j} + \bar{y}..)$$

将等式两边平方，再对 N 个观测值求和，等号右边最后的三个交叉乘积项均为零，所以：

$$\sum_{i=1}^{a} \sum_{j=1}^{b} (y_{ij} - \bar{y}..)^2 = b \sum_{i=1}^{a} (\bar{y}_{i.} - \bar{y}..)^2 + a \sum_{j=1}^{b} (\bar{y}_{.j} - \bar{y}..)^2 + \sum_{i=1}^{a} \sum_{j=1}^{b} (y_{ij} - \bar{y}_{i.} - \bar{y}_{.j} + \bar{y}..)^2$$

$$(5-3)$$

这就是随机区组试验平方和分解公式，其中

$$SS_T = \sum_{i=1}^{a} \sum_{j=1}^{b} (y_{ij} - \bar{y}..)^2,$$

$$SS_A = b \sum_{i=1}^{a} (\bar{y}_{i.} - \bar{y}..)^2,$$

$$SS_B = a \sum_{j=1}^{b} (\bar{y}_{.j} - \bar{y}..)^2,$$

$$SS_e = \sum_{i=1}^{a} \sum_{j=1}^{b} (y_{ij} - \bar{y}_{i.} - \bar{y}_{.j} + \bar{y}..)^2$$

分别为试验总平方和、处理平方和、区组平方和与剩余平方和。

将它们展开为以下形式，便于计算：

$$\left.\begin{aligned} SS_T &= \sum_{i=1}^{a} \sum_{j=1}^{b} y_{ij}^2 - \frac{y_{..}^2}{ab} \\ SS_A &= \frac{1}{b} \sum_{i=1}^{a} y_{i.}^2 - \frac{y_{..}^2}{ab} \\ SS_B &= \frac{1}{a} \sum_{j=1}^{b} y_{.j}^2 - \frac{y_{..}^2}{ab} \\ SS_e &= SS_T - SS_A - SS_B \end{aligned}\right\}$$

$$(5-4)$$

相应地，总自由度也有以下分解式：

$$ab - 1 = (a-1) + (b-1) + (a-1)(b-1)$$
$$(f_T) \qquad (f_A) \qquad (f_B) \qquad (f_e)$$

$$(5-5)$$

以各项平方和除以相应的自由度，得各项均方，即：

$$MS_A = \frac{SS_A}{a-1}, \qquad MS_B = \frac{SS_B}{b-1}, \qquad MS_e = \frac{SS_e}{(a-1)(b-1)}$$

各项均方的数学期望已列入表 5-2.

表 5-2 随机区组试验的期望均方（EMS）

变异来源	MS	固定模型	随机模型	混合模型 A 固定 B 随机
处理（A）	MS_A	$\sigma^2 + b \sum_{i=1}^{a} \dfrac{\alpha_i^2}{(a-1)}$	$\sigma^2 + b\sigma_\alpha^2$	$\sigma^2 + b \sum_{i=1}^{a} \dfrac{\alpha_i^2}{a-1}$
区组（B）	MS_B	$\sigma^2 + a \sum_{j=1}^{b} \dfrac{\beta_j^2}{(b-1)}$	$\sigma^2 + a\sigma_\beta^2$	$\sigma^2 + a\sigma_\beta^2$
剩余（e）	MS_e	σ^2	σ^2	σ^2

由表 5-2 可知：在随机区组试验中，剩余均方 MS_e 是试验误差 σ^2 的无偏估计，它是从总变异之中剔除处理间和区组间的变异后的剩余部分。而在完全随机试验中 σ^2 由处理内均方来估计的，它是从总变异中剔除处理间变异后的剩余部分，其中包含了较大的环境变异，不能拆分出来。所以一般来说随机区组试验要比完全随机试验的精度要高。

下面分别讨论随机区组试验的假设检验方法。

固定效应模型，检验的假设为：

$$H_0：\alpha_1 = \alpha_2 = \cdots = \alpha_a = 0 \text{ 及 } H_0：\beta_1 = \beta_2 = \cdots = \beta_b = 0$$

随机效应模型，检验的假设为：

$$H_0：\sigma_\alpha^2 = 0 \text{ 及 } H_0：\sigma_\beta^2 = 0$$

混合效应模型，处理固定，区组随机，检验的假设为：

$$H_0：\alpha_1 = \alpha_2 = \cdots = \alpha_a = 0 \text{ 及 } H_0：\sigma_\beta^2 = 0$$

各种模型的期望均方 EMS 可见表 5-2。在单因素随机区组试验中，无论哪一种模型，检验上述假设的 F 统计量均可由 MS_e 作分母，并以相应的均方作分子来构成。即：

$$F_A = \frac{MS_A}{MS_e} \tag{5-6}$$

$$F_B = \frac{MS_B}{MS_e} \tag{5-7}$$

当 H_0 成立时，统计量 $F_A \sim F(a-1，(a-1)(b-1))$，$F_B \sim F(b-1，(a-1)(b-1))$。

当给出显著水平 α 时，若实得的

$$F_A \geqslant F_\alpha(a-1，(a-1)(b-1))，\qquad F_B \geqslant F_\alpha(b-1，(a-1)(b-1))$$

则拒绝 H_0，否则接受 H_0。

一般来说，区组是影响试验结果的试验条件，并非所要探讨的试验因素，若区组效应是固定效应，可不对区组间的差异进行显著性检验。但若进行检验，且拒绝了 $H_0：\beta_1 = \beta_2 = \cdots = \beta_b = 0$，这表明区组划分是必要的、合理的，也表明试验是在有较大差异的条件下进行的。若区组效应是随机效应，则当 $H_0：\sigma_\beta^2 = 0$ 被拒绝时，在估计观测值的总方差中，要包含一个 σ_β^2 的估计量。

以上检验过程可归纳为如下方差分析表：

表 5-3　随机区组试验方差分析表

变异来源	f	SS	MS	F_0
区组(B)	$b-1$	$a\sum_{j=1}^{b}(\bar{y}_{\cdot j} - \bar{y}_{\cdot\cdot})^2$	$\dfrac{SS_B}{b-1}$	$\dfrac{MS_B}{MS_e}$
处理(A)	$a-1$	$b\sum_{i=1}^{a}(\bar{y}_{i\cdot} - \bar{y}_{\cdot\cdot})^2$	$\dfrac{SS_A}{a-1}$	$\dfrac{MS_A}{MS_e}$
误差(e)	$(a-1)(b-1)$	$\sum_{i=1}^{a}\sum_{j=1}^{b}(y_{ij} - \bar{y}_{i\cdot} - \bar{y}_{\cdot j} + \bar{y}_{\cdot\cdot})^2$	$\dfrac{SS_e}{(a-1)(b-1)}$	
总变异(T)	$ab-1$	$\sum_{i=1}^{a}\sum_{j=1}^{b}(y_{ij} - \bar{y}_{\cdot\cdot})^2$		

5.2.4 多重对比与方差分量估计

对于固定效应模型或 A 固定 B 随机的混合模型，若假设 H_0：$\tau_1 = \tau_2 = \cdots = \tau_a = 0$ 被拒绝，尚需对各处理平均值 $\bar{y}_i.$ $(i = 1, 2, \cdots, a)$ 进行多重对比，处理平均值的标准误为

$$S_{\bar{y}} = \sqrt{\frac{MS_e}{b}} \tag{5-8}$$

其分子 MS_e 为剩余均方，分母 b 为区组数，即各处理的重复次数。

对于随机效应模型，若假设 H_0：$\sigma_\alpha^2 = 0$ 及 H_0：$\sigma_\beta^2 = 0$ 被拒绝，则模型 (5-2) 中的观测值：

$$y_{ij} = \mu + \alpha_i + \beta_j + \varepsilon_{ij}$$

的总方差为：

$$D(y_{ij}) = \sigma_\alpha^2 + \sigma_\beta^2 + \sigma^2$$

其中，各方差组分的估计量为：

$$\hat{\sigma}^2 = MS_e, \quad \hat{\sigma}_\alpha^2 = \frac{MS_A - MS_e}{b}, \quad \hat{\sigma}_\beta^2 = \frac{MS_B - MS_e}{a} \tag{5-9}$$

5.3 两因素随机区组设计的统计分析

多因素随机区组试验，可以看成是处理组合的单因素随机区组试验，然后再根据试验因素的多少，把处理组合分解成各主效应、交互效应来分析。

5.3.1 两因素随机区组设计

设试验包含 A、B 两个因素，A 有 a 水平，B 有 b 水平，共有 ab 个处理组合，若每个处理组合重复 n 次，试验采取随机区组设计。设有 n 个完全区组，每个区组再分成 ab 个小区，将每个处理组合在各区组内随机安排一个小区，这种设计为两因素随机区组设计。

5.3.2 试验资料及其线性模型

用 y_{ijk} 表示因素 A 在第 i 水平，因素 B 在第 j 水平，第 k 区组的观测值，两因素随机区组试验各观测值的线性模型如下：

$$\begin{aligned} y_{ijk} &= \mu + \alpha_i + \beta_j + (\alpha\beta)_{ij} + \rho_k + \varepsilon_{ijk} \\ &= \mu + \tau_{ij} + \rho_k + \varepsilon_{ijk} \end{aligned} \tag{5-10}$$

$$i = 1, 2, \cdots, a; \ j = 1, 2, \cdots, b; \ k = 1, 2, \cdots, n$$

其中，μ 为公共总体平均，τ_{ij} 为第 A_iB_j 处理效应，ρ_k 为第 k 区组效应，试验误差 ε_{ijk} 为相互独立且服从 $N(0, \sigma^2)$ 分布的随机变量。这里，处理效应 τ_{ij} 又可以分解为因素 A 第 i 水平效应 α_i，因素 B 第 j 水平效应 β_j 和 A_i 与 B_j 的交互效应 $(\alpha\beta)_{ij}$。关于 α_i，β_j 性质不同又可以将模型 (5-10) 分为：

固定模型 若因素 A 和 B 的水平都是特定选取的，称此模型为固定模型，其中 α_i，

β_j，$(\alpha\beta)_{ij}$ 都是固定效应，且满足约束条件：

$$\sum_{i=1}^{a} \alpha_i = 0, \qquad \sum_{j=1}^{b} \beta_j = 0, \qquad \sum_{i=1}^{a} (\alpha\beta)_{ij} = \sum_{j=1}^{b} (\alpha\beta)_{ij} = 0 \qquad (5-11)$$

随机模型　若因素 A 和 B 的水平都是随机决定的，称此模型为随机模型，其中 α_i，β_j，$(\alpha\beta)_{ij}$ 都是随机效应，且满足约束条件：

$$\alpha_i \sim N(0, \sigma_\alpha^2), \qquad \beta_j \sim N(0, \sigma_\beta^2), \qquad (\alpha\beta)_{ij} \sim N(0, \sigma_{\alpha\beta}^2) \qquad (5-12)$$

混合模型　若因素 A 的水平是固定选取的，B 的水平是随机的(或者 A 的水平是随机的，B 的水平是固定的)，称此模型为混合模型，其中 α_i 是固定效应，满足约束条件 $\sum_{i=1}^{a} \alpha_i = 0$，$\beta_j$ 和 $(\alpha\beta)_{ij}$ 是随机效应，且满足约束条件：

$$\beta_j \sim N(0, \sigma_\beta^2), \quad (\alpha\beta)_{ij} \sim N\left(0, \frac{a-1}{a}\sigma_{\alpha\beta}^2\right) \qquad (5-13)$$

5.3.3　固定模型的统计分析

(1)平方和与自由度分解

由线性模型(5-10)可见，两因素随机区组试验和单因素随机区组试验一样，其总变异可分解为处理(组合)、区组和剩余 3 个部分，所不同的是，其处理组合项还可进一步分解为因素 A 的主效应、因素 B 的主效应和 A 与 B 的交互效应 3 项，模型(5-10)中各项参数的估计为：

$$\hat{\mu} = \bar{y}\dots,$$
$$\hat{\tau}_{ij} = (\bar{y}_{ij.} - \bar{y}\dots),$$
$$\hat{\alpha}_i = (\bar{y}_{i..} - \bar{y}\dots),$$
$$\hat{\beta}_j = (\bar{y}_{.j.} - \bar{y}\dots) \qquad\qquad (5-14)$$
$$\widehat{(\alpha\beta}_{ij}) = (\bar{y}_{ij.} - \bar{y}\dots) - (\bar{y}_{i..} - \bar{y}\dots) - (\bar{y}_{.j.} - \bar{y}\dots) = (\bar{y}_{ij.} - \bar{y}_{i..} - \bar{y}_{.j.} + \bar{y}\dots),$$
$$\hat{\rho}_k = (\bar{y}_{..k} - \bar{y}\dots),$$
$$\hat{\varepsilon}_{ijk} = (y_{ijk} - \bar{y}\dots) - (\bar{y}_{ij.} - \bar{y}\dots) - (\bar{y}_{..k} - \bar{y}\dots) = (y_{ijk} - \bar{y}_{ij.} - \bar{y}_{..k} + \bar{y}\dots)$$

所以，当由样本估计时，每个观测值的总离差为($y_{ijk} - \bar{y}\dots$)，可以分解为 5 个部分，即：

$$y_{ijk} - \bar{y}\dots = (\bar{y}_{i..} - \bar{y}\dots) + (\bar{y}_{.j.} - \bar{y}\dots) + (\bar{y}_{ij.} - \bar{y}_{i..} - \bar{y}_{.j.} + \bar{y}\dots)$$
$$+ (\bar{y}_{..k} - \bar{y}\dots) + (y_{ijk} - \bar{y}_{ij.} - \bar{y}_{..k} + \bar{y}\dots)$$

将上式两边平方，再对 i，j，k 求和，等式右边展开后有 5 个平方项，10 个交叉乘积项，而这 10 个交叉乘积项均为 0，所以：

$$\sum_{i=1}^{a} \sum_{j=1}^{b} \sum_{k=1}^{n} (y_{ijk} - \bar{y}\dots) = \sum_{i=1}^{a} \sum_{j=1}^{b} \sum_{k=1}^{n} \left[(\bar{y}_{i..} - \bar{y}\dots) + (\bar{y}_{.j.} - \bar{y}\dots) \right.$$
$$+ (\bar{y}_{ij.} - \bar{y}_{i..} - \bar{y}_{.j.} + \bar{y}\dots) + (\bar{y}_{..k} - \bar{y}\dots)$$
$$\left. + (y_{ijk} - \bar{y}_{ij.} - \bar{y}_{..k} + \bar{y}\dots) \right]^2$$
$$= bn \sum_{i=1}^{a} (\bar{y}_{i..} - \bar{y}\dots)^2 + an \sum_{j=1}^{b} (\bar{y}_{.j.} - \bar{y}\dots)^2$$

$$+ n \sum_{i=1}^{a} \sum_{j=1}^{b} (\bar{y}_{ij.} - \bar{y}_{i..} - \bar{y}_{.j.} + \bar{y}_{...})^2$$

$$+ ab \sum_{k=1}^{n} (\bar{y}_{..k} - \bar{y}_{...})^2$$

$$+ \sum_{i=1}^{a} \sum_{j=1}^{b} \sum_{k=1}^{n} (y_{ijk} - \bar{y}_{ij.} - \bar{y}_{..k} + \bar{y}_{...})^2 \tag{5-15}$$

等式(5-15)左边为总平方和 SS_T，右边分别为因素 A 的平方和 SS_A，因素 B 的平方和 SS_B，因素 A 与 B 的交互效应平方和 SS_{AB}，区组平方和 $SS_{区组}$，以及剩余平方和 SS_e，即总平方和分解为

$$SS_T = SS_A + SS_B + SS_{AB} + SS_{区组} + SS_e$$

$$= SS_{处理} + SS_{区组} + SS_e \tag{5-16}$$

$$(SS_{处理} = SS_A + SS_B + SS_{AB})$$

总自由度也可以分解为相应的 5 个部分，见表 5-4。

表 5-4　自由度分解

变异来源	自由度
区组	$n-1$
处理	$ab-1$
A	$a-1$
B	$b-1$
AB	$(a-1)(b-1)$
剩余	$(ab-1)(n-1)$
总变异	$abn-1$

(2)期望均方与 F 检验

两因素随机区组试验的各项均方(MS)及期望均方(EMS)见表 5-5.

表 5-5　两因素随机区组试验各项均方及期望均方

变异来源	均方(MS)	EMS		
		固定模型	随机模型	混合模型 (A 固定，B 随机)
区组	$\dfrac{SS_{区组}}{n-1}$	$\sigma^2 + abK_\rho^2$	$\sigma^2 + ab\sigma_\rho^2$	$\sigma^2 + ab\sigma_\rho^2$
A	$\dfrac{SS_A}{a-1}$	$\sigma^2 + bnK_\alpha^2$	$\sigma^2 + n\sigma_{\alpha\beta}^2 + bn\sigma_\alpha^2$	$\sigma^2 + n\sigma_{\alpha\beta}^2 + bnK_\alpha^2$
B	$\dfrac{SS_B}{b-1}$	$\sigma^2 + anK_\beta^2$	$\sigma^2 + n\sigma_{\alpha\beta}^2 + an\sigma_\beta^2$	$\sigma^2 + an\sigma_\beta^2$
AB	$\dfrac{SS_{AB}}{(a-1)(b-1)}$	$\sigma^2 + nK_{\alpha\beta}^2$	$\sigma^2 + n\sigma_{\alpha\beta}^2$	$\sigma^2 + n\sigma_{\alpha\beta}^2$
剩余	$\dfrac{SS_e}{(ab-1)(n-1)}$	σ^2	σ^2	σ^2

表 5-5 中，$K_\alpha^2 = \dfrac{\sum\limits_{i=1}^{a} \alpha_i^2}{a-1}$，$K_\beta^2 = \dfrac{\sum\limits_{j=1}^{b} \beta_j^2}{b-1}$，$K_{\alpha\beta}^2 = \dfrac{\sum\limits_{i=1}^{a}\sum\limits_{j=1}^{b} (\alpha\beta)_{ij}^2}{(a-1)(b-1)}$，$K_\rho^2 = \dfrac{\sum\limits_{k=1}^{n} \rho_k^2}{n-1}$ 分别为各固定

效应的方差；而 σ_α^2，σ_β^2，$\sigma_{\alpha\beta}^2$，σ_ρ^2 和 σ^2 为随机效应的方差分量。

对固定模型，统计分析要检验的假设为：

① H_0：$\alpha_1 = \alpha_2 = \cdots = \alpha_a = 0$

② H_0：$\beta_1 = \beta_2 = \cdots = \beta_b = 0$

③ H_0：$(\alpha\beta)_{ij} = 0 (i=1, 2, \cdots, a; j=1, 2, \cdots, b)$

根据表 5-5 中固定模型的 EMS，构造检验上述假设的统计量分别为：

① $F_A = \dfrac{MS_A}{MS_e}$

② $F_B = \dfrac{MS_B}{MS_e}$

③ $F_{AB} = \dfrac{MS_{AB}}{MS_e}$

当 H_0 成立时，上述统计量都服从 $F(f_1, f_2)$ 分布，f_1 为分子的自由度，f_2 为分母自由度，当实得值 F_0 超过相应分布的临界点 $F_\alpha(f_1, f_2)$ 时，便拒绝 H_0。

两因素随机区组试验固定模型方差分析表见表 5-6。

表 5-6　两因素随机区组试验(固定模型)方差分析表

变异来源	f	SS	MS	F
区组	$n-1$	$ab\sum\limits_{k=1}^{n} (\bar{y}_{\cdot\cdot k} - \bar{y}_{\cdots})^2$	$\dfrac{SS_{区组}}{n-1}$	
处理	$ab-1$	$n\sum\limits_{i=1}^{a}\sum\limits_{j=1}^{b} (\bar{y}_{ij\cdot} - \bar{y}_{\cdots})^2$		
A	$a-1$	$bn\sum\limits_{i=1}^{a} (\bar{y}_{i\cdot\cdot} - \bar{y}_{\cdots})^2$	$\dfrac{SS_A}{a-1}$	$F_A = \dfrac{MS_A}{MS_e}$
B	$b-1$	$an\sum\limits_{j=1}^{b} (\bar{y}_{\cdot j\cdot} - \bar{y}_{\cdots})^2$	$\dfrac{SS_B}{b-1}$	$F_B = \dfrac{MS_B}{MS_e}$
AB	$(a-1)(b-1)$	$SS_{处理} - SS_A - SS_B$	$\dfrac{SS_{AB}}{(a-1)(b-1)}$	$F_{AB} = \dfrac{MS_{AB}}{MS_e}$
剩余(e)	$(ab-1)(n-1)$	$SS_T - SS_{处理} - SS_{区组}$	$\dfrac{SS_e}{(ab-1)(n-1)}$	
总变异(T)	$abn-1$	$\sum\limits_{i=1}^{a}\sum\limits_{j=1}^{b}\sum\limits_{k=1}^{n} (y_{ijk} - \bar{y}_{\cdots})^2$		

(3) 多重对比

在固定模型的方差分析中，如果原假设被拒绝，则需要进一步了解其中哪些处理差异显著，哪些处理差异不显著，因此，要对各处理平均值作个别对比，多重对比中给出检验

显著性判据的方法有多种，通常采用 Duncan 新复极差法（略）。

5.3.4 随机模型的统计分析

（1）平方和与自由度分解（同固定模型，略）

（2）期望均方与 F 检验

对于随机模型，要检验的假设为：

①H_0：$\sigma_\alpha^2 = 0$

②H_0：$\sigma_\beta^2 = 0$

③H_0：$\sigma_{\alpha\beta}^2 = 0$

④H_0：$\sigma_\rho^2 = 0$

由随机模型的 EMS（见表 5-5），可得检验上述 4 个假设的统计量，它们分别为：

$$F_A = \frac{MS_A}{MS_{AB}}, \quad F_B = \frac{MS_B}{MS_{AB}}, \quad F_{AB} = \frac{MS_{AB}}{MS_e}, \quad F_{\text{区组}} = \frac{MS_{\text{区组}}}{MS_e}$$

当上述 4 个假设 H_0 成立时，有：

$$F_A \sim F(f_A, f_{AB}), \quad F_B \sim F(f_B, f_{AB}), \quad F_{AB} \sim F(f_{AB}, f_e), \quad F_{\text{区组}} \sim F(f_{\text{区组}}, f_e)$$

和固定模型一样，分别计算各项平方和与自由度，将计算结果列入方差分析表 5-7 中。

表 5-7　两因素随机区组试验（随机模型）方差分析表

变异来源	f	SS	MS	F
区组	$n-1$	$ab\sum_{k=1}^{n}(\bar{y}_{..k} - \bar{y}_{...})^2$	$\dfrac{SS_{\text{区组}}}{n-1}$	$F_{\text{区组}} = \dfrac{MS_{\text{区组}}}{MS_e}$
处理	$ab-1$	$n\sum_{i=1}^{a}\sum_{j=1}^{b}(\bar{y}_{ij.} - \bar{y}_{...})^2$		
A	$a-1$	$bn\sum_{i=1}^{a}(\bar{y}_{i..} - \bar{y}_{...})^2$	$\dfrac{SS_A}{a-1}$	$F_A = \dfrac{MS_A}{MS_{AB}}$
B	$b-1$	$an\sum_{j=1}^{b}(\bar{y}_{.j.} - \bar{y}_{...})^2$	$\dfrac{SS_B}{b-1}$	$F_B = \dfrac{MS_B}{MS_{AB}}$
$A \times B$	$(a-1)(b-1)$	$SS_{\text{处理}} - SS_A - SS_B$	$\dfrac{SS_{AB}}{(a-1)(b-1)}$	$F_{AB} = \dfrac{MS_{AB}}{MS_e}$
剩余(e)	$(ab-1)(n-1)$	$SS_T - SS_{\text{处理}} - SS_{\text{区组}}$	$\dfrac{SS_e}{(ab-1)(n-1)}$	
总变异(T)	$abn-1$	$\sum_{i=1}^{a}\sum_{j=1}^{b}\sum_{k=1}^{n}(y_{ijk} - \bar{y}_{...})^2$		

（3）方差分量的估计

由线性随机模型（5-10）得观测值 y_{ijk} 的总方差为

$$D(y_{ijk}) = \sigma_\alpha^2 + \sigma_\beta^2 + \sigma_{\alpha\beta}^2 + \sigma_\rho^2 + \sigma^2 \tag{5-17}$$

模型（5-17）中各方差分量的估计可根据表 5-5 中随机模型的各期望均方（EMS），作如下估计：

$$\hat{\sigma}^2 = MS_e$$

$$\hat{\sigma}_\alpha^2 = \frac{MS_A - MS_{AB}}{bn}$$

$$\hat{\sigma}_\beta^2 = \frac{MS_B - MS_{AB}}{an} \qquad (5-18)$$

$$\hat{\sigma}_{\alpha\beta}^2 = \frac{MS_{AB} - MS_e}{n}$$

$$\hat{\sigma}_\rho^2 = \frac{MS_{区组} - MS_e}{ab}$$

5.4　三因素随机区组设计的统计分析

若试验包含 A、B、C 共 3 个因素，分别具有 a、b、c 个水平，共有 abc 个处理组合，每个处理组合重复 n 次，设 n 个完全区组，每个区组分成 abc 个小区，将各处理组合在每个区组内随机安排一个小区，即三因素随机区组试验。

5.4.1　试验资料及其线性模型

用 y_{ijkl} 表示因素 A 在第 i 水平，因素 B 在第 j 水平，因素 C 在第 k 水平，第 l 个区组的观测值。各观测值的线性模型为

$$\begin{aligned} y_{ijkl} &= \mu + \alpha_i + \beta_j + \gamma_k + (\alpha\beta)_{ij} + (\alpha\gamma)_{ik} + (\beta\gamma)_{jk} + (\alpha\beta\gamma)_{ijk} + \rho_l + \varepsilon_{ijkl} \\ &= \mu + \tau_{ijk} + \rho_l + \varepsilon_{ijkl} \\ \tau_{ijk} &= \alpha_i + \beta_j + \gamma_k + (\alpha\beta)_{ij} + (\alpha\gamma)_{ik} + (\beta\gamma)_{jk} + (\alpha\beta\gamma)_{ijk} \end{aligned} \qquad (5-19)$$

$$i = 1, 2, \cdots, a; \ j = 1, 2, \cdots, b; \ k = 1, 2, \cdots, c; \ l = 1, 2, \cdots, n$$

其中 μ 为公共总体平均数，τ_{ijk} 为处理效应，ρ_l 为区组效应，$\varepsilon_{ijkl} \sim N(0, \sigma^2)$，其中处理效应 τ_{ijk} 又可以分解为 3 个因素的主效应 α_i，β_j，γ_k 和因素 A 与 B、A 与 C、B 与 C 的交互效应 $(\alpha\beta)_{ij}$，$(\alpha\gamma)_{ik}$，$(\beta\gamma)_{jk}$，以及 A、B、C 这 3 个因素的交互效应 $(\alpha\beta\gamma)_{ijk}$。

若 A、B、C 三个因素都是固定的，模型 $(5-19)$ 为固定模型。满足约束条件：

$$\sum_{i=1}^a \alpha_i = 0, \quad \sum_{j=1}^b \beta_j = 0, \quad \sum_{k=1}^c \gamma_k = 0, \quad \sum_{i=1}^a (\alpha\beta)_{ij} = \sum_{j=1}^b (\alpha\beta)_{ij} = 0$$

$$\sum_{i=1}^a (\alpha\gamma)_{ik} = \sum_{k=1}^c (\alpha\gamma)_{ik} = 0, \quad \sum_{j=1}^b (\beta\gamma)_{jk} = \sum_{k=1}^c (\beta\gamma)_{jk} = 0 \qquad (5-20)$$

$$\sum_{i=1}^a (\alpha\beta\gamma)_{ijk} = \sum_{j=1}^b (\alpha\beta\gamma)_{ijk} = \sum_{k=1}^c (\alpha\beta\gamma)_{ijk} = 0$$

若 A、B、C 的 3 个因素都是随机的，则模型 $(5-19)$ 为随机模型。其中 α_i，β_j，γ_k，$(\alpha\beta)_{ij}$，$(\alpha\gamma)_{ik}$，$(\beta\gamma)_{jk}$，$(\alpha\beta\gamma)_{ijk}$ 是相互独立且均服从正态分布的随机变量，其数学期望为 0，方差分别为 σ_α^2，σ_β^2，σ_γ^2，$\sigma_{\alpha\beta}^2$，$\sigma_{\alpha\gamma}^2$，$\sigma_{\beta\gamma}^2$ 和 $\sigma_{\alpha\beta\gamma}^2$。

若 A、B、C 中有的是固定效应，有的是随机效应，则模型 $(5-19)$ 为混合模型。

5.4.2　平方和与自由度分解

在三因素随机区组试验资料中，根据模型(5-19)可知，试验的总平方和可以分解为如下 9 项：

$$SS_T = SS_A + SS_B + SS_C + SS_{AB} + SS_{AC} + SS_{BC} + SS_{ABC} + SS_{区组} + SS_e$$

$$= SS_{处理} + SS_{区组} + SS_e \tag{5-21}$$

$$SS_{处理} = SS_A + SS_B + SS_C + SS_{AB} + SS_{AC} + SS_{BC} + SS_{ABC}$$

其中：

$$C = \frac{y^2_{....}}{abcn}$$

$$SS_T = \sum_{i=1}^{a} \sum_{j=1}^{b} \sum_{k=1}^{c} \sum_{l=1}^{n} (y_{ijkl} - \bar{y}_{....})^2 = \sum_{i=1}^{a} \sum_{j=1}^{b} \sum_{k=1}^{c} \sum_{l=1}^{n} y^2_{ijkl} - C$$

$$SS_{处理} = n \sum_{i=1}^{a} \sum_{j=1}^{b} \sum_{k=1}^{c} (\bar{y}_{ijk.} - \bar{y}_{....})2 = \frac{1}{n} \sum_{i=1}^{a} \sum_{j=1}^{b} \sum_{k=1}^{c} y^2_{ijk.} - C$$

$$SS_A = bcn \sum_{i=1}^{a} (\bar{y}_{i...} - \bar{y}_{....})2 = \frac{1}{bcn} \sum_{i=1}^{a} y^2_{i...} - C$$

$$SS_B = acn \sum_{j=1}^{b} (\bar{y}_{.j..} - \bar{y}_{....})^2 = \frac{1}{acn} \sum_{j=1}^{b} y^2_{.j..} - C$$

$$SS_C = abn \sum_{k=1}^{c} (\bar{y}_{..k.} - \bar{y}_{....})^2 = \frac{1}{abn} \sum_{k=1}^{c} y^2_{..k.} - C$$

$$SS_{AB} = cn \sum_{i=1}^{a} \sum_{j=1}^{b} (\bar{y}_{ij..} - \bar{y}_{....})^2 - SS_A - SS_B$$

$$= \frac{1}{cn} \sum_{i=1}^{a} \sum_{j=1}^{b} y^2_{ij..} - C - SS_A - SS_B$$

$$SS_{AC} = bn \sum_{i=1}^{a} \sum_{k=1}^{c} (\bar{y}_{i.k.} - \bar{y}_{....})^2 - SS_A - SS_C \tag{5-22}$$

$$= \frac{1}{bn} \sum_{i=1}^{a} \sum_{k=1}^{c} y^2_{i.k.} - C - SS_A - SS_C$$

$$SS_{BC} = an \sum_{j=1}^{b} \sum_{k=1}^{c} (\bar{y}_{.jk.} - \bar{y}_{....})^2 - SS_B - SS_C$$

$$= \frac{1}{an} \sum_{j=1}^{b} \sum_{k=1}^{c} y^2_{.jk.} - C - SS_B - SS_C$$

$$SS_{ABC} = SS_{处理} - SS_A - SS_B - SS_C - SS_{AB} - SS_{AC} - SS_{BC}$$

$$SS_{区组} = abc \sum_{l=1}^{n} (\bar{y}_{...l} - \bar{y}_{....})^2 = \frac{1}{abc} \sum_{l=1}^{n} y^2_{...l} - C$$

$$SS_e = SS_T - SS_{处理} - SS_{区组}$$

5.4.3 期望均方与 F 检验

表 5-8 三因素随机区组试验的期望均方(EMS)

变异来源	均方期望(EMS)		
	固定模型	随机模型	混合模型 A、B 固定 C 随机
区组	$\sigma^2+abcK_\rho^2$	$\sigma^2+abc\sigma_\rho^2$	$\sigma^2+abc\sigma_\rho^2$
处理			
A	$\sigma^2+bcnK_\alpha^2$	$\sigma^2+n\sigma_{\alpha\beta\gamma}^2+cn\sigma_{\alpha\beta}^2+bn\sigma_{\alpha\gamma}^2+bcn\sigma_\alpha^2$	$\sigma^2+bn\sigma_{\alpha\gamma}^2+bcnK_\alpha^2$
B	$\sigma^2+acnK_\beta^2$	$\sigma^2+n\sigma_{\alpha\beta\gamma}^2+cn\sigma_{\alpha\beta}^2+an\sigma_{\beta\gamma}^2+acn\sigma_\beta^2$	$\sigma^2+an\sigma_{\beta\gamma}^2+acnK_\beta^2$
C	$\sigma^2+abnK_\gamma^2$	$\sigma^2+n\sigma_{\alpha\beta\gamma}^2+bn\sigma_{\alpha\gamma}^2+an\sigma_{\beta\gamma}^2+abn\sigma_\gamma^2$	$\sigma^2+abn\sigma_\gamma^2$
A×B	$\sigma^2+cnK_{\alpha\beta}^2$	$\sigma^2+n\sigma_{\alpha\beta\gamma}^2+cn\sigma_{\alpha\beta}^2$	$\sigma^2+n\sigma_{\alpha\beta\gamma}^2+cnK_{\alpha\beta}^2$
A×C	$\sigma^2+bnK_{\alpha\gamma}^2$	$\sigma^2+n\sigma_{\alpha\beta\gamma}^2+bn\sigma_{\alpha\gamma}^2$	$\sigma^2+bn\sigma_{\alpha\gamma}^2$
B×C	$\sigma^2+anK_{\beta\gamma}^2$	$\sigma^2+n\sigma_{\alpha\beta\gamma}^2+an\sigma_{\beta\gamma}^2$	$\sigma^2+an\sigma_{\beta\gamma}^2$
A×B×C	$\sigma^2+nK_{\alpha\beta\gamma}^2$	$\sigma^2+n\sigma_{\alpha\beta\gamma}^2$	$\sigma^2+n\sigma_{\alpha\beta\gamma}^2$
剩余	σ^2	σ^2	σ^2

其中:

$$K_\alpha^2 = \sum_{i=1}^{a} \frac{\alpha_i^2}{a-1}, \quad K_\beta^2 = \sum_{j=1}^{b} \frac{\beta_j^2}{b-1}, \quad K_\gamma^2 = \sum_{k=1}^{c} \frac{\gamma_k^2}{c-1},$$

$$K_{\alpha\beta}^2 = \sum_{i=1}^{a} \sum_{j=1}^{b} \frac{(\alpha\beta)_{ij}^2}{(a-1)(b-1)}, \quad K_{\alpha\gamma}^2 = \sum_{i=1}^{a} \sum_{k=1}^{c} \frac{(\alpha\gamma)_{ik}^2}{(a-1)(c-1)},$$

$$K_{\beta\gamma}^2 = \sum_{j=1}^{b} \sum_{k=1}^{c} \frac{(\beta\gamma)_{jk}^2}{(b-1)(c-1)}, \quad K_{\alpha\beta\gamma}^2 = \sum_{i=1}^{a} \sum_{j=1}^{b} \sum_{k=1}^{c} \frac{(\alpha\beta\gamma)_{ijk}^2}{(a-1)(b-1)(c-1)}$$

由表 5-8 的 EMS 知,对于固定模型,检验各主效应、交互效应的显著性所用统计量均以 MS_e 作分母,以相应均方作分子,构造统计量 F_0。

但对于随机模型:

当检验 H_0: $\sigma_{\alpha\beta\gamma}^2=0$ 时,用 MS_e 作分母;

当检验 H_0: $\sigma_{\alpha\beta}^2=0$,H_0: $\sigma_{\alpha\gamma}^2=0$ 和 H_0: $\sigma_{\beta\gamma}^2=0$ 时,用 MS_{ABC} 作分母.

但要检验 H_0: $\sigma_\alpha^2=0$,H_0: $\sigma_\beta^2=0$ 和 H_0: $\sigma_\gamma^2=0$ 时,由表 5-8 的 EMS,不能直接找出被比量。这时,可通过相应均方相加而获得统计量 F 的分子和分母,使其分子和分母的期望值仅相差一个被检验项。例如,若要检验:

$$H_0: \quad \sigma_\alpha^2=0$$

可令:

$$MS_1 = MS_A+MS_{ABC}$$

$$MS_2 = MS_{AB}+MS_{AC}$$

并以 MS_1 作分子,MS_2 作分母,得统计量:

$$F = \frac{MS_1}{MS_2} = \frac{MS_A + MS_{ABC}}{MS_{AB} + MS_{AC}} \tag{5-23}$$

因为

$$E(MS_1) = E(MS_A) + E(MS_{ABC}) = 2\sigma^2 + 2n\sigma^2_{\alpha\beta\gamma} + cn\sigma^2_{\alpha\beta} + bn\sigma^2_{\alpha\gamma} + bcn\sigma^2_{\alpha}$$

$$E(MS_2) = E(MS_{AB}) + E(MS_{AC}) = 2\sigma^2 + 2n\sigma^2_{\alpha\beta\gamma} + cn\sigma^2_{\alpha\beta} + bn\sigma^2_{\alpha\gamma}$$

两者的期望均方仅相差 $bcn\sigma^2_{\alpha}$ 一项,当 H_0 成立时,比值 $F = \frac{MS_1}{MS_2} \approx 1$;若 MS_1 大于 MS_2,且

比值 $F = \frac{MS_1}{MS_2}$ 超过了显著临界点,便可拒绝 H_0。所以,

当 H_0 成立时,统计量(5-23):

$$F = \frac{MS_1}{MS_2} \sim F(f_1, f_2)$$

其中自由度 f_1 和 f_2 依下式计算

$$f_1 = \frac{(MS_1)^2}{\dfrac{MS_A^2}{f_A} + \dfrac{MS_{ABC}^2}{f_{ABC}}}, \quad f_2 = \frac{(MS_2)^2}{\dfrac{MS_{AB}^2}{f_{AB}} + \dfrac{MS_{AC}^2}{f_{AC}}} \tag{5-24}$$

5.4.4 多重对比

对于固定模型,多重对比时,各对比平均数的标准误见表 5-9.

表 5-9 各对比标准误

对比平均数	标准误 $S_{\bar{y}}$	对比平均数	标准误 $S_{\bar{y}}$
$\bar{y}_{i\cdots}$	$\sqrt{\dfrac{MS_e}{bcn}}$	$\bar{y}_{i\cdot k\cdot}$	$\sqrt{\dfrac{MS_e}{bn}}$
$\bar{y}_{\cdot j\cdot\cdot}$	$\sqrt{\dfrac{MS_e}{acn}}$	$\bar{y}_{\cdot jk\cdot}$	$\sqrt{\dfrac{MS_e}{an}}$
$\bar{y}_{\cdot\cdot k\cdot}$	$\sqrt{\dfrac{MS_e}{abn}}$	$\bar{y}_{ijk\cdot}$	$\sqrt{\dfrac{MS_e}{n}}$
$\bar{y}_{ij\cdot\cdot}$	$\sqrt{\dfrac{MS_e}{cn}}$		

5.5 相关法则

如前所述,在方差分析中,了解各项变因的 *EMS* 是十分重要的,因为检验假设的统计量 *F* 是两个均方之比,必须根据各项变因的 *EMS* 才能找到合适的均方作被比量。另外,在随机模型的统计分析中,要估计各方差组分,也必须了解 *EMS*,然而,*EMS* 的数学推导过程十分复杂,类似这样的推导对其他较复杂的试验,尤其是多因素试验就更加冗长乏味

了。为此，介绍一种确定 EMS 的简便方法及有关规则，免去复杂的数学推导是十分必要的。

5.5.1 关于期望均方(EMS)的法则

除拉丁方和不完全区组设计外，对于一般交叉因子、巢式因子和有交叉因子和巢式因子的平衡设计资料，都能利用这一套规则来写出各项变因的期望均方(EMS)。现以两因素完全随机试验为例，介绍这些规则及方法。

第一步　写出试验观测值的线性模型。例如，两因素完全随机试验的线性模型为：

$$y_{ijk} = \mu + \alpha_i + \beta_j + (\alpha\beta)_{ij} + \varepsilon_{ijk}$$

$$i = 1, 2, \cdots, a; \ j = 1, 2, \cdots, b; \ k = 1, 2, \cdots, n \tag{5-25}$$

第二步　画一张表。模型中每一个效应都给一行，每个下标都给一列。各列上方写出该下标对应因素的水平数，并注明该因素效应是固定(F)还是随机(R)。下面对公式(5-24)分别就固定模型、随机模型和混合模型(A 固定、B 随机)各给出一张表：

(固定模型)	F	F	R	(随机模型)	R	R	R	(混合模型)	F	R	R
	a	b	n		a	b	n		a	b	n
	i	j	k		i	j	k		i	j	k
α_i				α_i				α_i			
β_j				β_j				β_j			
$(\alpha\beta)_{ij}$				$(\alpha\beta)_{ij}$				$(\alpha\beta)_{ij}$			
$\varepsilon_{(ij)k}$				$\varepsilon_{(ij)k}$				$\varepsilon_{(ij)k}$			

(1)将模型中的 ε_{ijk} 写成 $\varepsilon_{(ij)k}$。括号内的下标 i, j 为死标，括号外的下标 k 为活标。$\varepsilon_{(ij)k}$ 表示在第 A_iB_j 处理下的第 k 次观测值的误差，即当 (i, j) 固定时，k 的取值为 1，2，…，n。

(2)在行、列下标相同的位置上，活标对应的因素如果是固定的，记"0"，随机的记"1"，死标对应的因素不论是固定还是随机均记"1"，其余位置上记该列水平数，上面 3 个表的形式为：

(固定模型)	F	F	R	(随机模型)	R	R	R	(混合模型)	F	R	R
	a	b	n		a	b	n		a	b	n
	i	j	k		i	j	k		i	j	k
α_i	0	b	n	α_i	1	b	n	α_i	0	b	n
β_j	a	0	n	β_j	a	1	n	β_j	a	1	n
$(\alpha\beta)_{ij}$	0	0	n	$(\alpha\beta)_{ij}$	1	1	n	$(\alpha\beta)_{ij}$	0	1	n
$\varepsilon_{(ij)k}$	1	1	1	$\varepsilon_{(ij)k}$	1	1	1	$\varepsilon_{(ij)k}$	1	1	1

第三步 写出各行对应均方的 *EMS*

（1）每个随机效应有一个方差分量、每个固定效应有一固定因子与它们对应。例如，随机效应 α_i，β_j，$(\alpha\beta)_{ij}$ 和 ε_{ijk} 对应的方差分量为 σ_α^2，σ_β^2，$\sigma_{\alpha\beta}^2$ 和 σ^2；固定效应 α_i，β_j，$(\alpha\beta)_{ij}$ 对应的固定因子为 $K_\alpha^2 = \sum_{i=1}^{a} \dfrac{\alpha_i^2}{a-1}$，$K_\beta^2 = \sum_{j=1}^{b} \dfrac{\beta_j^2}{b-1}$ 和 $K_{\alpha\beta}^2 = \sum_{i=1}^{a}\sum_{j=1}^{b} \dfrac{(\alpha\beta)_{ij}^2}{(a-1)(b-1)}$，几个因素都是固定效应时，其交互效应是固定效应，至少有一个是随机效应时，其交互效应是随机效应。

（2）欲写某一行对应均方的 *EMS* 时，将相应活下标所在的列盖起来，考察有该下标的各行，以可见数的乘积乘以该行效应的方差分量（随机效应）或固定因子（固定效应），相加而成。例如，欲写出第一行对应因素 A 的 $E(MS_A)$ 时（见表 5-10），将第 i 列盖起来，考察有下标 i 的第一、三、四行。第一行为 bnK_α^2，第三行为 $0 \times n \times K_{\alpha\beta}^2$，第四行为 $1 \times 1 \times \sigma^2$，相加得 $E(MS_A) = \sigma^2 + bnK_\alpha^2$。又如，欲写 $E(MS_{AB})$ 时，将其对应的第 i 列和第 j 列盖起来，考察有 i 和 j 的第三行和第四行，第三行为 $nK_{\alpha\beta}^2$，第四行为 $1 \times \sigma^2$，相加得 $E(MS_{AB}) = \sigma^2 + nK_{\alpha\beta}^2$ 等。依此规则，将两因素完全随机设计的固定模型和随机模型的各项 *EMS* 推出，分别列于表 5-10 和表 5-11 中。

表 5-10 两因素完全随机试验固定模型 *EMS*

效应	F a i	F b j	R n k	*EMS*
α_i	0	b	n	$\sigma^2 + bnK_\alpha^2$
β_j	a	0	n	$\sigma^2 + anK_\beta^2$
$(\alpha\beta)_{ij}$	0	0	n	$\sigma^2 + nK_{\alpha\beta}^2$
$\varepsilon_{(ij)k}$	1	1	1	σ^2

表 5-11 两因素完全随机试验随机模型 *EMS*

效应	R a i	R b j	R n k	*EMS*
α_i	1	b	n	$\sigma^2 + n\sigma_{\alpha\beta}^2 + bn\sigma_\alpha^2$
β_j	a	1	n	$\sigma^2 + n\sigma_{\alpha\beta}^2 + an\sigma_\beta^2$
$(\alpha\beta)_{ij}$	1	1	n	$\sigma^2 + n\sigma_{\alpha\beta}^2$
$\varepsilon_{(ij)k}$	1	1	1	σ^2

下面再举两因素随机区组试验为例，两因素随机区组的线性模型为：

$$y_{ijk} = \mu + \alpha_i + \beta_j + (\alpha\beta)_{ij} + \rho_k + \varepsilon_{ijk}$$
$$i = 1, 2, \cdots, a; \ j = 1, 2, \cdots, b; \ k = 1, 2, \cdots, n \tag{5-26}$$

为了与前述规则相一致，不妨将 ε_{ijk} 改写为 $\varepsilon_{(ijk)l}$，其中 $l = 1$，仍可按原方法写出 *EMS*。例如 A 固定、B 随机的两因素随机区组试验的 *EMS* 按此法推出列于表 5-12 中。

表 5-12 两因素随机区组试验混合模型的 *EMS*

效应	F a i	R b j	R n k	R 1 l	*EMS*
α_i	0	b	n	1	$\sigma^2 + n\sigma_{\alpha\beta}^2 + bnK_\alpha^2$
β_j	a	1	n	1	$\sigma^2 + an\sigma_\beta^2$
$(\alpha\beta)_{ij}$	0	1	n	1	$\sigma^2 + n\sigma_{\alpha\beta}^2$
ρ_k	a	b	1	1	$\sigma^2 + ab\sigma_\rho^2$
$\varepsilon_{(ij)k}$	1	1	1	1	σ^2

5.5.2 关于平方和与自由度的规则

平方和与自由度分解的计算公式有一定规则，熟悉并掌握这些规则可以帮助我们在各种复杂试验中，正确地进行平方和与自由度分解。现以两因素完全随机试验为例，介绍这些规则。

两因素完全随机试验的线性模型为：

$$y_{ijk}=\mu+\alpha_i+\beta_j+(\alpha\beta)_{ij}+\varepsilon_{(ij)k}$$
$$(i=1, 2, \cdots, a; \ j=1, 2, \cdots, b; \ k=1, 2, \cdots, n)$$

规则一 模型中各项自由度等于该项效应的各死标对应水平数与各活标对应水平数减1的乘积。

例如，本模型中，3 个下标 i、j、k 对应的水平数分别为 a、b、n，其中 α_i 只有一个活标 i，所以因素 A 的自由度为 $f_A=a-1$；$(\alpha\beta)_{ij}$ 有 2 个活标 i 和 j，则 A 与 B 交互效应的自由度 $f_{AB}=(a-1)(b-1)$；而 $\varepsilon_{(ij)k}$ 有两个死标 i 和 j，一个活标 k，所以 $f_e=ab(n-1)$。

规则二 关于平方和规则。

（1）为了写出各项平方和的计算公式，先求出该项自由度。例如，因素 B 的效应为 β_j，其自由度为 $b-1$。这里"1"对应着平方和中的校正项，即

$$1=\frac{\left(\sum_{i=1}^{a}\sum_{j=1}^{b}\sum_{k=1}^{n}y_{ijk}\right)^2}{abn}=\frac{y_{\cdots}^2}{abn}$$

而字母"b"所对应的非校正项可依以下几步写出：

（2）先将试验全体观测值总和写成求和形式

$$\sum_{i=1}^{a}\sum_{j=1}^{b}\sum_{k=1}^{n}y_{ijk}$$

（3）再将（2）中与字母"b"有关的求和号放在最前面，并将（2）改写成如下形式

$$\sum_{j=1}^{b}\sum_{i=1}^{a}\sum_{k=1}^{n}y_{ijk}=\sum_{j=1}^{b}\left(\sum_{i=1}^{a}\sum_{k=1}^{n}y_{ijk}\right)=\sum_{j=1}^{b}y_{\cdot j\cdot}$$

（4）最后将（3）中括号内的项平方，并除以各"·"所取代的下标水平数的乘积，便得到字母"b"对应的平方和中的非校正项，即

$$\sum_{j=1}^{b}\frac{y_{\cdot j\cdot}^2}{an}$$

所以，因素 B 的自由度与相应平方和为

$$f_B=b-1$$
$$SS_B=\sum_{j=1}^{b}\frac{y_{\cdot j\cdot}^2}{an}-\frac{y_{\cdots}^2}{abn}$$

再依上述几步，写出 SS_{AB}。

先求自由度，$(\alpha\beta)_{ij}$ 的自由度为 $(a-1)(b-1)=ab-a-b+1$，其中，ab，a，b 对应着非校正项，1 为校正项。

（1）$f_{AB}=ab-a-b+1$

(2) $\sum\limits_{i=1}^{a}\sum\limits_{j=1}^{b}\sum\limits_{k=1}^{n}y_{ijk}$, $\sum\limits_{i=1}^{a}\sum\limits_{j=1}^{b}\sum\limits_{k=1}^{n}y_{ijk}$, $\sum\limits_{i=1}^{a}\sum\limits_{j=1}^{b}\sum\limits_{k=1}^{n}y_{ijk}$, $\dfrac{y_{...}^2}{abn}$

(3) $\sum\limits_{i=1}^{a}\sum\limits_{j=1}^{b}\left(\sum\limits_{k=1}^{n}y_{ijk}\right)$ $\sum\limits_{i=1}^{a}\left(\sum\limits_{j=1}^{b}\sum\limits_{k=1}^{n}y_{ijk}\right)$ $\sum\limits_{j=1}^{b}\left(\sum\limits_{i=1}^{a}\sum\limits_{k=1}^{n}y_{ijk}\right)$ $\dfrac{y_{...}^2}{abn}$

(4) $SS_{AB}=\sum\limits_{i=1}^{a}\sum\limits_{j=1}^{b}\dfrac{y_{ij\cdot}^2}{n}-\sum\limits_{i=1}^{a}\dfrac{y_{i\cdot\cdot}^2}{bn}-\sum\limits_{j=1}^{b}\dfrac{y_{\cdot j\cdot}^2}{an}+\dfrac{y_{...}^2}{abn}$

这就是公式(4-15)中 SS_{AB} 的计算式。今后，可以略去(2)，(3)两步，直接由(1)写出平方和计算式。又如，误差项 $\varepsilon_{(ij)k}$ 的自由度为 $ab(n-1)=abn-ab$，所以：

$$f_e = abn - ab$$

$$SS_e = \sum_{i=1}^{a}\sum_{j=1}^{b}\sum_{k=1}^{n}y_{ijk}^2 - \sum_{i=1}^{a}\sum_{j=1}^{b}\frac{y_{ij\cdot}^2}{n}$$

可以注意到，SS_e 也可由下式算出：

$$SS_e = SS_T - SS_A - SS_B - SS_{AB}$$

5.6 实例分析

例1 江苏林科所对该所选育的9个柳树无性系作对比试验，采取随机区组设计，设3个区组，每区组分成9个小区(每个小区栽5株)，小区排列及3年生平均树高观测值如图5-1，试对该试验结果进行统计分析。

A_2	A_3	A_5	A_7	A_6	A_8	A_1	A_9	A_4	区1组
8.62	6.94	8.26	6.86	7.90	7.82	8.56	7.08	7.26	

A_3	A_1	A_2	A_9	A_4	A_6	A_5	A_8	A_7	区2组
7.64	9.12	8.88	7.22	7.60	7.98	7.8	7.46	7.54	

A_2	A_3	A_5	A_7	A_6	A_8	A_1	A_9	A_4	区3组
6.60	7.68	7.66	6.94	8.58	6.16	6.84	7.12	6.62	

图5-1 柳树9个无性系随机区组试验

解：

(1)数据整理

先将该试验结果整理成无性系(A)和区组(B)两向分组表如表5-13所示。

表5-13 两向分组表

区组B 无性系A	Ⅰ	Ⅱ	Ⅲ	$y_{i\cdot}$	$\bar{y}_{i\cdot}$
A_1	8.56	9.12	7.12	24.80	8.27
A_2	8.62	8.88	8.58	26.08	8.69

（续）

无性系 A \ 区组 B	I	II	III	$y_{i.}$	$\bar{y}_{i.}$
A_3	6.94	7.64	6.16	20.74	6.91
A_4	7.26	7.60	6.94	21.80	7.27
A_5	8.26	7.80	7.66	23.72	7.91
A_6	7.90	7.98	7.68	23.56	7.85
A_7	6.86	7.54	6.62	21.02	7.01
A_8	7.82	7.46	6.84	22.12	7.37
（对照）A_9	7.08	7.22	6.60	20.90	6.97
$y_{.j}$	69.30	71.24	64.20	204.74	

（2）方差分析

本例中 $a=9$，$b=3$，$N=9\times3=27$，计算各项平方和如下：

$$C = \frac{y_{..}^2}{ab} = \frac{204.74^2}{27} = 1552.5358$$

$$SS_T = \sum_{i=1}^{9}\sum_{j=1}^{3} y_{ij}^2 - C = 8.56^2 + 8.62^2 + \cdots + 6.60^2 - 1552.5358 = 14.4476$$

$$SS_A = \frac{1}{b}\sum_{i=1}^{9} y_{i.}^2 - C = \frac{1}{3}(24.80^2 + 26.08^2 + \cdots + 20.90^2) - 1552.5358 = 9.5478$$

$$SS_B = \frac{1}{a}\sum_{j=1}^{3} y_{.j}^2 - C = \frac{1}{9}(69.30^2 + 71.24^2 + 64.20^2) - 1552.5358 = 2.9384$$

$$SS_e = SS_T - SS_A - SS_B = 14.4476 - 9.5478 - 2.9384 = 1.9614$$

表 5-14　例 1 方差分析表

方差来源	f	SS	MS	F	$F_{0.01}(8, 16)$
无性系（A）	8	9.5478	1.1934	9.73**	3.89
区组（B）	2	2.9384	1.4692		
剩余（e）	16	1.9614	0.1226		
总变异（T）	26	14.4476			

注：＊＊为极显著。

实得 $F = \frac{1.1934}{0.1226} = 9.73$，大于 $F_{0.01}(8, 16) = 3.89$，故在显著水平 $\alpha = 0.01$ 下拒绝 H_0，即认为此 9 个无性系 3 年生平均树高间差异极显著。

（3）多重对比

各无性系作多重对比时，无性系平均树高的标准误为：

$$S_{\bar{y}} = \sqrt{\frac{0.1226}{3}} = 0.2022(\text{m})$$

由 Duncan 新复极差表中查出 $f=f_e=16$，$p=2$，3，$\cdots$，9 时的 SSR_α 值，再乘以 $S_{\bar{y}}$ 得各显著最小极差列入表 5-15 中：

表 5-15 $f=16$ 时的最小显著极差

p	2	3	4	5	6	7	8	9
$SSR_{0.05}$	3.00	3.14	3.24	3.30	3.34	3.38	3.40	3.42
$SSR_{0.01}$	4.13	4.31	4.42	4.51	4.57	4.62	4.66	4.70
$R_{0.05}$	0.61	0.63	0.66	0.67	0.68	0.68	0.69	0.69
$R_{0.01}$	0.84	0.87	0.89	0.91	0.92	0.93	0.94	0.95

多重对比结果如表 5-16 所示：

表 5-16 9 个柳树无性系 3 年生平均树高多重对比结果

无性系	平均高（m）	差异显著性	
		$\alpha=0.05$	$\alpha=0.01$
A_2	8.69		
A_1	8.27		
A_5	7.91		
A_6	7.85		
A_8	7.37		
A_4	7.27		
A_7	7.01		
（对照）A_9	6.97		
A_3	9.91		

R-语言实现的分析过程：

```
library( agricolae)#数据包
> dat=read. csv("D: /ryy/5-1. csv", header=TRUE, sep=",")#读取数据
> dat
> A=factor( daa $ A)；B=factor( dat $ B)#区组因子
> model=aov( dat $ z~A+B)#方差分析
> summary( model)
          Df    Sum Sq    Mean Sq    F value    Pr( >F)
A         8     9.548     1.1935     9.734      7.19e-05 * * *
B         2     2.938     1.4692     11.983     0.00066 * * *
Residuals 16    1.962     0.1226
>   out=LSD. test( model，"A"，p. adj="none")#多重比较
```

```
> out
$ statistics
        Mean        CV      MSerror        LSD
    7.582963   4.617563   0.1226037   0.6060698
$ parameters
  Df ntr   t.value
  16   9  2.119905
$ means
            Z          std   r         LCL          UCL       Min      Max
A1    8.266667   1.0317622   3    7.838111    8.695223    7.12    9.12
A2    8.693333   0.1628906   3    8.264777    9.121889    8.58    8.88
A3    6.913333   0.7403603   3    6.484777    7.341889    6.16    7.64
A4    7.266667   0.33005053  3    6.838111    7.695223    6.94    7.60
A5    7.906667   0.3139002   3    7.478111    8.335223    7.66    8.26
A6    7.853333   0.1553491   3    7.424777    8.281889    7.68    7.98
A7    7.006667   0.4772141   3    6.578111    7.435223    6.62    7.54
A8    7.373333   0.4957150   3    6.944777    7.801889    6.84    7.82
A9    6.966667   0.3251666   3    6.538111    7.395223    6.60    7.22
$ comparison
NULL


$ groups
        trt        means        M
  1     A2      8.693333        a
  2     A1      8.266667        ab
  3     A5      7.906667        bc
  4     A6      7.853333        bcd
  5     A8      7.373333        cde
  6     A4      7.266667        de
  7     A7      7.006667        e
  8     A9      6.966667        e
  9     A3      6.913333        e
```

例2　某地用 EF 生长促进剂对池杉 1 年生苗作喷雾试验，探讨不同浓度和不同喷雾次数对池杉 1 年生苗高生长的影响，试验因素及水平如表 5-17 所示：

表 5-17 因素水平表

因素	A(喷雾次数)	B(喷雾浓度)
水平	A_1(喷雾 1 次)	B_1(清水)
	A_2(喷雾 2 次)	B_2(150 mg/L)
	A_3(喷雾 3 次)	B_3(200 mg/L)
		B_4(250 mg/L)
		B_5(300 mg/L)

试验共有 15 个处理，每个处理重复 4 次，设 4 个区组，每个区组分 15 个小区，小区排列及各小区平均苗高观测值见图 5-2。

A_1B_1	A_1B_2	A_2B_3	A_1B_5	A_3B_3	A_2B_2	A_3B_1	A_2B_1	A_2B_4	A_3B_2	A_1B_3	A_3B_5	A_1B_4	A_3B_4	A_2B_5
72.3	72.2	75.2	75.7	75.3	75.7	67.3	64.7	78.0	74.1	72.8	78.2	75.6	78.5	75.6

区组 I

A_2B_5	A_3B_1	A_1B_2	A_3B_2	A_2B_3	A_1B_1	A_3B_4	A_2B_2	A_1B_3	A_2B_1	A_1B_4	A_2B_4	A_1B_5	A_3B_3	A_3B_5
73.4	66.4	71.1	72.3	76.0	68.8	76.4	75.5	72.6	63.4	73.4	79.3	70.8	76.6	76.8

区组 II

A_3B_1	A_2B_1	A_1B_2	A_3B_3	A_3B_5	A_2B_2	A_3B_4	A_1B_4	A_2B_5	A_2B_3	A_1B_1	A_2B_4	A_1B_3	A_3B_2	A_1B_5
72.4	72.3	72.1	72.4	77.4	76.7	79.3	72.6	77.4	76.8	66.6	80.3	74.9	75.2	72.7

区组 III

A_1B_4	A_2B_1	A_3B_1	A_1B_1	A_3B_2	A_1B_5	A_2B_2	A_1B_2	A_3B_3	A_2B_3	A_2B_5	A_3B_4	A_2B_4	A_3B_5	A_1B_3
75.8	69.5	64.1	67.6	75.7	74.0	73.5	78.5	80.5	75.2	74.5	79.6	80.6	76.5	75.7

区组 IV

图 5-2 两因素随机区组试验

解：

（1）数据整理

在本例中，$a=3$，$b=5$，$n=4$ 观测值总数 $N=abn=60$。将图 4-2 中的 60 小区观测值先按处理与区组两向分组整理成表 5-18，再按 A、B 两向分组整理成表 5-19。

表 5-18 图 5-2 资料按处理与区组两向分组

		I	II	III	IV	$y_{ij\cdot}$	$\bar{y}_{ij\cdot}$
	B_1	72.3	68.8	66.6	67.6	275.3	68.83
	B_2	72.2	71.1	72.1	78.5	293.9	73.48
A_1	B_3	72.8	72.6	74.9	75.7	296.0	74.00
	B_4	75.6	73.4	72.6	75.8	297.4	74.35
	B_5	75.7	70.8	72.7	74.0	293.2	73.3

（续）

		I	II	III	IV	$y_{ij.}$	$\bar{y}_{ij.}$
	B_1	64.7	63.4	72.3	69.5	269.9	67.48
	B_2	75.7	75.5	76.7	73.5	301.4	75.35
A_2	B_3	75.2	76.0	76.8	75.2	303.2	75.80
	B_4	78.0	79.3	80.3	80.6	318.2	79.55
	B_5	75.6	73.4	77.4	74.5	300.9	75.23
	B_1	67.3	66.4	72.4	64.1	270.2	67.55
	B_2	74.1	72.3	75.2	75.7	297.3	74.33
A_3	B_3	75.3	76.6	72.4	80.5	304.8	76.2
	B_4	78.5	76.4	79.3	79.6	313.8	78.45
	B_5	78.2	76.8	77.4	76.5	308.9	77.23
区组	$y_{..k}$	1111.2	1092.8	1119.1	1121.3	4444.4$(y_{...})$	

表 5-19　$y_{ij.}$ 按 A、B 两向分组

A＼B	（清水）B_1	（150）B_2	（200）B_3	（250）B_4	（300）B_5	A 方面 $y_{i..}$	$\bar{y}_{i..}$
A_1（喷 1 次）	275.3	293.9	296.0	297.4	293.2	1455.8	72.79
A_2（喷 2 次）	269.9	301.4	303.2	318.2	300.9	1493.6	75.68
A_3（喷 3 次）	270.2	297.3	304.8	313.8	308.9	1495.0	74.75
B 方面　$y_{.j.}$	815.4	892.6	904.0	929.4	903.0	4444.4	
$\bar{y}_{.j.}$	67.95	75.38	75.33	77.45	75.25		74.07

（2）方差分析

在本例中，试验者要对特定的 5 种浓度水平和 3 种喷雾次数间进行比较，以确定浓度和喷雾次数的最佳水平组合，试验结论并不推广到其他水平上，所以浓度效应和喷雾次数效应都是固定效应，试验属固定模型。现将本例资料作方差分析如下：

本例中 $a=3$，$b=5$，$n=4$，先计算

$$C = \frac{y_{...}^2}{abn} = \frac{4444.4^2}{3 \times 5 \times 4} = 329211.5227$$

$$SS_T = \sum_{i=1}^{a}\sum_{j=1}^{b}\sum_{k=1}^{n} y_{ijk}^2 - C = 974.7973$$

$$SS_A = \frac{1}{bn}\sum_{i=1}^{a} y_{i..}^2 - C = 49.4573$$

$$SS_B = \frac{1}{an}\sum_{j=1}^{b} y_{.j.}^2 - C = 623.5840$$

$$SS_{AB} = \frac{1}{n}\sum_{i=1}^{a}\sum_{j=1}^{b} y_{ij.}^2 - \frac{1}{bn}\sum_{i=1}^{a} y_{i..}^2 - \frac{1}{an}\sum_{j=1}^{b} y_{.j.}^2 + C = 64.0810$$

$$SS_{区组} = \frac{1}{ab} \sum_{k=1}^{n} y_{\cdot\cdot k}^2 - C = 33.5293$$

$$SS_e = SS_T - SS_{处理} - SS_{区组} = 204.1457$$

列方差分析表于下(表5-20)。

表5-20　例2方差分析表

变异来源	f	SS	MS	F_0
区组	3	33.5293		
处理	14	737.1223		
A	2	49.4573	24.7287	5.09*
B	4	623.5840	155.896	32.07**
AB	8	64.0810	8.0101	1.65
剩余(e)	42	204.1457	4.8606	
总变异(T)	59	97.7973		

注：＊为显著；＊＊为极显著。

实得：
$$F_A = 5.09 > F_{0.05}(2, 42) = 3.22,$$
$$F_B = 32.07 > F_{0.01}(4, 42) = 3.80,$$
$$F_{AB} = 1.65 < F_{0.05}(8, 42) = 2.17$$

所以，F检验结果表明不同喷雾次数(A)间差异达5%显著水平，不同喷雾浓度(B)间的差异达1%显著水平，而浓度与喷雾次数的交互效应不显著。

(3)多重对比

因为不同浓度(B)处理和不同喷雾次数(A)处理间差异显著，还可进一步对不同浓度平均值$\bar{y}_{\cdot j\cdot}(j=1, 2, \cdots, b)$和不同次数平均值$\bar{y}_{i\cdot\cdot}(i=1, 2, \cdots, a)$作多重对比. 用Duncan法作多重对比时，先计算各平均数标准误如下：

$$S_{\bar{y}(A)} = \sqrt{\frac{MS_e}{bn}} = \sqrt{\frac{4.8606}{5 \times 4}} = 0.49$$

$$S_{\bar{y}(B)} = \sqrt{\frac{MS_e}{an}} = \sqrt{\frac{4.8606}{3 \times 4}} = 0.64$$

根据剩余自由度$f_e = 42$，及显著水平α，得不同p时的SSR_α值，再乘以标准误$S_{\bar{y}}$得各显著最小极差(表5-21)，多重对比结果列于表5-22。

表5-21　Duncan氏最小显著极差

A方面			B方面				
p	2	3	p	2	3	4	5
$SSR_{0.05}$	2.86	3.01	$SSR_{0.05}$	2.86	3.01	3.10	3.17
$SSR_{0.01}$	3.82	3.99	$SSR_{0.01}$	3.82	3.99	4.10	4.18
$R_{0.05}$	1.40	1.47	$R_{0.05}$	1.83	1.93	1.98	2.03
$R_{0.01}$	1.87	1.96	$R_{0.01}$	2.44	2.55	2.62	2.68

表 5-22　例 2 多重对比结果

A 方面				B 方面		
处理	平均高	显著性($\alpha=0.05$)		浓度	平均高	显著性($\alpha=0.05$)
喷 3 次	74.75	|		250 mg/L	77.45	|
喷 2 次	74.68			200 mg/L	75.33	|
喷 1 次	72.79	|		300 mg/L	75.25	|
				150 mg/L	74.38	
				清水	67.95	|

从多重对比结果来看，以不同浓度（B）的 EF 促进剂对池杉苗作喷雾处理，其平均高都高于对照（清水）处理，差异都超过 5% 显著水平，说明施用 EF 促进剂能显著地促进池杉苗高生长，而不同浓度间以浓度 250 mg/L（B_4）效果最好，它与其他浓度处理间的差异都超过 5% 显著水平，而浓度 200 mg/L，300 mg/L 和 150 mg/L 间差异不显著，从喷雾次数（A）来看，喷 2 次和 3 次都比喷 1 次效果好，但喷 2 次与喷 3 次间差异不显著，从经济角度来考虑，喷雾次数以 2 次为好，所以试验的最佳处理为 A_2B_4，即以 250 mg/L 的 EF 促进剂喷 2 次的效果最佳。

假如因素 A 和 B 间存在显著交互效应，那么试验的最佳处理就不一定是 A_2B_4 了，这时还应对各处理平均值 $\bar{y}_{ij}.$ 作多重对比，从中找出最佳处理，其做法是将 15 个处理平均值 $\bar{y}_{ij}.$ 依大小顺序排列，并按多重对比法依次相减，得出各对比的极差 $R_{(p)}.$ 各处理平均值的标准误为

$$S_{\bar{y}(AB)} = \sqrt{\frac{MS_e}{n}}$$

根据误差自由度 f_e 从 Duncan 表中，查出 $p=2$，3，…，15 时的 $SSR_{\alpha(p,f)}$ 值，再乘以 $S_{\bar{y}(AB)}$ 得各显著最小极差 $R_{\alpha(p,f)}$，并以此为标准判断各 $R_{(p)}$ 的显著性，本例中，$F_{AB}=1.65$，未达到显著水平，可不进行以上对比。

```
>library(agricolae)#数据包
>dat=read.csv("D：/ryy/4-2.csv", header=TRUE, sep=",")#读取数据
>f2=aov(Y~A+B+A*B, data=dat)
>summary(f2)
          Df Sum    Sq Mean    Sq F      value     Pr(>F)
A         2      49.5    24.73     4.682     0.0142 *
B         4      623.6   155.90    29.516    4.54e-12 * * *
A：B      8      64.1    8.01      1.517     0.1784
Residuals 45     237.7   5.28
>OUTA=LSD.test(f2, "A", p.adj="none")
>OUTA
$ statistics
```

MSerror Df	Mean	CV	t. value	LSD
5. 281667 45	74. 07333	3. 102584	2. 014103	1. 463751

$ parameters

	test p. ajusted	name. t	ntr	alpha
Fisher-LSD	none	A	3	0. 05

$ means

	Y	std	r	LCL	UCL	Min	Max	Q25	Q50	Q75
A1	72. 79	2. 919246	20	71. 75497	73. 82503	66. 6	78. 5	71. 850	72. 65	75. 075
A2	74. 68	4. 485133	20	73. 64497	75. 71503	63. 4	80. 6	73. 475	75. 55	76. 950
A3	74. 75	4. 479250	20	73. 71497	75. 78503	64. 1	80. 5	72. 400	76. 05	77. 600

$ comparison
NULL

$ groups

	Y	groups
A3	74. 75	a
A2	74. 68	a
A1	72. 79	b

attr(，"class")
[1] "group"
>OUTB = LSD. test(f2，"B"，p. adj = "none")
>OUTB
$ statistics

MSerror	Df	Mean	CV	t. value	LSD
5. 281667	45	74. 07333	3. 102584	2. 014103	1. 889695

$ parameters

	test p. ajusted	name. t	ntr	alpha
Fisher-LSD	none	B	5	0. 05

$ means

	Y	std	r	LCL	UCL	Min	Max	Q25	Q50	Q75
B1	67. 95000	3. 185621	12	66. 61378	69. 28622	63. 4	72. 4	65. 975	67. 45	70. 200
B2	74. 38333	2. 208592	12	73. 04712	75. 71955	71. 1	78. 5	72. 275	74. 65	75. 700

```
B3 75.33333 2.210444  12  73.99712  76.66955  72.4  80.5  74.375  75.25 76.150
B4 77.45000 2.664412  12  76.11378  78.78622  72.6  80.6  75.750  78.25 79.375
B5 75.25000 2.217492  12  73.91378  76.58622  70.8  78.2  73.850  75.65 76.950

$ comparison
NULL


$ groups
           Y groups
B4 77.45000       a
B3 75.33333       b
B5 75.25000       b
B2 74.38333       b
B1 67.95000       c


attr( , "class")
[1] "group"
```

例 3　设有一林木育种试验，在待测亲本中随机选定 3 个父本与 4 个母本进行杂交试验，共得 12 个交配组合的子代，按随机区组试验进行子代测定，每个组合重复 3 次，设 3 个完全区组，各试验小区平均苗高(m)观测值按交配组合与区组两向分组，整理成表 5-23，再按父本和母本两向分组整理成表 5-24，试作统计分析。

表 5-23　12 个家系子代随机区组试验结果(苗高: m)

父本 A　母本 B	区组	I	II	III	家系	
					$y_{ij}.$	$\bar{y}_{ij}.$
A_1	B_1	4.3	4.1	4.0	12.4	4.12
	B_2	4.9	4.8	4.7	14.4	4.80
	B_3	3.9	3.6	3.5	11.0	3.67
	B_4	4.8	4.0	4.2	13.0	4.33
A_2	B_1	5.2	4.7	5.1	15.0	5.00
	B_2	5.0	5.2	5.4	15.6	5.20
	B_3	3.8	3.4	3.7	10.9	3.63
	B_4	4.9	4.8	4.9	14.6	4.87
A_3	B_1	4.6	4.7	4.6	13.9	4.63
	B_2	4.4	4.2	4.3	12.9	4.30
	B_3	3.5	3.4	3.6	10.5	3.50
	B_4	3.4	3.6	3.5	10.5	3.50
区组	$y..k$	52.7	50.5	51.5	154.7 $y...$	4.30 $\bar{y}...$

表 5-24　按 A、B 两向分组

父本 A ＼ 母本 B	B_1	B_2	B_3	B_4	父本 $y_{i\cdot\cdot}$	父本 $\bar{y}_{i\cdot\cdot}$
A_1	12.4	14.4	11.0	13.0	50.8	4.23
A_2	15.0	15.6	10.9	14.6	56.1	4.68
A_3	13.9	12.9	10.5	10.5	47.8	3.98
母本 $y_{\cdot j\cdot}$	41.3	42.9	32.4	38.1	154.7	4.30
母本 $\bar{y}_{\cdot j\cdot}$	4.59	4.77	3.60	4.23		

解：这是一个两因素随机效应模型的区组试验资料。

（1）数据整理（见表 5-23、表 5-24）

（2）方差分析

和固定模型一样，按公式（5-16）和表 5-7 分别计算各项平方和与自由度，并列入方差分析表（表 5-25）中。

表 5-25　例 3 方差分析表

变异来源	f	SS	MS	F_0	EMS
区组	2	0.2022	0.1011	3.28	$\sigma^2 + 3\times4\sigma_\rho^2$
父本（A）	2	2.9439	1.4719	3.86	$\sigma^2 + 3\sigma_{\alpha\beta}^2 + 4\times3\sigma_\alpha^2$
母本（B）	3	7.1808	2.3936	6.29*	$\sigma^2 + 3\sigma_{\alpha\beta}^2 + 3\times3\sigma_\beta^2$
A×B	6	2.2850	0.3808	12.36**	$\sigma^2 + 3\sigma_{\alpha\beta}^2$
剩余（e）	22	0.6778	0.0308		σ^2
总变异（T）	35	13.2897			

由方差分析表可得：

$$F_A = \frac{1.4719}{0.3808} = 3.86 < F_{0.05}(2, 6) = 5.14$$

$$F_B = \frac{2.3936}{0.3808} = 6.29 > F_{0.05}(3, 6) = 4.76$$

$$F_{AB} = \frac{0.3808}{0.0308} = 12.36 > F_{0.01}(6, 22) = 3.76$$

$$F_{区组} = \frac{0.1011}{0.0308} = 3.28 < F_{0.05}(2, 22) = 3.44$$

因此，若以 $\alpha = 0.05$ 为显著水平，则可以拒绝 $H_0: \sigma_\beta^2 = 0$ 和 $H_0: \sigma_{\alpha\beta}^2 = 0$，但不能拒绝 $H_0: \sigma_\alpha^2 = 0$ 及 $H_0: \sigma_\rho^2 = 0$。

本例中，F 检验结果不能拒绝 $H_0: \sigma_\alpha^2 = 0$ 和 $H_0: \sigma_\rho^2 = 0$ 的假设，其他不为 0 的方差组分估计如下：

$$\hat{\sigma}^2 = MS_e = 0.0308$$

$$\hat{\sigma}_\beta^2 = \frac{MS_B - MS_{AB}}{an} = \frac{2.6936 - 0.3808}{3\times3} = 0.2236$$

$$\hat{\sigma}_{\alpha\beta}^2 = \frac{MS_{AB}-MS_e}{n} = \frac{0.3808-0.0308}{3} = 0.1167$$

于是观测值的总方差估计量为

$$\hat{D}(y_{ijk}) = 0.0308+0.2236+0.1167 = 0.3711$$

```
>library(agricolae)#数据包
>dat=read.csv("D：/ryy/4-3.csv"，header=TRUE，sep="，")#读取数据
>f3=aov(Y~R+A+B+A*B，data=dat)
>summary(f3)
              Df    Sum Sq    Mean Sq    F value    Pr(>F)
R             1     0.060     0.0600     1.683      0.207
A             2     2.944     1.4719     41.286     2.45e-08 * * *
B             3     7.161     2.3869     66.951     1.62e-11 * * *
A：B          6     2.305     0.3842     10.775     1.01e-05 * * *
Residuals     23    0.820     0.0357
---
Signif. codes： 0 '* * *' 0.001 '* *' 0.01 '*' 0.05 '.' 0.1 ' ' 1
```

例4 设有一个3因素随机区组试验，A 为品种，B 为栽期，C 为密度，各因素的水平数分别为 $a=1$, $b=2$, $c=3$，共有 $2\times2\times3=12$ 个处理，试验设 3 个全完区组，试验观测值总个数 $N=36$。将各观测值按处理与区组两向分组整理成表 5-26。为便于计算，又将各观测值按 A 和 B，A 和 C，B 和 C 两向分组，整理成表 5-27。试对该例作统计分析。

表 5-26 例4 观测值按处理与区组两向分组

处理		区组	I	II	III	处理 $y_{ijk}.$	$\bar{y}_{ijk}.$
A_1	B_1	C_1	12	14	13	39	13.0
		C_2	12	11	11	34	11.3
		C_3	10	9	9	28	9.3
	B_2	C_1	10	9	9	28	9.3
		C_2	9	9	8	26	8.7
		C_3	6	6	7	19	9.7
A_2	B_1	C_1	3	2	4	9	3.0
		C_2	4	3	4	11	3.7
		C_3	7	6	7	20	6.7
	B_2	C_1	2	2	3	7	2.3
		C_2	3	4	5	12	4.0
		C_3	5	7	7	19	6.3
区组		$y..._l$	83	82	87	252	$(y....)$

表5-27 表5-26资料按 A 与 B、A 与 C 和 B 与 C 两向分组

$(y_{ij..})$ $A\backslash B$	B_1	B_2	$y_i...$
A_1	101	73	174
A_2	40	38	78
$y_{.j..}$	141	111	252

$(y_{i\cdot k\cdot})$ $C\backslash A$	A_1	A_2	$y_{..k\cdot}$
C_1	67	16	83
C_2	60	23	83
C_3	47	39	86
$y_i...$	174	78	252

$(y_{\cdot jk\cdot})$ $C\backslash B$	B_1	B_2	$y_{..k\cdot}$
C_1	48	35	83
C_2	45	38	83
C_3	48	38	86
$y_{.j..}$	141	111	252

解：

（1）数据整理（见表5-26、表5-27）

（2）方差分析

本例中 $a=2$，$b=2$，$c=3$，$n=3$，分解试验的总平方和如下：

$$C = \frac{y^2_{....}}{abcn} = 1764$$

$$SS_T = \sum_{i=1}^{a}\sum_{j=1}^{b}\sum_{k=1}^{c}\sum_{l=1}^{n}(y_{ijkl}-\bar{y}_{....})^2 = \sum_{i=1}^{a}\sum_{j=1}^{b}\sum_{k=1}^{c}\sum_{l=1}^{n}y^2_{ijkl} - C = 396$$

$$SS_{处理} = n\sum_{i=1}^{a}\sum_{j=1}^{b}\sum_{k=1}^{c}(\bar{y}_{ijk}-\bar{y}_{....})2 = \frac{1}{n}\sum_{i=1}^{a}\sum_{j=1}^{b}\sum_{k=1}^{c}y^2_{ijk\cdot} - C = 382$$

$$SS_{区组} = abc\sum_{l=1}^{n}(\bar{y}_{...l}-\bar{y}_{....})^2 = \frac{1}{abc}\sum_{l=1}^{n}y^2_{...l} - C = 1.16$$

$$SS_e = SS_T - SS_{处理} - SS_{区组} = 12.84$$

以上各项可利用表5-26中各有关数据计算，再用表5-27中的有关数据计算各项主效应和交互效应平方和如下：

$$SS_A = bcn\sum_{i=1}^{a}(y_{i...}-\bar{y}_{....})2 = \frac{1}{bcn}\sum_{i=1}^{a}y^2_{i...} - C = 256$$

$$SS_B = acn\sum_{j=1}^{b}(\bar{y}_{.j..}-\bar{y}_{....})^2 = \frac{1}{acn}\sum_{j=1}^{b}y^2_{.j..} - C = 25$$

$$SS_C = abn\sum_{k=1}^{c}(\bar{y}_{..k\cdot}-\bar{y}_{....})^2 = \frac{1}{abn}\sum_{k=1}^{c}y^2_{..k\cdot} - C = 0.50$$

$$SS_{AB} = cn\sum_{i=1}^{a}\sum_{j=1}^{b}(\bar{y}_{ij..}-\bar{y}_{....})^2 - SS_A - SS_B$$

$$= \frac{1}{cn}\sum_{i=1}^{a}\sum_{j=1}^{b}y^2_{ij..} - C - SS_A - SS_B = 18.78$$

$$SS_{AC} = bn\sum_{i=1}^{a}\sum_{k=1}^{c}(\bar{y}_{i\cdot k\cdot}-\bar{y}_{....})^2 - SS_A - SS_C$$

$$= \frac{1}{bn}\sum_{i=1}^{a}\sum_{k=1}^{c}y^2_{i\cdot k\cdot} - C - SS_A - SS_C = 80.17$$

$$SS_{BC} = an \sum_{j=1}^{b} \sum_{k=1}^{c} (\bar{y}_{\cdot jk\cdot} - \bar{y}_{\cdots\cdot})^2 - SS_B - SS_C$$

$$= \frac{1}{an} \sum_{j=1}^{b} \sum_{k=1}^{c} y_{\cdot jk\cdot}^2 - C - SS_B - SS_C = 1.50$$

$$SS_{ABC} = SS_{处理} - SS_A - SS_B - SS_C - SS_{AB} - SS_{AC} - SS_{BC} = 0.05$$

以上计算结果列入方差分析表(表 5-28)中,并作 F 检验。本试验中品种、栽期和密度水平都是特定的,作固定模型来处理,检验各项主效应和交互效应显著性均以 MS_e 作被比量,算出各 F_0 值,从表 5-28 中可见,品种、栽期的主效应以及品种与栽期,品种与密度的交互效应均达 1% 显著水平。

表 5-28　例 4 方差分析表

变异来源	f	SS	MS	F_0
区组	2	1.16		
处理	11	382.00		
品种 A	1	256.00	256.00	441.38**
栽期 B	1	25.00	25.00	43.10**
密度 C	2	0.50	0.25	<1
$A \times B$	1	18.78	18.78	32.38**
$A \times C$	2	80.17	40.08	69.10**
$B \times C$	2	1.50	0.75	1.29
$A \times B \times C$	2	0.05	0.03	<1
剩余 e	22	12.84	0.58	
总变异	35	396.00		

(3)多重对比

对不同品种平均值 $\bar{y}_{i\cdots}$ 和不同栽期平均值 $\bar{y}_{\cdot j\cdots}$,还可作多重对比。为探讨不同品种的最佳栽期和最适密度,尚应进一步对同一品种的不同栽期平均值 $\bar{y}_{ij\cdots}$ 和同一品种不同密度平均值 $\bar{y}_{i\cdot k\cdot}$ 作多重对比。

同一品种不同栽期间对比 $\bar{y}_{ij\cdots}$,计算得:

$$S_{\bar{y}} = \sqrt{\frac{MS_e}{cn}} = \sqrt{\frac{0.58}{3 \times 3}} = 0.25$$

$$R_{0.05} = SSR_{0.05} S_{\bar{y}} \quad (p = 2)$$

$$= 2.93 \times 0.25 = 0.73$$

$$R_{0.01} = SSR_{0.01} S_{\bar{y}}$$

$$= 3.99 \times 0.25 = 1.00$$

表 5-29　例 4 多重对比(同一品种不同栽期)

栽期	品种 A_1		栽期	品种 A_2	
B_1	$y_{11\cdots} = 101$	$\bar{y}_{11\cdots} = 11.22$	B_1	$y_{21\cdots} = 40$	$\bar{y}_{21\cdots} = 4.44$
B_2	$y_{12\cdots} = 73$	$\bar{y}_{12\cdots} = 8.99$	B_2	$y_{22\cdots} = 38$	$\bar{y}_{22\cdots} = 4.22$
相差	2.23**	相差		0.22	

注:**为极显著。

同一品种不同密度对比 $\bar{y}_{i\cdot k\cdot}$ 标准误为：

$$S_{\bar{y}} = \sqrt{\frac{MS_e}{bn}} = \sqrt{\frac{0.58}{2 \times 3}} = 0.31$$

$$p = 2, \quad SSR_{0.05} = 2.93, \quad R_{0.05} = 2.93 \times 0.31 = 0.91$$

$$SSR_{0.01} = 3.99, \quad R_{0.01} = 3.99 \times 0.31 = 1.24$$

$$p = 3, \quad SSR_{0.05} = 3.08, \quad R_{0.05} = 3.08 \times 0.31 = 0.95$$

$$SSR_{0.01} = 4.17, \quad R_{0.01} = 4.17 \times 0.31 = 1.29$$

表 5-30　例 4 多重对比（同一品种不同密度）

密度	品种 A_1				品种 A_2			
	$y_{i\cdot k\cdot}$	$\bar{y}_{i\cdot k\cdot}$	$\alpha = 0.05$	$\alpha = 0.01$	$y_{i\cdot k\cdot}$	$\bar{y}_{i\cdot k\cdot}$	$\alpha = 0.05$	$\alpha = 0.01$
C_1	67	11.17			16	2.67		
C_2	60	10.00			23	3.83		
C_3	47	7.83			39	6.50		

以上分析结果表明，从栽期来看 A_1 品种以栽期 B_1 为宜，而 A_2 品种两个栽期 B_1 与 B_2 之间差异不显著。从密度来看，A_1 品种最佳密度 C_1，A_2 品种最佳密度为 C_3。两个品种的 3 种密度间，除密度 C_1 和 C_2 达 5% 显著水平外，其他均达 1% 显著水平。

```
>library(agricolae)#数据包
>dat=read.csv("D: /ryy/4-4.csv", header=TRUE, sep=",")#读取数据
>f4=aov(Y~A*B*C, data=dat)
>summary(f4)
          Df Sum  Sq Mean Sq  F value  Pr(>F)
A          1  256.00  256.00  438.857<2e-16 * * *
B          1   25.00   25.00   42.8579.03e-07 * * *
C          2    0.50    0.25    0.4290.656
A：B        1   18.78   18.78   32.1907.64e-06 * * *
A：C        2   80.17   40.08   68.7141.17e-10 * * *
B：C        2    1.50    0.75    1.2860.295
A：B：C      2    0.06    0.03    0.0480.954
Residuals  24   14.00    0.58
---
Signif. codes： 0'* * *'0.001'* *'0.01'*'0.05'.'0.1''1
```

习　题

1. 多因素随机区组试验和单因素随机区组试验的分析方法有何异同？多因素随机区组试验处理项的自由度及平方和如何分解？怎样计算和检验因素主效应和交互效应的显著性，正确地进行水平选优和组合选优？

2. 有一杉木种子贮藏时间的试验，将在低温（0~5 ℃），低含水量（8.5%~9.7%）条件下贮藏两年、三年、四年的种子与新鲜种子进行播种试验，每种处理播 6 小区，作随机区组设计，试验结果测得各小区苗木平均干物质量（g/株）如下。试对该试验结果进行统计分析，并说明在低温、低含水量条件下，贮藏四年的杉木种子对苗木干物质积累有无影响？

区组 B 处理 A	I	II	III	IV	V	VI
贮藏 4 年	2.81	2.73	2.44	2.11	1.72	1.71
贮藏 3 年	3.38	2.11	2.87	1.65	1.60	1.68
贮藏 2 年	2.81	2.44	2.62	2.39	1.44	1.52
新鲜种子	2.71	2.81	1.74	1.64	1.68	1.54

（答：$F_A = 0.62$，$F_n = 10.94$）

3. 有一湿地松播种密度试验，共有 5 种密度处理，每处理重复 3 次，采取随机区组设计。试验结果得各小区平均苗高（cm）于下表。检验密度效应是否显著？（$a = 0.05$）

密度 A 区组 B	A_1 88 粒/行	A_2 75 粒/行	A_3 88 粒/行	A_4 88 粒/行	A_5 88 粒/行
I	19.5	20.5	22.0	20.1	21.9
II	24.0	21.4	24.9	21.5	22.5
III	21.4	21.9	20.9	17.2	19.6

（答：$F_A = 1.92$，$F_n = 5.33$）

4. 有一马尾松地理种源试验，共有 11 个种源，5 个区组，试验获得各小区平均苗高（cm）如下表：

区组 B 种源 A	I	II	III	IV	V
余江	15.1	17.1	9.3	16.5	17.2
德兴	16.4	19.4	16.5	18.4	11.5
安远	15.0	22.1	20.1	18.8	15.4
石城	14.9	22.3	16.9	15.6	19.0
崇文	20.2	18.1	18.1	19.6	20.6
吉安	16.5	19.5	19.9	21.1	16.2
清江	15.1	18.0	15.8	18.7	16.9
崇江	12.9	14.7	13.3	18.7	15.8
资溪	15.8	20.8	14.6	19.5	14.8
彭泽	14.5	20.4	13.2	18.8	13.6
刀载	17.2	22.5	13.4	16.2	18.4

注：试作方差分析，测定种源间差异的显著性（$\alpha = 0.05$）。

（答：$F_A = 1.97$，$F_n = 6.95$）

5. 为研究菜粉蝶对不同蔬菜的危害是否有差异，将 A，B，C，D，E 5 种不同蔬菜各五盆，排成 5 行

5 列，使各种蔬菜在各行、各列中都只有一盆，再罩上一只 2 m×1 m×1 m 用纱布围好的笼子，并从野外兜捕磁性菜粉蝶 30 只，放入笼中，使其自由产卵，若干天后，取出盆栽蔬菜，计数各盆菜叶上的产卵量，结果如下：

B	D	E	A	C
42	18	30	6	20
C	E	A	B	D
54	4	3	6	18
D	C	B	E	A
4	5	2	12	53
A	B	C	D	E
15	16	9	14	33
E	A	D	C	B
13	33	16	34	17

注：试作方差分析，检验不同蔬菜上产卵量的差异显著性（$\alpha=0.05$）。

(答：$F<1$)

6. 为研究山楂色素的最佳提取条件，选取提取时间(A)乙醇浓度(B)为试验因素，提取时间(h)取 2、3、4 三个水平，乙醇浓度(%)取 55、75、95 三个水平，每个水平组合重复 3 次。现以重复为区组，试验结果如下：

重复(区组)	A \ B	B_1	B_2	B_3
I	A_1	0.22	0.18	0.25
	A_2	0.33	0.35	0.36
	A_3	0.39	0.42	0.35
II	A_1	0.18	0.22	0.22
	A_2	0.32	0.30	0.37
	A_3	0.37	0.40	0.38
III	A_1	0.24	0.20	0.27
	A_2	0.35	0.32	0.38
	A_3	0.41	0.37	0.44

试分析以上数据。

6 平衡不完全区组设计与分析

本章摘要

本章介绍了平衡不完全区组设计的基本设计思想、原理、设计方法、统计分析步骤及其实际应用,同时介绍了如何应用 CycDesigN 软件进行平衡不完全区组试验的设计,解决在采用平衡不完全区组设计时困扰研究人员的参数设置问题。同时该软件还可选用特殊的参数设置,实现通过整合区组把平衡不完全区组设计转化为随机完全区组设计。

6.1 试验设计方法与特点

6.1.1 试验设计方法

在随机区组设计中,每个区组包含全部处理,这种区组称为完全区组。如果一个区组只包含部分处理,则称为不完全区组。在农、林田间试验中,由于受地形、土壤等客观条件的限制,一个区组内无法容纳全部的试验处理,只能容纳其中的一部分处理,即一个区组只包含一部分的处理,这时候就需要采用不完全区组设计。

平衡不完全区组设计(balanced incomplete block design),简称 BIB 设计,是不完全区组设计方法中研究较深入的一种。

6.1.1.1 BIB 设计的参数

a——试验处理数;

k——每区组的小区数;

r——每处理的重复数;

b——试验的区组数;

λ——任两个处理出现在同一区组的次数。

上述 5 个参数都必须是正整数。参数不同,平衡不完全区组设计方案不同,但并不是参数为任意数值都可构成 BIB 设计,各参数之间必须满足以下三个必要条件:

(1) $ra = bk$

(2) $k < a$,$a \leqslant b$,$\lambda < r$

(3) $\lambda = \dfrac{r(k-1)}{a-1}$(整数)

上述几个条件，（2）中的 $a \leqslant b$ 在林木田间试验中很难得到满足，故（3）也难以得到满足。标准的平衡不完全区组设计方案见附表10。

6.1.1.2　BIB 设计的步骤

（1）确定 a，r，k，计算出 b。
（2）查"平衡不完全区组设计表"确定各区组内处理的组成。
（3）对各区组内处理做随机排列。
（4）对各区组进行随机排列。

当处理数为某数的平方，即 $a=p^2$，$b=p(p+1)$，$k=p=\sqrt{a}$，$r=k+1=p+1$ 时，称为平衡格子设计。

在 BIB 设计表中（附表10），每个设计均给出 a、k、r、b 和 λ 这5个参数的具体数值。以附表10中的设计1为例，其设计为：

$$a=4, \ k=2, \ r=3, \ b=6, \ \lambda=1$$

I	II	III
1　2	1　3	1　4
3　4	2　4	2　3

罗马数字 I、II、III 表示试验每个处理的第几个重复；阿拉伯数字 1、2、3 表示处理号；每一横行表示区组。该试验设计方案包含4个处理（$a=4$），每个处理均重复3次（$r=3$），共设置6个（$b=6$）不完全区组，每个区组包含2个处理（$k=2$），任意两个处理在同一区组内只出现一次（$\lambda=1$），则这6个区组的组成分别为（1，2）、（3，4）、（1，3）、（2，4）、（1，4）和（2，3）。经过对区组和区组中处理随机排列，其试验设计结果见表6-1。根据试验设计结果，结合田间实际情况，就可以排布试验了。田间种植图见图6-1。

表6-1　附表12中设计1的试验设计结果

区组编号	处理		区组编号	处理	
I	3	1	IV	2	4
II	2	3	V	4	3
III	4	1	VI	2	1

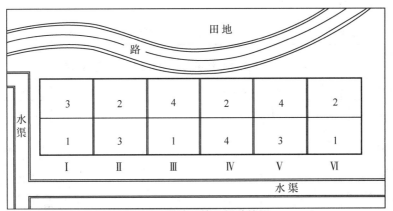

图6-1　设计1的田间种植图

6.1.2 BIB 设计的主要特点

（1）"平衡"，是指每个试验处理重复次数相同，每个区组包含的处理个数相同，任意两个处理对，在整个试验中出现的重复次数相同；

（2）为不完全区组，即处理数大于区组内的小区数，每个区组只包含部分处理。在 BIB 设计中，虽然每个区组都是不完全区组，包含的处理不尽相同，但每个处理与试验中的其他处理都能相遇，且相遇的次数相同，从而避免了因为缺失而导致处理相遇次数不平衡导致的分析偏差。

6.2 统计分析方法

平衡不完全区组设计统计分析的数学模型为：

$$y_{ij} = \mu + \alpha_i + \beta_j + \varepsilon_{ij}(i = 1, 2, 3, \cdots, v; j = 1, 2, 3, \cdots, b) \quad (6-1)$$

式中：y_{ij}——观测值；

μ——总体平均值；

α_i——处理效应；

β_j——区组效应；

ε_{ij}——随机误差。

平衡不完全区组设计的每一处理只出现在 r 个区组，每个区组并不包含所有的处理（表 6-2），所以处理间的差异与区组间的差异出现混杂，统计分析时需要对观测数据进行调整，消除区组对处理的影响，用矫正后的平均值进行处理效应的比较。表 6-3 为平衡不完全区组设计结果分析的方差分析表。

表 6-2 典型数据表

家系 \ 区组	I	II	III	IV	V	VI	家系和 $y_i.$
1	y_{11}		y_{13}		y_{15}		$y_1.$
2		y_{22}		y_{24}	y_{25}		$y_2.$
3	y_{31}	y_{32}		y_{35}			$y_3.$
4			y_{43}	y_{44}	y_{45}		$y_4.$
区组和 $y_{.j}$	$y_{.1}$	$y_{.2}$	$y_{.3}$	$y_{.4}$	$y_{.5}$	$y_{.6}$	$y_{..}$

表 6-3 平衡不完全区组设计结果分析的方差分析表

变异来源	自由度 df	平方和 SS
区组	$b - 1$	$SS_r = \sum T_j^2/k - C$
处理	$a - 1$	$SS_t = \sum Q_i^2/\lambda ka$
误差	$bk - b - a + 1$	$SS_e = SS_T - SS_r - SS_t$
总变异	$bk - 1(ar - 1)$	$SS_T = \sum \sum y_{ij}^2 - C$

y_{ij}——观测值($i=1$，2，3，…，k；$j=1$，2，3，…，b）；

T_j——第 j 个区组所有观测值之和；

$Q_i = ky_i. - T_i$——消除区组影响后各处理的效应值，其中 $y_i.$ 为第 i 家系各小区之和，T_i 为包含第 i 家系的各区组和的总和。

$$C = \left(\sum \sum y_{ij} \right)^2 / bk — 矫正值$$

6.3　实例分析

6.3.1　BIB 设计

例 1　杉木 8 个单亲子代与一个对照家系共 9 个处理进行子代测定，采用 BIB 设计，试验地划分为 12 个区组，每个区组只能容纳 3 个家系，每个家系重复 4 次。

6.3.1.1　根据 BIB 设计表进行试验设计

查附表 10，设计 15 的参数为 $a=9$，$k=3$，$r=4$，$b=12$，$\lambda=1$，符合本例的试验设计要求，因此选用该设计方案排布试验。

	I			II			III			IV	
1	2	3	1	4	7	1	5	9	1	6	8
4	5	6	2	5	8	2	6	7	2	4	9
7	8	9	3	6	9	3	4	8	3	5	7

该试验设计方案包含 9 个子代家系（$a=9$），每个家系均重复 4 次（$a=4$，罗马数字代表每个家系的第几个重复），共设置 12 个（$b=12$）不完全区组，每个区组包含 3 个家系（$k=3$），任意两个家系在同一区组内只出现一次（$\lambda=1$），则这 12 个区组的组成依次为（1，2，3）、（4，5，6）、（7，8，9）、（1，4，7）等。随后对区组和区组内的家系随机排列，整理后见表 6-4。

表 6-4　杉木单亲子代测定 BIB 试验设计

区组编号	I			II			III			IV		
	1	2	3	4	5	6	7	8	9	10	11	12
家系号	6	7	8	2	1	3	5	3	9	2	4	1
	3	1	5	4	8	5	4	1	7	7	8	9
	9	4	2	9	6	7	6	2	8	6	3	5

6.3.1.2　采用软件进行试验设计

CycDesigN 是一个能产生最优或近似最优的试验设计的集成软件包。以 Visual C++编写，软件的作者为 D Whitaker、E R Williams 和 J A John。CycDesigN 由英国 VSN 公司全球推广和销售，目前中国区由 VSN 在华全资子公司 VSN China（北京维斯恩思软件有限责任公司，VSNC①)负责。本章节介绍 CycDesigN 2.0 版本(图 6-2)的使用方法。

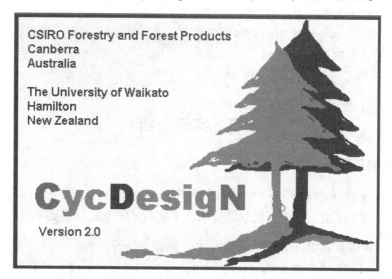

图 6-2　CycDesigN 2.0

　　采用 CycDesigN 2.0 软件进行试验设计。首先在软件运行界面选择所需的试验设计类型，见图 6-3。

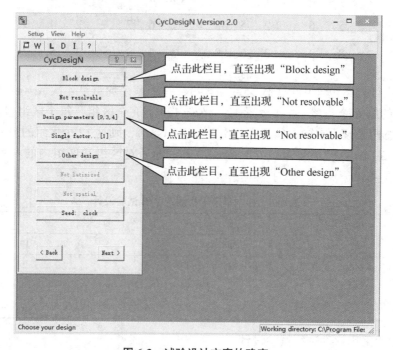

图 6-3　试验设计方案的确定

　　①　VSNC 专注于统计分析软件的研发和推广以及数据分析服务等，Asreml 是另一软基于混合线性模型并能处理复杂分析的专业林木数据分析软件，如需了解软件信息已应用的教学和科研活动，可联系 VSNC，电话 010-62680244，网址：www. VSNC. com. cn。。

在图 6-3 中点击界面左侧工具栏的第一个条目，直至出现"Block design"；点击工具栏内的第二个条目，直至出现"Not resolvable"（选择"Resolvable"则给出另一种设计方案）；点击工具栏内第五个条目，直至出现"Other design"；点击工具栏内第三个条目，即"Design parameters[9，3，4]"，进入参数设定界面（见图 6- 4）。

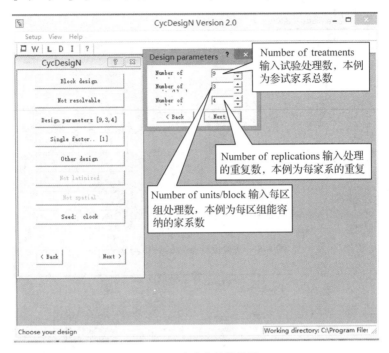

图 6- 4　试验参数的设置

在图 6- 4 的参数设定界面中，第一行为 Number of treatments，要求输入试验处理数 a，本例中有 9 个参试家系（含对照），因此填写"9"；第二行为 Number of units/block，要求输入区组的小区数 k，本例中每个区组只能容纳 3 个家系，因此填写"3"；第三行为 Number of replications，要求输入各处理的重复数 r，本例中每个家系的重复数为 4，因此填写"4"。填写完毕点击"Next"，返回主界面（如图 6-3）。点击主界面左侧工具栏右下角的"Next"，进入运算界面，见图 6-5。试验所需区组数 b 可由 $ra = bk$ 计算得到，软件不要求输入该数据，输出试验设计结果时直接给出（图 6-7）。

在图 6-5 中点击运行界面"Block design［9，3，4］"右下角的"Next"，进入"Randomization/Output"界面（见图 6-6），该界面可设定试验在多少个地点开展，并输出每个地点的试验设计方案。

如果有多个试验点，则在图 6-6 的"Number of randomizations"栏内输入试验点数量，本例只有 1 个试验点，因此输入"1"。点击"Randomization/Output"界面右下角的"Next"，在 word（可在软件安装过程中选择输出结果文件格式，可改为输出"excel"文件）中输出结果文件"design. doc"（见图 6-7）。

图 6-7 为本例中采用 BIB 设计的主要结果。第一行"Replicate randomization："为对多个试验点进行随机化，因为本例只有 1 个试验点，因此显示结果为"1"。第二行"Block ran-

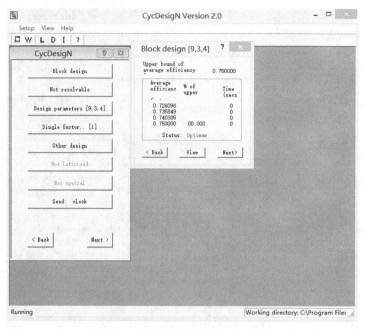

图 6-5 试验设计参数的计算与运行

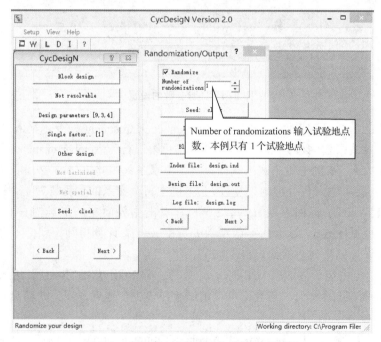

图 6-6 试验设计参数设置与结果输出设置

domization："为对每个试点的区组进行随机化排列，本例中只有 1 个试点，该试点区组随机化排列后的顺序为"3，2，6，12，7，4，5，8，9，1，10，11"。第三行"Blocks of the design printed in columns"给出了 12 个区组内家系随机排列的结果。因此，在进行田间试验时，区组的排列按照"3，2，6，12，7，4，5，8，9，1，10，11"的顺序进行，确定区组的位置后，根据区组的编号，按软件给出的区组内家系的排列顺序安排各参试家系的种植顺序，最终得到如表6-5所示的BIB种植设计。

```
Replicate randomization:
    1

Block randomization:
    3   2   6  12   7   4   5   8   9   1  10  11

Blocks of the design printed in columns

rep     1 -----------------------------------------------------------------
block       1   2   3   4   5   6   7   8   9  10  11  12
plot    ---------------------------------------------------------------------
  1         7   3   7   4   6   2   8   1   4   7   4   2
  2         6   9   1   6   3   4   6   2   8   8   7   5
  3         2   5   5   5   1   3   9   9   1   3   9   8
```

图 6-7 试验设计结果输出节选

表 6-5 种植区组排列

区组编号	1	2	3	4	5	6	7	8	9	10	11	12
	7	3	2	2	8	4	6	1	4	7	7	4
家系号	1	9	4	5	6	6	3	2	8	6	8	7
	5	5	3	8	9	5	1	9	1	2	3	9

在进行 BIB 试验设计的参数设置时，在图 6-3 中，第二栏内的"Not resolvable"可以通过点击改成"Resolvable"（图 6-8），后续操作步骤不变，试验设计结果节选见图 6-9。

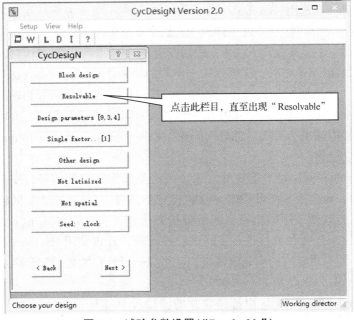

图 6-8 试验参数设置（"Resolvable"）

```
Replicate randomization:
2   3   4   1

Block randomization:
1   3   2
3   2   1
3   1   2
3   2   1
Blocks of the design printed in columns

rep     1 --------
block   1   2   3
plot    --------
   1    6   4   9
   2    8   5   3
   3    7   1   2
rep     2 --------
block   1   2   3
plot    --------
   1    5   6   1
   2    3   4   8
   3    7   9   2
rep     3 --------
block   1   2   3
plot    --------
   1    6   2   5
   2    1   4   8
   3    3   7   9
rep     4 --------
block   1   2   3
plot    --------
   1    4   2   7
   2    8   6   9
   3    3   5   1
```

图 6-9　试验设计输出结果("Resolvable")

　　由图 6-9 可知，在选用"Resolvable"选项时，试验共有 4 个重复，每个重复包含 3 个区组，每个区组排布 3 个家系，共 12 个区组。在每个重复里，所有的家系(9 个家系)均出现一次，且只出现一次。这实际上与 6.3.1 中根据查附表 10 所得的试验设计结果是相类似的。

　　进行田间试验区组排布时，先根据输出结果的第一部分"Replicate randomization:"排布 4 个重复的顺序，即按照"2，3，4，1"的顺序安排 4 个重复；然后根据输出结果的第二部分"Block randomization:"排布每个重复里的区组，如第 1 个重复里区组的排列顺序为"1，3，2"；最后，根据输出结果第三部分"Blocks of the design printed in columns"排布每个区组里的家系。

　　选用"Resolvable"时，每个重复里的 3 个区组是作为一个整体进行安排的，因此，在进行数据分析时，每个重复都可看作一个随机完全区组，全部的 12 个区组可看作 4 个随机完全区组，试验数据采用随机完全区组分析方法进行分析即可。在《Forest Genetics》一书中，介绍使用 CycDesigN 软件进行田间试验设计时，建议使用"Resolvable"选项，这样，通过忽略嵌套在每个重复内的不完全区组，就可以把试验作为随机完全区组设计(RCB)进行分析(White, Adams and Neale, 2007)。

　　"Not resolvable"时，每个区组都是独立的，12 个区组随机进行排列，这样得到的 12

个区组可能无法 3 个一组归为 4 个重复，即每个家系在一个重复里只出现一次，且一个重复包含所有的 9 个家系。对于采用"Not resolvable"得到的 BIB 试验设计，分析数据时需对观察数据进行调整，消除区组对家系生长的影响，用矫正后的平均值进行家系生长效应间的比较。

注意：在例 1 里，同样的参试家系，BIB 的设计参数相同，但在 6.3.1 里得到的设计方案并不相同，即试验设计方案并不是唯一的。采用附表 10 里的 BIB 设计表进行试验设计，虽然选定的设计参数是一样的，但需要进行区组和区组内处理的随机化，因此，每次都得到不同的试验设计方案；采用软件进行 BIB 试验设计，每次输入设计参数后，软件都会自动生成一个符合参数要求的设计方案，由于符合参数要求的排列组合有很多，因此，软件每次运行生成的设计方案都可能是不同的。

6.3.2　试验结果分析

例 2　杉木 8 个单亲子代与一个对照家系共 9 个处理进行子代测定（选用"Not resolvable"生成的试验设计），结果见表 6-6，试进行分析。

T_i 为包含有第 i 个家系的区组和的总和，如：

$$T_1 = y_{.1} + y_{.7} + y_{.8} + y_{.9}$$
$$= 22.56 + 25.12 + 24.36 + 23.94$$
$$= 95.98$$

$$T_2 = y_{.3} + y_{.4} + y_{.8} + y_{.10}$$
$$= 27.02 + 25.04 + 24.36 + 23.44$$
$$= 99.86$$

以此类推。

表 6-6　杉木子代苗高测定结果（cm）及计算表

区组＼家系	I	II	III	IV	V	VI	VII	VIII	IX	X	XI	XII	$y_i.$（家系和）	T_i	$Q_i = ky_i. - T_i$	$\overline{y_{修正}} = \dfrac{Q_i}{\lambda a} + \bar{y}$
1	9.4					7.38	8.62	8.54					33.94	95.98	5.84	8.84
2			8.68	9.52			8.52		8				34.72	99.86	4.3	8.67
3		9.36	9.24			8.42				9.08			36.1	102.7	5.6	8.81
4			9.1		7.4			8.14				8.2	32.84	98.88	-0.36	8.15
5	6.7	7.14		7.32		6.86							28.02	95.94	-11.88	6.87
6					8.72	9.06	9.32			8.14			35.24	96.76	8.96	9.19
7	6.46								7.3	8.6	8.56		30.92	96.14	-3.38	7.81
8			8.2	7.9			7.26			7.86			31.22	99.4	-5.74	7.55
9		8.52		8.26			7.22					7.84	31.84	98.86	-3.34	7.82

$y_{.j}$（区组和）　22.56　25.02　27.02　25.04　24.88　23.32　25.12　24.36　23.94　23.44　25.54　24.6　　$T = \sum\sum y_{ij} = 294.84$

$$C = \left(\sum\sum y_{ij}\right)^2 / bk = \frac{T^2}{N} = \frac{294.84^2}{36} = 2414.7396$$

注：$a = 9$，$k = 3$，$r = 4$，$b = 12$，$\lambda = 1$。

总离差平方和：

$$SS_T = \sum_{i=1}^{v} \sum_{j=1}^{b} y_{ij}^2 - C \qquad (6-2)$$

$$= (9.4^2 + 7.38^2 + \cdots + 7.84^2) - 2414.7396$$

$$= 2438.5832 - 2414.7396$$

$$= 23.8436$$

区组离差平方和：

$$SS_r = \sum_{j=1}^{b} \frac{T_j^2}{k} - C = \frac{1}{k} \sum_{j=1}^{b} y_{\cdot j}^2 - C \qquad (6-3)$$

$$= \frac{1}{3}(22.56^2 + 25.02^2 + \cdots + 24.60^2) - 2414.739$$

$$= 5.0289$$

家系离差平方和：

$$SS_t = \frac{1}{\lambda ka} \sum Q_i^2 = \frac{1}{\lambda ka} \sum (ky_{i\cdot} - T_i)^2 \qquad (6-4)$$

$$= \frac{1}{1 \times 3 \times 9}[(3 \times 33.94 - 95.98)^2 + (3 \times 34.72 - 99.86)^2 + \cdots$$

$$+ (3 \times 31.84 - 98.86)^2]$$

$$= \frac{1}{1 \times 3 \times 9}[5.84^2 + 4.3^2 + \cdots + (-3.34)^2]$$

$$= 13.3714$$

误差离差平方和：

$$SS_e = SS_T - SS_r - SS_t \qquad (6-5)$$

$$= 23.8436 - 5.0289 - 13.3714$$

$$= 5.4432$$

方差分析结果整理于表 6-7 中。F 检验结果表明，杉木子代家系的苗高生长在区组间和家系间均存在极显著的差异，可以家系为单位进行苗高生长的多重比较。家系间苗高生长的多重比较可采用 Duncan 法、LSD 法、LSR 法等，本例采用 Duncan 法进行多重比较。

表 6-7 杉木子代苗高测定结果方差分析表

变异来源	自由度	平方和	均方差	F 值	$Pr>F$
区组	11	5.0289	0.4572	1.34	0.2871
家系	8	13.3714	1.6714	4.91	0.0033
误差	16	5.4432	0.3402		
总计	35	23.8436			

采用 BIB 设计的试验数据进行多重比较分析时，必须采用消除区组效应后的家系平均效应值 $\overline{y_{修正}}$（计算公式见表 6-6）进行多重比较分析，否则会导致各家系效应值的极差不恰当的缩小，从而使两个家系间的极差值本应该达到差异显著的水平，但却出现不显著（或显著性较低）的现象，影响统计推断的可靠性（韩承伟，1986）。

采用 Duncan 法进行多重比较分析时，首先需计算家系平均数的标准误 $S_{\bar{y}}$：

$$S_{\bar{y}} = \sqrt{\frac{k}{\lambda a}MS_e} = \sqrt{\frac{3}{1 \times 9} \times 0.3402} = 0.3368 \qquad (6-6)$$

然后计算调整后的显著性水平值，即 LSR 值：

$$LSR_{0.05/0.01} = S_{\bar{y}} \times SSR_{0.05/0.01} \qquad (6-7)$$

根据误差自由度查找 SSR 表(附表 7)内相对应的 SSR 值，并计算得到 LSR 值(表 6-8)，对家系的 $\overline{y_{修正}}$ 由小到大进行排列，两两相减，其差值用 $LSR_{0.05}$ 或 $LSR_{0.01}$ 的值进行检验，就可以得到多重比较的结果(表 6-9)。

表 6-8　杉木家系多重比较的 SSR 和 LSR 值

K	2	3	4	5	6	7	8	9
$SSR_{0.05}$	3.00	3.15	3.23	3.30	3.34	3.37	3.39	3.41
$SSR_{0.01}$	4.13	4.34	4.45	4.54	4.60	4.67	4.72	4.76
$LSR_{0.05}$	1.01	1.06	1.09	1.11	1.13	1.14	1.15	1.15
$LSR_{0.01}$	1.39	1.45	1.49	1.52	1.54	1.56	1.57	1.58

注：K 为误差自由度，本例为 16。

表 6-9　杉木苗高生长在家系间的 Duncan 多重比较分析结果

家系	$\overline{y_{修正}}$	差异显著性	
		0.05	0.01
6	9.19	A	a
1	8.84	AB	ab
3	8.81	AB	ab
2	8.67	AB	ab
4	8.15	ABC	abc
9	7.82	BCD	abc
7	7.81	BCD	abc
8	7.55	CD	bc
5	6.87	D	c

注：大写字母表示 5% 的显著水平，小写字母表示 1% 的显著水平。

进行杉木子代苗高生长测定数据方差分析及 Duncan 分析的 R 代码见图 6-10，方差结果见图 6-11，Duncan 多重比较分析结果见图 6-12，其中测定数据文件名为"bib.csv"，数据文件的节选见表 6-10。

表 6-10　"bib.csv"数据文件内容节选

block	treat	h
1	1	9.4
1	5	6.7
1	7	6.46
2	3	9.36
2	5	7.14
2	9	8.52
3	2	8.68
3	3	9.24

注：block 为区组，treat 为家系，h 为苗高。

```
library(agricolae)      #需要预先安装"agricolae"程序包，并调用该程序包
setwd("C：/R")          #设置 R 运行时数据文件及程序的保存位置
df=read. csv('bib. csv', header=T, sep=',')
df $ block =as. factor(df $ block)
df $ treat =as. factor(df $ treat)
df<-na. omit(df)
BIB. test(block = df $ block, trt = df $ treat, y = df $ h, test = "duncan", +alpha = 0. 05,
group=TRUE, console=T)      #BIB 设计的数据 duncan 多重比较分析
```

图 6-10　杉木子代苗高生长测定数据的方差分析及 Duncan 分析的 R 代码

ANALYSIS BIB：df $ h

Class level information

Block：1 2 3 4 5 6 7 8 9 10 11 12

Trt：1 5 7 3 9 2 4 8 6

Number of observations：36

Analysis of Variance Table

Response：df $ h

	Df	Sum Sq	Mean Sq	F value	Pr(>F)
block. unadj	11	5. 0289	0. 45718	1. 3438	0. 287059
trt. adj	8	13. 3714	1. 67143	4. 9131	0. 003334 * *
Residuals	16	5. 4432	0. 34020		

Signif. codes：0 ' * * * ' 0. 001 ' * * ' 0. 01 ' * ' 0. 05 ' . ' 0. 1 ' ' 1

coefficient of variation：7. 1 %

df $ h Means：8. 19

df $ treat, statistics

	df $ h	mean. adj	SE	r	std	Min	Max
1	8. 485	8. 838889	0. 3320401	4	0. 8325663	7. 38	9. 40
2	8. 680	8. 667778	0. 3320401	4	0. 6307667	8. 00	9. 52
3	9. 025	8. 812222	0. 3320401	4	0. 4193249	8. 42	9. 36
4	8. 210	8. 150000	0. 3320401	4	0. 6959885	7. 40	9. 10
5	7. 005	6. 870000	0. 3320401	4	0. 2777889	6. 70	7. 32
6	8. 810	9. 185556	0. 3320401	4	0. 5097712	8. 14	9. 32
7	7. 730	7. 814444	0. 3320401	4	1. 0398077	6. 46	8. 60
8	7. 805	7. 552222	0. 3320401	4	0. 3937427	7. 26	8. 20
9	7. 960	7. 818889	0. 3320401	4	0. 5673329	7. 22	8. 52

图 6-11　杉木子代苗高生长测定数据的方差分析结果

Duncan's new multiple range test

Alpha：0. 05

Std. err：0. 3367501

Critical Range

2	3	4	5	6	7	8	9
1. 009576	1. 058676	1. 089368	1. 110415	1. 125620	1. 136964	1. 145596	1. 152243

Parameters BIB

Lambda：1

treatmeans：9

Block size：3

Blocks：12

Replication：4

Efficiency factor 0. 75

Treatments with the same letter are not significantly different.

	df $ h	groups
6	9. 185556	a
1	8. 838889	ab
3	8. 812222	ab
2	8. 667778	ab
4	8. 150000	abc
9	7. 818889	bcd
7	7. 814444	bcd
8	7. 552222	cd
5	6. 870000	d

图 6-12　杉木子代家系苗高生长 Duncan 多重比较分析结果(5%显著水平)

习　题

1. 什么是 BIB 设计？这种设计在什么情况下采用？与随机区组设计有哪些区别？

2. BIB 设计中的 a、k、r、b 和 λ 分别代表什么？它们之间需要满足什么条件才能进行 BIB 试验设计？

3. 在一块正方形的试验地上安排一个 BIB 试验，处理数为 6，重复数为 5，试选择适宜的 BIB 表，并画出田间设计图。

4. 下面是 7 个家系的 BIB 试验资料。试分析(1) 各家系间是否有显著差异？(2) 各区组间是否有显著差异？

家系 A ＼ 区组 R	1	2	3	4	5	6	7
A1	114	—	—	—	120	—	117
A2	126	120	—	—	—	119	—
A3	—	137	117	—	—	—	134
A4	141	—	129	149	—	—	—
A5	—	145	—	150	143	—	—
A6	—	—	120	—	118	123	—
A7	—	—	—	136	—	130	127

（答：$F_A = 10.35$，$F_B = 3.11$）

参考文献

韩承伟. BIB 设计和分析[J]. 内蒙古农业科技，1986(1)：43-48.

洪伟. 试验设计与统计分析[M]. 北京：中国农业出版社，2009.

White T L，Adams W T，Neale D B，et al. Forest genetics. [M]. Forest Genetics，2014.

7 拉丁方设计与分析

本章摘要

拉丁方设计也是随机区组设计，是对随机区组设计的一种改进。它在行的方向和列的方向都可以看成区组，因此能实现双向差异的控制。在一般的实验设计中，拉丁方常被看作双区组设计，用于提高发现处理效应差别的效率。本章重点介绍了拉丁方和正交拉丁方设计的基本设计思想、原理、设计方法、统计分析步骤及其实际应用。

7.1 试验设计方法与特点

7.1.1 拉丁方设计

（1）拉丁方：拉丁方是指个字母（或数字）排成一个 $n \times n$ 方阵，使得每一行、每一列中这 n 个字母都同时恰好各出现一次。由于开始使用这些方阵时是用拉丁字母进行排列的，因此叫拉丁方。用来排列拉丁方的字母（或数字）的个数叫拉丁方的阶数，图 7-1 为一个 5×5 的拉丁方，其阶数为 5，因此记为 5×5 拉丁方。

A	B	C	D	E
B	C	D	E	A
C	D	E	A	B
D	E	A	B	C
E	A	B	C	D

图 7-1 5×5 的拉丁方

具有相同阶数的拉丁方，可以通过变换行列的排列顺序产生多个不同的拉丁方，对于 $n \times n$ 的拉丁方，共有 $n!$ $(n-1)!$ 个不同的拉丁方。若一个拉丁方的第一行和第一列的字母（或数字）均为顺序排列，则称其为标准方。表 7-1 给出了不同阶数拉丁方的标准方个数和总数。

表 7-1　n×n 的拉丁方的标准方数和拉丁方总数

n×n	标准方个数	拉丁方总数
2×2	1	2
3×3	1	12
4×4	4	576
5×5	56	161280
6×6	9408	812851200

（2）拉丁方设计（the latin square design）：即利用拉丁方安排试验的试验设计，是一种二维设计，用于有三个因素而且每个因素的水平数（n）都相同的研究。可以用 i 代表因素 1 的水平，用 j 代表因素 2 的水平，用 k 代表因素 3 的水平，拉丁方中 i 行 j 列和 k 处理的每种结合可定义一个随机变量 Y_{ijk}（i = 1，2，…，n；k = A，B，…，M）。由于拉丁方设计仅有 M^2 种组合，而不是 M^3，因此不是所有的（i，j，k）组合都出现在拉丁方中，拉丁方是一种不完整的三因素设计。

匀称性是拉丁方的一个优点。虽然拉丁方只用一个二维的正方格子表示，但所研究的三因素在拉丁方中是匀称分布的。拉丁方的另一个优点是节省实验单位数，然而，当需要从实验中获取更多信息时，可以做重复的拉丁方。但这里的"重复"并不是复制同样的拉丁方，而是采用同样大小而元素排列不同的拉丁方。

例 1　要研究土壤条件、种植密度、刈割高度对某饲料用灌木收获枝叶鲜重的影响，采用 4×4 拉丁方设计，并设置重复（图 7-2）。在拉丁方中，字母 ABCD 代表 4 种刈割高度。

拉丁方设计的设计步骤为：

（1）确定一个标准方，即横行和直行均为顺序排列的拉丁方。

（2）随机调换标准方各横行位置。

（3）随机决定各直行位置

土壤条件	种植密度				土壤条件	种植密度				土壤条件	种植密度			
	1	2	3	4		1	2	3	4		1	2	3	4
1	A	B	C	D	1	D	B	A	C	1	B	A	D	C
2	B	A	D	C	2	A	D	C	B	2	A	B	C	D
3	C	D	B	A	3	B	C	D	A	3	C	D	B	A
4	D	C	A	B	4	C	A	B	D	4	D	C	A	B
			a					*b*					*c*	

注：*a* 为标准方，*b* 和 *c* 为重复。

图 7-2　3 次重复的拉丁方设计

在农业研究中，拉丁方经常被看作双区组设计，用于提高发现处理效应差别的效率，即能把处理间较小的差异提取出来。由于试验在野外进行，因此很难保证试验用地条件的一致性，甚至难以保证同一区组内各小区有大致相同的条件，在这种情况下，拉丁方从行的方向和列的方向都可看成区组，用以克服两个方向上的干扰。拉丁方设计也是完全区组设计，是对随机区组设计的一种改进。

采用拉丁方进行田间试验设计时，其优点是对土壤的差异实行双重控制，准确性较高。缺点为横、直区组小区数必须相等，伸缩性较小，缺乏随机区组设计的灵活性，且要求条件一致，因此只应用于规模较小，试验地条件较一致的试验。

例2 在苗圃研究 5 种肥料处理对橡胶幼苗生长的影响，采用 5×5 拉丁方设计，设计见表 7-2。

表 7-2 橡胶肥料处理的拉丁方设计

行	列				
	1	2	3	4	5
1	B	D	E	A	C
2	C	A	B	E	D
3	D	C	A	B	E
4	E	B	C	D	A
5	A	E	D	C	B

本例把行和列都作为区组，即双向控制区组。由于每一行区组和每一列区组都包含一套完整的处理，因此处理间的比较就不会受制于行间或列间的变异。即把行区组和列区组看作是两个相互独立的变异来源，其变异可以单独从总变异中分离出来，从而降低试验误差，提高试验的精度。

拉丁方设计中的一个重要假设是三个因素的作用是独立的和可加的，任两个因素或三个因素间无交互作用；而且，拉丁方设计的一个限制性条件就是重复次数必须等于处理个数，因此，要采用拉丁方设计，处理的数目不能过大，一般在 4~8 较合适，还要满足行区组、列区组、处理彼此间无交互。

7.1.2 正交拉丁方设计

在一个用拉丁字母（ABCDE）表示的 $n×n$ 拉丁方上，再重合一个用希腊字母（$\alpha\beta\gamma\delta\varepsilon$）表示的 $n×n$ 拉丁方，并且限定每种拉丁字母与各种希腊字母只相遇一次，此时称这两个拉丁方正交（图 7-3）。由于正交的两个拉丁方，一个用拉丁字母表示，一个用希腊字母表示，因此正交拉丁方又称为希腊拉丁方。

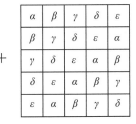

图 7-3 正交拉丁方

正交拉丁方设计（the crossed latin square design）即利用正交拉丁方安排试验的试验设

计。正交拉丁方也是一个二维设计，可供研究四个因素，但要求每因素有同样的水平数，是拉丁方的直接扩展。采用正交拉丁方设计时，行、列、希腊字母和拉丁字母个代表一个因素，每个因素都有 n 个水平，共做 k^2 次试验。

采用正交拉丁方设计 4 个需要注意的问题：

（1）n 阶拉丁方有 $n-1$ 个正交拉丁方；

（2）不是任何拉丁方都有与之正交的拉丁方，如 6×6 的拉丁方则不存在与之正交的拉丁方；

（3）各阶拉丁方所具有的正交拉丁方可以在附表 14 上查得；

（4）从附表 14 上查得的正交拉丁方设计表，表上的各字母应与试验各因素的处理号随机对应，即必须进行随机化处理。

正交拉丁方一般用于两个因素的试验，若安排三个或三个以上的因素，则不仅设计复杂，而且在作方差分析时，随因素增加剩余项自由度减少很多，使得分析可靠度减少很快。同时安排三个或三个以上因素的试验可采用正交设计。

7.2 统计分析方法

7.2.1 拉丁方的统计分析方法

拉丁方设计统计分析的数学模型为：

$$Y_{ijk} = \mu + \alpha_i + \beta_j + \gamma_k + \varepsilon_{ijk}$$
$$(i = 1, 2, 3, \cdots, n; j = 1, 2, 3, \cdots, n; k = 1, 2, 3, \cdots, n) \quad (7-1)$$
$$\sum_i \alpha_i = 0, \quad \sum_j \beta_j = 0, \quad \sum_k \gamma_k = 0 \quad (7-2)$$
$$\varepsilon_{ijk} \text{ 独立正态 } N(0, \sigma_e^2) \quad (7-3)$$

式中：Y_{ijk}——观察值；

μ——总体平均值；

α_i——行效应；

β_j——列效应；

γ_k——处理效应；

ε_{ijk}——随机误差。

拉丁方设计的方差分析列于表 7-3。

表 7-3 $n \times n$ 拉丁方设计的方差分析

变异来源	自由度 df	平方和 SS	均方 MS	F 值
行	$n-1$	$SS_\alpha = \sum_i \sum_j (\overline{Y_{i..}} - \bar{y})^2$	$MS_\alpha = \dfrac{SS_\alpha}{n-1}$	$F_\alpha = SS_\alpha/MS_e$
列	$n-1$	$SS_\beta = \sum_i \sum_j (\overline{Y_{.j.}} - \bar{y})^2$	$MS_\beta = \dfrac{SS_\beta}{n-1}$	$F_\beta = SS_\beta/MS_e$

（续）

变异来源	自由度 df	平方和 SS	均方 MS	F 值
处理	$n-1$	$SS_\gamma = \sum_i \sum_j (\overline{Y_{..k}} - \bar{y})^2$	$MS_\gamma = \dfrac{SS_\gamma}{n-1}$	$F_\gamma = SS_\gamma/MS_e$
误差	$(n-1)(n-2)$	$SS_e = \sum_i \sum_j (Y_{ijk} - \overline{Y_{i..}} - \overline{Y_{.j.}} - \overline{Y_{..k}} + 2\bar{y})^2$	$MS_e = \dfrac{SS_e}{(n-1)(n-2)}$	
总变异	n^2-1	$SS_T = \sum_i \sum_j (Y_{ijk} - \bar{y})^2$		

7.2.2 正交拉丁方的统计分析方法

正交拉丁方设计统计分析的数学模型为：

$$Y_{ijkl} = \mu + \alpha_i + \beta_j + \gamma_k + \delta_l + \varepsilon_{ijkl}$$

$(i = 1, 2, 3, \cdots, n;\ j = 1, 2, 3, \cdots, n;\ k = 1, 2, 3, \cdots, n;\ l = 1, 2, 3, \cdots, n)$

$$(7-4)$$

$$\sum_i \alpha_i = 0, \quad \sum_j \beta_j = 0, \quad \sum_k \gamma_k = 0, \quad \sum_l \delta_l = 0 \qquad (7-5)$$

$$\varepsilon_{ijkl} \text{独立正态} N(0, \sigma_e^2) \qquad (7-6)$$

式中：Y_{ijkl}——观察值；

$\quad\quad \mu$——总体平均值；

$\quad\quad \alpha_i$——行效应；

$\quad\quad \beta_j$——列效应；

$\quad\quad \gamma_k$——拉丁字母效应；

$\quad\quad \delta_l$——希腊字母效应；

$\quad\quad \varepsilon_{ijkl}$——随机误差。

正交拉丁方设计的方差分析列于表7-4。

表7-4 $n \times n$ 正交拉丁方设计的方差分析

变异来源	自由度 df	平方和 SS	均方 MS	F 值
行	$n-1$	$SS_\alpha = \sum \sum (\overline{Y_{i...}} - \bar{y})^2$	$MS_\alpha = \dfrac{SS_\alpha}{n-1}$	$F_\alpha = SS_\alpha/MS_e$
列	$n-1$	$SS_\beta = \sum \sum (\overline{Y_{.j..}} - \bar{y})^2$	$MS_\beta = \dfrac{SS_\beta}{n-1}$	$F_\beta = SS_\beta/MS_e$
拉丁字母	$n-1$	$SS_\gamma = \sum \sum (\overline{Y_{..k.}} - \bar{y})^2$	$MS_\gamma = \dfrac{SS_\gamma}{n-1}$	$F_\gamma = SS_\gamma/MS_e$
希腊字母	$n-1$	$SS_\delta = \sum \sum (\overline{Y_{...l}} - \bar{y})^2$	$MS_\delta = \dfrac{SS_\delta}{n-1}$	$F_\delta = SS_\delta/MS_e$
误差	$(n-1)(n-3)$	$SS_e = \sum \sum (Y_{ijkl} - \overline{Y_{i...}} - \overline{Y_{.j..}} - \overline{Y_{..k.}} - \overline{Y_{...l}} - 3\bar{y})^2$	$MS_e = \dfrac{SS_e}{(n-1)(n-3)}$	
总变异	n^2-1	$SS_T = \sum \sum (Y_{ijkl} - \bar{y})^2$		

7.3 实例分析

例 2 的试验测定数据见表 7-5。

表 7-5 橡胶苗圃肥料试验苗木茎粗的测定数据

行	列										行合计	行均数
	1		2		3		4		5			
1	B	1.4	D	1.8	E	2.1	A	2.5	C	3.0	10.8	2.16
2	C	2.8	A	2.3	B	1.6	E	1.9	D	2.3	10.9	2.18
3	D	2.4	C	3.1	A	2.5	B	1.6	E	2.3	11.9	2.38
4	E	2.0	B	1.7	C	3.2	D	2.0	A	2.6	11.5	2.3
5	A	2.6	E	2.0	D	2.6	C	3.0	B	1.2	11.4	2.28
列合计	11.2		10.9		12		11.0		11.4		56.5	
列均数	2.24		2.18		2.4		2.2		2.28		2.26	
肥料	A		B		C		D		E			
处理合计	12.5		7.5		15.1		11.1		10.3			
处理均数	2.5		1.5		3.02		2.22		2.06			

为简化计算，表 7-3 内的平方和 SS 可以重写成：

$$SS_\alpha = \frac{1}{n} \sum_i \left(\sum_j Y_{ijk} \right)^2 - \frac{1}{n^2} \left(\sum_i \sum_j Y_{ijk} \right)^2 \qquad (7-7)$$

$$SS_\beta = \frac{1}{n} \sum_j \left(\sum_i Y_{ijk} \right)^2 - \frac{1}{n^2} \left(\sum_i \sum_j Y_{ijk} \right)^2 \qquad (7-8)$$

$$SS_\gamma = \frac{1}{n} \sum_k \left(\sum_i Y_{ijk} \right)^2 - \frac{1}{n^2} \left(\sum_i \sum_j Y_{ijk} \right)^2 \qquad (7-9)$$

$$\sum_i \sum_j (Y_{ijk})^2 - \frac{1}{n} \sum_i \left(\sum_j Y_{ijk} \right)^2 - \frac{1}{n} \sum_j \left(\sum_i Y_{ijk} \right)^2 - \frac{1}{n} \sum_k \left(\sum_i Y_{ijk} \right)^2 + \frac{2}{n^2} \left(\sum_i \sum_j Y_{ijk} \right)^2$$
$$(7-10)$$

根据表 7-5 中的数据，计算出：

$$\sum_i \left(\sum_j Y_{ijk} \right)^2 = 10.8^2 + 10.9^2 + \cdots + 11.4^2 = 639.27$$

$$\sum_j \left(\sum_i Y_{ijk} \right)^2 = 11.2^2 + 10.9^2 + \cdots + 11.4^2 = 639.21$$

$$\sum_k \left(\sum_i Y_{ijk} \right)^2 = 12.5^2 + 7.5^2 + \cdots + 10.3^2 = 669.81$$

$$\left(\sum_i \sum_j Y_{ijk} \right)^2 = 56.5^2 = 3192.25$$

$$\sum_i \sum_j Y_{ijk}^2 = 1.4^2 + 2.8^2 + \cdots + 1.2^2 = 134.77$$

$$SS_\alpha = \frac{1}{5} \times 639.27 - \frac{1}{25} \times 3192.25 = 0.164$$

$$SS_\beta = \frac{1}{5} \times 639.21 - \frac{1}{25} \times 3192.25 = 0.152$$

$$SS_\gamma = \frac{1}{5} \times 669.81 - \frac{1}{25} \times 3192.25 = 6.272$$

$$SS_e = 134.77 - \frac{1}{5} \times 639.27 - \frac{1}{5} \times 639.21 - \frac{1}{5} \times 669.81 + \frac{2}{25} \times 3192.25 = 0.492$$

方差分析结果整理于表 7-6 中。F 检验结果表明,施用不同肥料的橡胶苗木茎粗生长存在极显著的差异,而行间和列间苗木的茎粗生长均无显著差异,因此,以肥料种类为单位进行茎粗生长的多重比较(表 7-7)。

表 7-6 橡胶苗圃肥料试验茎粗测定结果方差分析表

变异来源	df	SS	MS	F	Pr >F
行	4	0.164	0.041	1.000	0.445
列	4	0.152	0.038	0.927	0.480
处理	4	6.272	1.568	38.244	<0.001
误差	12	0.492	0.041		
总计	24	7.080			

表 7-7 不同肥料橡胶苗木茎粗生长的 Duncan 多重比较分析结果

肥料	均值	Duncan 组	
		0.01	0.05
C	3.02	A	A
A	2.5	B	B
D	2.22	BC	C
E	2.06	C	C
B	1.5	D	D

本例的方差分析结果表明行间和列间苗木的茎粗生长差异不显著($Pr>F$ 分别为 0.4449 和 0.4804),因此,可以将行和列两个因素合并到误差项,这样将提高处理的 F 值。合并后的方差分析结果见表 7-8,误差项自由度升至 20,平方和 SS 增加至 0.8080,是合并前的行、列及误差项的平方和 SS 的总和。处理的 F 值增加至 38.81。

表 7-8 合并行、列后肥料对橡胶苗木茎粗生长的方差分析结果

变异来源	df	SS	MS	F	Pr>F
处理	4	6.2720	1.5680	38.81	<0.0001
误差	20	0.8080	0.0404		
总计	24	7.0800			

合并行列后只针对处理进行方差分析，则拉丁方试验由原来的三因素试验变为单因素试验，本例则为针对肥料的包含 5 个重复的随机完全区组试验，试验采用随机完全区组的分析方法。

进行橡胶茎粗生长测定数据方差分析的 R 代码及运行结果见图 7- 4，不同肥料茎粗生长的 Duncan 分析代码及运行结果见图 7- 5，其中测定数据文件名为"latin. csv"，数据文件节选见表 7- 9。

表 7- 9　"latin. csv"数据文件内容节选

row	column	fert	d
1	1	B	1.4
1	2	D	1.8
1	3	E	2.1
1	4	A	2.5
1	5	C	3
2	1	C	2.8
2	2	A	2.3

注：row 为行，column 为列，fert 为肥料，d 为茎粗。

```
library( agricolae)        #须预先安装"agricolae"程序包并调用该程序包
setwd("C：/R")              #设置 R 程序运行时数据文件和程序的保存位置
df = read. csv('ladin. csv'，header = T，sep = '，')        #读取数据
df $ row = as. factor( df $ row)
df $ column = as. factor( df $ column)
df $ fert = as. factor( df $ fert)
fit = aov( data = df，d ~ row+column+fert)
summary( fit)
```

以下为 R 软件统计分析输出结果：

	Df	Sum Sq	Mean Sq	F value	Pr(>F)
row	4	0.164	0.041	1.000	0.445
column	4	0.152	0.038	0.927	0.480
fert	4	6.272	1.568	38.244	9.72e-07 ***
Residuals	12	0.492	0.041		

－－－

图 7- 4　橡胶茎粗生长测定数据方差分析的 R 代码及运行结果

duncan. test(fit，'fert'，alpha = 0.01，console = T)　　#进行 duncan 多重比较

以下为 R 软件统计分析输出结果：

Study：fit ~ "fert"

Duncan's new multiple range test
for d

Mean Square Error：0.041

fert，means

	d	std	r	Min	Max
A	2.50	0.1224745	5	2.3	2.6
B	1.50	0.2000000	5	1.2	1.7
C	3.02	0.1483240	5	2.8	3.2
D	2.22	0.3193744	5	1.8	2.6
E	2.06	0.1516575	5	1.9	2.3

Alpha：0.01 ; DF Error：12

Critical Range

2	3	4	5
0.3911719	0.4078617	0.4185564	0.4260844

Means with the same letter are not significantly different.

	d	groups
C	3.02	a
A	2.50	b
D	2.22	bc
E	2.06	c
B	1.50	d

图 7-5　橡胶不同肥料茎粗生长的 Duncan($\alpha = 0.01$)分析程序代码及结果

习　题

1. 什么叫拉丁方、标准拉丁方、正交拉丁方？

2. 在开展正交拉丁方设计时要注意哪些问题？设计过程包含哪些步骤？

3. 试对下面拉丁方试验结果进行方差分析，若处理间差异显著，试作 Duancan 多重对比。

C	D	B	A
47	40	50	57
B	A	C	D
49	53	37	29
D	C	A	B
28	34	46	37
A	B	D	C
48	44	25	30

（答：$F_{处理} = 227.9$）

4. 有一种果树，由 A1、A2、A3 和 A4 等 4 个技术工人，用 B1、B2、B3 和 B4 等 4 种方式进行嫁接，果树栽培图及各小区产量如下，试比较不同工人和不同嫁接方式其平均产量间的差异。

A_1B_1	A_2B_2	A_3B_3	A_4B_4
39	62	27	34
A_2B_3	A_1B_4	A_4B_1	A_3B_2
59	44	26	90
A_3B_4	A_4B_3	A_1B_2	A_2B_1
52	33	94	33
A_4B_2	A_3B_1	A_2B_4	A_1B_3
96	54	49	25

（答：$F_A < 1$，$F_A = 2.5$，$F_B = 8.79$）

参考文献

蒋庆琅. 实用统计分析方法[M]. 方积乾，等，译. 北京：北京医科大学，中国协和医科大学，1998.

刘权. 第三讲 复拉丁方设计及分析[J]. 浙江柑橘，1985(3)：36-40.

林德光. 拉丁方设计的多元分析——业师赵仁镕教授逝世周年纪念[J]. 沈阳农业大学学报，1993(2)：95-104.

8 裂区设计与分析

本章摘要

裂区设计是安排多因素试验的另一种方法，它与多因素完全随机试验及多因素随机区组试验不同。在前面讨论的多因素完全随机和随机区组设计中，对各因素的安排不分主次，同等对待；而裂区设计对因素的安排有主次之分。本章重点阐述二裂式和三裂式裂区设计的统计分析方法，并特别介绍了时间裂区的设计与分析。

8.1 裂区设计方法与特点

在多因素试验设计中，有的因素不同处理间差异较大，对试验精度要求不高，而另一些因素不同处理间差异较小，需要较高精度的试验才能检验出其处理效应时，可安排裂区试验。

在两因素裂区试验中，以因素 A 的水平为主处理，因素 B 的水平为副处理，设因素 A 有 a 个水平，因素 B 有 b 个水平。主处理在主区内的排列可以有不同形式，如随机区组、拉丁方或完全随机等。若主处理按随机区组设计，并设 n 个完全区组，每个区组分成 a 个主区，共有 an 个主区，每个主区再分成 b 个副区，共有 $N=abn$ 个副区；若主处理按拉丁方设计，则应有 $a \times a$ 个主区，$N=a^2 \times b$ 个副区。

裂区设计的主要特点为：

(1) 主区面积大，数量少；副区小，数量多；

(2) 裂区的比较相对于主区的比较而言，更为精确，即主区的试验误差比裂区的试验误差大；

(3) 在裂区设计中，主处理在主区上，（副处理在裂区上的）排列可以是随机区组设计、拉丁方设计或完全随机设计，也可以将它们混合使用。

8.2 二裂式裂区设计的统计分析

若某二裂式裂区试验的主处理 A 按随机区组设计，设有 a 个主处理，b 个副处理，n 个区组，并以 y_{ijk} 表示第 i 个主处理第 j 个副处理在第 k 区组的观测值，二裂式裂区试验的方差分析特点表现在变异来源上分主区部分(主处理)和副区部分(副处理),各有各的误差和相应的自由度(见表 8-1)。

8.2.1 试验资料及其线性模型

裂区试验中,观测值的线性模型为

$$y_{ijk} = \mu + \alpha_i + \rho_k + (\varepsilon_1)_{ij} + \beta_j + (\alpha\beta)_{ij} + (\varepsilon_2)_{ijk}$$

$$i = 1, 2, \cdots, a; \ j = 1, 2, \cdots, b; \ k = 1, 2, \cdots, n \tag{8-1}$$

其中,μ 为公共总体平均,α_i、β_j、ρ_k 分别为第 i 主处理效应,第 j 副处理效应,第 k 区组效应,$(\alpha\beta)_{ij}$ 为主、副处理交互效应,$(\varepsilon_1)_{ik}$ 和 $(\varepsilon_2)_{ijk}$ 分别为主区剩余和副区剩余,且 $(\varepsilon_1)_{ik} \sim N(0, \sigma_1^2)$,$(\varepsilon_2)_{ijk} \sim N(0, \sigma_2^2)$。

由模型(8-1)可知,裂区试验各观测值的总离差 $y_{ijk} - \mu$ 可以分解为主区间和主区内两部分。主区间离差又可以分解为主处理效应、区组效应和主区剩余 3 部分。主区内副区间的离差可分解为副处理效应、主副处理交互效应和副区剩余 3 部分,这是因为不同主区处于不同的区组和不同的主处理条件下,而各主区都包含有相同的 b 个副处理。所以,主区间的离差与主处理效应与区组效应有关,而与副处理效应无关,其剩余部分为主区误差。同一主区内的不同副区处于不同的副处理和不同的主副处理组合下,主区内副区间的离差与副处理效应和主副处理交互效应有关,但与主处理和区组效应无关,其剩余部分为副区误差。

表 8-1 裂区设计典型资料

处理 \ 区组		1	2	⋯	n	处理 $y_{ij\cdot}$	处理 $\bar{y}_{ij\cdot}$
A_1	B_1	y_{111}	y_{112}	⋯	y_{11n}	$y_{11\cdot}$	$\bar{y}_{11\cdot}$
	B_2	y_{121}	y_{122}	⋯	y_{12n}	$y_{12\cdot}$	$\bar{y}_{12\cdot}$
	⋮	⋮	⋮	⋮	⋮	⋮	⋮
	B_b	y_{1b1}	y_{1b2}	⋯	y_{1bn}	$y_{1b\cdot}$	$\bar{y}_{1b\cdot}$
主区 $y_{i\cdot k}$		$y_{1\cdot 1}$	$y_{1\cdot 2}$	⋯	$y_{1\cdot n}$		
A_2	B_1	y_{211}	y_{212}	⋯	y_{21n}	$y_{21\cdot}$	$\bar{y}_{21\cdot}$
	B_2	y_{221}	y_{222}	⋯	y_{22n}	$y_{22\cdot}$	$\bar{y}_{22\cdot}$
	⋮	⋮	⋮	⋮	⋮	⋮	⋮
	B_b	y_{2b1}	y_{2b2}	⋯	y_{2bn}	$y_{2b\cdot}$	$\bar{y}_{2b\cdot}$
主区 $y_{i\cdot k}$		$y_{2\cdot 1}$	$y_{2\cdot 2}$	⋯	$y_{2\cdot n}$		
⋮	⋮	⋮	⋮	⋮	⋮	⋮	
A_a	B_1	y_{a11}	y_{a12}	⋯	y_{a1n}	$y_{a1\cdot}$	$\bar{y}_{a1\cdot}$
	B_2	y_{a21}	y_{a22}	⋯	y_{a2n}	$y_{a2\cdot}$	$\bar{y}_{a2\cdot}$
	⋮	⋮	⋮	⋮	⋮	⋮	⋮
	B_b	y_{ab1}	y_{ab2}	⋯	y_{abn}	$y_{ab\cdot}$	$\bar{y}_{ab\cdot}$
主区 $y_{i\cdot k}$		$y_{a\cdot 1}$	$y_{a\cdot 2}$	⋯	$y_{a\cdot n}$	$y_{\cdots}$	
区组 $y_{\cdot\cdot k}$		$y_{\cdot\cdot 1}$	$y_{\cdot\cdot 2}$	⋯	$y_{\cdot\cdot n}$	试验总和	

模型(8-1)中各项参数可由表8-1所列样本资料给出相应的估计，即：

$$\hat{\mu} = \bar{y}...$$

$$\hat{\alpha}_i = (\bar{y}_{i..})$$
$$\left.\begin{array}{l}\hat{\rho}_k = (\bar{y}_{..k} - \bar{y}...) \\ (\hat{\varepsilon}_1)_{ik.} = (\bar{y}_{i\cdot k} - \bar{y}_{i..} - \bar{y}_{..k} + \bar{y}...)\end{array}\right\} (\bar{y}_{i\cdot k} - \bar{y}...) \text{ 主区间}$$
$$\left.\begin{array}{l}\widehat{\beta}_j = (\bar{y}_{.j.} - \bar{y}...) \\ (\widehat{\alpha\beta})_{ij} = (\bar{y}_{ij.} - \bar{y}_{i..} - \bar{y}_{.j.} + \bar{y}...) \\ (\hat{\varepsilon}_2)_{ijk} = (y_{ijk} - \bar{y}_{i\cdot k} - \bar{y}_{ij.} + \bar{y}_{i..})\end{array}\right\} (y_{ijk} - \bar{y}_{i\cdot k}) \text{ 主区内副区间}$$

$$(8-2)$$

8.2.2　平方和与自由度分解

模型(8-1)的总平方和可以分解为6个部分，前3个部分是主区的平方和，后3个部分是副区的平方和：

$$SS_T = SS_{区组} + SS_A + SS_{e_1} + SS_B + SS_{AB} + SS_{e_2} \tag{8-3}$$

相应自由度也分解为6个部分，前3个自由度对应于主区，后3个自由度对应于副区：

$$f_T = f_{区组} + f_A + f_{e_1} + f_B + f_{AB} + f_{e_2} \tag{8-4}$$

依自由度与平方和的规则可写出各项自由度与平方和计算公式列于表8-2中，其中主区剩余自由度和副区剩余自由度分别为：

$$f_{e_1} = f_{主区} - f_A - f_{区组} = (an-1) - (a-1) - (n-1) = an - a - n + 1 = (a-1)(n-1)$$
$$f_{e_2} = f_{副区} - f_B - f_{AB} = an(b-1) - (b-1) - (a-1)(b-1) = (an-1-a+1)(b-1)$$
$$= a(n-1)(b-1) \tag{8-5}$$

表8-2　裂区试验的平方和与自由度分解

变因	f	SS
主区	$an-1$	$\sum\limits_{i=1}^{a}\sum\limits_{k=1}^{n}\dfrac{y_{i\cdot k}^2}{b} - \dfrac{y...^2}{abn}$
主处理 A	$a-1$	$\sum\limits_{i=1}^{a}\dfrac{y_{i..}^2}{bn} - \dfrac{y...^2}{abn}$
区组 R	$n-1$	$\sum\limits_{k=1}^{n}\dfrac{y_{..k}^2}{ab} - \dfrac{y...^2}{abn}$
主区剩余 e_1	$(a-1)(n-1)$	$SS_{主区} - SS_A - SS_R$
副区	$an(b-1)$	$SS_T - SS_{主区}$
副处理 B	$b-1$	$\sum\limits_{j=1}^{b}\dfrac{y_{.j.}^2}{an} - \dfrac{y...^2}{abn}$
$A\times B$	$(a-1)(b-1)$	$\sum\limits_{i=1}^{a}\sum\limits_{j=1}^{b}\dfrac{y_{ij.}^2}{n} - \dfrac{y...^2}{abn} - SS_A - SS_B$
副区剩余 e_2	$a(b-1)(n-1)$	$SS_{副区} - SS_B - SS_{AB}$
总变异 T	$abn-1$	$\sum\limits_{i=1}^{a}\sum\limits_{j=1}^{b}\sum\limits_{k=1}^{n}y_{ijk}^2 - \dfrac{y...^2}{abn}$

表 8-2 反映了二裂式裂区试验在方差分析上与两因素完全随机区组试验的区别。

$$f_e = f_{e_1} + f_{e_2} = (a-1)(n-1) + a(b-1)(n-1) = (ab-1)(n-1) \qquad (8-6)$$

f_e 为两因素完全随机区组试验的误差自由度，把 f_e 分解为 f_{e_1} 和 f_{e_2}，是因为每一个主区都包含一套副因素处理的特点而引起的，由此可解释模型(8-1)与两因素完全随机区组试验模型的不同。

8.2.3 期望均方与 F 检验

利用前面确定 EMS 的简便方法，可推出裂区试验各种模型的 EMS。（见表 8-3 至表 8-5）由此可见，对于固定模型检验假设：

$$H_0: \alpha_1 = \alpha_2 = \cdots = \alpha_a = 0$$
$$H_0: \beta_1 = \beta_2 = \cdots = \beta_b = 0$$
$$H_0: (\alpha\beta)_{ij} = 0 \qquad (8-7)$$
$$(i = 1, 2, \cdots, a; \ j = 1, 2, \cdots, b)$$

所用统计量分别为

$$F_A = \frac{MS_A}{MS_{e_1}} \sim F(f_A, f_{e_1}), \quad F_B = \frac{MS_B}{MS_{e_2}} \sim F(f_B, f_{e_2}), \quad F_{AB} = \frac{MS_{AB}}{MS_{e_2}} \sim F(f_{AB}, f_{e_2})$$

$$(8-8)$$

表 8-3　裂区设计固定模型的 *EMS*

	F	F	F	R	
	a	b	n	1	*EMS*
	i	j	k	l	
α_i	0	b	n	1	$\sigma_2^2 + b\sigma_1^2 + bnK_\alpha^2$
ρ_k	a	b	0	1	$\sigma_2^2 + b\sigma_1^2 + abK_\rho^2$
$(\varepsilon_1)_{(ik)}$	1	b	1	1	$\sigma_2^2 + b\sigma_1^2$
β_j	a	0	n	1	$\sigma_2^2 + anK_\beta^2$
$(\alpha\beta)_{ij}$	0	0	n	1	$\sigma_2^2 + nK_{\alpha\beta}^2$
$(\varepsilon_2)_{(ijk)l}$	1	1	1	1	σ_2^2

表 8-4　裂区设计随机模型的 *EMS*

	R	R	R	R	
	a	b	n	1	*EMS*
	i	j	k	l	
α_i	1	b	n	1	$\sigma_2^2 + b\sigma_1^2 + n\sigma_{\alpha\beta}^2 + bn\sigma_\alpha^2$
ρ_k	a	b	1	1	$\sigma_2^2 + b\sigma_1^2 + ab\sigma_\rho^2$
$(\varepsilon_1)_{(ik)}$	1	b	1	1	$\sigma_2^2 + b\sigma_1^2$
β_j	a	1	n	1	$\sigma_2^2 + n\sigma_{\alpha\beta}^2 + an\sigma_\beta^2$
$(\alpha\beta)_{ij}$	1	1	n	1	$\sigma_2^2 + n\sigma_{\alpha\beta}^2$
$(\varepsilon_2)_{(ijk)l}$	1	1	1	1	σ_2^2

表 8- 5　裂区设计混合模型(A 固定，B 随机)的 *EMS*

	F	R	R	R	
	a	b	n	1	*EMS*
	i	j	k	l	
α_i	0	b	n	1	$\sigma_2^2 + b\sigma_1^2 + n\sigma_{\alpha\beta}^2 + bnK_\alpha^2$
ρ_k	a	b	1	1	$\sigma_2^2 + b\sigma_1^2 + ab\sigma_\rho^2$
$(\varepsilon_1)_{(ik)}$	1	b	1	1	$\sigma_2^2 + b\sigma_1^2$
β_j	a	1	n	1	$\sigma_2^2 + an\sigma_\beta^2$
$(\alpha\beta)_{ij}$	0	1	n	1	$\sigma_2^2 + n\sigma_{\alpha\beta}^2$
$(\varepsilon_2)_{(ijk)l}$	1	1	1	1	σ_2^2

对于随机模型，检验假设：

$$H_0: \sigma_\alpha^2 = 0 \quad H_0: \sigma_\beta^2 = 0 \quad H_0: \sigma_{\alpha\beta}^2 = 0 \tag{8-9}$$

所用统计量分别为：

$$F_A = \frac{MS_1}{MS_2} \sim F(f_1, f_2), \quad F_B = \frac{MS_B}{MS_{AB}} \sim F(f_B, f_{AB}), \quad F_{AB} = \frac{MS_{AB}}{MS_{e_2}} \sim F(f_{AB}, f_{e_2})$$

$$\tag{8-10}$$

其中：

$$MS_1 = MS_A + MS_{e_2}, \quad MS_2 = MS_{AB} + MS_{e_1}, \tag{8-11}$$

$$f_1 = \frac{(MS_1)^2}{\dfrac{MS_A^2}{f_A} + \dfrac{MS_{e_2}^2}{f_{e_2}}}, \quad f_2 = \frac{(MS_2)^2}{\dfrac{MS_{AB}^2}{f_{AB}} + \dfrac{MS_{e_1}^2}{f_{e_1}}}. \tag{8-12}$$

对于混合模型，检验假设：

$$H_0: \alpha_1 = \alpha_2 = \cdots = \alpha_a = 0$$
$$H_0: \sigma_\beta^2 = 0$$
$$H_0: \sigma_{\alpha\beta}^2 = 0 \tag{8-13}$$

所用统计量分别为：

$$F_A = \frac{MS_1}{MS_2} \sim F(f_1, f_2), \quad F_B = \frac{MS_B}{MS_{e_2}} \sim F(f_B, f_{e_2}), \quad F_{AB} = \frac{MS_{AB}}{MS_{e_2}} \sim F(f_{AB}, f_{e_2})$$

$$\tag{8-14}$$

其中 MS_1，MS_2，f_1，f_2 的计算见式(8-11)和式(8-12)。

8.2.4　多重对比

对于固定模型，若 F_A 显著，可对各主处理平均值 $\bar{y}_{i..}$ 作多重对比，若 F_B 显著，可对各副处理平均值 $\bar{y}_{.j.}$ 作多重对比，若 F_{AB} 显著，可以有以下 3 种对比方法：

(1)同一主处理下不同副处理平均值对比；

（2）同一副处理下不同主处理平均值对比；

（3）不同处理组合对比。

各对比的标准误见表 8-6。

表 8-6 裂区设计各对比平均数的标准误

对比内容	平均数	标准误 $S_{\bar{y}}$
主处理间	$\bar{y}_{i\cdot\cdot} = \dfrac{y_{i\cdot\cdot}}{bn}$	$S_{\bar{y}_A} = \sqrt{\dfrac{MS_{e_1}}{bn}}$
副处理间	$\bar{y}_{\cdot j\cdot} = \dfrac{y_{\cdot j\cdot}}{an}$	$S_{\bar{y}_B} = \sqrt{\dfrac{MS_{e_2}}{an}}$
同一主处理各副处理间	$\bar{y}_{(i)j\cdot} = \dfrac{y_{(i)j\cdot}}{n}$	$S_{\bar{y}_{B(A)}} = \sqrt{\dfrac{MS_{e_2}}{n}}$
同一副处理各主处理间	$\bar{y}_{i(j)} = \dfrac{y_{i(j)\cdot}}{n}$	$S_{\bar{y}_{A(B)}} = \sqrt{\dfrac{MS_{e_1} + (b-1)MS_{e_2}}{bn}}$
处理组合间	$\bar{y}_{ij\cdot} = \dfrac{y_{ij\cdot}}{n}$	$S_{\bar{y}_{AB}} = \sqrt{\dfrac{MS_{e_1} + (b-1)MS_{e_2}}{bn}}$

表 8-6 中下面 3 种对比的标准误各不相同，可作如下解释：因为同一主处理下各副处理处在相同的主区条件下，所以各平均值 $\bar{y}_{(i)j\cdot}$ 间的差异与主区误差无关，其误差应由副区剩余均方 MS_{e_2} 来估计；而同一副处理下各主处理，或不同处理组合所处的主区和副区各不相同，因此 $\bar{y}_{i(j)\cdot}$ 和各 $\bar{y}_{ij\cdot}$ 间的差异受主区误差与副区误差影响，它们的误差应联合主区剩余均方 MS_{e_1} 和副区剩余均方 MS_{e_2}，给出其加权估计，这就是表 8-6 中最下面两项比较中的误差公式。在这两项比较中，达到显著水平 α 的 SSR_α 值也应由下式给出其加权平均值：

$$SSR_\alpha = \frac{MS_{e_1}(SSR_\alpha)_1 + (b-1)MS_{e_2}(SSR_\alpha)_2}{MS_{e_1} + (b-1)MS_{e_2}} \qquad (8-15)$$

其中，$(SSR_\alpha)_1$ 和 $(SSR_\alpha)_2$ 分别为 Duncan 氏 SSR 表中自由度 $=f_{e_1}$ 和自由度 $=f_{e_2}$ 的 SSR_α 值。

8.3 三裂式裂区设计的统计分析

三裂式裂区试验为三因素试验，考察的因素有 A、B、C 共 3 个，分别具有 a、b、c 个水平，A 为主区因素，B 为裂区因素，C 为再裂区因素，试验按区组重复 n 次，每区组内分 a 个主小区，随机安排 A_1，A_2，…，A_a；每主小区分 b 个裂区，随机安排 B_1，B_2，…，B_b；每一裂区分 c 个再裂区，随机安排 C_1，C_2，…，C_c；处理 $A_iB_jC_k$ 共有 abc 个，处理 $A_iB_jC_k$ 在区组 l 中的观察值为 y_{ijkl}，共有观察值 $abcn$ 个，方差分析的线性统计模型为：

$$y_{ijkl} = \mu + \underbrace{\alpha_i + \gamma_l + (\varepsilon_1)_{il}}_{\text{主区效应}} + \underbrace{\beta_i + (\alpha\beta)_{ii} + (\varepsilon_2)_{iil}}_{\text{裂区分析}}$$

$$+ \underbrace{\theta_k + (\alpha\theta)_{ik} + (\beta\theta)_{ik} + (\alpha\beta\theta)_{iikl} + (\varepsilon_3)_{iikl}}_{\text{再裂区分析}} \qquad (8-16)$$

$i = 1, 2, \cdots, a$；$j = 1, 2, \cdots, b$；$k = 1, 2, \cdots, c$；$l = 1, 2, \cdots, n$

其中 $(\varepsilon_1)_{il} \sim N(0, \sigma_1^2)$，$(\varepsilon_2)_{ijl} \sim N(0, \sigma_2^2)$；$(\varepsilon_3)_{ijkl} \sim N(0, \sigma_3^2)$

三裂式裂区设计的方差分析模式见表 8-7，表中未列混合模型，可参照三因素随机区组试验的 EMS 写出。

表 8-7　三裂式裂区设计的方差分析（期望均方）

变异来源		期望均方（EMS）	
		固定模型	随机模型
	区组间	$\sigma_3^2 + c\sigma_2^2 + bc\sigma_1^2 + abcK_R^2$	$\sigma_3^2 + c\sigma_2^2 + bc\sigma_1^2 + abc\sigma_R^2$
主区部分	主区因素 A	$\sigma_3^2 + c\sigma_2^2 + bc\sigma_1^2 + bcnK_A^2$	$\sigma_3^2 + c\sigma_2^2 + bc\sigma_1^2 + n\sigma_{A\times B\times C}^2 + cn\sigma_{A\times B}^2 + bn\sigma_{A\times C}^2 + bcn\sigma_A^2$
	误差 e_1	$\sigma_3^2 + c\sigma_2^2 + bc\sigma_1^2$	$\sigma_3^2 + c\sigma_2^2 + bc\sigma_1^2$
裂区部分	裂区因素 B	$\sigma_3^2 + c\sigma_2^2 + acnK_B^2$	$\sigma_3^2 + c\sigma_2^2 + n\sigma_{A\times B\times C}^2 + cn\sigma_{A\times B}^2 + an\sigma_{B\times C}^2 + acn\sigma_B^2$
	$A\times B$	$\sigma_3^2 + c\sigma_2^2 + cnK_{A\times B}^2$	$\sigma_3^2 + c\sigma_2^2 + n\sigma_{A\times B\times C}^2 + cn\sigma_{A\times B}^2$
	误差 e_2	$\sigma_3^2 + c\sigma_2^2$	$\sigma_3^2 + c\sigma_2^2$
再裂区部分	小裂区因素 C	$\sigma_3^2 + abnK_C^2$	$\sigma_3^2 + n\sigma_{A\times B\times C}^2 + bn\sigma_{A\times C}^2 + an\sigma_{B\times C}^2 + abn\sigma_C^2$
	$A\times C$	$\sigma_3^2 + bnK_{A\times C}^2$	$\sigma_3^2 + n\sigma_{A\times B\times C}^2 + bn\sigma_{A\times C}^2$
	$B\times C$	$\sigma_3^2 + anK_{B\times C}^2$	$\sigma_3^2 + n\sigma_{A\times B\times C}^2 + an\sigma_{B\times C}^2$
	$A\times B\times C$	$\sigma_3^2 + nK_{A\times B\times C}^2$	$\sigma_3^2 + n\sigma_{A\times B\times C}^2$
	误差 e_3	σ_3^2	σ_3^2

关于表 8-7 有如下几点说明：

(1) 平方和与自由度分解类似前述二裂式裂区试验，同样满足：

$$\text{平方和分解：} SS_T = SS_主 + SS_裂 + SS_再 \qquad (8-17)$$
$$\text{自由度分解：} f_T = f_主 + f_裂 + f_再 \qquad (8-18)$$

(2) MS_{e_2} 可通过 MS_{e_3} 检验，MS_{e_1} 可通过 MS_{e_2} 来检验，如果都不显著，则试验变为三因素随机区组试验分析，这时

$$SS_e = SS_{e_1} + SS_{e_2} + SS_{e_3} \qquad (8-19)$$
$$f_e = f_{e_1} + f_{e_2} + f_{e_3} = (abc-1)(n-1) \qquad (8-20)$$

(3) 如果 MS_{e_2}、MS_{e_1} 经检验都显著，须严格按表 8-7 分析。如果是固定模型，在多重比较时有关的均数标准差为：A 水平均数间：$S_{\bar{y}_A} = \sqrt{\dfrac{MS_{e_1}}{bcn}}$；

B 水平均数间：$S_{\bar{y}_B} = \sqrt{\dfrac{MS_{e_1}}{acn}}$;

C 水平均数间：$S_{\bar{y}_C} = \sqrt{\dfrac{MS_{e_1}}{abn}}$;

同 A_i 的 $B_j C_k$ 间：$S_{\bar{y}_{A_i(B_j C_k)}} = \sqrt{\dfrac{MS_{e_2}}{an}}$;

同 A_i 同 B_j 内的 C_k 间：$S_{\bar{y}_{A_i B_j(C_k)}} = \sqrt{\dfrac{MS_{e_3}}{n}}$。

8.4　时间裂区设计的统计分析

前面我们介绍的裂区设计中，裂区通常是指空间上的裂区，它可以由主区中明确划分的一部分所构成，例如裂区可以由主区内明确划分的地段所构成。但是在有些试验中，可以用时间因素作为裂区因素。例如：①树木为多年生的植物，林业试验一般要持续进行若干年后才能得出结果；②林木品种苗期的比较试验，一般也需连续试验数年才能得出有效的结果；③在其他方面，如橡胶、剑麻、人参、胡椒、油棕、咖啡等多年生作物的试验，一般要经过数年后才能看出结果。这类试验的特点是：每个试验区内所采用的处理不变，同时每个试验区组分为若干个不同的年份来记录数据，因此，这类试验常被称为多年随机区组试验。

设有 a 个品种，n 个完全区组的随机区组试验，共有 an 个主区，试验共持续进行 b 年，每个主区每年测定一次净生长量，得 $N = abn$ 次观测，设第 i 品种在第 k 个区组第 j 年度的观测值为 y_{ijk} 各观测值的线性模型为：

$$y_{ijk} = \mu + \alpha_i + \rho_k + (\varepsilon_1)_{ik} + \beta_j + (\alpha\beta)_{ij} + (\beta\rho)_{jk} + (\varepsilon_2)_{ijk} \tag{8-21}$$
$$i = 1, 2, \cdots, a; \ j = 1, 2, \cdots, b; \ k = 1, 2, \cdots, n$$

其中，μ 为公共总体平均，α_i、β_j、ρ_k 分别为品种 A、年份 B 和区组 R 的主效应，$(\alpha\beta)_{ij}$ 为品种与年份的交互效应 $A \times B$，$(\beta\rho)_{jk}$ 是年份与区组的交互效应 $B \times R$；$(\varepsilon_1)_{ik}$ 和 $(\varepsilon_2)_{ijk}$ 分别为主、副区剩余。可以注意到，模型 (8-21) 与模型 (8-16) 不同之处是模型 (8-21) 的副区部分多拆分出 $(\beta\rho)_{jk}$ 一项，相应的平方和与自由度为：

$$\left. \begin{array}{l} SS_{BR} = \displaystyle\sum_{j=1}^{b} \sum_{k=1}^{n} \frac{y_{\cdot jk}^2}{a} - \frac{y_{\cdots}^2}{abn} - SS_B - SS_R \\[4mm] f_{BR} = (b-1)(n-1) \end{array} \right\} \tag{8-22}$$

所以，副区剩余的平方和与自由度为：

$$\left. \begin{array}{l} SS_{e_2} = SS_{副区} - SS_B - SS_{AB} - SS_{BR} \\[3mm] f_{e_2} = f_{副区} - f_B - f_{AB} - f_{BR} \\[2mm] \qquad = (an-1) - (b-1) - (a-1)(b-1) - (b-1)(n-1) \\[2mm] \qquad = (a-1)(b-1)(n-1) \end{array} \right\} \tag{8-23}$$

8.5　实例分析

例1　在两因素场圃试验中，施肥方案 A 有 3 个水平 A_1、A_2、A_3，品种 B 有 4 个水平 B_1、B_2、B_3、B_4，试验有 3 个重复，试给出一个裂区试验设计方案，并画出试验设计图。

解析：根据裂区设计的特点，将面积要求比较大的施肥作为主处理，安排在主区，将精度要求较高的品种作为副处理，安排在副区。因为土壤的肥力不同是误差的主要来源，为了提高试验精度，主处理的安排可采用完全随机、随机区组或拉丁方。

若将主处理按完全随机设计，共有 $3 \times 3 = 9$ 个主区，每种施肥方案在各行和各列随机占一个主区，每个主区再分为 4 个副区，各随机安排一个品种，设计图为：

若主处理按随机区组设计，设 3 个完全区组作为三个重复，每个区组分成 3 个主区，将 3 个施肥方案在每个区组内随机安排一个主区，每个主区再分成 4 个副区，将 4 个品种在每个主区内随机地安排一个副区，设计图为：

若将主处理按拉丁方设计，共有 $3 \times 3 = 9$ 个主区，每种施肥方案在各行和各列都占一个主区，每个主区再分为 4 个副区，各随机安排一个品种，设计图为：

例2　对扁柏人工林进行间伐强度 A 与修枝高度 B 两因素实验，间伐强度有 3 个水平，修枝高度有 4 个水平。设 4 个区组，每个区组分成 3 个主区，安排间伐强度处理，再将各主区分成 4 个副区，安排修枝高度处理，试验结果测得各副区中心 4 株树高净生长量（cm）如表 8-8 所示：

表 8-8　扁柏人工林树高净生长量（cm）资料

间伐强度 A	修枝高度 B \ 区组 R	I	II	III	IV
A_1	B_1	123	335	263	212
	B_2	26	451	204	498
	B_3	474	568	648	148
	B_4	196	410	219	115
A_2	B_1	203	297	544	204
	B_2	540	251	108	496
	B_3	345	1033	365	575
	B_4	710	684	339	312
A_3	B_1	479	640	160	522
	B_2	545	856	456	384
	B_3	608	457	581	687
	B_4	427	260	1035	417

试按固定模型进行统计分析。

解：该裂区试验中，观测值的线性模型为

$$y_{ijk} = \mu + \alpha_i + \rho_k + (\varepsilon_1)_{ik} + \beta_j + (\alpha\beta)_{ij} + (\varepsilon_2)_{jk}$$

$$i=1,2,3;\ j=1,2,3,4;\ k=1,2,3,4$$

其中 μ 为公共总体平均，α_i 为第 i 主处理效应，β_j 为第 j 副处理效应，ρ_k 为第 k 区组效应。观测值见表 8-9，两向分组见表 8-10。

表 8-9　扁柏人工林树高净生长量（cm）观测值

间伐强度 A	修枝高度 B \ 区组 R	I	II	III	IV	$y_{ij\cdot}$	$y_{i\cdot\cdot}$
A_1	B_1	123	335	263	212	933	
	B_2	26	451	204	498	1179	
	B_3	474	568	648	148	1838	4890
	B_4	196	410	219	115	940	
主区	$y_{i\cdot k}$	819	1764	1334	973		
A_2	B_1	203	297	544	204	1248	
	B_2	540	251	108	496	1395	
	B_3	345	1033	365	575	2318	7006
	B_4	710	684	339	312	2045	
主区	$y_{i\cdot k}$	1798	2265	1356	1587		

（续）

间伐强度 A	修枝高度 B \ 区组 R	I	II	III	IV	$y_{ij\cdot}$	$y_{i\cdot\cdot}$
A_3	B_1	479	640	160	522	1801	
	B_2	545	856	456	384	2241	8514
	B_3	608	457	581	687	2333	
	B_4	427	260	1035	417	2139	
主区	$y_{i\cdot k}$	2059	2213	2232	2010		
区组	$y_{\cdot\cdot k}$	4676	6242	4922	4570		20410 ($y_{\cdots}$)

表 8-10　按 A、B 两向分组

B \ A	A_1	A_2	A_3	$y_{\cdot j\cdot}$	$\bar{y}_{\cdot j\cdot}$
B_1	933	1248	1801	3982	331.83
B_2	1179	1395	2241	4815	401.25
B_3	1838	2318	2333	6489	540.75
B_4	940	2045	2139	5124	427.00
$y_{i\cdot\cdot}$	4890	7006	8514	20410 ($y_{\cdots}$)	425.21 ($\bar{y}_{\cdots}$)
$\bar{y}_{i\cdot\cdot}$	305.63	437.88	532.13		

$$C = \frac{y_{\cdots}^2}{abn} = \frac{20410^2}{3 \times 4 \times 4} = 8678502.08$$

$$SS_T = \sum_{i=1}^{a} \sum_{j=1}^{b} \sum_{k=1}^{n} y_{ijk}^2 - C = (123^2 + 335^2 + \cdots + 417^2) - 8678502.08 = 2432271.92$$

$$SS_{主区} = \frac{1}{b} \sum_{i=1}^{a} \sum_{k=1}^{n} y_{i\cdot k}^2 - C = \frac{1}{4}(819^2 + 1764^2 + \cdots + 2010^2) - 8678502.08 = 668460.42$$

$$SS_A = \frac{1}{bn} \sum_{i=1}^{a} y_{i\cdot\cdot}^2 - C = \frac{1}{4 \times 4}(4890^2 + 7006^2 + 8514^2) - 8678502.08 = 414268.67$$

$$SS_R = \frac{1}{ab} \sum_{k=1}^{n} y_{\cdot\cdot k}^2 - C = \frac{1}{3 \times 4}(4676^2 + 6242^2 + 4922^2 + 4570^2) - 8478502.08$$

$$= 149708.25$$

$$SS_{e_1} = SS_{主区} - SS_A - SS_R = 88043.50$$

$$SS_{副区} = SS_T - SS_{主区} = 1390346.25$$

$$SS_B = \frac{1}{an} \sum_{j=1}^{b} y_{\cdot j\cdot}^2 - C = \frac{1}{3 \times 4}(3982^2 + 4815^2 + 6489^2 + 5124^2) - 8678502.08$$

$$= 271751.75$$

$$SS_{AB} = \frac{1}{n}\sum_{i=1}^{a}\sum_{j=1}^{b}y_{ij\cdot}^{2} - C - SS_A - SS_B$$

$$= \frac{1}{4}(933^2 + 1179^2 + \cdots + 2139^2) - 8678502.08 - 414268.67 - 271751.75$$

$$= 101713.50$$

$$SS_{e_2} = SS_{副区} - SS_B - SS_{AB} = 1390346.25$$

表 8-11   方差分析表

变因	自由度(f)	平方和(SS)	均方(MS)	F_0
区组	3	149708.25		
间伐强度(A)	2	414268.67	207134.33	11.89**
主区剩余(e_1)	6	104483.50	17413.92	
主区总	11	668460.42		
修枝高度(B)	3	271751.75	90583.92	
$A×B$	6	101713.50	16952.25	1.76
副区剩余(e_2)	27	1390346.25	51494.31	0.33
副区总	36	1763811.50		
总变异	47	2432271.92		

注：＊＊为极显著。

$F_A = 11.89 > F_{0.01}(2, 6) = 10.9$，表明 3 种间伐强度树高净生长量差异达 1% 显著水平，$F_B = 1.76 < F_{0.05}(3, 27) = 2.96$，$F_{AB} = 0.33 < 1$，所以修枝高度效应，间伐强度与修枝高度交互效应都不显著。

多重对比：F_A 显著，可对各处理平均值 $\bar{y}_{i\cdots} = \dfrac{y_{i\cdots}}{bn}$ 作多重对比，见表 8-12。

表 8-12   多重对比

序号	间伐强度	平均 $\bar{y}_{i\cdots}$	$\bar{y}_{i\cdots} - y_3$	$\bar{y}_{i\cdots} - y_2$
1	A_3	532.125	226.5	94.25
2	A_2	437.875	132.25	
3	A_1	305.625		

标准误 $S_{\bar{y}_A} = \sqrt{\dfrac{MS_{e_1}}{bn}} = \sqrt{\dfrac{14673.91667}{4×4}} = 30.28$

$f = f_{e_1} = 11$，由 Duncan 新复极差法查得 $p = 2$，3 时的 $SSR_\alpha(p, 11)$ 的值，并以各 SSR_α 值乘以 30.28 得各显著所需最小极差 $R_\alpha(p, 11)$，

$R_{0.05}(2, 11) = 3.11 × 30.28 = 94.17$ $R_{0.05}(3, 11) = 3.27 × 30.28 = 99.02$

$R_{0.01}(2, 11) = 4.39 × 30.28 = 132.93$ $R_{0.01}(3, 11) = 4.62 × 30.28 = 140.20$

表 8-13　$f = 11$ 时的最小显著极差

p	2	3
$SSR_{0.05}$	3.11	3.27
$SSR_{0.01}$	4.39	4.63
$R_{0.05}$	94.17	99.02
$R_{0.01}$	132.93	140.2

以上表中（表 8-13）相应 p 值得最小显著极差 $R_\alpha(p, 11)$ 为判据进行显著性检验。

表 8-14　多重对比的显著性表示

序号	间伐强度	平均 $\bar{y}_{i..}$	$\bar{y}_{i..} - y_3$	$\bar{y}_{i..} - y_2$
1	A_3	532.125	226.5**	94.25*
2	A_2	437.875	132.25*	
3	A_1	305.625		

注：*为显著；**为极显著。

---

data8_ 1<-read.csv（"8-1.csv"，header=T）#读取数据，Growth 表示树高净生长量，Thin 表示间伐强度，Prune 表示修枝高度，Block 表示区组。

summary(aov(Growth~Thin+Prune+ Prune %in% Thin +Error(Block/(Thin)), data=data8_ 1))

Error：Block

	Df	Sum Sq	Mean Sq	F value	Pr(>F)
Residuals	3	149708	49903		

Error：Block：Thin

	Df	Sum Sq	Mean Sq	F value	Pr(>F)
Thin	2	414269	207134	11.89	0.00817**
Residuals	6	104483	17414		

———

Signif. codes： 0 '***' 0.001 '**' 0.01 '*' 0.05 '.' 0.1 ' ' 1

Error：Within

	Df	Sum Sq	Mean Sq	F value	Pr(>F)
Prune	3	271752	90584	1.759	0.179
Thin：Prune	6	101714	16952	0.329	0.916
Residuals	27	1390346	51494		

由上表（表 8-14）结果表明，间伐强度为 A_3 和 A_1 的净生长量差异达 1%显著水平，间伐强度为 A_2 与 A_1 或 A_3 时的树高净生长量差异达 5%显著水平。

例3　有 4 个编柳无性系，进行对比试验，试验采取随机区组设计，设 3 个区组，共

---

12 个试验小区，从 1987 年至 1989 年连续 3 年测定各年柳条产量(kg/0.1 Mu)如表 8-15：

表 8-15　4 个编柳无性系对比试验各年柳条产量(kg/0.1 Mu)

无性系 A	年份 B	区组		
		Ⅰ	Ⅱ	Ⅲ
A_1	1987	300	180	235
	1988	302	282	291
	1989	269	177	292
A_2	1987	89	121	198
	1988	236	264	259
	1989	197	202	194
A_3	1987	88	183	851
	1988	208	161	159
	1989	187	146	177
A_4	1987	167	291	182
	1988	165	185	187
	1989	161	152	163

试按随机模型进行统计分析。

解析：年度分析，计算结果见表 8-16：

表 8-16　各年度分析结果汇总

变因	自由度 f	第一年		第二年		第三年	
		SS	MS	SS	MS	SS	MS
区组(R)	2	97527.17	48763.58	50.17	25.08	3426.17	1713.08
无性系(A)	3	88455.58	29485.19	29236.25	9745.42	13615.58	4538.53
剩余(e)	6	270934.17	45155.69	2430.50	405.08	4995.17	832.53
总变异(T)	11	456916.917		31716.917		22036.917	
$F_A = \dfrac{MS_A}{MS_e}$		0.65		24.06		5.45	

$F_{0.05}(3, 6) = 4.76$，所以第 2 年、第 3 年无性系间柳条产量差异显著。

综合分析：

$$C = \frac{y^2_{\cdots}}{abn} = \frac{7901^2}{3 \times 4 \times 3} = 1734050.03$$

$$SS_T = \sum_{i=1}^{a}\sum_{j=1}^{b}\sum_{k=1}^{n} y_{ijk}^2 - C = (300^2 + 180^2 + 235^2 + \cdots + 163^2) - C = 524646.97$$

$$SS_{主区} = \frac{1}{b}\sum_{i=1}^{a}\sum_{k=1}^{n} y_{i\cdot k}^2 - C = \frac{1}{3}(871^2 + 639^2 + 818^2 + \cdots + 532^2) - C = 159201.64$$

$$SS_A = \frac{1}{bn}\sum_{i=1}^{a} y_{i\cdot\cdot}^2 - C = \frac{1}{3 \times 3}(2328^2 + 1760^2 + 2160^2 + 1653^2) - C = 34304.75$$

$$SS_R = \frac{1}{ab} \sum_{k=1}^{n} y_{..k}^2 - C = \frac{1}{4 \times 3} (2369^2 + 2344^2 + 3188^2) - C = 38436.72$$

$$SS_{e_1} = SS_{主区} - SS_A - SS_R = 86460.17 \qquad SS_{副区} = SS_T - SS_{主区} = 365445.33$$

$$SS_B = \frac{1}{an} \sum_{j=1}^{b} y_{.j.}^2 - C = \frac{1}{4 \times 3} (2885^2 + 2699^2 + 2317^2) - C = 13976.22$$

$$SS_{AB} = \frac{1}{n} \sum_{i=1}^{a} \sum_{j=1}^{b} y_{ij.}^2 - C - SS_A - SS_B = \frac{1}{3} (715^2 + 408^2 + \cdots + 476^2) - C = 97002.67$$

$$SS_{BR} = \frac{1}{a} \sum_{j=1}^{b} \sum_{k=1}^{n} y_{.jk}^2 - C - SS_B - SS_R = \frac{1}{4} (644^2 + 775^2 + \cdots + 826^2) - C = 62566.78$$

$$SS_{e_2} = SS_{副区} - SS_B - SS_{AB} - SS_{BR} = 191899.67$$

表 8-17 例 4 资料方差分析表

变异来源		f	SS	MS	F_0
主区间	区组(R)	2	38436.72	19218.36	
	无性系(A)	3	34304.75	11434.92	0.90
	剩余(e_1)	6	86460.17	14410.03	
主区内 副区	年份(B)	2	13976.22	6988.11	0.72
	$A \times B$	6	97002.67	16167.11	1.01
	$B \times R$	4	62566.78	15641.69	0.98
	剩余(e_2)	12	191899.67	15991.64	
总变异(T)		35	524646.97		

$$F_{AB} = \frac{MS_{AB}}{MS_{e_2}} = \frac{16167.11}{15991.64} = 1.01 \qquad F_{BR} = \frac{MS_{BR}}{MS_{e_2}} = \frac{15641.69}{15991.64} = 0.98$$

$$F_A = \frac{MS_1}{MS_2} = \frac{MS_A + MS_{e_2}}{MS_{AB} + MS_{e_1}} = \frac{11434.92 + 15991.64}{16167.11 + 14410.03} = 0.90$$

$$f_1 = \frac{(MS_A + MS_{e_2})^2}{\dfrac{MS_A^2}{f_A} + \dfrac{MS_{e_2}^2}{f_{e_2}}} = \frac{(11434.92 + 15991.64)^2}{\dfrac{11434.92^2}{3} + \dfrac{15991.64^2}{12}} \approx 11.59 = 12$$

$$f_2 = \frac{(MS_{AB} + MS_{e_1})^2}{\dfrac{MS_{AB}^2}{f_{AB}} + \dfrac{MS_{e_1}^2}{f_{e_1}}} = \frac{(16167.11 + 14410.03)^2}{\dfrac{16167.11^2}{6} + \dfrac{14410.06^2}{6}} \approx 11.96 = 12$$

$$F_A = 0.90 < F_{0.05}(12, 12) = 2.69$$

$$F_B = \frac{MS_1}{MS_2} = \frac{MS_B + MS_{e_2}}{MS_{AB} + MS_{BR}} = \frac{6988.11 + 15991.64}{16167.11 + 15641.69} = 0.72$$

$$f_1 = \frac{(MS_B + MS_{e_2})^2}{\dfrac{MS_B^2}{f_B} + \dfrac{MS_{e_2}^2}{f_{e_2}}} = \frac{(6988.11 + 15991.64)^2}{\dfrac{6988.11^2}{2} + \dfrac{15991.64^2}{12}} \approx 11.55 = 12$$

$$f_2 = \frac{(MS_{AB} + MS_{BR})^2}{\dfrac{MS_{AB}^2}{f_{AB}} + \dfrac{MS_{BR}^2}{f_{BR}}} = \frac{(16167.11 + 15641.69)^2}{\dfrac{16167.11^2}{6} + \dfrac{15641.69^2}{4}} \approx 9.66 = 10$$

$F_B = 0.72 < F_{0.05}(12, 10) = 2.91$

所以，各年度柳条产量差异均不显著。

年度分析：

data1987<-data.frame (x = c (300, 89, 88, 167, 180, 121, 183, 291, 235, 198, 851, 182), A=gl(4, 1, 12), R=gl(3, 4, 12))

aov1987<-aov (x ~ R+A, data = data1987)

summary (aov1987)

	Df	Sum Sq	Mean Sq	F valu	Pr(>F)
R	2	97527	48764	1.080	0.398
A	3	88456	29485	0.653	0.610
Residuals	6	270934	45156		

data1988<-data.frame (x = c (302, 236, 208, 165, 282, 264, 161, 185, 291, 259, 159, 187), A=gl(4, 1, 12), R=gl(3, 4, 12))

aov1988<-aov(x ~ R+A, data = data1988)

summary (aov1988)

	Df	Sum Sq	Mean Sq	F valu	Pr(>F)
R	2	50	25	0.062	0.94055
A	3	29236	9745	24.058	0.00096 ***
Residuals	6	2431	405		

Signif. codes： 0 '***' 0.001 '**' 0.01 '*' 0.05 '.' 0.1 ' ' 1

data1989<-data.frame (x = c (269, 197, 187, 161, 177, 202, 146, 152, 292, 194, 177, 163), A=gl(4, 1, 12), R=gl(3, 4, 12))

aov1989<-aov(x ~ R+A, data = data1989)

summary (aov1989)

	Df	Sum Sq	Mean Sq	F valu	Pr(>F)
R	2	3426	1713	2.058	0.2087
A	3	13616	4539	5.452	0.0378 *
Residuals	6	4995	833		

Signif. codes： 0 '***' 0.001 '**' 0.01 '*' 0.05 '.' 0.1 ' ' 1

```
data8_ 2<-read. csv("8-2. csv", header=T)
data8_ 2 $ Year<-as. factor(data8_ 2 $ Year)
s = summary(aov(Production ~ Clone+Year+ Year %in% Clone +Error(Block/( Clone *
Year)), data=data8_ 2))
s[[3]][[1]][[4]][2] = s[[3]][[1]][[3]][2]/s[[4]][[1]][[3]][2] #FBR
计算
s[[2]][[1]][[4]][1] = (s[[2]][[1]][[3]][1]+s[[4]][[1]][[3]][2])/(s
[[4]][[1]][[3]][1]+s[[2]][[1]][[3]][2])#FA 计算
s[[3]][[1]][[4]][1] = (s[[3]][[1]][[3]][1]+s[[4]][[1]][[3]][2])/(s
[[4]][[1]][[3]][1]+s[[3]][[1]][[3]][2])#FB 计算
#BR
s[[3]][[1]][[5]][2] = pf(s[[3]][[1]][[4]][2], s[[3]][[1]][[1]][2], s
[[4]][[1]][[1]][2], lower. tail=F)
#A 自由度计算
fA1 = (s[[2]][[1]][[3]][1]+s[[4]][[1]][[3]][2])^2/((s[[2]][[1]][[3]]
[1]^2/s[[2]][[1]][[1]][1])+(s[[4]][[1]][[3]][2]^2/s[[4]][[1]][[1]]
[2]))
fA2 = (s[[4]][[1]][[3]][1]+s[[2]][[1]][[3]][2])^2/((s[[4]][[1]][[3]]
[1]^2/s[[4]][[1]][[1]][1])+(s[[2]][[1]][[3]][2]^2/s[[2]][[1]][[1]]
[2]))
s[[2]][[1]][[5]][1] = pf(0. 95, round(fA1), round(fA2), lower. tail=F)
#B 自由度计算
fB1 = (s[[3]][[1]][[3]][1]+s[[4]][[1]][[3]][2])^2/((s[[3]][[1]][[3]]
[1]^2/s[[3]][[1]][[1]][1])+(s[[4]][[1]][[3]][2]^2/s[[4]][[1]][[1]]
[2]))
fB2 = (s[[4]][[1]][[3]][1]+s[[3]][[1]][[3]][2])^2/((s[[4]][[1]][[3]]
[1]^2/s[[4]][[1]][[1]][1])+(s[[3]][[1]][[3]][2]^2/s[[3]][[1]][[1]]
[2]))
s[[3]][[1]][[5]][1] = pf(0. 95, round(fB1), round(fB2), lower. tail=F)
#输出结果
row. names(s[[3]][[1]])[2] = c("Year：Block")
row. names(s[[1]][[1]])[1] = c("Block")
row. names(s[[2]][[1]])[2] = c("Residuals1")
row. names(s[[4]][[1]])[2] = c("Residuals2")
s
Error：Block
```

	Df	Sum Sq	Mean Sq	F value	Pr(>F)
Block	2	38437	19218		

Error：	Block：	Clone				
	Df	Sum Sq	Mean Sq	F value	Pr(>F)	
Clone	3	34305	11435	0.897	0.465	
Residuals1	6	86460	14410			
Error：	Block：	Year				
	Df	Sum Sq	Mean Sq	F value	Pr(>F)	
Year	2	13976	6988	0.722	0.460	
Year：Block	4	62567	15642	0.978	0.545	
Error：	Block：	Clone：	Year			
	Df	Sum Sq	Mean Sq	F value	Pr(>F)	
Clone：Year	6	97003	16167	1.011	0.462	
Residuals2	12	191900	15992			

习 题

1. 裂区试验和多因素随机区组试验的统计分析方法有何异同？在裂区试验中，主区部分误差和副区部分误差如何计算，各有什么意义？

2. 江苏林科所对 4 个杂交柳无性系作 2 种密度对比试验(对照 CK 为优良乡土树种)。以无性系作主处理 A，密度作副处理 B，设 3 个区组，每个区组分成 5 个主区，将每个无性系在各区组内随机安排一个主区，再将每个主区分成 2 个副区，各随机排一种密度，试验处理和各副区 5 年生单株平均树高资料如表 8-18 所示。

表 8-18 柳树无性系密度裂区试验观测值(树高 m)

		I	II	III
172	3×2	10.42	9.63	9.99
	3×4	9.95	9.79	8.74
主区	$y_{i·k}$	20.37	19.42	18.73
194	3×2	8.37	9.70	9.16
	3×4	8.06	8.61	9.10
主区	$y_{i·k}$	18.43	18.31	18.26
333	3×2	9.56	8.68	8.80
	3×4	8.80	8.32	7.21
主区	$y_{i·k}$	18.36	17.00	16.01
369	3×2	8.10	9.66	7.86
	3×4	8.04	8.60	6.36
主区	$y_{i·k}$	16.14	18.26	14.22
CK	3×2	6.33	8.10	8.40
	3×4	7.77	7.63	5.71
主区	$y_{i·k}$	14.10	15.73	14.11
区组	$y_{··k}$	87.10	88.72	81.33

试按固定模型进行统计分析。

3. 设有 4 个杨树品种(A)，进行造林试验，采取随机区组设计。有 5 个完全区组(R)，试验连续 4 年(B)，各年于秋季停止生长时，测定一次直径净生长量，并计算各小区每年单株平均直径净生长量(cm)列于下表中。试对该资料进行年度分析与综合分析。

		I	II	III	IV	V
第一年	A_1	2.69	2.40	3.23	2.87	3.27
	A_2	2.87	3.05	3.09	2.90	2.98
	A_3	3.12	3.27	3.41	3.48	3.19
	A_4	3.23	3.23	3.16	3.01	3.05
第二年	A_1	2.74	1.91	3.47	2.87	3.43
	A_2	2.50	2.90	3.23	2.98	3.05
	A_3	2.92	2.63	3.67	2.90	3.25
	A_4	3.50	2.89	3.39	2.90	3.16
第三年	A_1	1.67	1.22	2.29	2.18	2.30
	A_2	1.47	1.85	2.03	1.82	1.51
	A_3	1.67	1.42	2.81	1.51	1.76
	A_4	2.60	1.92	2.36	1.92	2.14
第四年	A_1	1.92	1.45	1.63	1.60	1.96
	A_2	2.00	2.03	1.71	1.60	1.96
	A_3	2.03	1.96	1.85	1.82	2.40
	A_4	2.07	1.89	1.92	1.82	1.78

4. 一位药物研究员研究一种特定类型的抗生素胶囊的吸收时间。主区因素是 A_1、A_2、A_3 三位实验师，裂区因素是 B_1、B_2 和 B_3 三种剂量，再裂区因素是 C_1、C_2、C_3 和 C_4 四种胶囊糖衣厚度。研究员决定做两次重复，并且每天只能做一次重复，因而天是区组，进行试验时，给每一位实验师分配一个单位抗生素，由他来实施三种剂量和四种糖衣厚度的试验，所得数据如下：

区组	C	A_1			A_2			A_3		
		B_1	B_2	B_3	B_1	B_2	B_3	B_1	B_2	B_3
1	C_1	95	71	108	96	70	108	95	70	100
	C_2	104	82	115	99	84	100	102	81	106
	C_3	101	85	117	95	73	105	105	84	113
	C_4	108	85	116	97	85	109	107	87	115
2	C_1	95	78	110	100	72	104	92	69	101
	C_2	106	84	109	101	79	102	100	76	104
	C_3	103	86	116	99	80	108	101	80	109
	C_4	109	84	110	112	86	109	108	86	113

以固定模型对其进行方差分析，对交互作用显著的因素作多重比较。

9 巢式设计与分析

本章摘要

巢式设计属于系统分组资料的一种设计方法。在场圃试验中，多点随机区组试验属于一种特殊的巢式设计。本章重点阐述二阶巢式设计和具有一个随机化约束的巢式设计的分析方法与步骤。综合裂区与巢式设计，给出了多点多年随机区组试验的设计与分析。

9.1 巢式设计方法与特点

巢式设计是把试验空间逐级向低次级方向划分的试验设计方法，亦称为系统分组设计。常见的巢式设计指的是各级划分数目相等和单元重复数相等的平衡巢式设计，设置不等的情况称为非平衡巢式设计。

对于单因素试验来讲，试验因素 A 的参试处理为 A_1，A_2，$\cdots$，A_a 共 a 个，先把试验空间分为 a 个组，每组随机安排一个处理 A_i，再把组分为 m 个小组 A_{ij}，在每个小组中设置 b 个试验单元，供 A_i 随机重复之用，这样的设计称为单因素二阶巢式设计。

在多因素试验中，一个因素的每个水平都与另一个因素的各水平相搭配，所以，在一个因素的各水平下，另一个因素的水平都相同，我们称这两个因素是交叉的。例如，有 2 个品种 A_1 和 A_2，在 3 个地点 B_1、B_2 和 B_3 进行试验，试验的 6 个组合见图 9-1。

此试验中，每个品种在 3 个相同地点进行试验，或者说，每个地点包含 2 个相同的品种。在交叉设计中，一个因素不同水平

图 9-1 两向交叉设计

间的差异，与另一个因素的效应无关。所以，呈交叉设计的两个因素是相互正交的。若两个因素非正交，常用巢式设计来处理。

若因素 A 的各水平下因素 B 的水平不相同（或不全相同），例如，上面说的 2 个品种 A_1 和 A_2，分别在 3 个不同地点作试验，试验的 6 个组合见图 9-2。

在此试验中，A_1 品种的 3 个地点与 A_2 品种的 3 个地点是不相同的（试验共有 6 个地点），两个品种平均数间的差异与地点效应有关，而且品种与地点是非正交的，即 A_1 组下与 A_2 组下不能交叉，各级之下也是不能交叉的。我们称品种 A 为一阶因素，品种内的地点为二阶巢式因素，记作 $B(A)$，或者说 B 在 A 下呈巢式。这种设计称作二阶巢式设计。

若在二阶巢式因素 $B(A)$ 中，再设三阶巢式因素 $C(B)$，则此种设计便称作三阶巢式设计。如此类推，可以有多阶巢式设计。

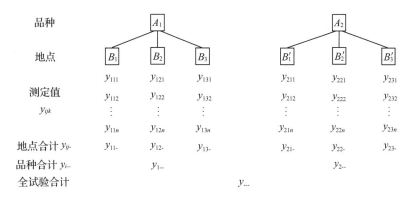

图 9-2 二阶巢式设计

巢式设计的试验资料，先按一阶因素 A 的水平数分成若干个组，每个组再按二阶巢式因素 $B(A)$ 的水平数分成若干小组，每个小组又按三阶巢式因素 $C(B)$ 的水平数分成若干小小组……如此分组形式，如同树干分枝一样，此种巢式设计资料简称为巢式资料。

9.2 二阶巢式设计的统计分析

设一阶因素 A 有 a 个水平，在一阶因素 A 的每个水平下二阶因素 $B(A)$ 有 b 个水平，试验共有 ab 个水平组合（处理）。每个组合重复观测 n 次，则试验共有 $N=abn$ 个观测值。各观测值的线性模型为：

$$y_{ijk} = \mu + \alpha_i + \beta_{ij} + \varepsilon_{ijk} \tag{9-1}$$
$$i = 1, 2, \cdots, a; \; j = 1, 2, \cdots, b; \; k = 1, 2, \cdots, n$$

其中，μ 为公共总体平均，α_i 为一阶因素 A 第 i 水平效应，β_{ij}（或写成 $\beta_{(i)j}$）为 A 的第 i 水平内 B 的第 j 水平效应（简称 A 内 B 的效应）。这里 ε_{ijk}（或写成 $\varepsilon_{(ij)k}$）是相互独立且服从 $N(0, \sigma^2)$ 分布的随机误差。注意，二阶巢式设计的线性模型中不包含 A 与 B 的交互效应 $(\alpha\beta)_{ij}$ 项。这是因为在因素 A 的各水平下因素 B 的水平不相同，不能像在交叉设计时那样来分析 A 与 B 的交互效应，而模型中因素 B 的效应 β_j 变成了 A 内 B 的效应 $\beta_{(i)j}$。

9.2.1 平方和与自由度分解

在模型（9-1）中，各项参数的样本估计量分别为：

$$\hat{\mu} = \bar{y}_{\cdots} \quad \hat{\alpha}_i = \bar{y}_{i\cdot\cdot} - \bar{y}_{\cdots} \quad \hat{\beta}_{ij} = \bar{y}_{ij\cdot} - \bar{y}_{i\cdot\cdot} \quad \hat{\varepsilon}_{ijk} = y_{ijk} - \bar{y}_{ij\cdot} \tag{9-2}$$

即以试验总平均值 $\bar{y}_{\cdots}$ 估计公共总体平均 μ；以试验中第 A_i 水平下各观测值的平均值 $\bar{y}_{i\cdot\cdot}$ 对试验总平均值 $\bar{y}_{\cdots}$ 的差来估计 A_i 水平效应 α_i；以 A_i 水平内 B_j 水平各观测值的平均值 $\bar{y}_{ij\cdot}$ 对水平平均值 $\bar{y}_{i\cdot\cdot}$ 的差来估计 A 内 B 的效应 β_{ij}。所以，每个观测值的总离差可以分解为：

$$y_{ijk} - \bar{y}_{\cdots} = (\bar{y}_{i\cdot\cdot} - \bar{y}_{\cdots}) + (\bar{y}_{ij\cdot} - \bar{y}_{i\cdot\cdot}) + (y_{ijk} - \bar{y}_{ij\cdot}) \tag{9-3}$$

因此，试验的总平方和分解为：

$$\sum_{i=1}^{a} \sum_{j=1}^{b} \sum_{k=1}^{n} (y_{ijk} - \bar{y}...)^2 = \sum_{i=1}^{a} \sum_{j=1}^{b} \sum_{k=1}^{n} [(\bar{y}_{i..} - \bar{y}...) + (\bar{y}_{ij.} - \bar{y}_{i..}) + (y_{ijk} - \bar{y}_{ij.})]^2$$

$$(9-4)$$

上面等式右边展开后的交叉项全为 0，所以：

$$\sum_{i=1}^{a} \sum_{j=1}^{b} \sum_{k=1}^{n} (y_{ijk} - \bar{y}...)^2 = bn \sum_{i=1}^{a} (\bar{y}_{i..} - \bar{y}...)^2 + n \sum_{i=1}^{a} \sum_{j=1}^{b} (\bar{y}_{ij.} - \bar{y}_{i..})^2$$

$$+ \sum_{i=1}^{a} \sum_{j=1}^{b} \sum_{k=1}^{n} (y_{ijk} - \bar{y}_{ij.})^2 \qquad (9-5)$$

仿照前面的记号：

$$SS_T = SS_A + SS_{B(A)} + SS_e \qquad (9-6)$$

依据自由度与平方和的规则，可写出二阶平衡巢式设计的各项变因的平方和与自由度计算公式(见表 9-1)。

表 9-1　二阶平衡巢式设计的平方和与自由度计算公式

变异来源	f	SS
A	$a-1$	$\sum_{i=1}^{a} \dfrac{y_{i..}^2}{bn} - \dfrac{y_{...}^2}{abn}$
$B(A)$	$a(b-1) = ab - a$	$\sum_{i=1}^{a} \sum_{j=1}^{b} \dfrac{y_{ij.}^2}{n} - \sum_{i=1}^{a} \dfrac{y_{i..}^2}{bn}$
剩余 e	$ab(n-1) = abn - ab$	$\sum_{i=1}^{a} \sum_{j=1}^{b} \sum_{k=1}^{n} y_{ijk}^2 - \sum_{i=1}^{a} \sum_{j=1}^{b} \dfrac{y_{ij.}^2}{n}$
总变异 T	$abn-1$	$\sum_{i=1}^{a} \sum_{j=1}^{b} \sum_{k=1}^{n} y_{ijk}^2 - \dfrac{y_{...}^2}{abn}$

表 9-1 中 $SS_{B(A)}$ 和 SS_e 又可改写成：

$$SS_{B(A)} = \sum_{i=1}^{a} \left(\sum_{j=1}^{b} \frac{y_{ij.}^2}{n} - \frac{y_{i..}^2}{bn} \right)$$

$$SS_e = \sum_{i=1}^{a} \sum_{j=1}^{b} \left(\sum_{k=1}^{n} y_{ijk}^2 - \frac{y_{ij.}^2}{n} \right) \qquad (9-7)$$

所以，$SS_{B(A)}$ 是由各 A 水平内 B 水平间平方和相加而得，SS_e 是由各水平组合内重复观测值间平方和相加而得。

9.2.2　期望均方与 F 检验

以各项变因的平方和除以相应自由度得各项变因的均方(MS)。为检验关于因素 A 和 B (A) 的显著性，应选择适当的统计量，这取决于因素 A 和 $B(A)$ 的水平效应是固定的还是随机的。若 A 和 $B(A)$ 都是固定的，属固定效应模型，满足约束条件 $\sum_{i=1}^{a} \alpha_i = 0$ 和 $\sum_{j=1}^{b} \beta_{(i)j} = 0(i = 1, 2, \cdots, a)$。若 A 和 $B(A)$ 的水平都是随机的，则 α_i 服从 $N(0, \sigma_\alpha^2)$ 分布，$\beta_{(i)j}$ 服从 $N(0, \sigma_\beta^2)$ 分布，而 A 固定、$B(A)$ 随机的混合模型也是通常采用的。不同模型的期望均方可用 EMS 规则写出(表 9-2)。

表 9-2 二阶巢式设计的 *EMS*

均方 MS	固定模型	随机模型	混合模型(*A* 固定，*B*(*A*)随机)
$\dfrac{SS_A}{a-1}$	$\sigma^2 + bn\dfrac{\sum_{i=1}^{a}\alpha_i^2}{a-1}$	$\sigma^2 + n\sigma^2 + bn\sigma_\alpha^2$	$\sigma^2 + n\sigma_\beta^2 + bn\dfrac{\sum_{i=1}^{a}\alpha_i^2}{a-1}$
$\dfrac{SS_{B(A)}}{a(b-1)}$	$\sigma^2 + n\dfrac{\sum_{i=1}^{a}\sum_{j=1}^{b}\beta_{ij}^2}{a(b-1)}$	$\sigma^2 + n\sigma_\beta^2$	$\sigma^2 + n\sigma_\beta^2$
$\dfrac{SS_e}{ab(n-1)}$	σ^2	σ^2	σ^2

由表 9-2 的 *EMS* 可见，对于不同模型检验各假设的相应统计量见表 9-3。

表 9-3 不同模型检验的统计假设和统计量

模型	统计假设	统计量
固定模型	$H_0: \alpha_1 = \alpha_2 = \cdots = \alpha_a = 0$	$F_A = \dfrac{MS_A}{MS_e}$
	$H_0: \beta_{(i)1} = \beta_{(i)2} = \cdots = \beta_{(i)b} = 0 \quad (i=1,2,\cdots,a)$	$F_B = \dfrac{MS_{B(A)}}{MS_e}$
随机模型	$H_0: \sigma_\alpha^2 = 0$	$F_A = \dfrac{MS_A}{MS_{B(A)}}$
	$H_0: \sigma_\beta^2 = 0$	$F_B = \dfrac{MS_{B(A)}}{MS_e}$
混合模型 *A* 固定 *B* 随机	$H_0: \alpha_1 = \alpha_2 = \cdots = \alpha_a = 0$	$F_A = \dfrac{MS_A}{MS_{B(A)}}$
	$H_0: \sigma_\beta^2 = 0$	$F_B = \dfrac{MS_{B(A)}}{MS_e}$

9.2.3 方差组分估计

对于随机模型，观测值的方差组分为 σ^2、σ_β^2 和 σ_α^2。根据表 9-2 中的 *EMS*，可对各方差组分估计如下：

$$\hat{\sigma}^2 = MS_e$$
$$\hat{\sigma}_\beta^2 = \frac{MS_{B(A)} - MS_e}{n} \tag{9-8}$$
$$\hat{\sigma}_\alpha^2 = \frac{MS_A - MS_{B(A)}}{bn}$$

若 *A* 固定，*B*(*A*)随机，则观测值的方差组分为 σ^2 和 σ_β^2。各方差组分的估计为：

$$\hat{\sigma}^2 = MS_e$$
$$\hat{\sigma}_\beta^2 = \frac{MS_{B(A)} - MS_e}{n} \tag{9-9}$$

9.3 其他巢式设计的统计分析

9.3.1 m 阶巢式设计与分析

巢式设计不限于二阶，如果小组内再分小小组，……如此一环套一环地分下去，就形成三阶巢式设计、四阶巢式设计等。二阶巢式设计的统计分析方法也可以推广到 m 阶巢式设计中。例如，在某育种试验中从 2 个地点各取 3 个林分，再从每个林分中各取 2 株母树，测定每株母树的 n 株子树高，如图 9-3 所示。

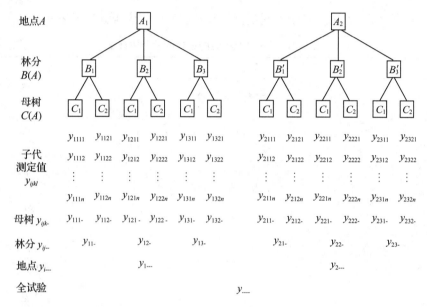

图 9-3 三阶巢式设计

图 9-3 是一个三阶巢式设计。其中地点为一阶因素，地点内林分为二阶因素，林分内母树为三阶巢式因素。$a=2$，$b=3$，$c=2$，重复次数为 n。其观测值的线性模型为：

$$y_{ijkl} = \mu + \alpha_i + \beta_{ij} + \gamma_{ijk} + \varepsilon_{ijkl} \tag{9-10}$$
$$i = 1, 2, \cdots, a; \quad j = 1, 2, \cdots, b; \quad k = 1, 2, \cdots, c; \quad l = 1, 2, \cdots, n$$

其中 μ 为公共总体平均，α_i 为第 i 地点效应，β_{ij}（或 $\beta_{(i)j}$）为 i 地点内 j 林分效应，γ_{ijk}（或 $\gamma_{(ij)k}$）为 i 地点 j 林分内 k 母树效应，$\varepsilon_{ijkl} \sim N(0, \sigma^2)$。

三阶巢式设计的方差分析见表 9-4。

表 9-4 三阶巢式设计方差分析表

变异来源	f	SS	MS	F_0（随机模型）
地点 A	$a-1$	$\sum\limits_{i=1}^{a} \dfrac{y_{i\cdots}^2}{bcn} - \dfrac{y_{\cdots\cdots}^2}{abcn}$	MS_A	$\dfrac{MS_A}{MS_{B(A)}}$
林分 $B(A)$	$a(b-1)$	$\sum\limits_{i=1}^{a}\sum\limits_{j=1}^{b} \dfrac{y_{ij\cdot\cdot}^2}{cn} - \sum\limits_{i=1}^{a} \dfrac{y_{i\cdots}^2}{bcn}$	$MS_{B(A)}$	$\dfrac{MS_{B(A)}}{MS_{C(B)}}$

（续）

变异来源	f	SS	MS	F_0（随机模型）
母树 $C(B)$	$ab(c-1)$	$\displaystyle\sum_{i=1}^{a}\sum_{j=1}^{b}\sum_{k=1}^{c}\frac{y_{ijk\cdot}^2}{n}-\sum_{i=1}^{a}\sum_{j=1}^{b}\frac{y_{ij\cdot\cdot}^2}{cn}$	$MS_{C(B)}$	$\dfrac{MS_{C(B)}}{MS_e}$
误差 e	$abc(n-1)$	$\displaystyle\sum_{i=1}^{a}\sum_{j=1}^{b}\sum_{k=1}^{c}\sum_{l=1}^{n}y_{ijkl}^2-\sum_{i=1}^{a}\sum_{j=1}^{b}\sum_{k=1}^{c}\frac{y_{ijk\cdot}^2}{n}$	MS_e	
总变异 T	$abcn-1$	$\displaystyle\sum_{i=1}^{a}\sum_{j=1}^{b}\sum_{k=1}^{c}\sum_{l=1}^{n}y_{ijkl}^2-\frac{y_{\dots}^2}{abcn}$		

依 EMS 规则可以写出各种模型的 EMS，从而据此可以构造检验假设的统计量 F。现以随机模型为例，其期望均方 EMS 确定如下：

	$\begin{matrix}R\\a\\i\end{matrix}$	$\begin{matrix}R\\b\\j\end{matrix}$	$\begin{matrix}R\\c\\k\end{matrix}$	$\begin{matrix}R\\n\\l\end{matrix}$	EMS
α_i	1	b	c	n	$\sigma^2+n\sigma_\gamma^2+cn\sigma_\beta^2+bcn\sigma_\alpha^2$
$\beta_{(i)j}$	1	1	c	n	$\sigma^2+n\sigma_\gamma^2+cn\sigma_\beta^2$
$\gamma_{(ij)k}$	1	1	1	n	$\sigma^2+n\sigma_\gamma^2$
$\varepsilon_{(ijk)l}$	1	1	1	1	σ^2

9.3.2　含随机化约束的二阶巢式设计

巢式设计与交叉设计一样，其试验小区排列的形式可以采用完全随机（无随机化约束），随机区组（有一个随机化约束）或裂区设计等。本节将讨论具有一个随机化约束的二阶巢式设计的统计分析方法。

含有一个随机化约束的二阶巢式设计的线性模型为：

$$y_{ijk}=\mu+\alpha_i+\beta_{j(i)}+\rho_k+\varepsilon_{ijk} \tag{9-11}$$
$$i=1,2,\cdots,a;\quad j=1,2,\cdots,b;\quad k=1,2,\cdots,n$$

所以其总平方和与总自由度分解为相应的 4 项，即：

$$SS_T=SS_A+SS_{B(A)}+SS_{\text{区组}}+SS_e \tag{9-12}$$
$$f_T=f_A+f_{B(A)}+f_{\text{区组}}+f_e \tag{9-13}$$

其中：

$$f_T=abn-1,\ f_A=a-1,\ f_{B(A)}=a(b-1),\ f_{\text{区组}}=n-1,\ f_e=(ab-1)(n-1) \tag{9-14}$$

以下面的例子说明具体步骤。

为提高扦插育苗效果，先将插穗放入不同浓度的萘乙酸和吲哚丁酸溶液及清水（对照）中浸泡若干小时，然后进行扦插繁殖。试验共有 9 种不同处理，每种处理扦插 3 个小区，试验小区按随机区组排列，设 3 个完全区组，每个区组分 9 个小区。各小区苗木平均地径观测值见表 9-5。

这是一个包括 3 种浸泡溶液、9 种浓度处理的二阶非平衡巢式设计，并具有一个随机化约束。需要指出的是，萘乙酸和吲哚丁酸两种药剂，使用了相同的 4 种浓度，是否应将药剂种类因素与浓度因素看作是交叉的呢？回答是否定的。因为浓度不能作为一个独立的试验因素，要比较不同浓度效应时，自然是对同一药剂的不同浓度作比较。所以药剂种类 A 为一阶因素，而浓度则隶属于某一种药剂，为二阶巢式因素 $B(A)$。不同药剂的适宜浓度往往各不相同，通常应采用不同的浓度水平作试验。本试验对两种药剂采用了相同的 4 个浓度水平，为了对施用药剂效果进行比较，又以清水处理作为对照。所以浸泡液种类 (A) 包含 A_1(萘乙酸)、A_2(吲哚丁酸)和 A_3(清水)3 个处理。而 A_1 和 A_2 各有 4 个浓度水平，A_3 仅有 1 个水平，所以处理总数为 $\sum_{i=1}^{a} b_i = 4 + 4 + 1 = 9$，区组数 $n = 3$，$N_1 = 4 \times 3 = 12$，$N_2 = 4 \times 3 = 12$，$N_3 = 1 \times 3 = 3$，$N = 27$。

表 9-5　经不同药剂处理后小区平均地径(cm)

处理	区组	I	II	III	$y_{ij\cdot}$	$y_{i\cdot\cdot}$	$\bar{y}_{i\cdot\cdot}$
萘乙酸	25 mg/L	3.45	4.06	3.06	10.57		
	100 mg/L	3.65	3.97	3.41	11.03		
	150 mg/L	4.54	3.95	3.57	12.06	44.54	3.71
	300 mg/L	3.94	3.43	3.51	10.88		
吲哚丁酸	25 mg/L	4.02	4.73	3.34	12.09		
	100 mg/L	4.16	4.45	4.40	13.01		
	150 mg/L	3.03	3.93	3.23	10.19	45.64	3.80
	300 mg/L	3.35	3.82	3.18	10.35		
清水(对照)		3.62	3.02	3.18	9.82	9.82	3.27
$y_{\cdot\cdot k}$		33.76	35.36	30.88	$y_{\cdots}$	100	

解析：方差分析如下

$$SS_T = \sum_{i=1}^{a} \sum_{j=1}^{b_i} \sum_{k=1}^{n} y_{ijk}^2 - \frac{y_{\cdots}^2}{N} = 6.1386$$

$$SS_A = \sum_{i=1}^{a} \frac{y_{i\cdot\cdot}^2}{N_i} - \frac{y_{\cdots}^2}{N} = 0.6755$$

$$SS_{B(A)} = \sum_{i=1}^{a} \sum_{j=1}^{b_i} \frac{y_{ij\cdot}^2}{n} - \sum_{i=1}^{a} \frac{y_{i\cdot\cdot}^2}{N_i} = 2.2951$$

$$SS_{区组} = \sum_{k=1}^{n} \frac{y_{\cdot\cdot k}^2}{\sum_{i=1}^{a} b_i} - \frac{y_{\cdots}^2}{N} = 1.1453$$

$$SS_e = SS_T - SS_A - SS_{B(A)} - SS_{区组} = 2.0227$$

表9-6 小区平均地径方差分析表

方差来源	f	SS	MS	F_0	$F_{0.05}$
浸泡液种类 A	2	0.6755	0.3377	2.67	3.63
浓度 $B(A)$	6	2.2951	0.3825	3.03*	2.74
区组	2	1.1453	0.5726		
误差 e	16	2.0227	0.1264		
总变异 T	26	6.1386			

注：*为显著。

本试验要求对几种浸泡液和每种浸泡液的几种特定浓度对扦插育苗效果进行对比，所以浸泡液种类(A)和各种溶液的浓度 $B(A)$ 的效应都是固定效应，试验按固定模型进行统计分析。实得

$$F_A = \frac{MS_A}{MS_e} = 2.67 < F_{0.05}(2, 16) = 3.63$$

而

$$F_{B(A)} = \frac{MS_{B(A)}}{MS_e} = 3.03 > F_{0.05}(6, 16) = 2.74$$

若以5%为显著水平，则检验结果表明不同浸泡液间差异不显著，而同一种溶液不同浓度间差异显著。

这里强调一点，此类设计不能用两因素随机区组设计。因为浓度必须嵌套在药品因素下，不能作为独立的试验因素，不能看成交叉分组，应该属于系统分组资料。

9.4 品种多点试验设计的统计分析

在育种试验中，经过子代测定或无性系测定所挑选出的优良品种或优良无性系在推广之前，需做品种区域试验，试验结果将各地试验所得观测资料汇总，进行综合统计分析，以测定品种的主效应和品种与地点的交互效应的显著性，从中选出丰产性高、适应性强的优良品种或无性系，为适地适树提供必要的信息。

9.4.1 多点试验资料及其线性模型

设有 a 个品种，在 b 个地点进行试验，各地点采取随机区组设计，每个地点设 n 个完全区组，试验观测值可以整理成表9-7的形式。

表9-7 品种多点试验资料

地点／品种	B_1				B_2				$\cdots$	B_b				品种 $y_{i..}$
	1	2	$\cdots$	n	1	2	$\cdots$	n	$\cdots$	1	2	$\cdots$	n	
A_1	y_{111}	y_{112}	$\cdots$	y_{11n}	y_{121}	y_{122}	$\cdots$	y_{12n}	$\cdots$	y_{1b1}	y_{1b2}	$\cdots$	y_{1bn}	$y_{1..}$
A_2	y_{211}	y_{212}	$\cdots$	y_{21n}	y_{221}	y_{222}	$\cdots$	y_{22n}	$\cdots$	y_{2b1}	y_{2b2}	$\cdots$	y_{2bn}	$y_{2..}$
$\vdots$	$\vdots$	$\vdots$	$\vdots$	$\vdots$	$\vdots$	$\vdots$	$\vdots$	$\vdots$		$\vdots$	$\vdots$	$\vdots$	$\vdots$	$\vdots$
A_a	y_{a11}	y_{a12}	$\cdots$	y_{a1n}	y_{a21}	y_{a22}	$\cdots$	y_{a2n}	$\cdots$	y_{ab1}	y_{ab2}	$\cdots$	y_{abn}	$y_{a..}$

（续）

品种 \ 地点	B_1				B_2				...	B_b				品种
	1	2	...	n	1	2	...	n	...	1	2	...	n	$y_{i..}$
区组 $y_{\cdot jk}$	$y_{\cdot 11}$	$y_{\cdot 12}$	...	$y_{\cdot 1n}$	$y_{\cdot 21}$	$y_{\cdot 22}$	...	$y_{\cdot 2n}$	...	$y_{\cdot b1}$	$y_{\cdot b2}$	...	$y_{\cdot bn}$	$y_{\cdots}$
地点 $y_{\cdot j\cdot}$		$y_{\cdot 1\cdot}$				$y_{\cdot 2\cdot}$			...		$y_{\cdot b\cdot}$			

下式中 y_{ijk} 表示第 i 品种在 j 地点内第 k 区组的观测值。这里，品种 (A) 与地点 (B) 是交叉设计，而区组在地点内呈巢式，所以这是一个有交叉因子和巢式因子的混合设计。观测值的线性模型为：

$$y_{ijk} = \mu + \alpha_i + \beta_j + (\alpha\beta)_{ij} + \rho_{k(j)} + \varepsilon_{ijk}$$
$$i = 1, 2, \cdots, a; \quad j = 1, 2, \cdots, b; \quad k = 1, 2, \cdots, n \qquad (9-15)$$

其中 μ 为公共总体平均，α_i 为第 i 品种效应，β_j 为第 j 地点效应，$(\alpha\beta)_{ij}$ 为 i 品种与 j 地点的交互效应，$\rho_{k(j)}$ 为 j 地点内第 k 区组效应，ε_{ijk} 是随机误差，服从 $N(0, \sigma^2)$ 分布。

9.4.2　平方和与自由度分解

按平方和与自由度规则，可进行品种多点随机区组试验的平方和与自由度分解（表9-8）。

表9-8　品种多点随机区组试验的平方和与自由度

变异来源	f	SS
品种 A	$a-1$	$\sum_{i=1}^{a} \dfrac{y_{i..}^2}{bn} - \dfrac{y_{...}^2}{abn}$
地点 B	$b-1$	$\sum_{j=1}^{b} \dfrac{y_{\cdot j\cdot}^2}{an} - \dfrac{y_{...}^2}{abn}$
$A \times B$	$(a-1)(b-1) = ab-a-b+1$	$\sum_{i=1}^{a}\sum_{j=1}^{b} \dfrac{y_{ij\cdot}^2}{n} - \sum_{i=1}^{a} \dfrac{y_{i..}^2}{bn} - \sum_{j=1}^{b} \dfrac{y_{\cdot j\cdot}^2}{an} + \dfrac{y_{...}^2}{abn}$
区组 $R(B)$	$b(n-1) = bn-b$	$\sum_{j=1}^{b}\sum_{k=1}^{n} \dfrac{y_{\cdot jk}^2}{a} - \sum_{j=1}^{b} \dfrac{y_{\cdot j\cdot}^2}{an}$
剩余 e	$b(a-1)(n-1)$	$SS_T - SS_A - SS_B - SS_{AB} - SS_{R(B)}$
总变异 T	$abn-1$	$\sum_{i=1}^{a}\sum_{j=1}^{b}\sum_{k=1}^{n} y_{ijk}^2 - \dfrac{y_{...}^2}{abn}$

9.4.3　期望均方与 F 检验

多点随机区组试验中，各项变因的 EMS 列于表9-9中。据此可构造检验各种假设的统计量 F：

$$F_A = \frac{MS_A}{MS_e} \sim F(f_A, f_e), \quad F_B = \frac{MS_B}{MS_e} \sim F(f_B, f_e), \quad F_{AB} = \frac{MS_{AB}}{MS_e} \sim F(f_{AB}, f_e)$$

$$(9-16)$$

表 9-9 多点随机区组试验的 *EMS*

变异来源	*MS*	随机模型 *EMS*	固定模型 *EMS*
品种 A	$\dfrac{SS_A}{f_A}$	$\sigma^2 + n\sigma_{\alpha\beta}^2 + bn\sigma_\alpha^2$	$\sigma^2 + bn\displaystyle\sum_{i=1}^{a}\dfrac{\alpha_i^2}{a-1}$
地点 B	$\dfrac{SS_B}{f_B}$	$\sigma^2 + a\sigma_\rho^2 + n\sigma_{\alpha\beta}^2 + an\sigma_\beta^2$	$\sigma^2 + an\displaystyle\sum_{j=1}^{b}\dfrac{\beta_j^2}{b-1}$
$A \times B$	$\dfrac{SS_{AB}}{f_{AB}}$	$\sigma^2 + n\sigma_{\alpha\beta}^2$	$\sigma^2 + n\displaystyle\sum_{i=1}^{a}\sum_{j=1}^{b}\dfrac{(\alpha\beta)_{ij}^2}{(a-1)(b-1)}$
地点内区组 $R(B)$	$\dfrac{SS_{R(B)}}{f_{R(B)}}$	$\sigma^2 + a\sigma_\rho^2$	$\sigma^2 + a\displaystyle\sum_{j=1}^{b}\sum_{k=1}^{n}\dfrac{\rho_{jk}^2}{b(n-1)}$
误差 e	$\dfrac{SS_e}{f_e}$	σ^2	σ^2

9.4.4 多重对比

多重对比时，平均数的标准误列于表 9-10。

表 9-10 多点随机区组试验各对比平均数的标准误

对比内容	平均数	标准误 $S_{\bar{y}}$
各无性系(A)间	$\bar{y}_{i\cdot\cdot} = \dfrac{y_{i\cdot\cdot}}{bn}$ $(i = 1, 2, \cdots, a)$	$\sqrt{\dfrac{MS_e}{bn}}$
各地点(B)间	$\bar{y}_{\cdot j\cdot} = \dfrac{y_{\cdot j\cdot}}{an}$ $(j = 1, 2, \cdots, b)$	$\sqrt{\dfrac{MS_e}{an}}$
第 j 地点各无性系间	$\bar{y}_{i(j)\cdot} = \dfrac{y_{i(j)\cdot}}{n}$ $(i = 1, 2, \cdots, a)$	$\sqrt{\dfrac{MS_{e(j)}}{n}}$
同一无性系在各地点间	$\bar{y}_{(i)j\cdot} = \dfrac{y_{(i)j\cdot}}{n}$ $(j = 1, 2, \cdots, b)$	$\sqrt{MS_e\left(\dfrac{1}{n} + \dfrac{1}{an}\right)}$

9.5 多年多点试验设计的统计分析

林木品种多点试验一般都需要持续若干年甚至上十年。每年进行一次净生长量测定，最后将各地点的各年观测值汇总进行综合分析。从横向来看，每年的分析，可看作是一个多点随机区组(拉丁方)设计；从纵向来看，就一个地点而言，属于多年随机区组试验。综合分析，称为多年随机区组试验，此种资料属于多点时间裂区资料。其统计分析的主要目的在于探明各品种的丰产性(品种主效应)，适应性(品种与地点交互效应)和稳产性(品种与年度交互效应)，为生产提供高产稳产优良品种。

9.5.1 多点时间裂区资料的线性模型

设 a 个品种(A)在 b 个地点(B)试验，每个地点设 n 个完全区组(R)，试验共持续 c 年

(C)。第 i 品种在第 j 地点第 k 个区组第 l 年的观测值为 y_{ijkl}，各观测值的线性模型为：

$$y_{ijkl} = \mu + \alpha_i + \beta_j + (\alpha\beta)_{ij} + \rho_{k(j)} + (\varepsilon_1)_{ijk}$$
$$+ \gamma_l + (\alpha\gamma)_{il} + (\beta\gamma)_{jl} + (\alpha\beta\gamma)_{ijl} + (\rho\gamma)_{(j)kl} + (\varepsilon_2)_{ijkl} \tag{9-17}$$

其中 α_i、β_j、$(\alpha\beta)_{ij}$、$\rho_{k(j)}$ 和 $(\varepsilon_1)_{ijk}$ 构成主区效应，它们分别为品种、地点、品种×地点、地点内区组和主区剩余。γ_l、$(\alpha\gamma)_{il}$、$(\beta\gamma)_{jl}$、$(\alpha\beta\gamma)_{ijl}$、$(\rho\gamma)_{(j)kl}$ 和 $(\varepsilon_2)_{ijkl}$ 构成副区效应，它们分别是年份、品种×年份、地点×年份、品种×地点×年份、地点内区组×年份和副区剩余。试验假定 $(\varepsilon_1)_{ijk} \sim N(0, \sigma_1^2)$ 和 $(\varepsilon_2)_{ijkl} \sim N(0, \sigma_2^2)$，其中各项参数的样本估计量分别为：

$$
\begin{aligned}
&\text{公共平均 } \hat{\mu} = \bar{y}.... \\
&\text{品种效应 } \hat{\alpha}_i = (\bar{y}_{i...} - \bar{y}....) \\
&\text{地点效应 } \hat{\beta}_j = (\bar{y}_{.j..} - \bar{y}....) \\
&\text{品种×地点}(\widehat{\alpha\beta})_{ij} = (\bar{y}_{ij..} - \bar{y}_{i...} - \bar{y}_{.j.} + \bar{y}....) \\
&\text{地点内区组 } \hat{\rho}_{jk} = (\bar{y}_{.jk.} - \bar{y}_{.j..}) \\
&\text{主区剩余}(\hat{\varepsilon}_1)_{ijk} = (\bar{y}_{ijk.} - \bar{y}_{ij..} - \bar{y}_{.jk.} + \bar{y}_{.j..}) \\
&\text{年份效应 } \hat{\gamma}_l = (\bar{y}_{...l} - \bar{y}....) \\
&\text{品种×年份}(\widehat{\alpha\gamma})_{il} = (\bar{y}_{i\cdot l} - \bar{y}_{i...} - \bar{y}_{...l} + \bar{y}....) \\
&\text{地点×年份}(\widehat{\beta\gamma})_{jl} = (\bar{y}_{.j\cdot l} - \bar{y}_{.j..} - \bar{y}_{...l} + \bar{y}....) \\
&\text{品种×地点×年份}(\widehat{\alpha\beta\gamma})_{ijl} = (\bar{y}_{ij\cdot l} - \bar{y}_{ij..} - \bar{y}_{i\cdot l} - \bar{y}_{\cdot i\cdot l} \\
&\qquad\qquad + \bar{y}_{i...} + \bar{y}_{.j..} + \bar{y}_{...l} - \bar{y}....) \\
&\text{地点内年份×区组}(\widehat{\rho\gamma})_{ijl} = (\bar{y}_{.jkl} - \bar{y}_{.jk.} - \bar{y}_{\cdot i\cdot l} + \bar{y}_{.j..}) \\
&\text{副区剩余}(\hat{\varepsilon}_2)_{ijkl} = (y_{ijkl} - \bar{y}_{ijk.} - \bar{y}_{ij\cdot l} + \bar{y}_{ij..})
\end{aligned}
\right\} \tag{9-18}
$$

主区间 $(\bar{y}_{ijk.} - \bar{y}....)$

主区内副区 $(y_{ijkl} - \bar{y}_{ijk.})$

9.5.2 平方和与自由度分解

平方和与自由度分解可依据规则给出计算公式，列于表 9-11 中。

表 9-11 多点时间裂区平方和与自由度

变异来源	f	SS
品种 A	$a-1$	$\sum_{i=1}^{a} \dfrac{y_{i...}^2}{bcn} - \dfrac{y_{....}^2}{abcn}$
地点 B	$b-1$	$\sum_{j=1}^{b} \dfrac{y_{.j..}^2}{acn} - \dfrac{y_{....}^2}{abcn}$
$A \times B$	$(a-1)(b-1) = ab-a-b+1$	$\sum_{i=1}^{a}\sum_{j=1}^{b} \dfrac{y_{ij..}^2}{cn} - \sum_{i=1}^{a} \dfrac{y_{i...}^2}{bcn} - \sum_{j=1}^{b} \dfrac{y_{.j..}^2}{acn} + \dfrac{y_{....}^2}{abcn}$
区组 $R(B)$	$b(n-1) = bn-b$	$\sum_{j=1}^{b}\sum_{k=1}^{n} \dfrac{y_{.jk.}^2}{ac} - \sum_{j=1}^{b} \dfrac{y_{.j..}^2}{acn}$
主区剩余 e_1	$b(a-1)(n-1)$	$SS_{\text{主区}} - SS_A - SS_B - SS_{AB} - SS_{e_1}$

(续)

变异来源	f	SS
主区总	$abn-1$	$\sum\limits_{i=1}^{a}\sum\limits_{j=1}^{b}\sum\limits_{k=1}^{n}\dfrac{y_{ijk\cdot}^2}{c}-\dfrac{y_{\cdots}^2}{abcn}$
年份 C	$c-1$	$\sum\limits_{l=1}^{c}\dfrac{y_{\cdots l}^2}{abn}-\dfrac{y_{\cdots}^2}{abcn}$
$A\times C$	$(a-1)(c-1)=ac-a-c+1$	$\sum\limits_{i=1}^{a}\sum\limits_{l=1}^{c}\dfrac{y_{i\cdot\cdot l}^2}{bn}-\sum\limits_{i=1}^{a}\dfrac{y_{i\cdots}^2}{bcn}-\sum\limits_{l=1}^{c}\dfrac{y_{\cdots l}^2}{abn}+\dfrac{y_{\cdots}^2}{abcn}$
$B\times C$	$(b-1)(c-1)=bc-b-c+1$	$\sum\limits_{j=1}^{b}\sum\limits_{l=1}^{c}\dfrac{y_{\cdot j\cdot l}^2}{an}-\sum\limits_{j=1}^{b}\dfrac{y_{\cdot j\cdots}^2}{acn}-\sum\limits_{l=1}^{c}\dfrac{y_{\cdots l}^2}{abn}+\dfrac{y_{\cdots}^2}{abcn}$
$A\times B\times C$	$\begin{aligned}&(a-1)(b-1)(c-1)\\&=abc-ab-ac-bc\\&+a+b+c-1\end{aligned}$	$\sum\limits_{i=1}^{a}\sum\limits_{j=1}^{b}\sum\limits_{l=1}^{c}\dfrac{y_{ij\cdot l}^2}{n}-\sum\limits_{i=1}^{a}\sum\limits_{j=1}^{b}\dfrac{y_{ij\cdots}^2}{cn}-\sum\limits_{i=1}^{a}\sum\limits_{l=1}^{c}\dfrac{y_{i\cdot\cdot l}^2}{bn}-\sum\limits_{j=1}^{b}\sum\limits_{l=1}^{c}\dfrac{y_{\cdot j\cdot l}^2}{an}$ $+\sum\limits_{i=1}^{a}\dfrac{y_{i\cdots}^2}{bcn}+\sum\limits_{j=1}^{b}\dfrac{y_{\cdot j\cdots}^2}{acn}+\sum\limits_{l=1}^{c}\dfrac{y_{\cdots l}^2}{abn}-\dfrac{y_{\cdots}^2}{abcn}$
地点内区组 × 年份 $C\times R(B)$	$\begin{aligned}&b(c-1)(n-1)\\&=bcn-bc-bn+b\end{aligned}$	$\sum\limits_{j=1}^{b}\sum\limits_{k=1}^{n}\sum\limits_{l=1}^{c}\dfrac{y_{\cdot jkl}^2}{a}-\sum\limits_{j=1}^{b}\sum\limits_{l=1}^{c}\dfrac{y_{\cdot j\cdot l}^2}{an}-\sum\limits_{j=1}^{b}\sum\limits_{k=1}^{n}\dfrac{y_{\cdot jk\cdot}^2}{ac}+\sum\limits_{j=1}^{b}\dfrac{y_{\cdot j\cdots}^2}{acn}$
副区剩余 e_2	$b(a-1)(c-1)(n-1)$	$SS_{副区}-SS_C-SS_{AC}-SS_{BC}-SS_{ABC}-SS_{CR(B)}$
副区总	$abn(c-1)$	$SS_T-SS_{主区}$
总变异 T	$abcn-1$	$\sum\limits_{i=1}^{a}\sum\limits_{j=1}^{b}\sum\limits_{k=1}^{n}\sum\limits_{l=1}^{c}y_{ijkl}^2-\dfrac{y_{\cdots}^2}{abcn}$

9.5.3 期望均方与 F 检验

以多点多年随机模型方差分析为例，给出期望均方与 F 检验。线性模型为：

$$y_{ijkl}=\mu+\alpha_i+\beta_j+(\alpha\beta)_{ij}+\rho_{(j)k}+(\varepsilon_1)_{ijk}+\gamma_l+(\alpha\gamma)_{il}+(\beta\gamma)_{jl}+(\alpha\beta\gamma)_{ijl}$$
$$+\rho\gamma_{(j)kl}+(\varepsilon_2)_{(ijkl)m} \tag{9-19}$$

按期望均方规则，可得下表：

	R	R	R	R	R
	a	b	n	c	1
	i	j	k	l	m
α_i	1	b	n	c	1
β_j	a	1	n	c	1
$(\alpha\beta)_{ij}$	1	1	n	c	1
$\rho_{(j)k}$	a	1	1	c	1
$(\varepsilon_1)_{ijk}$	1	1	1	c	1
γ_l	a	b	n	1	1
$(\alpha\gamma)_{il}$	1	b	n	1	1
$(\beta\gamma)_{jl}$	a	1	n	1	1
$(\alpha\beta\gamma)_{ijl}$	1	1	n	1	1
$\rho\gamma_{(j)kl}$	a	1	1	1	1
$(\varepsilon_2)_{(ijkl)m}$	1	1	1	1	1

则其期望均方与 F 统计量的构造为：

变异来源	f	EMS（随机模型）	F
品种 A	$a-1$	$\sigma_2^2 + c\sigma_1^2 + nc\sigma_{\alpha\beta}^2$ $+ bn\sigma_{\alpha\gamma}^2 + bn\sigma_{\alpha\gamma}^2 + n\sigma_{\alpha\beta\gamma}^2$	$F_A = \dfrac{MS_A + MS_{\alpha\beta\gamma}}{MS_{AB} + MS_{\alpha\gamma}}$
地点 B	$b-1$	$\sigma_2^2 + c\sigma_1^2 + anc\sigma_\beta^2 + nc\sigma_{\alpha\beta}^2$ $+ ac\sigma_\rho^2 + an\sigma_{\beta\gamma}^2 + n\sigma_{\alpha\beta\gamma}^2 + a\sigma_{\rho\gamma}^2$	$F_B = \dfrac{MS_B + MS_{\rho\gamma} + MS_{e_1}}{MS_{AB} + MS_\rho + MS_{\beta\gamma}}$
$A \times B$	$(a-1)(b-1)$	$\sigma_2^2 + c\sigma_1^2 + nc\sigma_{\alpha\beta}^2 + n\sigma_{\alpha\beta\gamma}^2$	$F_{AB} = \dfrac{MS_{AB} + MS_{e_2}}{MS_{e_1} + MS_{\alpha\beta\gamma}}$
区组 $R(B)$	$b(n-1)$	$\sigma_2^2 + c\sigma_1^2 + ac\sigma_\rho^2 + a\sigma_{\rho\gamma}^2$	$F_\rho = \dfrac{MS_\rho + MS_{e_2}}{MS_{e_1} + MS_{\rho\gamma}}$
主区剩余 e_1	$b(a-1)(n-1)$	$\sigma_2^2 + c\sigma_1^2$	
主区总	$abn-1$		
年份 C	$c-1$	$\sigma_2^2 + abn\sigma_\gamma^2 + bn\sigma_{\alpha\gamma}^2$ $+ an\sigma_{\beta\gamma}^2 + n\sigma_{\alpha\beta\gamma}^2 + a\sigma_{\rho\gamma}^2$	$F_\gamma = \dfrac{MS_\gamma + MS_{\alpha\beta\gamma}}{MS_{\alpha\gamma} + MS_{\beta\gamma}}$
$A \times C$	$(a-1)(c-1)$	$\sigma_2^2 + bn\sigma_{\alpha\gamma}^2 + n\sigma_{\alpha\beta\gamma}^2$	$F_{\alpha\gamma} = \dfrac{MS_{\alpha\gamma}}{MS_{\beta\gamma}}$
$B \times C$	$(b-1)(c-1)$	$\sigma_2^2 + an\sigma_{\beta\gamma}^2 + n\sigma_{\alpha\beta\gamma}^2 + a\sigma_{\gamma\rho}^2$	$F_{\beta\gamma} = \dfrac{MS_{\beta\gamma} + MS_{e_2}}{MS_{\alpha\beta\gamma} + MS_{\rho\gamma}}$
$A \times B \times C$	$(a-1)(b-1)(c-1)$	$\sigma_2^2 + n\sigma_{\alpha\beta\gamma}^2$	$F_{\alpha\beta\gamma} = \dfrac{MS_{\alpha\beta\gamma}}{MS_{e_2}}$
地点内区组 × 年份 $C \times R(B)$	$b(c-1)(n-1)$	$\sigma_2^2 + a\sigma_{\gamma\rho}^2$	$F_{\rho\gamma} = \dfrac{MS_{\rho\gamma}}{MS_{e_2}}$
副区剩余 e_2	$b(a-1)(c-1)(n-1)$	σ_2^2	
副区总	$abn(c-1)$		
总变异	$abnc-1$		

其中 f_1 与 f_2 由下表给出：

变异来源	f	f_1	f_2
品种 A	$a-1$	$f_1 = \dfrac{(MS_A + MS_{\alpha\beta\gamma})^2}{\dfrac{MS_A^2}{f_A} + \dfrac{MS_{\alpha\beta\gamma}^2}{f_{\alpha\beta\gamma}}}$	$f_2 = \dfrac{(MS_{AB} + MS_{\alpha\gamma})^2}{\dfrac{MS_{AB}^2}{f_{AB}} + \dfrac{MS_{\alpha\gamma}^2}{f_{\alpha\gamma}}}$
地点 B	$b-1$	$f_1 = \dfrac{(MS_B + MS_{\rho\gamma} + MS_{e_1})^2}{\dfrac{MS_B^2}{f_B} + \dfrac{MS_{\rho\gamma}^2}{f_{\rho\gamma}} + \dfrac{MS_{e_1}^2}{f_e}}$	$f_2 = \dfrac{(MS_{AB} + MS_\rho + MS_{\beta\gamma})^2}{\dfrac{MS_{AB}^2}{f_{AB}} + \dfrac{MS_\rho^2}{f_\rho} + \dfrac{MS_{\beta\gamma}^2}{f_{\beta\gamma}}}$
$A \times B$	$(a-1)(b-1)$	$f_1 = \dfrac{(MS_\rho + MS_{e_2})^2}{\dfrac{MS_\rho^2}{f_\rho} + \dfrac{MS_{e_2}^2}{f_{e_2}}}$	$f_2 = \dfrac{(MS_{e_1} + MS_{\alpha\beta\gamma})^2}{\dfrac{MS_{e_1}^2}{f_{e_1}} + \dfrac{MS_{\alpha\beta\gamma}^2}{f_{\alpha\beta\gamma}}}$

（续）

变异来源	f	f_1	f_2
区组 $R(B)$	$b(n-1)$	$f_1 = \dfrac{(MS_{AB}+MS_{e_2})^2}{\dfrac{MS_{AB}^2}{f_{AB}}+\dfrac{MS_{e_2}^2}{f_{e_2}}}$	$f_2 = \dfrac{(MS_{e_1}+MS_{\rho\gamma})^2}{\dfrac{MS_{e_1}^2}{f_{e_1}}+\dfrac{MS_{\rho\gamma}^2}{f_{\rho\gamma}}}$
主区剩余 e_1	$b(a-1)(n-1)$		
主区总	$abn-1$		
年份 C	$c-1$	$f_1 = \dfrac{(MS_\gamma+MS_{\alpha\beta\gamma})^2}{\dfrac{MS_\gamma^2}{f_\gamma}+\dfrac{MS_{\alpha\beta\gamma}^2}{f_{\alpha\beta\gamma}}}$	$f_2 = \dfrac{(MS_{\alpha\gamma}+MS_{\beta\gamma})^2}{\dfrac{MS_{\alpha\gamma}^2}{f_{\alpha\gamma}}+\dfrac{MS_{\beta\gamma}^2}{f_{\beta\gamma}}}$
$A\times C$	$(a-1)(c-1)$	$f_1 = f_{\alpha\gamma}$	$f_2 = f_{\beta\gamma}$
$B\times C$	$(b-1)(c-1)$	$f_1 = \dfrac{(MS_{\beta\gamma}+MS_{e_2})^2}{\dfrac{MS_{\beta\gamma}^2}{f_{\beta\gamma}}+\dfrac{MS_{e_2}^2}{f_{e_2}}}$	$f_2 = \dfrac{(MS_{\alpha\beta\gamma}+MS_{\rho\gamma})^2}{\dfrac{MS_{\alpha\beta\gamma}^2}{f_{\alpha\beta\gamma}}+\dfrac{MS_{\rho\gamma}^2}{f_{\rho\gamma}}}$
$A\times B\times C$	$(a-1)(b-1)(c-1)$	$f_1 = f_{\alpha\beta\gamma}$	$f_2 = f_{e_2}$
地点内区组 × 年份 $C\times R(B)$	$b(c-1)(n-1)$	$f_1 = f_{\rho\gamma}$	$f_2 = f_{e_2}$
副区剩余 e_2	$b(a-1)(c-1)(n-1)$		
副区总	$abn(c-1)$		
总变异	$abnc-1$		

9.6 实例分析

例 1 设有 5 个品种，在 4 个地点进行试验，每个地点设 3 个区组，在每个地点进行一次净生长量的测定。试给出一个合理的试验设计方案。

解析：本题实际上是品种多点随机试验，区组嵌套在地点中。设各地点采取随机区组设计，每个地点设 3 个完全区组，试验观测值可以整理成表 9-12 的形式。

表 9-12 品种多点试验资料

品种 \ 地点	B_1			B_2			B_3			B_4			品种 $y_{i\cdot\cdot}$
	1	2	3	1	2	3	1	2	3	1	2	3	
A_1	y_{111}	y_{112}	y_{113}	y_{121}	y_{122}	y_{123}	y_{131}	y_{132}	y_{133}	y_{141}	y_{142}	y_{143}	$y_{1\cdot\cdot}$
A_2	y_{211}	y_{212}	y_{213}	y_{221}	y_{222}	y_{223}	y_{231}	y_{232}	y_{233}	y_{241}	y_{242}	y_{243}	$y_{2\cdot\cdot}$
A_3	y_{311}	y_{312}	y_{313}	y_{321}	y_{322}	y_{323}	y_{331}	y_{332}	y_{333}	y_{341}	y_{342}	y_{343}	$y_{3\cdot\cdot}$
A_4	y_{411}	y_{412}	y_{413}	y_{421}	y_{422}	y_{423}	y_{431}	y_{432}	y_{433}	y_{441}	y_{442}	y_{443}	$y_{4\cdot\cdot}$
A_5	y_{511}	y_{512}	y_{513}	y_{521}	y_{522}	y_{523}	y_{531}	y_{532}	y_{533}	y_{541}	y_{542}	y_{543}	$y_{5\cdot\cdot}$
区组 $y_{\cdot jk}$	$y_{\cdot 11}$	$y_{\cdot 12}$	$y_{\cdot 13}$	$y_{\cdot 21}$	$y_{\cdot 22}$	$y_{\cdot 23}$	$y_{\cdot 31}$	$y_{\cdot 32}$	$y_{\cdot 33}$	$y_{\cdot 41}$	$y_{\cdot 42}$	$y_{\cdot 43}$	$y_{\cdots}$
地点 $y_{\cdot j\cdot}$	$y_{\cdot 1\cdot}$			$y_{\cdot 2\cdot}$			$y_{\cdot 3\cdot}$			$y_{\cdot 4\cdot}$			

下式中 y_{ijk} 表示第 i 品种在 j 地点内第 k 区组的观测值。这里，品种(A)与地点(B)是交叉设计，而区组在地点内呈巢式，所以这是一个有交叉因子和巢式因子的混合设计。观测值的线性模型为：

$$y_{ijk} = \mu + \alpha_i + \beta_j + (\alpha\beta)_{ij} + \rho_{k(j)} + \varepsilon_{ijk}$$
$$i = 1,\ 2,\ 3,\ 4,\ 5;\quad j = 1,\ 2,\ 3,\ 4;\quad k = 1,\ 2,\ 3$$

其中 μ 为公共总体平均，α_i 为第 i 品种效应，β_j 为第 j 地点效应，$(\alpha\beta)_{ij}$ 为 i 品种与 j 地点的交互效应，$\rho_{k(j)}$ 为 j 地点内第 k 区组效应，ε_{ijk} 是随机误差，服从 $N(0,\ \sigma^2)$ 分布。

例 2 用 4 种培养液培养某植物，每种培养液培养 3 盆，每盆种 4 株，试验结果测得各植株高度见表 9-13。试做方差分析。

表 9-13 某植物植株高度测定结果

培养液 A	盆号 $B(A)$	植株高度测量值				$y_{ij\cdot}$	$y_{i\cdot\cdot}$	$y_{\cdots}$
	1	50	55	40	35	180		
A_1	2	35	35	30	42	142	477	
	3	50	40	30	35	155		
	1	50	52	54	40	196		
A_2	2	52	60	50	50	212	627	
	3	55	54	60	50	219		
	1	80	85	65	90	320		2933
A_3	2	82	84	80	90	336	998	
	3	82	84	86	90	342		
	1	82	80	70	75	307		
A_4	2	70	60	65	64	259	831	
	3	60	60	65	80	265		

试验中，培养液为一阶因素，培养液的盆号为二阶因素。这里 $a=4$，$b=3$，$n=4$，现对此资料分析如下，先分解其总平方和，得

$$C = \frac{y_{\cdots}^2}{abn} = \frac{2933^2}{3 \times 4 \times 4} = 179218.52$$

$$SS_T = \sum_{i=1}^{a} \sum_{j=1}^{b} \sum_{k=1}^{n} y_{ijk}^2 - C = (50^2 + 55^2 + \cdots + 80^2) - 179218.52 = 15336.48$$

$$SS_A = \frac{1}{bn} \sum_{i=1}^{a} y_{i\cdot\cdot}^2 - C = \frac{1}{3 \times 4}(477^2 + 627^2 + 998^2 + 831^2) - 179218.52 = 13050.06$$

$$SS_{B(A)} = \frac{1}{n} \sum_{i=1}^{a} \sum_{j=1}^{b} y_{ij\cdot}^2 - \frac{1}{bn} \sum_{i=1}^{a} y_{i\cdot\cdot}^2$$

$$= \frac{1}{4}(180^2 + 142^2 + \cdots + 265^2) - \frac{1}{3 \times 4}(477^2 + 627^2 + 998^2 + 831^2)$$

$$= 662.67$$

$$SS_e = \sum_{i=1}^{a}\sum_{j=1}^{b}\sum_{k=1}^{n} y_{ijk}^2 - \frac{1}{n}\sum_{i=1}^{a}\sum_{j=1}^{b} y_{ij\cdot}^2 = 1623.75$$

计算结果列成方差分析表（表 9-14）。

表 9-14　资料的方差分析表

变异来源	f	SS	MS	F_0
培养液 A	3	13050.06	4350.02	96.44
盆号 $B(A)$	8	662.66	82.83	1.84
误差 e	36	1623.75	45.10	
总变异 T	47	15336.48		

$F_A = 96.44 > F_{0.01}(3，36) = 3.89$，表明 4 种不同培养液植株高度差异达 1%极显著水平，$F_{B(A)} = 1.84 < F_{0.05}(8，36) = 2.21$，$F_{AB} = 0.33 < 1$，表明各培养液盆号之间无显著性差异。

```
data9_2<-read.csv("9-2.csv", header=T)#读取数据，Height 表示高度，NS 表示培
养液，Pot 表示盆号。
data9_2 $ Pot<-as.factor(data9_2 $ Pot)#将 Pot 列转为因子格式，便于进行方差分析
summary(aov(Height~NS+Pot %in% NS, data=data9_2))
            Df    Sum Sq   Mean Sq   F value   Pr(>F)
NS          3     13050    4350      96.444    <2e-16 * * *
NS：Pot     8     663      83        1.836     0.102
Residuals   36    1624     45
```

本试验采用固定效应模型处理，多重对比略。

例3　设有 4 个品种，在 2 个地点进行 2 年对比试验，每个地点设 3 个区组，每年在每个地点进行一次净生长量测定，测定结果如表 9-15 所示。试进行统计分析。

表 9-15　多点时间裂区资料示例

		甲地				乙地				$y_{i\cdot\cdot l}$
		Ⅰ	Ⅱ	Ⅲ	$y_{ij\cdot l}$	Ⅰ	Ⅱ	Ⅲ	$y_{ij\cdot l}$	
第一年	A_1	3	4	5	12	4	2	3	9	21
	A_2	2	3	4	9	2	3	5	10	19
	A_3	6	5	8	19	6	4	3	13	32
	A_4	4	3	1	8	4	2	1	7	15
$y_{\cdot jkl}$		15	15	18	$48(y_{\cdot j\cdot l})$	16	11	12	$39(y_{\cdot j\cdot l})$	$87(y_{\cdots l})$
第二年	A_1	4	4	6	14	4	3	3	10	24
	A_2	3	5	3	11	3	2	4	9	20
	A_3	6	7	10	23	6	5	2	13	36
	A_4	4	4	2	10	3	4	6	13	23
$y_{\cdot jkl}$		17	20	21	$58(y_{\cdot j\cdot l})$	16	14	15	$45(y_{\cdot j\cdot l})$	$103(y_{\cdots l})$
$y_{\cdot jk\cdot}$		32	35	39		32	25	27		$190(y_{\cdots\cdot})$
$y_{\cdot j\cdot\cdot}$			106				84			

本试验中，$a=4$，$b=2$，$c=2$，$n=3$。每个地点有 $a \times n = 12$ 个主区，两个地点共有 $abn = 24$ 个主区。每个主区有 2 个时间划分（即时间副区），全试验共有 $N = abcn = 48$ 个时间副区。表 9-16 为各主区 2 年观测值总和（$y_{ijk}.$）。如品种 A_1 在甲地点，第 I 区组内两年观测值相加得 $y_{111}. = 3+4=7$ 等。

表 9-16　各主区观测值

	甲地				乙地				$y_i...$
	I	II	III	$y_{ij}..$	I	II	III	$y_{ij}..$	
A_1	7	8	11	26	8	5	6	19	45
A_2	5	8	7	20	5	5	9	19	39
A_3	12	12	18	42	12	9	5	26	68
A_4	8	7	3	18	7	6	7	20	38
$y_{.jk}.$	32	35	39	106	32	25	27	84	190（$y....$）

为便于计算各项平方和，先求出表 9-16 中各有关项如下：

$$\frac{y^2....}{abcn} = 752$$

$$\sum_{i=1}^{a} \frac{y_i^2...}{bcn} = 801 \qquad \sum_{j=1}^{b} \frac{y_{.j}^2..}{acn} = 762 \qquad \sum_{l=1}^{c} \frac{y^2...l}{abn} = 757$$

$$\sum_{i=1}^{a}\sum_{j=1}^{b} \frac{y_{ij}^2..}{cn} = 827 \qquad \sum_{i=1}^{a}\sum_{l=1}^{c} \frac{y_i^2..l}{bn} = 808.7 \qquad \sum_{j=1}^{b}\sum_{k=1}^{n} \frac{y_{.jk}^2.}{ac} = 768.5 \qquad \sum_{j=1}^{b}\sum_{l=1}^{c} \frac{y_{.j}^2.l}{an} = 767.8$$

$$\sum_{i=1}^{a}\sum_{j=1}^{b}\sum_{k=1}^{n} \frac{y_{ijk}^2.}{c} = 873 \qquad \sum_{i=1}^{a}\sum_{j=1}^{b}\sum_{l=1}^{c} \frac{y_{ij}^2.l}{n} = 838 \qquad \sum_{j=1}^{b}\sum_{k=1}^{n}\sum_{l=1}^{c} \frac{y_{.jkl}^2}{a} = 775.5$$

$$\sum_{i=1}^{a}\sum_{j=1}^{b}\sum_{k=1}^{n}\sum_{l=1}^{c} y_{ijkl}^2 = 900$$

将上述各有关项计算结果代入各平方和公式，计算结果如下：

$$SS_T = 148 \qquad SS_{主区} = 121 \qquad SS_{副区} = 27$$

其中 $SS_{主区}$ 又可以分解为

$$SS_A = 49 \qquad SS_B = 10 \qquad SS_{AB} = 16 \qquad SS_{R(B)} = 6.5 \qquad SS_{e_1} = 39.5$$

再将 $SS_{副区}$ 分解为

$$SS_C = 5 \qquad SS_{AC} = 2.7 \qquad SS_{BC} = 0.8 \qquad SS_{ABC} = 2.5 \qquad SS_{CR(B)} = 1.2 \qquad SS_{e_2} = 14.8$$

列方差分析见表 9-17：

表 9-17　方差分析表

变异来源	f	SS	MS	F_0	EMS（固定模型）
品种 A	3	49	16.3	4.95*	$\sigma_2^2 + c\sigma_1^2 + bcn\sum_{i=1}^{a}\frac{\alpha_i^2}{a-1}$
地点 B	1	10	10	3.04	$\sigma_2^2 + c\sigma_1^2 + acn\sum_{j=1}^{b}\frac{\beta_j^2}{b-1}$

（续）

变异来源	f	SS	MS	F_0	EMS（固定模型）
$A \times B$	3	16	5.3	1.61	$\sigma_2^2 + c\sigma_1^2 + cn \sum\limits_{i=1}^{a} \sum\limits_{j=1}^{b} \dfrac{(\alpha\beta)_{ij}^2}{(a-1)(b-1)}$
区组 $R(B)$	4	6.5	1.63	<1	$\sigma_2^2 + c\sigma_1^2 + ac \sum\limits_{j=1}^{b} \sum\limits_{k=1}^{n} \dfrac{\rho_{jk}^2}{b(n-1)}$
主区剩余 e_1	12	39.5	3.29		$\sigma_2^2 + c\sigma_1^2$
主区总	23	121.0			
年份 C	1	5	5	4.06	$\sigma_2^2 + abn \sum\limits_{l=1}^{c} \dfrac{\gamma_1^2}{c-1}$
$A \times C$	3	2.7	0.9	<1	$\sigma_2^2 + bn \sum\limits_{i=1}^{a} \sum\limits_{l=1}^{c} \dfrac{(\alpha\gamma)_{il}^2}{(a-1)(c-1)}$
$B \times C$	1	0.8	0.8	<1	$\sigma_2^2 + an \sum\limits_{j=1}^{b} \sum\limits_{l=1}^{c} \dfrac{(\beta\gamma)_{jl}^2}{(b-1)(c-1)}$
$A \times B \times C$	3	2.5	0.83	<1	$\sigma_2^2 + n \sum\limits_{i=1}^{a} \sum\limits_{j=1}^{b} \sum\limits_{l=1}^{c} \dfrac{(\alpha\beta\gamma)_{ijl}^2}{(a-1)(b-1)(c-1)}$
地点内区组 × 年份 $C \times R(B)$	4	1.2	0.30	<1	$\sigma_2^2 + a \sum\limits_{j=1}^{b} \sum\limits_{k=1}^{n} \sum\limits_{l=1}^{c} \dfrac{(\gamma\rho)_{jkl}^2}{b(n-1)(c-1)}$
副区剩余 e_2	12	14.8	1.23		σ_2^2
副区总	24	27.0			
总变异 T	47	148.0			

```
x = read. table( "clipboard", sep = " \ t", header = T)
data<-data. frame( x = x, R = gl(3, 8, 48), A = gl(4, 1, 48), B = gl(2, 24, 48), C =
gl(2, 4, 48))
aovall<-aov( x ~ C + A：C + B：C + A：B：C + C：R：B + Error( A/B/( A：B)/( R：B)),
data = data)
summary( aovall)
Error： A
          Df        Sum Sq        Mean Sq
C：A        3        49.08         16.36
Error： A：B
          Df        Sum Sq        Mean Sq
C：B        1        10.08         10.08
C：A：B      3        15.75         5.25
Error： A：B：R
          Df        Sum Sq        Mean Sq        F value        Pr(>F)
C：B：R      4        6.33          1.583          0.479          0.751
Residuals  12        39.67         3.306
```

```
Error:    Within
           Df       Sum Sq     Mean Sq     F value     Pr( >F)
C          1        5. 333     5. 333      4. 364      0. 0587.
C：A       3        2. 167     0. 722      0. 591      0. 6327
C：B       1        0. 333     0. 333      0. 273      0. 6110
C：A：B    3        3. 167     1. 056      0. 864      0. 4865
C：B：R    4        1. 333     0. 333      0. 273      0. 8899
Residuals  12       14. 667    1. 222
---
Signif. codes：  0  ‘ ＊ ＊ ＊ ’  0. 001  ‘ ＊ ＊ ’  0. 01  ‘ ＊ ’  0. 05  ‘ . ’  0. 1  ‘ ’
  1
```

本例是为简便起见而作的假定示例，除品种间有显著差异外，其他主效应与交互效应均不显著，分析可到此结束。如果品种×地点、品种×年份间有显著差异，这时可作交互效应分析，以进一步测验各品种对地点的适应性和各品种在各年度生长的变异性，这里就不再复述了。

习　题

1. 研究 4 种水生蔬菜对砷污染的"抗性"，每种蔬菜种 3 盆，每盆 5 株。生长期间试用一次有机砷农药，在收获时对每一植株的砷含量作一次分析，得到下表结果。试作方差分析。

蔬菜品种 A_i	盆号 A_{ij}	砷含量 y_{ijk}/(mg/kg)				
	A_{11}	0.7	0.6	0.9	0.5	0.6
A_1	A_{12}	0.9	0.9	0.7	1.1	0.7
	A_{13}	0.8	0.6	0.9	1.0	0.8
	A_{21}	1.2	1.4	1.6	1.2	1.5
A_2	A_{22}	1.1	0.9	1.3	1.2	1.0
	A_{23}	1.5	1.4	0.9	1.3	1.6
	A_{31}	0.6	0.6	0.8	0.9	0.7
A_3	A_{32}	0.5	0.8	0.9	1.0	0.6
	A_{33}	0.6	1.2	0.8	0.9	1.0
	A_{41}	4.2	3.7	2.9	3.5	3.6
A_4	A_{42}	2.9	3.5	3.8	3.1	3.5
	A_{43}	3.6	3.5	4.0	3.3	3.7

2. 某养猪场 6 头公猪所配 26 头母猪，其所产仔猪中母猪平均窝产活仔数资料如下表所示。试进行方差分析。

公猪 A_i	母猪 A_{ij}	各仔猪中母猪平均产仔数 y_{ijk}			
		1	2	3	4
	1	10.2	9.4	9.5	6.7
	2	9.0	9.0	9.0	
	3	6.8	9.3	6.7	
	4	9.5			
	5	10.5			
300	6	8.0	6.0		
	7	12.0			
	8	10.0			
	9	12.7			
	10	9.0	8.3		
	11	9.5			
310	1	13.5	8.5		
	2	6.0	9.3		
105	1	8.0			
	2	12.0			
	1	12.4	8.8	10.4	11.7
	2	9.8			
1~9	3	10.7	10.5	9.8	
	4	12.0			
	5	9.7			
	1	9.0			
14~17	2	12.0	10.3	10.0	
	3	6.0	8.5	12.5	
	4	8.8			
77~11	1	7.5			
	2	7.5			

3. 某种子公司从 3 个地点购进某树种种子，为比较 3 个地点，随机抽取 4 批种子，再从所抽取的 4 个种批中分别随机抽取 3 份检验样品作净度测定。测定结果列入下表中，试做方差分析。

产地 A	种批 $B(A)$	净度测定值		
	1	94	92	93
A_1	2	91	90	89
	3	91	93	94
	4	94	97	93
	1	94	91	90
A_2	2	93	97	95
	3	92	93	91
	4	93	96	95
	1	95	97	93
A_3	2	91	93	95
	3	94	92	95
	4	96	95	94

10 析因设计与分析

本章摘要

析因设计(factorial design)是研究两个或多个因素效应的有效方法。将所研究的因素按全部因素的所有水平(位级)的一切组合逐次进行试验,称为析因试验,也称全因子试验设计或完全析因试验,简称析因法。本章将介绍析因试验设计方法、二因子析因设计及其分析、三因子析因设计及其分析。

10.1 析因设计及其特点

10.1.1 析因设计方法

析因试验是两个或多个因素的各水平交叉分组试验,能同时研究多个因素的主效应及其交互作用,其处理数是各因子水平数的乘积,总试验次数是处理数与重复次数的乘积。即 A 因素有 a 个水平,B 因素有 b 个水平,共有 ab 个处理,每个处理重复 n 次,总试验次数为 abn 次。可见,析因试验的每一次完全试验或每一次重复中,这些因子水平的所有可能组合都被研究到。因此,析因设计方法应用于工业、化工、食品、医学及生物生态等领域的相关控制性试验中。

析因设计广泛应用于涉及多个因子的试验,特别有几种特殊情况的应用,一种是有 k 个因子,每个因子仅有两个水平,这种试验的完全重复需要 $2\times2\times2\cdots\times2 = 2^k$ 个观测值,该设计称为 2^k 析因设计,主要应用于试验的早期阶段的因子筛选试验,只需要最少的试验次数就可以研究完全析因设计的 k 个因子。另一种是有 k 个因子,每个因子有三个水平,即为 3^k 析因设计,在 3^k 析因设计中,因为需要的试验次数太多,以至于不大可能使所有的 3^k 次试验都安排在一致的条件下进行,经常采用混区设计,3^k 设计可以被混杂在 3^p 个不完全区组中,其中 $p<k$。第三种情况是析因设计中的区组化,即在析因设计中完全随机化所有试验有时是不现实的,就可以考虑在析因设计中引进区组,如二因子析因设计中,因子 A 有个 a 水平,因子 B 有 b 个水平,每个处理组合重复 n 次,假定进行该实验需要特殊原材料,这种原材料有很多批次,但每批次都没有大到足以在同一批次上进行所有 abn 个处理组合,但一个批次的原材料足够完成 ab 个处理,则试验设计可以用单独批次的原材料进行 n 次重复中的一次,于是原材料的批次表示了随机化约束或区组,在每个区组内

进行完全析因设计的一次重复。

10.1.2 析因设计特点

析因设计的最大优点是所获得的信息量很多，可以准确地估计各试验因素主效应的大小，还可估计因素之间各级交互作用效应的大小；而且比一次一因子试验的效率更高。如试验 A、B 两个因子，每个因子两水平（高水平 +，低水平 −），因子水平分别记录为 B^+、B^-、A^+、A^-，如果按一次一因子变化的方法进行的试验，因子 A 的效应由 $A^+B^- - A^-B^-$ 给出，因子 B 的效应由 $A^-B^+ - A^-B^-$ 给出，因为有试验误差，每一处理组合重复两次并用平均效应来估计因子的效应，这样一共需要 6 次试验。而采用析因试验，A 效应的两个估计 $A^+B^- - A^-B^-$ 与 $A^+B^+ - A^-B^+$，同样也得出 B 效应的两个估计：$A^-B^+ - A^-B^-$ 与 $A^+B^+ - A^+B^-$，将每一个主效应的两个估计值取其平均值即得平均主效应，其结果的精度和单因子的试验所得相同，但只试验 4 次（A^2B^2、A^2B^1、A^-B^+、A^-B^-），因此析因试验相对一次一因子试验的效率更高。但相对于多因子的正交试验设计，总试验次数还是比较多，如 4 因素每因素 2 水平的试验总次数是 $2^4 = 16$，3 水平则有 $3^4 = 81$ 次，4 水平则有 $4^4 = 256$ 次，因此耗费的人力、物力和时间也较多。当然，如果有 4~5 个甚至更多的因子，通常没必要对所有因子所有可能的组合一一进行试验，可以采用分式析因试验，分析析因试验是基本的析因设计的变形，它只对所有组合的一个子集进行试验，具体的试验方法不在这里详述，可以参看 Douglas C. Montgomery 著 傅钰生 等译《实验设计与分析》(第 6 版)，也可以选择其他试验设计，如正交试验设计。

10.2 二因子析因设计及其分析

10.2.1 二因子析因设计

二因子析因试验是指有两个因素多水平的试验。如 A 因素有 a 个水平（A_1、A_2、…，A_a），B 因素有 b 个水平（B_1、B_2、…，B_b），共有 ab 个处理组合，重复 n 次，共有 abn 次试验。令 y_{ijk} 表示因子 A 取第 i 水平（$i=1$，2，3，…，a）、因子 B 取第 j 水平（$j=1$，2，3，…，b）时第 k 次重复（$k=1$，2，3，…，n）的观测值，二因子析因试验设计见表 10-1：

表 10-1 二因子析因设计的一般试验安排表

		因素 A			
		A_1	A_2	…	A_a
因素 B	B_1	Y_{111}, $y_{112}…y_{11n}$	Y_{211}, $y_{212}…y_{21n}$	…	Y_{a11}, $y_{a12}…y_{a1n}$
	B_2	Y_{121}, $y_{122}…y_{12n}$	Y_{221}, $y_{222}…y_{22n}$	…	Y_{a21}, $y_{a22}…y_{a2n}$
	⋮	⋮	⋮	⋮	⋮
	B_b	Y_{1b1}, $y_{1b2}…y_{1bn}$	Y_{2b1}, $y_{2b2}…y_{2bn}$	…	Y_{ab1}, $y_{ab2}…y_{abn}$

10.2.2 方差分析

如上表 10-1 为二因子析因设计的试验安排及数据结构，在完全随机化试验条件下，其结果分析方法同双因素完全随机化试验设计的结果分析。以固定模型为例，其线性统计模型为：

$$y_{ijk} = \mu + \alpha_i + \beta_j + \gamma_{ij} + \varepsilon_{ijk}$$

$\varepsilon_{ijk} \sim N(0, \sigma^2)$，各 ε_{ijk} 相互独立，

$$i = 1, 2, \cdots, a; \ j = 1, 2, \cdots, b; \ k = 1, 2, \cdots, n$$

$$\sum_{i=1}^{a} \alpha_i = 0, \ \sum_{j=1}^{b} \beta_i = 0, \ \sum_{i=1}^{a} \gamma_{ij} = 0, \ \sum_{j=1}^{b} \gamma_{ij} = 0,$$

μ 为总平均效应，α_i 为 A 因素第 i 水平效应，β_j 为 B 因素第 j 水平效应，γ_{ij} 为 α_i 与 β_j 的交互作用效应。

检验假设为：

$$\begin{cases} H_{A0}: \alpha_1 = \alpha_2 = \cdots = \alpha_a = 0 \\ H_{A1}: \alpha_i \neq 0, \ 至少一个 i \end{cases}$$

$$\begin{cases} H_{B0}: \beta_1 = \beta_2 = \cdots = \beta_a = 0 \\ H_{B1}: \beta_j \neq 0, \ 至少一个 j \end{cases}$$

$$\begin{cases} H_{AB0}: \gamma_{ij} = 0, \ i = 1, 2, \cdots, a, \ j = 1, 2, \cdots, b \\ H_{AB1}: \gamma_{ij} \neq 0, \ 至少一对 i, j \end{cases}$$

离差平方和分解式为：$SS_T = SS_A + SS_B + SS_{A \times B} + SS_e$

各部分均方为：

$$\begin{cases} MS_A = \dfrac{SS_A}{a-1} \\[2mm] MS_B = \dfrac{SS_B}{b-1} \\[2mm] MS_{A \times B} = \dfrac{SS_{A \times B}}{(a-1)(b-1)} \\[2mm] MS_e = \dfrac{SS_e}{ab(n-1)} \end{cases}$$

分析结果见表 10-2。

表 10-2 二因子析因设计的方差分析表，固定效应模型

变异来源	离差平方和	自由度	均方	F 值
A 因素	SS_A	$a-1$	MS_A	MS_A/MS_e
B 因素	SS_B	$b-1$	MS_B	MS_B/MS_e
A×B 交互	$SS_{A \times B}$	$(a-1)(b-1)$	$MS_{A \times B}$	$MS_{A \times B}/MS_e$
误差	SSe	df_e	MSe	
总的	SS_T	df_T		

若 $MS_{A \times B}/MSe > F(df_{A \times B}, df_e)$ 则对各处理间进行多重比较：

用 SSR 法或 q 检验法进行检验，标准误：$S_{\bar{x}} = \sqrt{\dfrac{MS_e}{k}}$。

10.2.3　拟合响应曲线与曲面

假定二因子析因设计的两个因子都是定量的，此时，二因子析因设计的回归模型可以表达为：

$$y = \beta_0 + \beta_1 x_1 + \beta_2 x_2 + \beta_{12} x_1 x_2 + \varepsilon$$

其中，y 是响应，β 是待估参数，变量 x_1 是表示因子 A 变量，x_2 是表示因子 B 变量，ε 是随机误差项，变量 x_1 和 x_2 用 -1 到 $+1$ 的规范化定义(A 与 B 的 1 水平和 2 水平)，$x_1 x_2$ 表示 x_1 和 x_2 间的交互作用。回归模型的参数估计值可以根据相应的效应估计值进行计算。

拟合的回归方程为：$\hat{y} = b_0 + b_1 x_1 + b_2 x_2 + b_{12} x_1 x_2$

如果 x_1 和 x_2 间的交互作用不显著可以忽略不计，则回归方程为：

$$\hat{y} = b_0 + b_1 x_1 + b_2 x_2$$

由回归方程可以给出由 x_1 和 x_2 不同组合生产的 y 值的平面图，这个三维图称为响应曲面图，见图 10-1(a)，以及显示 $x_1 x_2$ 平面中的连续响应 y 的等高线图，见图 10-1(b)。可以通过 Design-expert 软件实现设计、分析与作图。

下图给出了回归方程为 $\hat{y} = 35.5 + 10.5 x_1 + 5.5 x_2$ 的响应曲面和等高线图。

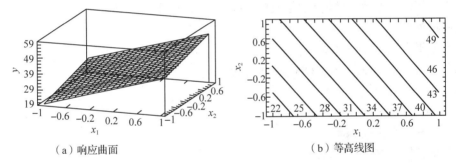

（a）响应曲面　　　　　　　　　　　（b）等高线图

图 10-1　$\hat{y} = 35.5 + 10.5 x_1 + 5.5 x_2$ 的响应曲面(a)和等高线(b)图

下图给出了回归方程为 $\hat{y} = 35.5 + 10.5 x_1 + 5.5 x_2 + 8 x_1 x_2$ 的响应曲面和等高线图。

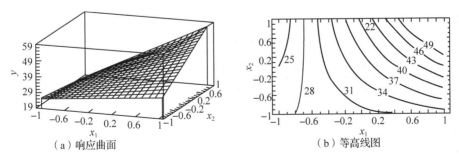

（a）响应曲面　　　　　　　　　　　（b）等高线图

图 10-2　$\hat{y} = 35.5 + 10.5 x_1 + 5.5 x_2 + 8 x_1 x_2$ 的响应曲面(a)和等高线(b)图

10.3　三因子析因设计及其分析

10.3.1　三因子析因设计

　　三因子析因试验是指同时试验三个因素，每个因素的水平数分别为 a，b，c，共有 abc 个处理组合，按试验设计基本原则，每个处理重复 n 次，则共有 $abcn$ 次试验。如 A、B、C 三个因素，每个因素两水平的处理组合为：$A_1B_1C_1$，$A_1B_1C_2$，$A_1B_2C_1$，$A_1B_2C_2$，$A_2B_1C_1$，$A_2B_1C_2$，$A_2B_2C_1$，$A_2B_2C_2$，每个处理重复 3 次，则一共有 8×3＝24 个观测值。

　　其中每个因子三水平的设计称为 3^3 设计，每个重复有 27 个处理组合。

10.3.2　方差分析

　　三因子析因设计的方差分析模型为：

$$y_{ijk}=\mu+\alpha_i+\beta_j+\gamma_k+(\alpha\beta)_{ij}+(\beta\gamma)_{jk}+(\alpha\gamma)_{ik}+(\alpha\beta\gamma)_{ijk}+\varepsilon_{ijk}$$
$$i=1,2,\cdots,a;\ j=1,2,\cdots,b;\ k=1,2,\cdots,n$$
$$\varepsilon_{ijk}\sim N(0,\sigma^2)，各\varepsilon_{ijk}相互独立$$

结果分析时根据效应性质（固定效应或随机效应）的不同而异。

对固定模型：

总离差平方和 $SS_T=SS_{ABC}+SS_e$

$SS_{ABC}=SS_A+SS_B+SS_C+SS_{A\times B}+SS_{A\times C}+SS_{B\times C}+SS_{A\times B\times C}$

$SS_{AB}=SS_A+SS_B+SS_{A\times B}$

$SS_{AC}=SS_A+SS_C+SS_{A\times C}$

$SS_{BC}=SS_B+SS_C+SS_{B\times C}$

自由度分解：$df_T=df_{ABC}+df_e$

$df_{ABC}=df_A+df_B+df_C+df_{A\times B}+df_{A\times C}+df_{B\times C}+df_{A\times B\times C}$

$df_{AB}=df_A+df_B+df_{A\times B}$

$df_{AC}=df_A+df_C+df_{A\times C}$

$df_{BC}=df_B+df_C+df_{B\times C}$

各变异来源的 F 值＝变异来源的均方值/MSe。

表 10-3　三因子析因设计的方差分析表，固定效应模型

变异来源	离差平方和	自由度	均方	F 值
A 因素	SS_A	$a-1$	MS_A	MS_A/MSe
B 因素	SS_B	$b-1$	MS_B	MS_B/MSe
C 因素	SS_C	$c-1$	MS_C	MS_B/MSe
$A\times B$ 交互	$SS_{A\times B}$	$(a-1)(b-1)$	$MS_{A\times B}$	$MS_{B\times C}/MSe$
$B\times C$ 交互	$SS_{B\times C}$	$(b-1)(c-1)$	$MS_{B\times C}$	$MS_{B\times C}/MSe$
$A\times C$ 交互	$SS_{A\times C}$	$(a-1)(c-1)$	$MS_{A\times C}$	$MS_{A\times C}/MSe$

（续）

变异来源	离差平方和	自由度	均方	F 值
$A \times B \times C$ 交互	$SS_{A \times B \times C}$	$(a-1)(b-1)(c-1)$	$MS_{A \times B \times C}$	$MS_{A \times B \times C}/MSe$
误差	SSe	df_e	MSe	
总的	SS_T	df_T		

如果析因试验中涉及一个或多个随机因子时，检验统计量的构造就不是这么简单了，需要考察期望均方才能确定正确的检验方法。

10.4　实例分析

例 1　有一研究纸张强度影响因子的析因试验，试验的影响因子有纸浆中硬木浓度的百分率、容器的压强以及煮浆时间，设置 3 个纸浆中硬木浓度的百分率、3 个压强水平、2 个煮浆时间，所有因子都看作是固定效应，每个处理组合重复 2 次，得到如下试验数据：

硬木浓度 百分率	煮浆时间 3 小时			煮浆时间 4 小时		
	压强			压强		
	400	500	600	400	500	600
2	196.6	197.7	199.8	198.4	199.6	200.6
	196.0	196.0	199.4	198.6	200.4	200.9
4	198.5	196.0	198.4	197.5	198.7	199.6
	197.2	196.9	197.6	198.1	198.0	199.0
8	197.5	195.6	197.4	197.6	197.0	198.5
	196.6	196.2	198.1	198.4	197.8	199.8

试分析其试验结果。

```
>a=read.csv("D：/ryy/xj.csv", header=TRUE, sep=",")
>head(a)
    t  p   b    y
1   3  400  2  196.6
2   3  400  2  196.0
3   3  400  4  198.5
4   3  400  4  197.2
5   3  400  8  197.5
6   3  400  8  196.6
>t=factor(a$t); p=factor(a$p); b=factor(a$b)
>f=aov(a$y~t*p*b)
>summary(f)
```

	Df	SumSq	Mean Sq	F value	Pr(>F)
t	1	20.250	20.250	55.395	6.75e−07 * * *
p	2	19.374	9.687	26.499	4.33e−06 * * *
b	2	7.764	3.882	10.619	0.0009 * * *
t: p	2	2.195	1.097	3.002	0.0750 .
t: b	2	2.082	1.041	2.847	0.0843 .
p: b	4	6.091	1.523	4.166	0.0146 *
t: p: b	4	1.973	0.493	1.350	0.2903
Residuals	18	6.580	0.366		

Signif. codes： 0 '* * *' 0.001 '* *' 0.01 '*' 0.05 '.' 0.1 ' ' 1					

例 2　有一树种、温度、氮添加三个因素对林木粗木质残体分解 CO_2 累积排放量影响的析因试验，选择两个树种(A1：日本柳杉、A2：化香)、四个温度水平(B1：15 ℃、B2：20 ℃、B3：25 ℃、B4：30 ℃)、2 个氮添加水平(C1：加氮、C2：不加氮)共 16 个处理，每处理重复 3 次，共 3×16 = 48 次试验，测定指标为 CO_2 累积排放量(mg/g)，得到试验结果见表 10-4，试分析其结果。

表 10-4　三因素对粗木质残体分解 CO_2 累积排放量影响的试验结果表

树种	氮处理	温度(℃)	CO_2 累积排放量(mg/g)
A1 日本柳杉	C1 加氮	B1 15	25.17
A1 日本柳杉	C1 加氮	B1 15	25.99
A1 日本柳杉	C1 加氮	B1 15	26.41
A1 日本柳杉	C1 加氮	B2 20	29.37
A1 日本柳杉	C1 加氮	B2 20	31.16
A1 日本柳杉	C1 加氮	B2 20	29.31
A1 日本柳杉	C1 加氮	B3 25	35.09
A1 日本柳杉	C1 加氮	B3 25	33.42
A1 日本柳杉	C1 加氮	B3 25	37.31
A1 日本柳杉	C1 加氮	B4 30	39.31
A1 日本柳杉	C1 加氮	B4 30	42.25
A1 日本柳杉	C1 加氮	B4 30	40.81
A1 日本柳杉	C2 空白	B1 15	23.27
A1 日本柳杉	C2 空白	B1 15	20.72
A1 日本柳杉	C2 空白	B1 15	23.2
A1 日本柳杉	C2 空白	B2 20	28.04
A1 日本柳杉	C2 空白	B2 20	25.19
A1 日本柳杉	C2 空白	B2 20	28.49
A1 日本柳杉	C2 空白	B3 25	34

（续）

树种	氮处理	温度（℃）	CO_2 累积排放量（mg/g）
A1 日本柳杉	C2 空白	B3 25	31.07
A1 日本柳杉	C2 空白	B3 25	33.66
A1 日本柳杉	C2 空白	B4 30	40.98
A1 日本柳杉	C2 空白	B4 30	37.94
A1 日本柳杉	C2 空白	B4 30	36.99
A2 化香	C1 加氮	B1 15	54.75
A2 化香	C1 加氮	B1 15	52.33
A2 化香	C1 加氮	B1 15	46.11
A2 化香	C1 加氮	B2 20	65.7
A2 化香	C1 加氮	B2 20	59.95
A2 化香	C1 加氮	B2 20	62.51
A2 化香	C1 加氮	B3 25	112.4
A2 化香	C1 加氮	B3 25	115.04
A2 化香	C1 加氮	B3 25	108.65
A2 化香	C1 加氮	B4 30	123.36
A2 化香	C1 加氮	B4 30	139.16
A2 化香	C1 加氮	B4 30	150.48
A2 化香	C2 空白	B1 15	55.28
A2 化香	C2 空白	B1 15	47.94
A2 化香	C2 空白	B1 15	42.58
A2 化香	C2 空白	B2 20	54.23
A2 化香	C2 空白	B2 20	55.11
A2 化香	C2 空白	B2 20	53.65
A2 化香	C2 空白	B3 25	101.93
A2 化香	C2 空白	B3 25	102.75
A2 化香	C2 空白	B3 25	105.16
A2 化香	C2 空白	B4 30	128.87
A2 化香	C2 空白	B4 30	124.32
A2 化香	C2 空白	B4 30	132.4

用 R 语言实现：

```
rd<-read.csv("11.csv")
attach(rd)
head(rd)
    sz   n    t    y
1   A1  C1   B1  25.17
```

```
2   A1  C1  B1  25.99
3   A1  C1  B1  26.41
4   A1  C1  B2  29.37
5   A1  C1  B2  31.16
6   A1  C1  B2  29.31
fit1<-aov(y~sz*n*t, data=rd)
summary(fit1)
```

	Df	Sum Sq	Mean Sq	F value	Pr(>F)
sz	1	37158	37158	1954.822	<2e-16 ***
n	1	291	291	15.331	0.000444 ***
t	3	19375	6458	339.758	<2e-16 ***
sz: n	1	61	61	3.216	0.082373 .
sz: t	3	99909	3303	173.763	<2e-16 ***
n: t	3	15	5	0.271	0.845479
sz: n: t	3	31	10	0.544	0.655921
Residuals	32	608	19		

```
---
Signif. codes: 0 '***' 0.001 '**' 0.01 '*' 0.05 '.' 0.1 ' ' 1
```

即不同树种之间、氮沉降处理及不同温度之间林木粗木质残体分解 CO_2 累积排放量有极显著差异，树种与温度的交互作用极显著存在。

习 题

有一研究动物的性别和不同饲料（玉米和大豆粉）对体重增加影响的试验。性别（因素 A）、大豆粉（因素 B）、玉米（因素 C）均为 2 水平。

因素 A：$A1$ 雌性、$A2$ 雄性

因素 B：$B1$ 大豆粉+4%蛋粉、$B2$ 纯大豆粉

因素 C：$C1$ 玉米+0.6%乙氨酸、$C2$ 纯玉米

采用 2^3 析因试验设计，每种处理试验 8 头动物，即 8 次重复。表 10-5 为试验安排表：

表 10-5　2^3 析因试验安排表

	B_1		B_2	
	C_1	C_2	C_1	C_2
A_1	$A_1B_1C_1$	$A_1B_1C_2$	$A_1B_2C_1$	$A_1B_2C_2$
A_2	$A_2B_1C_1$	$A_2B_1C_2$	$A_2B_2C_1$	$A_2B_2C_2$

按试验结果进行方差分析得到如下表 10-5 的方差分析：

$[F_{A因素(性别)}=2.158, F_{B(大豆粉)}=20.196**, F_{C(玉米)}=0.232, F_{A\times C}=2.108, F_{B\times C}=12.661**, F_{A\times B\times C}=0.286]$

11 协方差分析

本章摘要

本章主要介绍协方差分析的应用背景、基本思路、分析步骤和方法。重点通过单项分组资料、两项分组资料系统介绍统计模型及其假定、方差齐性检验、回归直线平行检验、回归显著性检验、处理效应显著性检验及平均数调整等协方差分析过程。并通过实例实现 R-语言的分析应用。

11.1 协方差分析方法

在试验中要控制试验误差，提高试验准确性，就必须控制试验条件的均匀性，使各处理变量尽可能处在一致的试验条件下的这一做法在统计上叫试验控制。但在实际的野外试验中有些试验条件是很难或不可能人为控制的，如毛竹施肥研究中希望各施肥处理的立竹度要完全一致是不可能的，但立竹度对发笋数有影响；在林木嫁接试验中，希望砧木的粗细完全一样也是很难的，但砧木粗细对试验结果影响很大；在病虫害防治试验中，要求各试验小区发病率或危害程度一致很不容易。对于这些情况，如果不能很好控制的因素 X 可以量测，而又和试验指标 Y 存在回归关系，那么就可以利用回归关系将各个 Y 都矫正到 X 同样水平($x = \bar{x}$)时的结果，这一做法在统计上叫统计控制。

这种将利用反应变量与协变量之间的线性回归关系调整反应变量，回归分析与方差分析相结合的一种统计分析方法就是协方差分析，又称相关变量分析或互变量分析。因此，协方差分析方法是一种调整无法控制又影响反应变量的方差分析法。而这种调整是通过回归分析来实现的，通过它减少试验误差，提高试验准确性，使结果更加可靠。

在协方差分析中，试验的指标如嫁接试验中的嫁接成活率、施肥试验中的产量、病虫害防治试验中的杀虫率等称为反应变量 Y，而与 Y 有线性回归关系的另一变量，如砧木的粗度、竹林的立竹度称为伴随变量或协变量 X。

11.1.1 分析思路

为比较三种施肥处理对某经济树种产量的影响，测得各处理每株样树的产量 y(kg) 和胸径 x(cm) 数据如下表 11-1 所示，要分析三种施肥处理(A_1、A_2、A_3) 对产量是否有显著影响。

表 11-1　不同施肥处理下产量数据表

施肥处理					
A1		A2		A3	
x	y	x	y	x	y
15	85	17	97	22	89
13	83	16	90	24	91
11	65	18	100	20	83
12	76	18	95	23	95
12	80	21	103	25	100
16	91	22	106	27	102
14	84	19	99	30	105
17	90	18	94	32	110
$\bar{x}_1. = 13.750$	$\bar{y}_1. = 81.750$	$\bar{x}_2. = 18.625$	$\bar{y}_2. = 98.000$	$\bar{x}_3. = 25.375$	$\bar{y}_3. = 96.875$

如果不考虑胸径 x 对 y 的影响，则进行一般的方差分析结果见表 11-2。

表 11-2　方差分析表

变异来源	自由度 df	平方和 SS	均方 MS	F	临界值
施肥	2	1317.58	658.79	11.17 $**$	$F_{0.01(2,21)} = 5.78$
误差	21	1238.38	58.97		
总和	23	2555.96			

以上方差分析过程的 R 代码如下：

```
>dat = read.csv("D：/ryy/4-2.csv", header = TRUE, sep = ",")
>A = aov(y ~ A, data = dat)
>summary(A)
            Df      Sum Sq      Mean Sq      F value      Pr(>F)
A           2       1318        658.8        11.17        0.000496 * * *
Residuals   21      1238        59.0
---
Signif. codes：0'* * *'  0.001'* *'  0.01'*'0.05'.'0.1''1
>
```

结果表明，施肥处理对产量有极显著影响，但这一结论存在问题，因为：

A_1 处理林木的平均胸径是 13.750；

A_2 处理林木的平均胸径是 18.625；

A_3 处理林木的平均胸径是 25.375。

如果胸径对产量有显著影响，那么胸径与施肥的效应混杂在一起，实际上从 x 与 y 的散点图(图 11-1)可以看出每一种施肥处理中，x 与 y 有明显的线性关系，它们的回归方程分别是：

A_1：$\hat{y} = 33.516 + 3.508x$

A_2：$\hat{y} = 54.570 + 2.232x$

A_3：$\hat{y} = 43.141 + 2.188x$

从图 11-1 中还可看出这三条直线近乎平行。

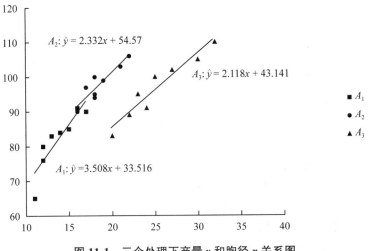

图 11-1 三个处理下产量 y 和胸径 x 关系图

为了使直线的斜率估计得更加精确，把三部分信息集中起来，即合并各部分平方和与交叉乘积和，建立具有公共回归系数(斜率)b^* 的三条回归直线(图 11-2)。

$$b^* = \frac{S_{xy}^*}{S_{xx}^*} = 2.40$$

$$\hat{y}_1' = 48.750 + 2.40x_1$$

$$\hat{y}_2' = 53.300 + 2.40x_2$$

$$\hat{y}_3' = 35.975 + 2.40x_3$$

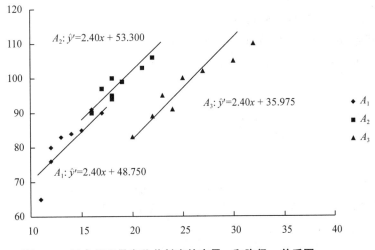

图 11-2 三个处理具有公共斜率的产量 y 和胸径 x 关系图

由于用了全部数据来估计斜率 b, 图 11-2 三条直线比图 11-1 更能反映实际情况。因为 y 与 x 有这种线性回归关系, 因此应从 y 中将 x 的影响扣除后才能比较三种施肥处理的好坏。

以上回归分析过程的 R 代码如下:

```
>dat = read. csv("D: /ryy/1. csv", header = TRUE, sep = ",")

>lmA1 = lm(y~x, data = dat)#A1 线性回归
>summary(lmA1)

Call:
lm(formula = y~x, data = dat)

Residuals:
    Min    1Q Median     3Q     Max
-7. 103   -1. 639   0. 873   2. 000   4. 389

Coefficients:
            Estimate    Std. Error    t value    Pr(>|t|)
(Intercept)  33. 5159     10. 0988      3. 319     0. 01603 *
x             3. 5079      0. 7269      4. 826     0. 00292 * *
---
Signif. codes: 0 '* * *' 0. 001 '* *' 0. 01 '*' 0. 05 '.' 0. 1 ' ' 1

Residual standard error: 4. 08 on 6 degrees of freedom
Multiple R-squared: 0. 7951, Adjusted R-squared: 0. 761
F-statistic: 23. 29 on 1 and 6 DF, p-value: 0. 002923

>dat = read. csv("D: /ryy/2. csv", header = TRUE, sep = ",")
>lmA2 = lm(y~x, data = dat)#A2 线性回归
>summary(lmA2)

Call:
lm(formula = y~x, data = dat)

Residuals:
    Min      1Q      Median      3Q       Max
-2. 5426   -1. 6267   -0. 2063   0. 7948   3. 4574
```

Coefficients：

EstimateStd. Errort valuePr（＞｜t｜）

（Intercept）54. 56958. 24256. 6200. 000572 ＊ ＊ ＊

x 2. 33180. 44035. 2950. 001838 ＊ ＊

———

Signif. codes：0 ' ＊ ＊ ＊ ' 0. 001 ' ＊ ＊ ' 0. 01 ' ＊ ' 0. 05 '. ' 0. 1 ' ' 1

Residual standard error：2. 325 on 6 degrees of freedom

Multiple R-squared：0. 8237，Adjusted R-squared：0. 7944

F-statistic：28. 04 on 1 and 6 DF，p-value：0. 001838

>dat＝read. csv（"D：/ryy/4-2. csv"，header＝TRUE，sep＝"，"）

>lmA3＝lm（y～x，data＝dat）#A3 线性回归

>summary（lmA3）

Call：

lm（formula＝y～x，data＝dat）

Residuals：

Min	1Q	Median	3Q	Max
−2. 9633	−1. 8749	−0. 8161	2. 0515	3. 9191

Coefficients：

EstimateStd. Error t valuePr（＞｜t｜）

（Intercept）43. 14136. 69076. 4480. 000659 ＊ ＊ ＊

x 2. 11760. 26088. 1210. 000187 ＊ ＊ ＊

———

Signif. codes：0 ' ＊ ＊ ＊ ' 0. 001 ' ＊ ＊ ' 0. 01 ' ＊ ' 0. 05 '. ' 0. 1 ' ' 1

Residual standard error：2. 807 on 6 degrees of freedom

Multiple R-squared：0. 9166，Adjusted R-squared：0. 9027

F-statistic：65. 95 on 1 and 6 DF，p-value：0. 0001872

11.1.2　协方差分析步骤

由上可知，协方差分析是有协变量存在且协变量与各处理回归直线平行、回归显著为前提的，通过平均数调整扣除协变量的影响。

所以协方差分析的基本步骤为：

（1）检验协方差分析的前提条件，包括：

①各处理剩余方差是否齐性；

②各处理回归直线是否平行；

③反应变量与协变量的回归关系是否显著。

（2）检验处理效应是否显著存在。

（3）平均数调整。

11.2 单向分组资料的协方差分析

11.2.1 统计模型及其假定

具有一个协变量的单因素试验设计的单项分组资料协方差分析是协方差分析中最简单的一种。其数据资料如表 11-3 所示。

表 11-3 单项分组资料表

A_1	x	x_{11}	x_{12}	x_{13}	$\cdots$	x_{1n}
	y	y_{11}	y_{12}	y_{13}	$\cdots$	y_{1n}
A_2	x	x_{21}	x_{22}	x_{23}	$\cdots$	x_{2n}
	y	y_{21}	y_{22}	y_{23}	$\cdots$	y_{2n}
$\vdots$	$\vdots$	$\vdots$	$\vdots$	$\vdots$	$\vdots$	$\vdots$
A_a	x	x_{a1}	x_{a2}	x_{a3}	$\cdots$	x_{an}
	y	y_{a1}	y_{a2}	y_{a3}	$\cdots$	y_{an}

单因素的单项分组资料协方差分析的统计模型为：

$$y_{ij} = \mu + \alpha_i + \beta(x_{ij} - \bar{x}_{..}) + \varepsilon_{ij} \qquad \begin{matrix} i = 1, \ 2 \cdots a \\ j = 1, \ 2 \cdots n \end{matrix} \qquad (11-1)$$

式中 y_{ij} 表示第 i 次处理所得反应变量的第 j 次观察值；x_{ij} 表示第 i 次处理，第 j 次观察值 y_{ij} 的相应协变量值；$\bar{x}_{..}$ 表示 x_{ij} 的平均数；μ 表示总平均数；α_i 表示第 i 处理效应值；β 表示 y_{ij} 在 x_{ij} 上的线性回归系数；ε_{ij} 表示随机误差。

进行协方差分析需满足以下几个前提条件：

（1）随机误差变量 ε_{ij} 必须是遵从正态分布 $N(0, \ \sigma)$ 的独立随机变量。

（2）y_{ij} 与 x_{ij} 之间存在线性关系，同时协变量 x_{ij} 不受处理效应 α_i 的影响。

（3）处理效应之和应等于零。即：$\sum\limits_{i=1}^{a} \alpha_i = 0$

从协方差分析的统计模型可以看出是方差分析模型和线性回归分析模型的结合。

如果令 $\mu' = \mu - \beta \bar{x}_{..}$，那么协方差分析的统计模型又可以写为：

$$y_{ij} = \mu' + \alpha_i + \beta x_{ij} + \varepsilon_{ij} \qquad \begin{matrix} i = 1, \quad 2, \quad \cdots \quad a \\ j = 1, \quad 2, \quad \cdots \quad n \end{matrix} \qquad (11-2)$$

11.2.2 分析方法

（1）计算各项平方和、乘积和

协方差分析各变异来源的平方和及乘积和如表 11-4 所示。

表 11-4　各项平方和、乘积和表

变异来源	平方和及乘积和		
	x 离差平方和	xy 乘积和	y 离差平方和
处理	ST_{xx}	ST_{xy}	ST_{yy}
误差	SE_{xx}	SE_{xy}	SE_{yy}
总和	SS_{xx}	SS_{xy}	SS_{yy}

总离差平方和、乘积和：

$$SS_{yy} = \sum_{i=1}^{a} \sum_{j=1}^{n} (y_{ij} - \bar{y}_{..})^2 = \sum_i \sum_j y_{ij}^2 - \frac{y_{..}^2}{an} \tag{11-3}$$

$$SS_{xx} = \sum_{i=1}^{a} \sum_{j=1}^{n} (x_{ij} - \bar{x}_{..})^2 = \sum_i \sum_j x_{ij}^2 - \frac{x_{..}^2}{an} \tag{11-4}$$

$$SS_{xy} = \sum_{i=1}^{a} \sum_{j=1}^{n} (x_{ij} - \bar{x}_{..})(y_{ij} - \bar{y}_{..}) = \sum_i \sum_j x_{ij} y_{ij} - \frac{(x_{..})(y_{..})}{an} \tag{11-5}$$

处理离差平方和、乘积和：

$$ST_{yy} = \sum_{i=1}^{a} \sum_{j=1}^{n} (y_{i.} - \bar{y}_{..})^2 = \sum_{i=1}^{a} \frac{y_{i.}^2}{n} - \frac{y_{..}^2}{an} \tag{11-6}$$

$$ST_{xx} = \sum_{i=1}^{a} \sum_{j=1}^{n} (x_{ij} - \bar{x}_{..})^2 = \sum_{i=1}^{a} \frac{x_{i.}^2}{n} - \frac{x_{..}^2}{an} \tag{11-7}$$

$$ST_{xy} = \sum_{i=1}^{a} \sum_{j=1}^{n} (x_{i.} - \bar{x}_{..})(y_{i.} - \bar{y}_{..}) = \sum_{i=1}^{a} \frac{x_{i.} \, y_{i.}}{n} - \frac{(x_{..})(y_{..})}{an} \tag{11-8}$$

误差项离差平方和、乘积和：

$$SE_{yy} = \sum_{i=1}^{a} \sum_{j=1}^{n} (y_{ij} - \bar{y}_{i.})^2 = SS_{yy} - ST_{yy} \tag{11-9}$$

$$SE_{xx} = \sum_{i=1}^{a} \sum_{j=1}^{n} (x_{ij} - \bar{x}_{i.})^2 = SS_{xx} - ST_{xx} \tag{11-10}$$

$$ST_{xy} = \sum_{i=1}^{a} \sum_{j=1}^{n} (x_{ij} - \bar{x}_{i.})(y_{ij} - \bar{y}_{i.}) = SS_{xy} - ST_{xy} \tag{11-11}$$

以表 11-1 数据为例，计算出各离差平方和、乘积和见表 11-5。

表 11-5　不同施肥处理产量各变异来源离差平方和、乘积和

变异来源	x 离差平方和	xy 离差平方和	y 离差平方和
施肥	545.25	659.875	1317.853
误差	175.25	420.875	1238.375
总和	720.50	1080.750	2555.958

并以此建立不同处理反应变量与协变量的回归方程，例中三种施肥处理产量与胸径的回归方程为：

$$A_1: \hat{y}_1 = 33.516 + 3.508x_1$$

$$A_2: \hat{y}_2 = 54.570 + 2.232x_2$$

$$A_3: \hat{y}_3 = 143.141 + 2.118x_3$$

（2）方差齐性检验

用各处理的回归系数计算剩余平方和：

处理 1 剩余平方和 $SS_{e1}^w = SS_{y_1y_1} - b_1^2 SS_{x_1x_1} = 99.86$ 自由度 $df_1 = n-2 = 6$

处理 2 剩余平方和 $SS_{e2}^w = SS_{y_2y_2} - b_1^2 SS_{x_2x_2} = 45.13$ 自由度 $df_2 = n-2 = 6$

处理 3 剩余平方和 $SS_{e3}^w = SS_{y_3y_3} - b_1^2 SS_{x_3x_3} = 47.07$ 自由度 $df_3 = n-2 = 6$

均方分别为：
$$\begin{cases} MS_{e1}^{w2} = \dfrac{99.86}{6} = 16.644 \\[2ex] MS_{e2}^{w2} = \dfrac{45.13}{6} = 7.522 \\[2ex] MS_{e3}^{w2} = \dfrac{47.07}{6} = 7.845 \end{cases}$$

用两个差异最大的均方做方差齐性检验：

$$F = \frac{MS_{e1}^{w2}}{MS_{e2}^{w2}} = \frac{16.644}{7.522} = 2.213 < F_{0.05(6,6)} = 4.82$$

故方差齐性。

（3）回归直线平行检验

$$SS_{回归系数} = SS_e - SS_e^w \qquad df_{回归系数} = df_e - df_e^w$$

SS_e 为拥有共同斜率的三条平行直线误差平方和

$$SS_e = SE_{yy} - \frac{SE_{xy}^2}{SE_{xx}} = 1238.375 - \frac{42.875^2}{175.25} = 227.615$$

相应自由度 $df_e = a(n-1) - 1 = 20$

SS_e^w 为三条独立回归直线总剩余平方和

$$SS_e^w = SS_{e1}^w + SS_{e2}^w + SS_{e3}^w = 192.06$$

相应自由度 $df_e^w = a(n-2) = 18$

故 $SS_{回归系数} = 227.615 - 192.06 = 35.355$

$df_{回归系数} = 20 - 18 = 2$

$$MS_{回归系数} = \frac{35.355}{2} = 17.778$$

$$F = \frac{MS_{回归系数}}{SS_e^w / df_e^w} = \frac{17.778}{192.06/18} = 1.666 < F_{0.05(2,18)} = 3.55$$

故三条直线是平行的。

（4）回归显著性检验

$$H_0: \beta = 0, H_1: \beta \neq 0$$

回归平方和：

$$SS_R = \frac{SE_{xy}^2}{SE_{xx}} = \frac{420.875^2}{175.25} = 1010.76$$

回归自由度 $df_R = 1$ （一元线性回归）

$$F = \frac{SS_R / df_R}{SS_e / df_e} = \frac{1010.76/1}{227.615/20} = 88.81 > F_{0.01(1,20)} = 8.1$$

故回归关系显著存在。

（5）检验处理效应是否显著

$$H_0 : \alpha_i = 0, H_1 : \alpha_i \neq 0$$

因为协方差分析统计模型中 μ 的估计量为 $\bar{y}..$，β 的估计量为 $b^* = \dfrac{SE_{xy}}{SE_{xx}}$

所以处理效应 α_i 的估计量为：

$$(\bar{y}_{i.} - \bar{y}..) - b^*(\bar{x}_{i.} - \bar{x}..)$$

误差平方和

$$SS_e = SE_{yy} - b^* SE_{xy} = SE_{yy} - \frac{SE_{xy}^2}{SE_{xx}} \qquad (11-12)$$

自由度为：$a(n-1)-1$

均方为：

$$MS_e = \frac{SS_e}{a(n-1)-1} \qquad (11-13)$$

如果不存在处理效应，则原统计模型为：

$$y_{ij} = \mu + \beta(x_{ij} - \bar{x}_{i.}) + \varepsilon_{ij} \qquad (11-14)$$

这时 μ 和 β 的估计量分别为：$\qquad \bar{y}..$ 和 $b = \dfrac{SS_{xy}}{SS_{xx}} \qquad (11-15)$

其误差平方和为：

$$SS'_e = SS_{yy} - \frac{SS_{xy}^2}{SS_{xx}} \qquad (11-16)$$

自由度为 $an-2$

如果试验本身存在处理效应，但若不按存在处理效应以对待，那么此时计算出来的误差平方和 SS'_e 会大于按存在处理效应计算所得误差平方和 SS_e，而它们的差值正是由处理效应 α_i 所产生的平方和，具有自由度 $a-1$。于是这个差值 $SS'_e - SS_e$ 可以用 F 值来检验是否存在处理效应的假设。

本例中 $SS'_e - SS_e = (SS_{yy} - \dfrac{SS_{xy}^2}{SS_{xx}}) - SS_e$

$$= (2555.958 - \frac{1080.750^2}{720.500}) - 227.615$$

$$= 707.218$$

$$F = \frac{(SS'_E - SS_e)/a - 1}{SS_e / df_e} = \frac{707.218/2}{227.615/20} = 31.07 > F_{0.01(2,20)} = 5.72$$

故不同施肥处理对产量有显著影响。

（6）平均数调整

调整后 $\bar{y}_{i.} =$ 调整前 $\bar{y}_{i.} - b^*(\bar{x}_{i.} - \bar{x}..)$

即 调整后 $\bar{y}_1. = 81.750 - 2.4(13.750 - 19.25) = 94.950$

$\qquad \bar{y}_2. = 98.000 - 2.4(18.625 - 19.25) = 99.500$

$$\bar{y}_3. = 96.875 - 2.4(25.375 - 19.25) = 82.175$$

调整前产量平均数 $\bar{y}_2 > \bar{y}_3 > \bar{y}_1$

调整后产量平均数 $\bar{y}_2 > \bar{y}_1 > \bar{y}_3$

可见进行协方差分析扣除协变量的影响是有意义的。

11.3 两向分组资料的协方差分析

11.3.1 统计模型及其假定

当试验设计为两向分组资料时，协方差分析的统计模型为：

$$y_{ij} = \mu + \alpha_i + \nu_j + \beta(x_{ij} - \bar{x}..) + \varepsilon_{ij} \qquad \begin{matrix} i = 1, 2, \cdots, p \\ j = 1, 2, \cdots, q \end{matrix} \qquad (11-17)$$

式中：i 表示 A 因素第 i 处理，j 表示 B 因素第 j 处理；α_i 表示 A 因素处理效应，$\sum \alpha_i = 0$；ν_j 表示 B 因素处理效应，$\sum \nu_i = 0$；β 表示 y_{ij} 在 x_{ij} 上的线性回归系数；ε_{ij} 表示随机误差。

若令 $\mu' = \mu - \beta\bar{x}..$，上述模型可改写为：

$$y_{ij} = \mu' + \alpha_i + \nu_j + \beta x_{ij} + \varepsilon_{ij} \qquad (11-18)$$

11.3.2 分析方法

两向分组协方差试验数据结构如表 11-6 所示。

表 11-6 两向分组试验数据结构表

		B 因素			A 因素总和		A 因素平均	
		B_1	B_2	$\cdots$	B_q			
A 因素	A_1	$\begin{cases} x_{111}, y_{111} \\ x_{112}, y_{112} \\ \vdots \\ x_{11r}, y_{11r} \end{cases}$	$\begin{cases} x_{121}, y_{121} \\ x_{122}, y_{122} \\ \vdots \\ x_{12r}, y_{12r} \end{cases}$	$\cdots$	$\begin{cases} x_{1q1}, y_{1q1} \\ x_{1q2}, y_{1q2} \\ \vdots \\ x_{1qr}, y_{1qr} \end{cases}$	$K_{A1}^x,$ K_{A1}^y	$k_{A1}^x,$ k_{A1}^y
	A_2	$\begin{cases} x_{211}, y_{211} \\ x_{212}, y_{212} \\ \vdots \\ x_{21r}, y_{21r} \end{cases}$	$\begin{cases} x_{221}, y_{221} \\ x_{222}, y_{222} \\ \vdots \\ x_{22r}, y_{22r} \end{cases}$	$\cdots$	$\begin{cases} x_{2q1}, y_{2q1} \\ x_{2q2}, y_{2q2} \\ \vdots \\ x_{2qr}, y_{2qr} \end{cases}$	$K_{A2}^x,$ K_{A2}^y	$k_{A2}^x,$ k_{A2}^y
	$\vdots$	$\vdots$	$\vdots$	$\cdots$	$\vdots$	$\vdots$	$\vdots$
	A_p	$\begin{cases} x_{P11}, y_{P11} \\ x_{P12}, y_{P12} \\ \vdots \\ x_{P1r}, y_{P1r} \end{cases}$	$\begin{cases} x_{P21}, y_{p21} \\ x_{P22}, y_{p22} \\ \vdots \\ x_{P2r}, y_{p2r} \end{cases}$	$\cdots$	$\begin{cases} x_{pq1}, y_{pq1} \\ x_{pq2}, y_{pq2} \\ \vdots \\ x_{pqr}, y_{pqr} \end{cases}$	$K_{Ap}^x,$ K_{Ap}^y	$k_{Ap}^x,$ k_{Ap}^y
B 因素总和		K_{B1}^x, K_{B1}^y	K_{B2}^x, K_{B2}^y	$\cdots$	K_{Bq}^x, K_{Bq}^y		
因素平均		k_{B1}^x, k_{B1}^y	k_{B2}^x, k_{B2}^y	$\cdots$	k_{Bq}^x, k_{Bq}^y		

（1）计算各变异来源的平方和、乘积和

先按双因素方差分析方法分别计算 y 和 x 的离差平方和：

对于反应变量 y 有：ST_A^y　ST_B^y　$ST_{A\times B}^y$　SE^y　SS^y

对于协变量 x 有：ST_A^x　ST_B^x　$ST_{A\times B}^x$　SE^x　SS^x

然后计算协变量 x 与反应变量 y 的各项乘积和。计算如下：

令 A 因素有 p 个处理（水平），B 因素有 q 个处理（水平），试验重复 r 次。

用 x_{ijk} 和 y_{ijk} 表示在 A_i、B_j 条件下第 K 次试验结果

则：

$$\begin{cases} x_{ij} = \sum_{k=1}^{r} x_{ijk} \\ K_{A_i}^x = \sum_{j=1}^{q} x_{ij} \\ K_{B_j}^x = \sum_{i=1}^{p} x_{ij} \\ K^x = \sum_{i=1}^{p} \sum_{j=1}^{q} x_{ij} \end{cases} \qquad \begin{cases} y_{ij} = \sum_{k=1}^{r} y_{ijk} \\ K_{A_i}^y = \sum_{j=1}^{q} y_{ij} \\ K_{B_j}^y = \sum_{i=1}^{p} y_{ij} \\ K^y = \sum_{i=1}^{p} \sum_{j=1}^{q} y_{ij} \end{cases}$$

由以上计算：

$$P^{xy} = \frac{1}{pqr} K^x K^y \tag{11-19}$$

$$Q_A^{xy} = \frac{1}{qr} \sum_{i=1}^{p} K_{A_i}^x K_{A_i}^y \tag{11-20}$$

$$Q_B^{xy} = \frac{1}{pq} \sum_{j=1}^{q} K_{B_j}^x K_{Bj}^y \tag{11-21}$$

$$R^{xy} = \frac{1}{r} \sum_{i=1}^{p} \sum_{j=1}^{q} x_{ij} y_{ij} \tag{11-22}$$

$$w^{xy} = \sum_{i=1}^{p} \sum_{j=1}^{q} \sum_{k=1}^{r} x_{ijk} y_{ijk} \tag{11-23}$$

各乘积和为：

$$S_A^{xy} = Q_A^{xy} - P^{xy} \tag{11-24}$$

$$S_B^{xy} = Q_B^{xy} - P^{xy} \tag{11-25}$$

$$S_{A\times B}^{xy} = R^{xy} - Q_A^{xy} - Q_B^{xy} + P^{xy} \tag{11-26}$$

$$Se^{xy} = W^{xy} - R^{xy} \tag{11-27}$$

$$SS^{xy} = W^{xy} - P^{xy} \tag{11-28}$$

即各平方和、乘积和列表见表 11-7：

表 11-7　各项离差平方和、乘积和表

变异来源	离差平方和、乘积和		
	X 平方和	XY 乘积和	Y 平方和
A 因素	ST_A^x	ST_A^{xy}	ST_A^y
B 因素	ST_B^x	ST_B^{xy}	ST_B^y
A×B	$ST_{A\times B}^x$	$ST_{A\times B}^{xy}$	$ST_{A\times B}^y$
误差	SE^x	SE^{xy}	SE^y
总的	SS^x	SS^{xy}	SS^y

（2）回归系数估计和检验

回归直线的公共回归系数（斜率）：

$$b^* = \frac{LE^{xy}}{LE^x} \tag{11-29}$$

$$H_0: \beta = 0, \ H_1: \beta \neq 0$$

回归平方和

$$SS_{回归}\frac{(LE^{xy})^2}{LE^x} \tag{11-30}$$

因为只有一个协变量

$$df_{回归} = 1$$

$$F = \frac{SS_{回归}}{SS_e / df_e} \tag{11-31}$$

修正误差平方和

$$SS_e = SE_y - \frac{(SE^{xy})^2}{SE^x}$$

相应自由变应扣除协变量的个数

若 $F > F_{(1, f_e)}$，则线性回归显著

否则回归不显著

（3）检验处理效应

先检验交互作用 A×B 影响是否显著

因为 $SS_{A\times B+e} = ST_{A\times B}^y + SE^y - (ST_{A\times B}^{xy} + SE^{xy})^2 / (ST_{A\times B}^x + SE^x)$ （11-32）

故 $SS_{A\times B} = SS_{A\times B+e} - SS_e df_{A\times B} = (a-1)(b-1)$

$$F_{A\times B} = \frac{SS_{A\times B} / df_{A\times B}}{SS_e / df_e} \tag{11-33}$$

若 $F_{A\times B} > F_{(f_{A\times B}, \ f_e)}$，则 A×B 影响显著

否则 A×B 影响不显著

然后依次检验 A、B 影响是否显著：

$$SS_{A+e} = ST_A^y + SE^y - (ST_A^{xy} + SE^{xy})^2 / (ST_A^x + SE^x) \tag{11-34}$$

$$SS_{B+e} = ST_B^y + SE^y - (ST_B^{xy} + SE^{xy})^2 / (ST_B^x + SE^x) \tag{11-35}$$

$$SS_A = SS_{A+e} - SS_e \tag{11-36}$$

$$SS_B = SS_{B+e} - SS_e \tag{11-37}$$

$$F_A = \frac{SS_A / df_A}{SS_e / df_e}$$ 若 $F_A > F(df_A, df_e)$，A 因素影响显著，否则影响不显著。

$$F_B = \frac{SS_B / df_B}{SS_e / df_e}$$ 若 $F_B > F(df_B, df_e)$，B 因素影响显著，否则影响不显著。

（4）平均数调整

A 因素：

$$k_{Ai}^x = \frac{1}{rq} K_{Ai}^x \tag{11-38}$$

$$k_{Ai}^y = \frac{1}{rq} K_{Ai}^y \tag{11-39}$$

故

$$k_{Ai}^{y'} = k_{Ai}^y - b^*(k_{Ai}^x - \bar{x}_{..}) \tag{11-40}$$

B 因素：

$$k_{Bi}^x = \frac{1}{rq} K_{Bj}^x \tag{11-41}$$

$$k_{Bi}^y = \frac{1}{rq} K_{Bj}^y \tag{11-42}$$

$$k_{Bi}^{y'} = k_{Bi}^y - b^*(k_{Bj}^x - \bar{x}_{..}) \tag{11-43}$$

如果 $A \times B$ 影响显著，也按同样方法修正。

例：有一平原区的林木施肥试验，试验因素 A 为肥料种类（A_1、A_2、A_3、A_4 四个水平），试验因素 B 为施肥量（4 个水平：B_1、B_2、B_3、B_4），做双因素试验，试验结果见表 11-8，表中 y 为试验一年后的树高，x 为初始苗高，试进行协方差分析。

表 11-8 林木施肥试验结果表

		A_1		A_2		A_3		A_4	
B_1	x	49.0	49.2	49.8	49.8	49.9	49.8	49.7	49.8
	y	71	73	73	75	76	73	75	73
B_2	x	49.5	49.3	49.9	49.8	50.2	50.1	49.4	49.4
	y	72	73	76	74	79	77	73	72
B_3	x	49.7	49.5	50.1	50.0	49.7	50.0	49.5	49.6
	y	75	73	78	77	74	75	70	71
B_4	x	49.9	49.7	49.6	49.3	49.5	49.2	49.0	48.9
	y	77	75	74	74	74	73	69	69

解：

（1）计算平方和、乘积和

为便于计算，将数据简化，将 X 的数据减去 49 再乘 10，y 减去 70，变换后简化数据见表 11-9。

表 11-9　数据简化结果表

		A_1		A_2		A_3		A_4		K_{Bj}
B_1	x	0	2	8	8	9	8	7	8	50
	y	1	3	3	5	6	3	5	3	29
B_2	x	5	3	9	8	12	11	4	4	56
	y	2	3	6	4	9	7	3	2	36
B_3	x	7	5	11	10	7	10	5	6	61
	y	5	3	8	7	4	5	0	1	33
B_4	x	9	7	6	3	5	2	0	−1	31
	y	7	5	4	4	4	3	−1	−1	25
K_{Ai}	x	38		63		64		33		198
	y	29		41		41		12		123

按公式计算出各项平方和、乘积和见表 11-10。

表 11-10　各项平方和、乘积和计算结果表

变异来源	自由度	离差平方和、乘积和		
		X 离差平方和	XY 离差乘积和	Y 离差平方和
因素 A(肥料种类)	3	99.625	77.0625	70.594
因素 B(施肥量)	3	64.625	20.6875	8.594
$A×B$	9	161.625	99.6875	79.531
误差	16	25.000	11.5000	21.500
总的	31	350.875	208.9375	180.219

（2）计算回归系数并进行回归检验

计算回归系数并进行回归检验

$$b^* = \frac{LE^{xy}}{LE^x} = \frac{11.5000}{25} = 0.46$$

$$H_0: \beta = 0,\ H_1: \beta \neq 0$$

$$F = \frac{SS_{回}/df_{回归}}{SS_e/df_e}$$

$$SS_{回归} = \frac{(SE^{xy})^2}{SE^x} = \frac{(11.5000)^2}{25} = 5.29,\ df_{回归} = 1$$

$$SS_e = SE^y - \frac{(SE^{xy})^2}{SE^x} = 21.5000 - \frac{11.5000^2}{25} = 16.25,\ df_e = 16 - 1 = 15$$

$$F = \frac{5.29/1}{16.21/15} = 4.90 > F_{0.05(1,\ 15)} = 4.5$$

故 y 与 x 的线性回归显著。

（3）检验处理效应

$$SS_{A \times B + e} = ST^y_{A \times B} + SE^y - (ST^{xy}_{A \times B} + SE^{xy})^2 / (ST^x_{A \times B} + SE^x)$$

$$= 79.531 + 21.500 - (99.6875 + 11.500)^2 / (161.625 + 25.000)$$

$$= 34.7877$$

$$SS_{A \times B} = SS_{A \times B + e} - SS_e = 18.5777$$

$$SS_{A + e} = ST^y_A + SE^y - (ST^{xy}_A + SE^{xy})^2 / (ST^x_A + SE^x)$$

$$= 70.594 + 21.500 - (77.0625 + 11.500)^2 / (99.625 + 25.00)$$

$$= 29.159$$

$$SS_A = SS_{A + e} - SS_e = 12.949$$

$$SS_{B + e} = ST^y_B + SE^y - (ST^{xy}_B + SE^{xy})^2 / (ST^x_B + SE^x)$$

$$= 8.594 + 21.500 + (20.6875 + 11.500)^2 / (64.625 + 25.00)$$

$$= 18.534$$

$$SS_B = SS_{B + e} - SS_e = 2.324$$

故

$$F_{A \times B} = \frac{SS_{A \times B} / df_{A \times B}}{SS_e / df_e} = \frac{18.5777/9}{16.21/15} = 1.91 < F_{0.05(9,15)} = 2.59$$

$$F_A = \frac{SS_A / df_A}{SS_e / df_e} = \frac{12.949/3}{16.21/15} = 4.0^* \quad > F_{0.05(3,15)} = 3.29$$

$$F_B = \frac{SS_B / df_B}{SS_e / df_e} = \frac{2.324/3}{16.21/15} = 0.72 < F_{0.05(3,15)} = 3.29$$

A 因素即施肥种类对树高有显著影响。

（4）调整平均数

A 因素对试验结果有显著影响，需进一步选择较好的水平，为此，对 A 因素各水平平均值进行调整。

$$k^{y'}_{A_1} = k^y_{Ai} - b^* (k^x_{Ai} - \bar{x}..) \quad 因为 \bar{x}.. = 198/32 = 6.1875$$

故 $k^{y'}_{A_1} = k^y_{A_1} - b^* (k^x_{A_1} - \bar{x}..) = 3.625 - 0.46(4.75 - 6.1875) = 4.29$

类似可得：$k^{y'}_{A_2} = 4.35$，$k^{y'}_{A_3} = 4.29$，$k^{y'}_{A_4} = 2.45$

可见：A_2 最好，A_4 最差。

11.3.3　实例分析

为比较不同施肥处理对某农作物产量的影响，开展了 14 个处理、2 个区组的随机区组设计，试验中发现单位面积颖花数（x）的多少与结实率（y）的高低有关，因此测定了 x、y，得到表 11-11 的数据，试进行协方差分析，分析不同施肥处理结实率之间施肥有显著差异。

表 11-11　不同施肥处理结实率 y 与相应单位面积颖花数 x 的测定结果

处理	区组			
	I		II	
	x	y	x	y
1	4.59	58	4.32	61
2	4.09	65	4.11	62
3	3.94	64	4.11	64
4	3.9	66	3.57	69
5	3.45	71	3.79	67
6	3.48	71	3.38	72
7	3.39	71	3.03	74
8	3.14	72	3.24	69
9	3.34	69	3.04	69
10	4.12	61	4.76	54
11	4.12	63	4.75	56
12	3.84	67	3.6	62
13	3.96	64	4.5	60
14	3.03	75	3.01	71
Tr	52.39	937	53.21	910

解： 按照协方差分析过程编写以下 R 代码进行分析

```
>dat=read.csv("D：/ryy/3.csv"，header=TRUE，sep="，")
>ao=aov(y~qz+x，data=dat)
>summary(ao)
              Df      Sum Sq      Mean Sq     F value     Pr(>F)
qz            13      505.5       38.89       25.52       4.14e-07 * * *
x             1       277.6       277.62      182.15      5.04e-09 * * *
Residuals     13      19.8        1.52
---
Signif. codes：0'* * *' 0.001'* *' 0.01'*' 0.05'.' 0.1''1
```

11.4　多个协变量的协方差分析

11.4.1　分析原理

在许多试验中会碰到两个以上的协变量对试验结果产生影响的情况，即要进行多个协变量的协方差分析。多个协变量的协方差分析原理与单个协变量的协方差分析原理完全一致，只需将协方差分析中的回归系数设为偏回归系数，回归平方和及回归剩余平方和相应地改用偏回归平方和与偏回归剩余平方和，如果有两协变量 x_1、x_2，它们的计算公式为：

误差项的偏回归系数：

$$b_{yx_1 \cdot x_2} = \frac{SS_{x_1y} \cdot SS_{x_2x_2} - SS_{x_2y} \cdot SS_{x_1x_2}}{SS_{x_1x_1} \cdot SS_{x_2x_2} - (SS_{x_1x_2})^2} \qquad (11-44)$$

$$b_{yx_2 \cdot x_1} = \frac{SS_{x_2y} \cdot SS_{x_1x_1} - SS_{x_1y} \cdot SS_{x_1x_2}}{SS_{x_1x_1} \cdot SS_{x_2x_2} - (SS_{x_1x_2})^2} \qquad (11-45)$$

$$偏回归平方和 = b_{yx_1 \cdot x_2} \cdot SS_{x_1y} + b_{yx_2 \cdot x_1} \cdot SS_{x_2y} \qquad (11-46)$$

$$偏回归剩余平方和 = SS_{yy} - b_{yx_1 \cdot x_2} \cdot SS_{x_1y} - b_{yx_2 \cdot x_1} \cdot SS_{x_2y} \qquad (11-47)$$

11.4.2 分析方法与案例

例1： 为了探讨不同年份某林木害虫的自然死亡率有无显著差异，从实践中知道空气温度(x_1)和空气湿度(x_2)对害虫的自然死亡率有影响。因此，采用两个协变量的协方差分析之，具体调查数据见表11-12。

表11-12 空气温度、空气湿度及害虫自然死亡率观察值表

年份	变量	重复						年份总和
		1	2	3	4	5	6	
1980	x_1	25.6	25.4	30.8	33.0	28.6	28.0	171.3
	x_2	14.9	13.3	4.6	14.7	12.8	7.5	67.8
	y	19.0	22.2	35.3	32.8	25.3	35.8	170.4
1981	x_1	25.4	28.3	35.3	32.4	25.9	24.2	171.5
	x_2	7.2	9.5	6.8	9.7	9.2	7.5	49.9
	y	32.4	32.2	43.7	35.7	28.3	35.2	207.5
1982	x_1	27.9	34.4	32.5	27.5	23.7	32.9	178.9
	x_2	18.6	22.2	10.0	17.6	14.4	7.9	90.7
	y	26.2	34.7	40.0	29.6	20.6	47.2	198.3
重复总和	x_1	78.9	88.1	98.6	92.9	78.1	85.1	521.7
	x_2	40.7	45.0	21.4	42.0	36.4	22.9	208.4
	y	77.6	89.1	119.0	98.1	74.2	118.2	576.2

解：

（1）计算各部分（总的、年份、重复、误差项）平方和、乘积和

总的离差平方和、乘积和：

$$SS_{yy} = \sum_{i=1}^{3} \sum_{j=1}^{6} (y_{ij} - \bar{y}..)^2 = \sum_{i=1}^{3} \sum_{j=1}^{6} y_{ij}^2 - \frac{y_{..}^2}{3 \times 6}$$

$$= (19^2 + 22^2 + \cdots + 47.2^2) - \frac{576.2^2}{3 \times 6} = 982.29$$

$$SS_{x_1x_1} = \sum_{i=1}^{3} \sum_{j=1}^{6} (x_{1ij} - \bar{x}_{1..})^2 = \sum_{i=1}^{3} \sum_{j=1}^{6} x_{1ij}^2 - \frac{x_{1..}^2}{3 \times 6}$$

$$= (25.6^2 + 25.4^2 + \cdots + 32.9^2) - \frac{521.7^2}{3 \times 6} = 230.53$$

$$SS_{x_2 x_2} = \sum_{i=1}^{3} \sum_{j=1}^{6} (x_{2ij} - \bar{x}_{2\cdot\cdot}^2) = \sum_{i=1}^{3} \sum_{j=1}^{6} x_{2ij}^2 - \frac{x_{2\cdot\cdot}^2}{3 \times 6}$$

$$= (14.9^2 + 13.3^2 + \cdots + 7.9^2) - \frac{208.4^2}{3 \times 6}$$

$$= 385.07$$

$$SS_{x_1 y} = \sum_{i=1}^{3} \sum_{j=1}^{6} x_{1ij} y_{ij} - \frac{x_{1\cdot\cdot} \cdot y_{\cdot\cdot}}{3 \times 6}$$

$$= (25.6 \times 19.0 + 25.4 \times 22.2 + \cdots + 32.9 \times 47.2) - \frac{521.7 \times 576.2}{3 \times 6}$$

$$= 341.25$$

$$SS_{x_2 y} = \sum_{i=1}^{3} \sum_{j=1}^{6} x_{2ij} y_{ij} - \frac{x_{2\cdot\cdot} \cdot y_{\cdot\cdot}}{3 \times 6}$$

$$= (14.9 \times 19.0 + 13.3 \times 22.2 + \cdots + 7.9 \times 47.2) - \frac{208.4 \times 576.2}{3 \times 6}$$

$$= -300.75$$

$$SS_{x_1 x_2} = \sum_{i=1}^{3} \sum_{j=1}^{6} x_{1ij} x_{2ij} - \frac{x_{1\cdot\cdot} \cdot x_{2\cdot\cdot}}{3 \times 6} = (25.6 + 14.9 + 25.4 \times 13.3 + \cdots + 32.9 \times 7.9)$$

$$- \frac{521.7 \times 208.4}{3 \times 6}$$

$$= -0.65$$

"年份"的离差平方和、乘积和

$$ST_{yy} = \sum_{i=1}^{3} \frac{y_{i\cdot}^2}{6} - \frac{y_{\cdot\cdot}^2}{3 \times 6} = \frac{1}{6}(170.4^2 + 207.5^2 + 198.3^2) - \frac{576.2^2}{18} = 124.42$$

$$ST_{x_1 x_1} = \sum_{i=1}^{3} \frac{x_{1i\cdot}^2}{6} - \frac{x_{1\cdot\cdot}^2}{3 \times 6} = \frac{1}{6}(171.3^2 + 171.5^2 + 178.9^2) - \frac{521.7^2}{18} = 6.26$$

$$ST_{x_2 x_2} = \sum_{i=1}^{3} \frac{x_{2i\cdot}^2}{6} - \frac{x_{2\cdot\cdot}^2}{3 \times 6} = \frac{1}{6}(67.8^2 + 49.9^2 + 90.7^2) - \frac{208.4^2}{18} = 139.4$$

$$ST_{x_1 y} = \sum_{i=1}^{3} \frac{x_{1i\cdot} \cdot y_{i\cdot}}{6} - \frac{x_{1\cdot\cdot} \cdot y_{\cdot\cdot}}{3 \times 6}$$

$$= \frac{171.3 \times 170.4 + 171.5 \times 207.5 + 178.9 \times 198.3}{6} - \frac{521.7 \times 576.2}{18}$$

$$= 8.41$$

$$ST_{x_2 y} = \sum_{i=1}^{3} \frac{x_{2i\cdot} \cdot y_{i\cdot}}{6} - \frac{x_{2\cdot\cdot} \cdot y_{\cdot\cdot}}{3 \times 6}$$

$$= \frac{67.8 \times 170.4 + 49.9 \times 207.5 + 90.7 \times 198.3}{6} - \frac{208.4 \times 576.2}{18}$$

$$= -22.26$$

$$ST_{x_1 x_2} = \sum_{i=1}^{3} \frac{x_{1i} \cdot x_{2i}}{6} - \frac{x_1 \cdots x_2 \cdots}{3 \times 6}$$

$$= \frac{1}{6}(171.3 \times 67.8 + 171.5 \times 49.9 + 178.9 \times 90.7) - \frac{521.7 \times 208.4}{18} = 26.24$$

"重复"的离差平方和、乘积和

$$SQ_{yy} = \sum_{i=1}^{3} \sum_{j=1}^{6} (\bar{y}_{\cdot j} - \bar{y}_{\cdot \cdot})^2 = \sum_{j=1}^{6} \frac{y_{\cdot j}^2}{3} - \frac{y_{\cdot \cdot}^2}{3 \times 6}$$

$$= \frac{1}{3}(77.6^2 + 89.1^2 + 119^2 + 74.2^2 + 118.2^2) - \frac{576.2^2}{3 \times 6}$$

$$= 629.22$$

$$SQ_{x_1 x_1} = \sum_{i=1}^{3} \sum_{j=1}^{6} (\overline{x}_{1 \cdot j} - \bar{x}_{1 \cdot \cdot})^2 = \sum_{j=1}^{6} \frac{x_{1 \cdot j}^2}{3} - \frac{x_{1 \cdot \cdot}^2}{3 \times 6}$$

$$= \frac{1}{3}(78.9^2 + 88.1^2 + 98.6^2 + 92.9^2 + 78.1^2 + 85.1^2) - \frac{521.7^2}{3 \times 6}$$

$$= 106.34$$

$$SQ_{x_2 x_2} = \sum_{i=1}^{3} \sum_{j=1}^{6} (\overline{x}_{2 \cdot j} - \bar{x}_{2 \cdot \cdot})^2 = \sum_{j=1}^{6} \frac{x_{2 \cdot j}^2}{3} - \frac{x_{2 \cdot \cdot}^2}{3 \times 6}$$

$$= \frac{1}{3}(40.7^2 + 45^2 + 21.4^2 + 42^2 + 36.4^2 + 22.9^2) - \frac{208.4^2}{3 \times 6}$$

$$= 171.46$$

$$SQ_{x_1 y} = \sum_{i=1}^{3} \sum_{j=1}^{6} (\bar{x}_{1 \cdot j} - \bar{x}_{1 \cdot \cdot})(\bar{y}_{\cdot j} - \bar{y}_{\cdot \cdot})$$

$$= \sum_{j=1}^{6} \frac{x_{1 \cdot j} y_{\cdot j}}{3} - \frac{x_{1 \cdot \cdot} \cdot y_{\cdot \cdot}}{3 \times 6}$$

$$= \frac{1}{3}(78.9 \times 77.6 + 88.1 \times 89.1 + 98.6 \times 119 + 92.9 \times 98.1 + 78.1 \times 74.2 + 85.1$$

$$\times 118.2) - \frac{521.7 \times 576.2}{18}$$

$$= 190.83$$

$$SQ_{x_2 y} = \sum_{i=1}^{3} \sum_{j=1}^{6} (\bar{x}_{2 \cdot j} - \bar{x}_{2 \cdot \cdot})(\bar{y}_{\cdot j} - \bar{y}_{\cdot \cdot})$$

$$= \sum_{j=1}^{6} \frac{x_{2 \cdot j} y_{\cdot j}}{3} - \frac{x_{2 \cdot \cdot} \cdot y_{\cdot \cdot}}{3 \times 6}$$

$$= \frac{1}{3}(40.7 \times 77.6 + 45 \times 89.1 + 21.4 \times 11.90 + 42 \times 98.1 + 36.4 \times 74.2 + 22.9$$

$$\times 118.2) - \frac{208.4 \times 576.2}{18}$$

$$= -257.03$$

$$SQ_{x_1 x_2} = \sum_{i=1}^{3} \sum_{j=1}^{6} (\bar{x}_{1 \cdot j} - \bar{x}_{1 \cdot \cdot})(\bar{x}_{2 \cdot j} - \bar{x}_{2 \cdot \cdot})$$

$$= \sum_{j=1}^{6} \frac{x_{1 \cdot j} x_{2 \cdot j}}{3} - \frac{x_{1 \cdot \cdot} \; x_{2 \cdot \cdot}}{3 \times 6}$$

$$= -47.06$$

误差项平方和、乘积和

$$SE_{yy} = SS_{yy} - ST_{yy} - SQ_{yy} = 228.66$$

$$SE_{x_1 x_1} = SS_{x_1 x_1} - ST_{x_1 x_1} - SQ_{x_1 x_2} = 117.93$$

$$SE_{x_2 x_2} = SS_{x_2 x_2} - ST_{x_2 x_2} - SQ_{x_2 x_2} = 74.20$$

$$SE_{x_1 y} = SS_{x_1 y} - ST_{x_1 y} - SQ_{x_1 y} = 142.01$$

$$SE_{x_2 y} = SS_{x_2 y} - ST_{x_2 y} - SQ_{x_2 y} = -21.46$$

$$SE_{x_1 x_2} = SS_{x_1 x_2} - ST_{x_1 x_2} - SQ_{x_1 x_2} = 20.17$$

各项平方和、乘积和见表 11-13。

表 11-13 各项平方和、乘积和计算结果表

变异来源	自由度	平方和			乘积和		
		$SS_{x_1 x_1}$	$SS_{x_2 x_2}$	SS_{yy}	$SS_{x_1 y}$	$SS_{x_2 y}$	$SS_{x_1 x_2}$
年份	2	6.26	139.4	124.42	8.41	-22.26	26.24
重复	5	106.34	171.46	629.22	190.83	-257.03	-47.06
误差	10	117.93	74.20	228.66	142.01	-21.46	20.17
总和	17	230.53	385.07	982.29	341.25	-300.75	-0.65
年份+误差	12	124.19	213.61	353.08	150.42	-43.72	46.41

（2）计算偏回归系数并进行回归检验

偏回归系数：

$$b_{yx_1 \cdot x_2} = \frac{142.01 \times 74.20 - (-21.46) \times 20.17}{117.93 \times 74.20 - 20.17^2}$$

$$= \frac{10969.9902}{8343.5771} = 1.3148$$

$$b_{yx_2 \cdot x_1} = \frac{(-21.46) \times 117.93 - 142.01 \times 20.17}{117.93 \times 74.20 - 20.17^2}$$

$$= \frac{-5395.1195}{8343.5771} = -0.6466$$

偏回归平方和 $= 1.3148 \times 142.01 + (-0.6466) \times (-21.46) = 200.5907$

偏回归剩余平方和 $= 228.66 - 200.5907 = 28.069$

检验回归是否显著，列出方差分析表见表 11-14。

表 11-14　方差分析表

变差来源	离差平方和	自由度	均方	F 值	F_α
偏回归	200.590	2	100.2950	28.585	$F_{0.05(2,8)} = 4.46$
剩余	28.069	8	3.5086		$F_{0.01(2,8)} = 8.65$
总和(误差)	228.659	10	—	—	—

（3）检验处理效应

从表 11-15 中看出偏回归显著，说明必须用偏回归的方法来校正死亡率 y，以除去由 x_1 和 x_2 不同所受的影响，再进行 y 的校正方差分析。

进行 y 的校正方差分析时，先求出 y 校正误差平方和及校正的"处理+误差"的平方和，然后由校正的"处理+误差"平方和减去误差平方和，便得到校正的处理间平方和。

y 的校正误差平方和

$= SS_{yy} - b_{yx_1 \cdot x_2} SS_{x_1 y} - b_{yx_2 \cdot x_1} SS_{x_2 y} = 28.07$

y 的校正"处理+误差"平方和

$$= SS_{yy} - \frac{SS_{x_1 y}}{SS_{x_1 x_1}} - \frac{SS_{x_2 y}}{SS_{x_2 x_2}}$$

$$= 353.08 - \frac{150.42^2}{124.19} - \frac{(-43.72)^2}{213.61}$$

$$= 161.94$$

上式中 SS_{yy}、$SS_{x_1 y}$、$SS_{x_2 y}$、$SS_{x_1 x_1}$、$SS_{x_2 x_2}$ 均为"年份+误差"的各项平方和、乘积和。

y 的校正处理(年份)间平方和

=y 的校正"处理+误差"平方和-y 的校正误差平方和

$= 161.96 - 28.07 = 133.87$

校正后的方差分析表见表 11-15。

表 11-15　校正后的方差分析表

变异来源	离差平方和	自由度	均方	F 值	F_α
年份(处理)	133.87	2	66.94	19.08[*]	$F_{0.05(2,8)}$
试验误差	28.07	8	3.509		
年份+误差	161.94	10			

从表 11-15 中可以看出，校正后的不同年份(处理)死亡率有显著差异。

（4）平均数调整

对 $y_{ij}(i=1,2,3,j=1,2,3,4,5,6)$ 的调整值记为 y'

$$y' = \bar{y} + b_{yx_1 \cdot x_2}(x_1 - \bar{x}_1) + b_{yx_2 \cdot x_1}(x_2 - \bar{x}_2)$$

如 1980 年第一次重复死亡率的调整值为：

$$y' = 32.01 + 1.3148(25.6 - 28.55) + (-0.6466) \times (14.9 - 11.3) = 25.42$$

依此可以计算其他观测值的调整值。

下面为 R 语言分析代码:

```
>dat=read.csv("D:/ryy/4.csv", header=TRUE, sep=",")

>ao=aov(y~x1+x2+ny+Error(ny/ny), data=dat)#方差分析
>summary(ao)
Error: ny
        Df   Sum   Sq   Mean   Sq
x1      1    10.5       10.5
x2      1    113.9      113.9
Error: Within
        Df Sum Sq    Mean Sq       F value        Pr(>F)
x1      1             493.1         493.1          49.488.88e-06 * * *
x2      1             235.3         235.3          23.610.000312 * * *
Residuals 13          129.5         10.0
---
Signif. codes: 0 '***' 0.001'**' 0.01'*' 0.05'.' 0.1''1
>lm1=lm(y~x1+x2, data=dat)#回归方程
>summary(lm1)
Call:
lm(formula=y~x1+x2, data=dat)

Residuals:
    Min      1Q     Median      3Q       Max
-5.4204  -2.7821   -0.7082   2.2254    7.0817

Coefficients:
            Estimate    Std. Error    tvalue      Pr(>|t|)
(Intercept) -1.7633     8.1418        -0.217      0.83145
x1          1.4762      0.2664        5.542       5.64e-05 * * *
x2          -0.7790     0.2061        -3.781      0.00181 * *

---
Signif. codes: 0'***'0.001'**'0.01'*'0.05'.'0.1''1

Residual standard error: 4.043 on 15 degrees of freedom
Multiple R-squared: 0.7503, Adjusted R-squared: 0.717
F-statistic: 22.54 on 2 and 15 DF, p-value: 3.021e-05
>confint(lm1)    #回归诊断
```

	2.5%	97.5%
(Intercept)	-19.1171754	15.5904782
$x1$	0.9084593	2.0439531
$x2$	-1.2182013	-0.3398037

习 题

表 11-16 为六个品种比较的试验结果，每个品种 4 次重复，x 为协变量，y 为反应变量(产量)，试分析不同品种的产量之间是否有显著差异。

表 11-16 六个品种比较试验结果表

品种	I		II		III		IV	
	x	y	x	y	x	y	x	y
C1	28	202	22	165	27	191	19	134
C2	23	145	26	201	28	203	24	180
C3	27	188	24	185	27	185	28	220
C4	24	201	28	231	30	238	30	261
C5	30	202	26	178	26	198	29	226
C6	30	228	25	221	27	207	24	204

注：$F_{品种} = 11.27^{***}$，$F_{回归} = 37.55^{***}$。

12 正交试验设计与分析

本章摘要

本章介绍了正交试验设计的应用背景、设计方法、设计特点及正交试验结果分析所采用的方法。着重讲述了正交试验设计的概念、基本原理、特点及正交设计的基本方法。正交试验结果部分的数据模型分无重复试验和有重复试验两种情况进行阐述，所采用的分析方法有直观分析法和方差分析法，并给出了基于 R 语言实现的实例分析。

12.1 正交设计的应用背景

在科学研究中，对于单因素或两因素试验，因其因素数少，试验的设计、实施与分析都比较简单。但在实际工作中，常常需要同时考察 3 个或 3 个以上的试验因素，若进行全面试验，则试验的规模将很大，往往因试验条件的限制而难以实施，这就需要在试验设计上想办法，寻求一种既经济合理又易于实施试验的设计方法。正交设计就是安排多因素多水平试验、寻求最优水平组合的一种高效率的试验设计方法。

正交设计是利用正交表来安排与分析多因素试验的一种设计方法。它利用从试验的全部水平组合中，挑选部分有代表性的水平组合进行试验，通过对这部分试验结果的分析了解全面试验的情况，找出最优的水平组合。

例如，研究氮、磷、钾肥施用量对长林-4#油茶果产量的影响，将氮肥施用量定为 A 因素，设 A_1、A_2、A_3 3 个水平；磷肥施用量定为 B 因素，设 B_1、B_2、B_3 3 个水平；钾肥施用量定为 C 因素，设 C_1、C_2、C_3 3 个水平。

这是一个 3 因素 3 水平的试验，全部水平组合有 $3^3 = 27$ 个。如果对全部 27 个水平组合进行试验，即进行全面试验，可以分析各因素的效应和交互作用，也可选出最优水平组合，这是全面试验的优点。但全面试验包含的水平组合数较多，工作量大，由于受试验场地、试验材料、经费等限制而难于实施。

12.2 正交设计的方法及其特点

12.2.1 正交设计的基本原理

上述油茶施肥试验例题中，3 个因素的试验空间（选优区）可以用一个立方体表示（图 12-1），3 个因素各取 3 个水平，把立方体划分成 27 个网格点，反映在图 12-1 上就是立方体内的 27 个交点。若 27 个网格点都试验，就是全面试验。如果利用正交表安排试验，上例中我们选用 $L_9(3^4)$ 来安排试验，其试验次数只有 9 次，试验点如图 12-1 和表 12-1 所示。

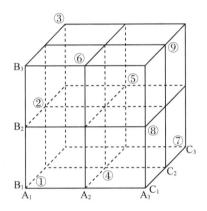

图 12-1 试验点的分布图

表 12-1 $L_9(3^4)$ 正交表安排的 3 因素 3 水平试验安排表

水平	B_1	B_2	B_3
A_1	$A_1B_1C_1$	$A_1B_2C_2$	$A_1B_3C_3$
A_2	$A_2B_1C_2$	$A_2B_3C_1$	$A_2B_2C_3$
A_3	$A_3B_1C_3$	$A_3B_2C_1$	$A_3B_3C_2$

上述选择，保证了 A 因素的每个水平与 B 因素、C 因素的各个水平在试验中各搭配一次，仅仅是全面试验的 1/3。从图 12-1 中可以看到，9 个试验点均衡地分布于整个立方体内，有很强的代表性，能够比较全面地反映试验空间内的大致情况。

12.2.2 正交表

一般，正交表由符号 $L_n(t^q)$ 表示。其中：L 为正交表，是 Latin 的第 1 个字母；n 为试验次数，即正交表行数；t 为因素的水平数，q 为最多能安排的因素数，即正交表的列数。

正交表有标准表和混合型表两种类型：

（1）标准表

如：$L_4(2^3)$，$L_8(2^7)$，$L_9(3^4)$，$L_{27}(3^{13})$，$L_{16}(4^5)$，$L_{64}(4^{21})$，……

利用标准表可以考察试验因素的交互效应。

（2）混合型表

如：$L_8(4^1 \times 2^4)$；$L_{12}(3^1 \times 2^4)$，$L_{12}(6^1 \times 2^2)$；$L_{16}(4^1 \times 2^{12})$，$L_{16}(4^2 \times 2^9)$；……

在多因素试验中，如果各因素的水平数不等，而且因素间无交互作用，通常可以直接选用混合型正交表进行正交设计。

正交表具有如下两条性质：

（1）任何一列中各水平都出现，且出现次数相等；

（2）任意两列间各种不同水平的所有可能组合都出现，且出现的次数相等。

表 12-2　$L_8(2^7)$ 正交表

处理号	列号						
	1	2	3	4	5	6	7
1	1	1	1	1	1	1	1
2	1	1	1	2	2	2	2
3	1	2	2	1	1	2	2
4	1	2	2	2	2	1	1
5	2	1	2	1	2	1	2
6	2	1	2	2	1	2	1
7	2	2	1	1	2	2	1
8	2	2	1	2	1	1	2

由表 12-2 中给出的 $L_8(2^7)$ 正交表可以看到：

表中每列的不同数字 1、2 都出现，且在每列中都重复出现 4 次，这种重复称为隐藏重复。正是这种隐藏重复，增强了试验结果的可比性。

第 1、2 两列间各水平所有可能的组合为(1，1)、(1，2)、(2，1)、(2，2)4 种。这就是该两列因素全面试验的组合处理，它们都出现且都分别出现 2 次。显然，任意两列间情况都是如此。

上述两条特性，保证了利用正交表安排的部分试验具有均衡分散性和整齐可比性。

12.2.3　正交设计的基本步骤

正交试验设计(简称正交设计)的基本程序是设计试验方案和处理试验结果两大部分。主要步骤可归纳如下：

第一步，明确试验目的，确定试验指标。

第二步，确定试验因素和水平。

第三步，选择合适的正交表。

第四步，进行表头设计。

第五步，确定试验方案，实施试验。

对上述步骤通过例 12-1 具体说明。

例 12-1　采用酶法对紫红薯渣进行处理制备膳食纤维研究中，以紫红薯膳食纤维膨胀力为试验指标，针对混合酶比例、酶解时间、酶解温度和混合酶添加量 4 个因素，每个因素各选取 4 个水平，研究酶法去除紫红薯淀粉的效果。

（1）明确试验目的，确定试验指标

试验目的就是通过正交试验所要解决什么问题。试验前，应根据实际情况确定这次试验主要解决哪一个或哪几个问题，针对这一个或几个问题确定出相应的试验指标。

试验指标就是用来衡量或考核试验效果的质量指标。试验指标一经确定，就应当把衡量和评定指标的原则、标准及测定试验指标的方法和所用的仪器等确定下来。

在本例中，试验目的就是要寻求最佳的酶法去除紫红薯淀粉的工艺参数，以制备的紫红薯膳食纤维的膨胀力为指标，并且它是一个定量指标。

（2）确定试验因素和水平

试验指标确定了以后，挑选对试验指标影响大、有较大经济意义而又了解不够清楚的因素来研究，并根据生产经验、专业知识或在单因素试验的基础上，定出它们的范围，在范围内选出每个因素的水平，列出因素水平表。

在本例中，影响紫红薯膳食纤维膨胀力（即去除淀粉效果）的因素有混合酶比例、酶解时间、酶解温度和混合酶添加量，分别用 A，B，C，D 表示，并且每个因素都取 4 水平。试验的因素水平表见表 12-3。

表 12-3　酶法制备紫红薯膳食纤维试验的因素水平表

水平	A（淀粉酶：糖化酶）	B 酶解时间/min	C 酶解温度/℃	D 添加量/%
1	7：3	60	65	0.3
2	3：2	90	70	0.4
3	1：1	120	75	0.5
4	2：3	150	80	0.6

（3）选择合适的正交表

确定好因素和水平后，根据因素、水平及需要考察的交互作用的多少来选择合适的正交表。一般可从以下几点来考虑：

①水平数。水平数应恰好等于正交表记号中括号内的底数。此例 4 个因素均为 4 水平，可选 $L_{16}(4^5)$、$L_{64}(4^{21})$ 等。

②因素数。因素的个数（包括交互作用）不大于正交表记号中括号内的指数。本例中考察 4 个因素，若不考察其交互作用，可选用 $L_{16}(4^5)$；若要考察交互作用，则选用较大的正 $L_{64}(4^{21})$ 交表。

③试验次数。若试验要求精确度高，可选用试验次数多的正交表；若试验周期长或费用大，精确度要求不太高时，可选用试验次数少的表。一般条件下应选试验次数少的表，此例可选 $L_{16}(4^5)$。

④要考察的因素及交互作用的自由度总和小于所选正交表的总自由度。满足这一条是

为了在方差分析时能估计试验误差。本例不考察各因素间的交互作用时，各因素的自由度分别为：A 因素的自由度 $df_A=4-1=3$，B 因素的自由度 $df_B=4-1=3$，C 因素的自由度 $df_C=4-1=3$，D 因素的自由度 $df_D=4-1=3$，各因素的自由度之和 $df_A+df_B+df_C+df_D=3+3+3+3=12$，而正交表 $L_{16}(4^5)$ 的总自由度为 $df_T=16-1=15$，所以选用 $L_{16}(4^5)$ 是合适的。当因素和交互作用自由度总和等于所选正交表总自由度时，则需要采用有重复的正交试验，以估计试验误差的大小。

（4）进行表头设计

正交表选好后，就可以进行表头设计。所谓表头设计，就是将试验因素安排到所选正交表的各列中去的过程。

①只考察主效应，不考察互作效应的表头设计

根据正交表的基本特性：正交表中每一列的位置是一样的，可以任意变换。因此，不考察互作效应（即实际问题中各因子间的交互作用均可忽略）的表头设计非常简单，将所有因素任意上列即可，只是不要在同一列上填上好几个因子就行。

若在例 12-1 中不考察交互作用时，可将混合酶比例（A）、酶解时间（B）、酶解温度（C）和混合酶添加量（D）依次安排在 $L_{16}(4^5)$ 表的第 1、2、3、4 列上，第 5 列为空列，见表 12-4。

表 12-4　例 12-1 的表头设计

列号	1	2	3	4	5
因素	A	B	C	D	空列

②考察互作效应的表头设计

多因素试验时经常碰到交互作用的问题。

试验设计中，交互作用记作 $A×B$、$A×B×C$、……

$A×B$ 称为 1 级交互作用，表明因素 A、B 之间有交互作用。

$A×B×C$ 称为 2 级交互作用，表明因素 A、B、C 三者之间有交互作用。

同样，若 $P+1$ 个因素间有交互作用，就称为 P 级交互作用，记作 $A×B×C×\cdots$（$P+1$ 个）。2 级和 2 级以上的交互作用统称为高级交互作用。

实际应用中，只要通过查阅与所用正交表对应的交互作用列表及有关表头设计表，则可安排考察交互作用的正交设计。如表 12-5 为 $L_8(2^7)$ 二列间交互作用列表。

表 12-5　$L_8(2^7)$ 二列间交互作用列表

1	2	3	4	5	6	7	列号
					7	6	1
				4	4	5	2
		2	5	7	5	4	3
(1)	3	1	6	6	2	3	4
	(2)	(3)	7	1	3	2	5
			(4)	(5)	(6)	1	6
						(7)	7

考察互作效应的表头设计时，各因素及各交互作用不能任意安排，必须严格按交互作用列表进行排列。这是有交互作用正交设计的重要特点，也是试验方案设计的关键一步。

避免混杂是表头设计的一个重要原则，也是表头设计选优的一个重要条件。所谓混杂是指在正交表的同一列中，安排了两个或两个以上的因素或交互作用。

一般的处理原则是：

a. 高级交互作用通常不予考虑。实际上高级交互作用的影响一般都很小，可以忽略。

b. 因素间一级交互作用也不必全部考察(尤其是根据专业知识知道两因素间没有交互作用或者交互作用不大时)，通常仅考虑那些作用效果较明显的，或试验要求必须考察的。

c. 有时为了满足试验的某些要求，或为了减少试验次数，可允许一级交互作用间的混杂，或次要因素与高级交互作用的混杂，但一般不允许试验因素与一级交互作用的混杂。

最后还须指出，没有安排因素或交互作用的列(空列)，它可反映试验误差，并以此作为衡量试验因素产生的效应是否可靠的标志。因此，在试验条件允许的情况下，一般都应该设置空列。

以 $L_8(2^7)$ 为例，如果将 A 因素和 B 因素安排在第 1 列和第 2 列，根据 $L_8(2^7)$ 二列间交互作用列表(表 12-5)可知 $A \times B$ 即第 1 列和第 2 列的交互作用则应安排在第 3 列；如果再将 C 因素安排在第 4 列，则可知 $A \times C$ 和 $B \times C$ 则应安排在第 5 列和第 6 列。再将第 1 列与第 6 列搭配，则可知高级互作 $A \times B \times C$ 应安排在第 7 列(表 12-6)。

表 12-6 $L_8(2^7)$ 表头设计

处理号	1	2	3	4	5	6	7
	A	B	$A \times B$	C	$A \times C$	$B \times C$	$A \times B \times C$

(5) 确定试验方案，实施试验

在表头设计基础上，将所选正交表中各列的不同数字换成对应因素的相应水平，便形成了试验方案，例 12-1 的试验方案见表 12-7。

表 12-7 酶法制备紫红薯膳食纤维的试验方案

处理号	因素				
	(1) A(淀粉酶：糖化酶)	(2) B 酶解时间	(3) C 酶解温度	(4) D 添加量	(5) 空列
1	1(7:3)	1(60)	1(65)	1(0.3)	1
2	1(7:3)	2(90)	2(70)	2(0.4)	2
3	1(7:3)	3(120)	3(75)	3(0.5)	3
4	1(7:3)	4(150)	4(80)	4(0.6)	4
5	2(3:2)	1(60)	2(70)	3(0.5)	4
6	2(3:2)	2(90)	1(65)	4(0.6)	3
7	2(3:2)	3(120)	4(80)	1(0.3)	2
8	2(3:2)	4(150)	3(75)	2(0.4)	1
9	3(1:1)	1(60)	3(75)	4(0.6)	2

（续）

处理号	因素				
	(1)	(2)	(3)	(4)	(5)
	A（淀粉酶∶糖化酶）	B 酶解时间	C 酶解温度	D 添加量	空列
10	3(1∶1)	2(90)	4(80)	3(0.5)	1
11	3(1∶1)	3(120)	1(65)	2(0.4)	4
12	3(1∶1)	4(150)	2(70)	1(0.3)	3
13	4(2∶3)	1(60)	4(80)	2(0.4)	3
14	4(2∶3)	2(90)	3(75)	1(0.3)	4
15	4(2∶3)	3(120)	2(70)	4(0.6)	1
16	4(2∶3)	4(150)	1(65)	3(0.5)	2

试验方案中的处理试验号并不意味着实际进行试验的顺序，一般是同时进行。若条件只允许一个一个进行试验，为排除外界干扰，应使处理序号随机化，即采用抽签，或查随机数字表的方法确定试验处理的顺序。根据确定的试验方案，实施试验方案，每当做完一个组合的试验后测定出对应的试验指标值。

12.3 正交试验设计结果分析

采用正交表设计的试验，需要利用正交表来分析试验的结果，分析方法是采用直观分析法和方差分析。在方差分析过程中须考虑正交试验设计时的各种情况，例如，试验指标值是单个还是多个；试验小区是完全随机设计还是随机区组设计；试验结果是有重复试验还是无重复试验；试验设计时考察交互作用还是不考察交互作用等情况。在采用统计软件分析过程需要根据正交试验设计情况进行相应的设置，以便得到正确的结果，这将在下面具体的实例分析中加以说明。

下面着重讨论无重复试验和有重复试验两种情况下的统计分析。

12.3.1 无重复试验的统计分析

无重复试验的统计分析要求用正交表设计试验时，必须留有互作或不排入因素的空列，以作为误差的估计值。

例 12-2 采用硫酸法提取鲤鱼抗菌精蛋白试验，以不同浓度的硫酸溶液在不同温度和时间条件下提取抗菌精蛋白，并以所提取鲤鱼抗菌精蛋白的抗菌活性和得率两个试验指标作为测定指标，以便综合评价提取的效果，试验的结果见表 12-8。

表 12-8 硫酸法提取鲤鱼抗菌精蛋白的试验结果表

试验号	A 硫酸浓度	B 提取温度	C 提取时间	D 空列	E 空列	得率(x_i)/%	抗菌活性/%
1	1(5.0)	1(0)	1(1)	1	1	1.92	56.57
2	1(5.0)	2(10)	2(2)	2	2	1.95	58.87
3	1(5.0)	3(20)	3(3)	3	3	2.57	53.68

（续）

试验号	A 硫酸浓度	B 提取温度	C 提取时间	D 空列	E 空列	得率(x_i)/%	抗菌活性/%
4	1(5.0)	4(30)	4(4)	4	4	2.28	50.45
5	2(7.5)	1(0)	2(2)	3	4	2.07	55.26
6	2(7.5)	2(10)	1(1)	4	3	2.35	52.21
7	2(7.5)	3(20)	4(4)	1	2	2.98	49.35
8	2(7.5)	4(30)	3(3)	2	1	4.24	52.12
9	3(10.0)	1(0)	3(3)	4	2	3.96	68.68
10	3(10.0)	2(10)	4(4)	3	1	4.41	64.13
11	3(10.0)	3(20)	1(1)	2	4	4.65	65.76
12	3(10.0)	4(30)	2(2)	1	3	4.53	63.67
13	4(12.5)	1(0)	4(4)	2	3	3.74	60.12
14	4(12.5)	2(10)	3(3)	1	4	3.98	65.32
15	4(12.5)	3(20)	2(2)	4	1	3.46	64.54
16	4(12.5)	4(30)	1(1)	3	2	4.45	55.73
K_{1j}	8.72	11.69	13.37	13.41	14.03		
K_{2j}	11.64	12.69	12.01	14.58	13.34	53.54(T)	
K_{3j}	17.55	13.66	14.75	13.5	13.19		
K_{4j}	15.63	15.50	13.41	12.05	12.98		
$\bar{K}_{1j}$	2.18	2.92	3.34	3.35	3.51		
$\bar{K}_{2j}$	2.91	3.17	3.00	3.65	3.34	3.35($\bar{x}$)	
$\bar{K}_{3j}$	4.39	3.42	3.69	3.38	3.30		
$\bar{K}_{4j}$	3.91	3.88	3.35	3.01	3.25		
R_j	2.21	0.96	0.69	0.64	0.26		

12.3.1.1 直观分析法

（1）计算各列的 K_{ij} 值。K_{ij} 为第 j 列中第 i 水平试验指标值之和。以（得率为指标）第 1 列 A 因素为例，则：

第 1 水平之和 $K_{11}=1.92+1.95+2.57+2.28=8.72$

第 2 水平之和 $K_{21}=2.07+2.35+2.98+4.24=11.64$

第 3 水平之和 $K_{31}=3.96+4.41+4.65+4.53=17.55$

第 4 水平之和 $K_{41}=3.74+3.98+3.46+4.45=15.63$

其余因素计算方法相同，结果填于表下部 K_{ij} 栏。

（2）计算各列同一水平的平均值 $\bar{K}_{ij}$。以第 1 列的 A 因素为例，则：

$$\bar{K}_{11}=\frac{K_{11}}{4}=8.72/4=2.18$$

$$\bar{K}_{21} = \frac{K_{21}}{4} = 11.64/4 = 2.91$$

$$\bar{K}_{31} = \frac{K_{31}}{4} = 17.55/4 = 4.39$$

$$\bar{K}_{41} = \frac{K_{41}}{4} = 15.63/4 = 3.91$$

（3）计算各因素列的极差 R_j。R_j 表示该因素在其取值范围内试验指标变化的幅度。

$$R_j = \max\bar{K}_{ij} - \min\bar{K}_{ij} \qquad (12-1)$$

根据极差 R_j 的大小，进行因素的主次排队。R_j 越大，表示该因素的水平变化对试验指标的影响越大，因此在本试验中这个因素就越重要；反之，R_j 越小，这个因素就越不重要。

比较本试验中 A、B、C 3 因素中 R_j 值的大小，可以看出 A 因素即硫酸浓度为最重要因素，然后依次为 B 因素即提取温度、C 因素即提取时间，这 3 个因素的主次关系是：$A>B>C$。

直观分析法简单明了，直观易懂。但是这种方法不能将试验中由于试验条件改变引起的数据波动同试验误差引起的数据波动进行区分，所以这种方法无法就各因素对试验结果的影响大小给以精确的数量估计。为了弥补直观分析的这一缺陷，可以采用方差分析。

12.3.1.2　方差分析法

（1）平方和与自由度的分解

平方和的分解：

矫正数 $C = \dfrac{\left(\sum x_i\right)^2}{n} = \dfrac{T^2}{n} = 53.542/16 = 179.1582$

总平方和 $SS_T = \sum x_i^2 - C = 1.92^2 + 1.95^2 + \cdots + 4.45^2 - C = 194.8328 - 179.1582$
$$= 15.6746$$

A 因素平方和 $\quad SS_A = \dfrac{\sum K_{iA}^2}{m} - C = (8.72^2 + 11.64^2 + 17.55^2 + 15.63^2)/4 - C$
$$= 190.9568 - 179.1582 = 11.7986$$

B 因素平方和 $\quad SS_B = \dfrac{\sum K_{iB}^2}{m} - C = (11.69^2 + 12.69^2 + 13.66^2 + 15.50^2)/4 - C$
$$= 181.1344 - 179.1582 = 1.9762$$

C 因素平方和 $\quad SS_C = \dfrac{\sum K_{iC}^2}{m} - C = (13.37^2 + 12.01^2 + 14.75^2 + 13.41^2)/4 - C$
$$= 180.0969 - 179.1582 = 0.9387$$

误差平方和 $SS_e = SS_T - SS_A - SS_B - SS_C$
$$= 15.6746 - 11.7986 - 1.9762 - 0.9387 = 0.9610$$

对于空列也可用同样方法计算平方和：

D(空列) 平方和 $\quad SS_D = \dfrac{\sum K_{iD}^2}{m} - C = (13.41^2 + 14.58^2 + 13.5^2 + 12.05^2)/4 - C$

$$= 179.9642 - 179.1582 = 0.8060$$

E(空列) 平方和 $\quad SS_E = \dfrac{\sum K_{iE}^2}{m} - C = (14.03^2 + 13.34^2 + 13.19^2 + 12.98^2)/4 - C$

$$= 179.3132 - 179.1582 = 0.1550$$

实际上，误差平方和等于各空白列平方和相加，即 $SS_e = SS_D + SS_E$，这就是这种分析类型要求留有空列的缘故。

自由度的分解：

总自由度 $df_T = n - 1 = 16 - 1 = 15$

A 因素 $df_A = a - 1 = 4 - 1 = 3$

B 因素 $df_B = b - 1 = 4 - 1 = 3$

C 因素 $df_C = c - 1 = 4 - 1 = 3$

误　差 $df_e = df_T - df_A - df_B - df_C = 15 - 3 - 3 - 3 = 6$

正交表中各列的自由度为该列的水平数减1，显然，误差自由度等于各空白列自由度之和。

（2）F 测验

由方差分析的结果可知（表 12-9），$F_A = 24.5536 > F_{0.01(3,6)} = 9.78$，说明 A 因素对鲤鱼抗菌精蛋白的得率有极显著的影响。

表 12-9　方差分析表

变异来源	SS	df	MS	F	F_α
A(硫酸浓度)	11.7986	3	3.9329	24.5536**	
B(提取温度)	1.9762	3	0.6587	4.1126	$F_{0.05(3,6)} = 4.76$
C(提取时间)	0.9387	3	0.3129	1.9534	
D(空列)	0.8060	3	0.2687		$F_{0.01(3,6)} = 9.78$
E(空列)	0.1550	3	0.0517		
误差	0.9610	6	0.1602		
总变异	15.6746	15			

注：**为极显著。

（3）多重比较

从本试验的方差分析可知，A 因素的不同水平间存在极显著的差异。下面采用 q 检验法对 A 因素各水平进行多重比较，见表 12-10 和表 12-11。

表 12-10　多重比较用 q 及 LSR 值

秩次距 K		2	3	4
q	0.05	3.46	4.34	4.9
	0.01	5.24	6.33	7.03
LSR	0.05	0.69	0.87	0.98
	0.01	1.05	1.27	1.41

表 12-11　*A* 因素各水平均值多重比较(*q* 检验法)

A 因素		A_3	A_4	A_2	A_1
显著性	0.05	a	a	b	c
	0.01	A	AB	BC	C

$$S_{\bar{x}} = \sqrt{\frac{MS_e}{m}} = \sqrt{0.1602/4} = 0.2001 \, 。$$

多重比较的结果以 A_3 为最好，另外 A_4 也可考虑，可作为分析其他指标后综合平衡选择之用。

仅从得率这一指标来讲，*A* 的最优水平为 A_3，即 10%的硫酸；对于 *B*、*C* 因素，由于各水平间差异不显著，所以理论上讲，可在各自所取的水平范围内任取一水平，实践中则可从操作的难易度、成本的经济性、试验条件的可行性等方面综合考虑而确定。

12.3.2　有重复试验的统计分析

有重复试验的方差分析与无重复试验的方差分析，除误差平方和、自由度的计算有所不同外，其余各项计算基本相同。

例 12-3　在超高压处理对乳清分离蛋白凝胶持水性影响的试验中，以加压时间、体系溶液的 *pH* 值、乳清分离蛋白的浓度、氯化钙浓度与超高压压力作为因素，考察各因素对乳清分离蛋白持水性(试验指标)的影响。由于受超高压压力设备的影响，压力只能取 2 个水平，其余各因素均取 4 水平，每组试验重复两次，因素水平见表 12-12。

表 12-12　例 12-3 因素水平表

水平	*A* 加压时间/min	*B* pH 值	*C* 乳清分离蛋白浓度/%	*D* 氯化钙浓度/(mol/L)	*E* 压力/MPa
1	20	3.0	16	0	400
2	30	4.0	18	0.05	500
3	40	7.0	20	0.10	
4	50	8.0	22	0.15	

本例题是 4 个 4 水平因素和 1 个 2 水平因素的混合型试验。从混合水平表中可以找到合适的正交表 $L_{16}(4^4 \times 2^3)$。因为不需考察交互作用，故表头设计很简单，本试验的方案及结果分析见表 12-13。

表 12-13　例 12-3 试验设计方案及结果分析

处理	*A* 加压时间	*B* pH	*C* 乳清分离蛋白浓度	*D* 氯化钙浓度	*E* 加压压力	空列	空列	持水性/% $x'_{ij}=x_{ij}-80$		T_t
1	1	1	1	1	1	1	1	3.71	12.10	15.81
2	1	2	2	2	1	2	2	14.98	15.44	30.42
3	1	3	3	3	2	1	2	14.52	18.43	32.95

（续）

处理	A 加压时间	B pH	C 乳清分离蛋白浓度	D 氯化钙浓度	E 加压压力	空列	空列	持水性/% $x'_{ij}=x_{ij}-80$		T_t
4	1	4	4	4	2	2	1	17.61	18.02	35.63
5	2	1	2	3	2	2	1	-3.58	-9.12	-12.70
6	2	2	1	4	2	1	2	-6.03	-9.07	-15.10
7	2	3	4	1	1	2	2	5.79	4.51	10.30
8	2	4	3	2	1	1	1	3.41	3.83	7.24
9	3	1	3	4	1	2	2	-0.35	-4.07	-4.42
10	3	2	4	3	1	1	1	-14.73	5.70	-9.03
11	3	3	1	2	2	2	1	-8.55	-6.81	-15.36
12	3	4	2	1	2	1	2	-0.53	-2.38	-2.91
13	4	1	4	2	2	1	2	4.86	2.14	7.00
14	4	2	3	1	2	2	1	2.14	-1.08	1.06
15	4	3	2	4	1	1	1	-10.28	-12.91	-23.19
16	4	4	1	3	1	2	2	-10.06	-11.51	-21.57
K_{1j}	114.81	5.69	-36.22	24.26	5.56	12.77	-0.54	23.22		
K_{2j}	-10.26	7.35	-8.38	29.30	30.57	23.36	36.67			
K_{3j}	-31.72	4.70	36.83	-10.35				$T=36.13$		
K_{4j}	-36.70	18.39	43.90	-7.08						
$\bar{K}_{1j}$	14.35	0.71	-4.53	3.03	0.35	0.80	-0.03			
$\bar{K}_{2j}$	-1.28	0.92	-1.05	3.66	1.91	1.46	2.29			
$\bar{K}_{3j}$	-3.97	0.59	4.60	-1.29						
$\bar{K}_{4j}$	-4.59	2.30	5.49	-0.89						
R_j	18.94	1.71	10.02	4.96	1.56	0.66	2.33			
优水平	A_1	B_4	C_4	D_2	E_2					

12.3.2.1 直观分析法

这类试验结果的计算与等水平的思路一样，但在计算 K_{ij}、$\bar{K}_{ij}$ 及 R_j 值时，因水平数不同略有差异。

用 n 表示试验处理数，r 表示试验处理的重复数（区组数），a、b、c、d、e 表示 A、B、C、D、E 各因素的水平数，m 为某因素同一水平的重复数。此例 $n=16$、$r=2$、$a=b=c=d=4$、$e=2$；对于 A、B、C、D 4 因素，$m=4$；对于 E 因素，$m=8$。

就本例而言：

第 1 列、第 2 列、第 3 列、第 4 列上，$K_{ij}(j=1,2,3,4)$ 为 $8(m×r)$ 个数值之和，所

以有 $\bar{K}_{ij} = \dfrac{K_{ij}}{8}$，各列有 4 个 K_{ij} 和 4 个 $\bar{K}_{ij}$。

第 5 列、第 6 列、第 7 列上(第 6 列、第 7 列虽然为空列，但同样参与计算)，$K_{ij}(j = 5，6，7)$ 为 16($m \times r$) 个数值之和，所以有 $\bar{K}_{ij} = \dfrac{K_{ij}}{16}$，各列有 2 个 K_{ij} 和 2 个 $\bar{K}_{ij}$。

根据各列下的 $\bar{K}_{ij}$ 值，可得各列的极差 R_j。从 R_j 可以直观地看出本试验各因素效应的主次顺序为：A，C，D，B，E。

注意：在不等水平的试验中，分析因素的主次关系不能完全按极差 R_j 的大小判断。通常水平数取得多的因素理应比水平数取得少的因素的极差 R_j 大些，因此以方差分析更为科学。

12.3.2.2　方差分析

(1) 自由度和平方和的分解

对于有重复，且重复采用随机区组(单位组)设计的正交试验，总变异可以划分为处理间、区组间和第二类误差变异三部分，而处理间变异可进一步划分为 A 因素、B 因素、C 因素、D 因素、E 因素的变异及第一类误差共六部分。此时，平方和与自由度可划分为：

$$SS_T = SS_t + SS_r + SS_{e2}$$
$$df_T = df_t + df_r + df_{e2}$$
$$SS_t = SS_A + SS_B + SS_C + SS_D + SS_E + SS_{e1}$$
$$df_t = df_A + df_B + df_C + df_D + df_E + df_{e1} \qquad (12-2)$$
$$SS_T = SS_A + SS_B + SS_C + SS_D + SS_E + SS_r + SS_{e1} + SS_{e2}$$
$$df_T = df_A + df_B + df_C + df_D + df_E + df_r + df_{e1} + df_{e2}$$

式中：SS_r 为区组间平方和；SS_{e1} 为第一类误差(又称模型误差)平方和；SS_{e2} 为第二类误差(又称重复误差)平方和；SS_t 为处理间平方和；df_r、df_{e1}、df_{e2}、df_t 为相应自由度。

注意，对于重复试验是采用完全随机设计的正交试验，在平方和与自由度划分式中无 SS_r、df_r 项。

平方和的分解：

矫正数 $C = \dfrac{(\sum x_{ij})^2}{nr} = \dfrac{T^2}{nr} = 36.13^2/(16 \times 2) = 40.79$

总平方和 $SS_T = \sum x_{ij}^2 - C = 3.71^2 + 14.98^2 + \cdots + (-11.51)^2 - C = 2993.83$

区组 $SS_r = \dfrac{\sum T_r^2}{n} - C = (12.91^2 + 23.22^2)/16 - C = 3.32$

处理间 $SS_t = \dfrac{\sum T_t^2}{r} - C = [15.81^2 + 30.42^2 + \cdots + (-21.57)^2]/2 - C = 2697.70$

A 因素　$SS_A = \dfrac{\sum K_{iA}^2}{mr} - C = [114.81^2 + (-10.26)^2 + (-31.72)^2 + (-36.70)^2]/(4 \times 2) - C = 1914.16$

B 因素 $\quad SS_B = \dfrac{\sum K_{iB}^2}{mr} - C = (5.69^2 + 7.35^2 + 4.70^2 + 18.39^2)/(4 \times 2) - C = 15.04$

C 因素 $\quad SS_C = \dfrac{\sum K_{iC}^2}{mr} - C = [(-36.22)^2 + (-8.38)^2 + 36.83^2 + 43.90^2]/(4 \times 2)$
$\qquad\qquad - C = 542.43$

D 因素 $\quad SS_D = \dfrac{\sum K_{iD}^2}{mr} - C = [24.26^2 + 29.30^2(-10.35)^2 + (-7.08)^2 +)/(4$
$\qquad\qquad \times 2) - C = 159.74$

E 因素 $\quad SS_E = \dfrac{\sum K_{iE}^2}{mr} - C = (5.56^2 + 30.57^2)/(8 \times 2) - C = 19.55$

第一类误差(也可以由空列计算):

$SS_{e1} = SS_t - SS_A - SS_B - SS_C - SS_D - SS_E$
$\quad = 2697.70 - 1914.16 - 15.04 - 542.43 - 159.74 - 19.55 = 46.78$

第二类误差: $SS_{e2} = SS_T - SS_r - SS_t = 2993.83 - 3.32 - 2697.70 = 292.81$

自由度的分解:

总自由度 $df_T = nr - 1 = 16 \times 2 - 1 = 31$

处理间自由度 $df_t = n - 1 = 16 - 1 = 15$

区组自由度 $df_r = r - 1 = 2 - 1 = 1$

A 因素 $df_A = a - 1 = 4 - 1 = 3$

B 因素 $df_B = b - 1 = 4 - 1 = 3$

C 因素 $df_C = c - 1 = 4 - 1 = 3$

D 因素 $df_D = d - 1 = 4 - 1 = 3$

E 因素 $= e - 1 = 2 - 1 = 1$

第一类误差 $df_{e1} = df_t - df_A - df_B - df_C - df_D - df_E = 15 - 3 - 3 - 3 - 3 - 1 = 2$

第二类误差 $df_{e2} = df_T - df_t - df_r = 31 - 15 - 1 = 15$

(2)两类误差的差异显著性检验

检验与 $MS_{e_1}MS_{e_2}$ 差异的显著性时,若经 F 检验不显著,则可将其平方和与自由度分别合并,计算出合并的误差均方,进行 F 检验与多重比较,以提高分析的精度;若 F 检验显著,说明存在交互作用,二者不能合并,此时只能以 MS_{e_2} 进行 F 检验与多重比较。

本例: $F = \dfrac{MS_{e_1}}{MS_{e_2}} = 1.20 < 3.68$,$MS_{e_1}$ 与 MS_{e_2} 差异不显著,故将两种误差的平方和与自由度分别合并计算出合并的误差均方 MS_e,即 $MS_e = \dfrac{(SS_{e_1} + SS_{e_2})}{(df_{e_1} + df_{e_2})} = 339.58/17 = 19.98$,并用合并的误差均方 MS_e 进行 F 检验与多重比较。

（3）列出方差分析表（表 12-14）

表 12-14　例 12-3 的方差分析表（随机区组模型）

变异来源	SS	df	MS	F	$F_{0.05}$	$F_{0.01}$
区组间	3.32	1	3.32	<1		
A	1914.16	3	638.05	31.93**	3.20	5.18
B	15.04	3	5.01	0.25		
C	542.43	3	180.81	9.05**	3.20	5.18
D	159.74	3	53.25	2.66		
E	19.55	1	19.55	<1		
第一类误差（e_1）	46.77	2	23.39	1.20	3.68	6.36
第二类误差（e_2）	292.81	15	19.52			
合并误差	339.58	17	19.98			
总变异	2993.83	31				

注：＊＊为极显著。

由表 12-14 可知，加压时间（A）与乳清分离蛋白的浓度（C）对乳清分离蛋白凝胶的持水性有极显著的影响，而体系的 pH 值（B）、氯化钙浓度（D）、超高压压力（E）和区组间差异不显著。

（4）多重比较（SSR 法）

A，C 两因素各自水平均值的多重比较见表 12-15 和表 12-16。

表 12-15　多重比较用 SSR 及 LSR 值

秩次距 K		2	3	4
SSR	0.05	2.98	3.13	3.22
	0.01	4.10	4.30	4.41
LSR	0.05	4.71	4.95	5.09
	0.01	6.48	6.79	6.97

表 12-16　A、C 两因素各水平均值多重比较结果（SSR 法）

差异显著性	A 因素				C 因素			
	A_1	A_2	A_3	A_4	C_4	C_3	C_2	C_1
	14.35	−1.28	−3.97	−4.59	5.49	4.60	−1.05	−4.53
$\alpha=0.05$	a	b	b	b	a	a	b	b
$\alpha=0.01$	A	B	B	B	A	A	AB	B

$$df_e = 17, \quad S_{\bar{x}} = \sqrt{\frac{MS_e}{mr}} = \sqrt{19.98/(4\times2)} = 1.58。$$

由表 12-16 可知，A 因素的 A_1 水平与 A_2、A_3 及 A_4 间存在极显著的差异，A 因素选 A_1 水平（持水性越大越好）；C 因素的 C_4 与 C_3 间差异不显著，C_4 与 C_2、C_1 间存在极显著的差异，C 因素可选 C_4 或 C_3 水平；由于 B、D、$E3$ 因素的各水平间差异不显著，原则上水平间可以任选。结合方差分析及极差分析中的优水平结果，所以本试验的最优处理组合为 $A_1B_4C_4D_2E_2$ 或 $A_1B_4C_3D_2E_2$。

12.4 实例分析

以例 12-1 的试验结果(表 12-17)为例来说明正交试验资料如何采用 R 语言实现方差分析。

表 12-17 酶法制备紫红薯膳食纤维的试验结果

处理号	A(淀粉酶∶糖化酶)	B 酶解时间	C 酶解温度	D 添加量	空列	膨胀力/(mL·g)
1	1(7∶3)	1(60)	1(65)	1(0.3)	1	6.93
2	1(7∶3)	2(90)	2(70)	2(0.4)	2	7.41
3	1(7∶3)	3(120)	3(75)	3(0.5)	3	9.23
4	1(7∶3)	4(150)	4(80)	4(0.6)	4	9.61
5	2(3∶2)	1(60)	2(70)	3(0.5)	4	7.96
6	2(3∶2)	2(90)	1(65)	4(0.6)	3	7.28
7	2(3∶2)	3(120)	4(80)	1(0.3)	2	5.93
8	2(3∶2)	4(150)	3(75)	2(0.4)	1	8.35
9	3(1∶1)	1(60)	3(75)	4(0.6)	2	8.33
10	3(1∶1)	2(90)	4(80)	3(0.5)	1	8.06
11	3(1∶1)	3(120)	1(65)	2(0.4)	4	6.32
12	3(1∶1)	4(150)	2(70)	1(0.3)	3	7.50
13	4(2∶3)	1(60)	4(80)	2(0.4)	3	5.96
14	4(2∶3)	2(90)	3(75)	1(0.3)	4	7.84
15	4(2∶3)	3(120)	2(70)	4(0.6)	1	7.67
16	4(2∶3)	4(150)	1(65)	3(0.5)	2	9.21

R 语言实现：

```
>A<-c(1, 1, 1, 1, 2, 2, 2, 2, 3, 3, 3, 3, 4, 4, 4, 4)
>B<-c(1, 2, 3, 4, 1, 2, 3, 4, 1, 2, 3, 4, 1, 2, 3, 4)
>C<-c(1, 2, 3, 4, 2, 1, 4, 3, 3, 4, 1, 2, 4, 3, 2, 1)
>D<-c(1, 2, 3, 4, 3, 4, 1, 2, 4, 3, 2, 1, 2, 1, 4, 3)
>kl<-c(1, 2, 3, 4, 4, 3, 2, 1, 2, 1, 4, 3, 3, 4, 1, 2)
>pz<-c(6.93, 7.41, 9.23, 9.61, 7.96, 7.28, 5.93, 8.35, 8.33, 8.06, 6.32, 7.5, 5.96, 7.84, 7.67, 9.21)
```

```
>a<-factor(A)
>c<-factor(C)
>d<-factor(D)
>k<-factor(kl)
>q2<-data.frame(a, b, c, d, k, pz)
>m3<-aov(pz~a+b+c+d+k, data=q2)
>summary(m3)
```

结果整理与表达：将方差分析及多重比较结果整理出来，见表 12-18 和表 12-19。

表 12-18　酶法制备紫红薯膳食纤维的方差分析结果

变异来源	平方和	自由度	均方	F 值
A 因素	1.907	3	0.636	4.870
B 因素	5.082	3	1.694	12.980*
C 因素	2.848	3	0.949	7.274
D 因素	8.026	3	2.675	20.497*
空列（模型误差）	0.392	3	0.131	
总变异	18.255	15		

注：$F_{0.05(3,3)} = 9.28$，$F_{0.01(3,3)} = 29.46$。

表 12-19　各因素不同水平多重比较的结果（Duncan 新复极差法）

因素	A（淀粉酶∶糖化酶）				B 酶解时间				C 酶解温度				D 添加量			
水平	A_1	A_4	A_3	A_2	B_4	B_2	B_1	B_3	C_3	C_2	C_1	C_4	D_3	D_4	D_1	D_2
显著性 0.05	a	ab	ab	b	a	b	b	b	a	ab	b	b	a	a	b	b
0.01	A	A	A	A	A	A	A	A	A	A	A	A	A	AB	B	B

注：小写字母不同，表示差异显著（$P<0.05$）；大写字母不同，表示差异极显著（$P<0.01$）。

由表 12-19 各因素不同水平多重比较的结果（Duncan 新复极差法）可知，在混合酶比例（A）中，水平 A_1 与 A_2 之间存在显著性差异（$P<0.05$），而 A_2、A_3、A_4 水平之间和 A_1、A_3、A_4 水平之间差异不显著；在酶解时间（B）中，水平 B_4 与 B_1、B_2、B_3 之间存在显著性差异（$P<0.05$），而 B_1、B_2、B_3 水平之间差异不显著；在酶解温度（C）中，水平 C_3 与 C_1、C_4 之间存在显著性差异（$P<0.05$），而 C_1、C_2、C_4 水平之间和 C_2、C_3 水平之间差异不显著；在混合酶添加量（D）中，水平 D_3 与 D_1、D_2 之间存在极显著性差异（$P<0.01$），而 D_1、D_2 水平之间和 D_3、D_4 水平之间差异不显著。

从以上分析可知，A 因素取 A_1、A_4 或 A_3 水平，B 因素取 B_4 水平，C 因素取 C_3 或 C_2 水平，C 因素取 D_3 或 D_4 水平。在此基础上查找最优水平的组合，首先看已经实施的试验中最优组合是否出现，如果出现就确定此组合为最优组合，如果实施的试验方案中未出现此最优组合则需要做进一步的验证试验。需要特别注意的是，当某个因素各水平间差异不显著时，从理论上讲，可以在各自选取的水平范围内任取一水平，实践中则可以从操作难易度、成本的经济性、试验条件的可行性等方面综合考虑而确定。

习　题

1. 黑麦面条的研究试验中，设计一个正交试验来考察加水量(A因素)、食用碱量(B因素)、熟化时间(C因素)对黑麦面条品质的影响(因素水平表见表12-20)，以面条的感官评分为试验指标，不考察因素间的交互作用，结果见表12-21。试分析各因素对黑麦面条感官评分的影响，并确定最优配方。

表 12-20　正交试验设计的因素水平表

水平	因素		
	加水量/%(A)	食用碱量/%(B)	熟化时间/min(C)
1	39	0.06	15
2	41	0.08	20
3	43	0.10	25

表 12-21　$L_9(3^4)$ 正交试验结果

处理号	A	B	C	空列	品评总分
1	1	1	1	1	81.2
2	1	2	2	2	83.0
3	1	3	3	3	80.7
4	2	1	2	3	83.8
5	2	2	3	1	84.6
6	2	3	1	2	82.1
7	3	1	3	2	80.8
8	3	2	1	3	81.2
9	3	3	2	1	79.4

R 语言实现：

```
>A<-c(1, 1, 1, 2, 2, 2, 3, 3, 3)
>B<-c(1, 2, 3, 1, 2, 3, 1, 2, 3)
>c<-c(1, 2, 3, 2, 3, 1, 3, 1, 2)
>kl<-c(1, 2, 3, 3, 1, 2, 2, 3, 1)
>pf<-c(81.2, 83, 80.7, 83.8, 84.6, 82.1, 80.8, 81.2, 79.4)
>A<-factor(A)
>B<-factor(B)
>C<-factor(c)
>kl<-factor(kl)
>hm<-data.frame(A, B, C, kl, pf)
>hmaov<-aov(pf~A+B+C+kl, data=hm)
>hmaov
Call：
   aov(formula=pf~A+B+C+kl, data=hm)
```

```
Terms：
                      A           B          C          kl
Sum of Squares    14. 046667   7. 280000   0. 606667   0. 086667
Deg. of Freedom      2           2          2          2


Estimated effects may be unbalanced
>summary( hmaov)
            Df         Sum Sq      Mean Sq      F value      Pr( >F)
A         2 14. 047     7. 023      163. 326     0. 0061 * *
B         2 7. 280      3. 640       84. 651     0. 0118 *
C         20. 607       0. 303        7. 047     0. 1250
kl        2 0. 087      0. 043
---
Signif. codes：   0 ' * * * ' 0. 001 ' * * ' 0. 01 ' * ' 0. 05 '. ' 0. 1 ' ' 1
>
```

2. 杉木水肥试验中，设定 A 因素为灌水量(4 水平)，B 因素为氮肥用量(2 水平)，C 因素为磷肥用量(2 水平)，选用 $L_8(4^1 \times 2^4)$，其表头设计和苗高结果见表 12-22，试进行方差分析(随机区组试验设计)。

表 12-22　$L_8(4^1 \times 2^4)$ 杉木水肥试验结果

处理	因素					一年生苗高/cm		
	A	空列	B	空列	C	I	II	III
1	1	1	1	1	1	21	20	23
2	1	2	2	2	2	23	24	24
3	2	1	1	2	2	30	28	25
4	2	2	2	1	1	29	26	24
5	3	1	2	1	2	20	19	23
6	3	2	1	2	1	18	19	18
7	4	1	2	2	1	28	29	27
8	4	2	1	1	2	32	32	30

R 语言实现：

```
>a<-c(1, 1, 1, 1, 1, 1, 2, 2, 2, 2, 2, 2, 3, 3, 3, 3, 3, 3, 4, 4, 4, 4, 4, 4)
>b<-c(1, 1, 1, 2, 2, 2, 1, 1, 1, 2, 2, 2, 2, 2, 2, 1, 1, 1, 2, 2, 2, 1, 1, 1)
>c<-c(1, 1, 1, 2, 2, 2, 2, 2, 2, 1, 1, 1, 2, 2, 2, 1, 1, 1, 1, 1, 1, 2, 2, 2)
>k1<-c(1, 1, 1, 2, 2, 2, 1, 1, 1, 2, 2, 2, 2, 2, 2, 1, 1, 1, 1, 1, 1, 2, 2, 2)
>k2<-c(1, 1, 1, 2, 2, 2, 2, 2, 2, 1, 1, 1, 1, 1, 1, 2, 2, 2, 2, 2, 2, 1, 1, 1)
>mg<-c(21, 20, 23, 23, 24, 24, 30, 28, 25, 29, 26, 24, 20, 19, 23, 18, 19, 18, 28, 29,
27, 32, 32, 30)
>A = factor(a)；B = factor(b)；C = factor(c)；k1 = factor(k1)；k2 = factor(k2)
>maov<-aov(mg~ A+k1+B+k2+C)
```

```
>maov
Call：
  aov( formula＝mg ~ A+k1+B+k2+C)


Terms：
                      A        k1        B        k2        C  Residuals
Sum of Squares  371.0000    1.5000   0.0000    1.5000  32.6667   44.6667
Deg. of Freedom        3         1        1         1        1        16


Residual standard error：1.670828
Estimated effects may be unbalanced
>summary( maov)
            Df      SumSq     Mean Sq     F value     Pr( >F)
A            3      371.0      123.67      44.299      5.64e-08 * * *
k1           1        1.5        1.50       0.537      0.4742
B            1        0.0        0.00       0.000      1.0000
k2           1        1.5        1.50       0.537      0.4742
C            1       32.7       32.67      11.701      0.0035 * *
Residuals   16       44.7        2.79
---
Signif. codes：  0 ' * * * ' 0.001 ' * * ' 0.01 ' * ' 0.05 ' . ' 0.1 ' ' 1
>
```

13　均匀试验设计

本章摘要

均匀设计是基于试验点在整个试验范围内均匀分散，从均匀性角度出发提出的一种试验设计方法。它是数论方法中的"伪蒙特卡罗方法"的一个应用，由方开泰和王元两位数学家于 1978 年创立。通过本章的学习，在理解均匀设计的意义和特点的同时，了解等水平及混合水平均匀设计表的构造，掌握均匀设计的基本方法及均匀设计试验结果的分析方法。

13.1　均匀设计方法与特点

前面章节所讲的正交试验设计，试验点具有"均匀分散、整齐可比"的特点，其中，"均匀分散"即均匀性，使试验点均匀分布在试验范围内，让每个试验点都具有代表性。"整齐可比"即综合可比性，使试验结果的分析十分方便，易于分析各因素及其交互作用对试验指标的影响大小和变化规律。但正交试验设计为了保证整齐可比性，对任意两个因素而言，必须进行全面试验，每个因素的水平必须有重复。显然，正交试验设计只适用于水平数不太多的多因素试验。若不考虑整齐可比性，而完全保证均匀性，就可以大大减少试验点，这也是均匀设计的基本出发点。

1978 年，由于导弹设计的要求，提出了一个五因素的试验，希望每个因素的水平数要多于 10，而试验总数又不超过 50。显然，正交试验设计不能用。因为对于一个水平数为 m 的正交试验，至少要做 m^2 次试验，如 $m = 10$ 时，$m^2 = 100$，即至少要做 100 次试验，这在实际中是难以实施的。为此，我国数学家方开泰教授和王元教授提出了均匀设计试验方法，即不考虑整齐可比性，而完全保证均匀性，让试验点在试验范围内充分地均匀分散。这样不仅可以大大减少试验点，而且仍能得到反映试验体系主要特征的试验结果。

均匀设计的最大优点是可以节省大量的试验工作量，尤其在试验因素水平较多的情况下，其优势更为明显。例如，一个 4 因素 7 水平试验，进行一轮全面试验要做 $7^4 = 2401$ 次，用正交试验也至少要做 $7^2 = 49$ 次，而用均匀试验则仅需 7 次。因此，对于水平数很多的多因素试验，且试验费用昂贵或实际情况要求尽量少做试验的场合，对于筛选因素或收缩试验范围进行逐步寻优的场合，均匀设计都是十分有效的试验设计方法。由于均匀设计没有整齐可比性，所以试验结果的处理不能采用方差分析法，而必须采用回归分析法。

13.1.1 均匀设计表

与正交试验设计相似，均匀设计也是通过一套精心设计的表格来安排试验的，这种表称为均匀设计表。均匀设计表是根据数论方法在多重数值积分中的应用原理构造的，它分为等水平和混合水平两种。

13.1.1.1 等水平均匀设计表

等水平均匀设计表用 $U_n(m^k)$ 表示，其中各符号的意义如下：

均匀设计表————— —————因素数

$$U_n(m^k)$$

试验次数 因素水平数

表 13-1 为 $U_6(6^4)$ 均匀设计表，最多可安排 4 个因素，每个因素 6 个水平，共做 6 次试验。

等水平均匀设计表具有如下特点：

①每个因素的每个水平只做一次试验；

②任意两个因素的试验点画在平面格子点上，每行每列恰好有一个试验点。如表 13-1 $U_6(6^4)$ 的第 1 列和第 3 列点如图 13-1(a)所示。

表 13-1 $U_6(6^4)$ 均匀表

试验号	列号			
	1	2	3	4
1	1	2	3	6
2	2	4	6	5
3	3	6	2	4
4	4	1	5	3
5	5	3	1	2
6	6	5	4	1

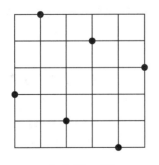
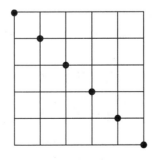

（a）第1、3列 （b）第1、4列

图 13-1 均匀表不同列组合的均匀性

上述两个特点反映了均匀试验安排的均衡性，即对各因素及每个因素的每个水平一视同仁。

③等水平均匀表任两列之间不一定是平等的。例如，用 $U_6(6^4)$ 的第 1、3 和第 1、4 列分别画图，得图 13-1(a)和(b)。可见图 13-1(a)的点分布比较均匀，而图 13-1(b)的点则分布不均匀。均匀设计表的这一性质与正交表有很大不同，因此，每个均匀设计表必须有一个附加的使用表，以帮助我们在均匀设计时如何选列来安排各个因素。表 13-2 为 $U_6(6^4)$ 的使用表，其表明在利用 $U_6(6^4)$ 进行均匀设计时，若只有 2 个因素，应安排在第 1、3 列；若有 3 个因素，应安排在第 1、2、3 列。表 13-2 中最后一列 D 表示刻划均匀度的偏差(discrepancy)，D 值越小，表明均匀度越好。

表 13-2　$U_6(6^4)$ 使用表

因素数	列号				D(偏差值)
2	1	3			0.1875
3	1	2	3		0.2656
4	1	2	3	4	0.2990

④等水平均匀表的试验次数与该表的水平数相等。当水平数增加时，试验次数也随之作等量增加。如水平数 m 从 9 增加到 10 时，试验数 n 也从 9 增加到 10。但对于等水平正交试验，当水平数从 9 增加到 10 时，试验数将从 81 增加到 100，按平方关系增加。可见，均匀设计中增加因素水平时，仅使试验工作量稍有增加，这是均匀设计的最大优点。

⑤水平数为奇数的均匀表与水平数为偶数的均匀表之间，具有确定的关系。将奇数表去掉最后一行，就得到水平数比原奇数表少 1 的偶数表，相应地，试验次数也少，而使用表不变。例如，将 $U_7(7^6)$ 去掉最后一行，就得到了 $U_6(6^6)$，使用表不变。因此，本书附录只给出水平数为奇数的均匀设计表。

⑥与正交表不同，均匀设计表中各列的因素水平不能任意改变次序，只能按照原来的顺序进行平滑，即将原来的最后一个水平与第一个水平衔接起来，组成一个封闭圈，然后从任一处开始定为第 1 水平，按圈子的方向或相反方向，排出第 2 水平，第 3 水平，……

13.1.1.2　混合水平的均匀设计表

混合水平的均匀设计表用于安排因素水平不相同的均匀试验，其一般形式为 $U^n(m_1^{k_1} \times m_2^{k_2} \times m_3^{k_3})$，式中 n 为试验次数，m_1、m_2、m_3 为列的水平数，k_1、k_2、k_3 分别表示水平数为 m_1、m_2、m_3 的列的数目。

混合水平的均匀设计表是从等水平的均匀设计表利用拟水平的方法得到的。例如，某试验需考察 A、B、C 3 个因素，其中 A、B 取 3 个水平，C 取 2 个水平。显然，这个试验不能直接采用等水平均匀设计表，但可采用拟水平法对等水平均匀设计表进行改造。选择均匀表 $U_6(6^6)$，按使用表的推荐用 1、2、3 前 3 列。现将第 1、2 列的水平作如下改造：

$$\{1, 2\} \longrightarrow 1, \quad \{3, 4\} \longrightarrow 2, \quad \{5, 6\} \longrightarrow 3$$

第 3 列的水平作如下改造：

$$\{1, 2, 3\} \longrightarrow 1, \quad \{4, 5, 6\} \longrightarrow 2$$

这样，便得到了一个混合水平的均匀设计表 $U_6(3^2 \times 2^1)$ ，见表 13-3。把因素 A 、B 、C 依次放在 $U_6(3^2 \times 2^1)$ 的第 1、2、3 列上即可。

表 13-3 拟水平设计 $U_6(3^2 \times 2^1)$

列号 \ 试验号	1(A)	2(B)	3(C)
1	(1) 1	(2) 1	(3) 1
2	(2) 1	(4) 2	(6)2
3	(3) 2	(6)3	(2) 1
4	(4) 2	(1) 1	(5) 2
5	(5) 3	(3) 2	(1) 1
6	(6)3	(5) 3	(4) 2

用拟水平法构造混合水平均匀设计表时，为使生成的混合水平表有较好的均衡性，不能按使用表的指示选择列，应当通过比较确定选用哪些列去生成混合水平表，使得所生成的混合水平表既有好的均衡性，又使偏差(D 值)尽可能地小。

13.1.2 均匀试验设计的基本方法

均匀试验设计的基本步骤与正交试验设计一样，试验方案设计包括：

(1) 确定试验指标；

(2) 选择试验因素；

(3) 确定因素水平：对于均匀设计，因素水平范围可以取宽一些，水平数可多取一些；

(4) 选择均匀设计表及表头设计。

根据试验因素数、试验次数和因素水平数选择均匀设计表。

均匀试验结果的分析采用多元回归分析法。若各因素(x_1 ，x_2 ，$\cdots$ ，x_k)与响应值 y 之间的关系是线性的，则多元线性回归方程为：

$$\hat{y} = b_0 + b_1 x_1 + b_2 x_2 + \cdots + b_m x_m$$

要求出这 m 个回归系数 $b_i(i=1$ ，2，$\cdots$ ，$m)$ ，就要列出 m 个方程(b_0 可由这 m 个回归系数求出)。为了对求得的方程进行检验，还要增加 1 次试验，则共需 $m+1$ 次试验，所以应选择试验次数 n 大于或等于 $m+1$ 的均匀设计表。由于回归方程是线性的，方程个数 m 就是因素个数 k 。

当各因素与响应值的关系为非线形时，或因素间存在交互作用时，可回归为多元高次方程。例如，当各因素与响应值均为二次关系时，回归方程为：

$$\hat{y} = b_0 + \sum_{i=1}^{k} b_i x_i + \sum_{i=1, j=1}^{T} b_T x_i x_j + \sum_{i=1}^{k} b_i x_i^2 \tag{13-1}$$

式中
$$T = \frac{k(k_1)}{2}$$

式(13-1)中的 $x_i x_j$ 反映因素间的交互作用，x_i^2 反映因素二次项的影响，回归系数总计为(不计常数项 b_0)：

$$m = k + k + \frac{k(k-1)}{2}$$

其中 k 为因素个数，最后一项为交互作用项个数。因此，为了求得二次项和交互作用项，必须选用试验次数大于回归方程系数总数的均匀设计表。

均匀设计表选定后，接下来要进行表头设计。若为等水平均匀设计表，则根据因素个数在使用表上查出安排因素的列号，再把各因素依其重要程度为序，依次排在表上；若为混合水平均匀设计表，则按水平把各因素分别安排在具有相应水平的列中。

（5）制定试验方案

表头设计好后，各因素所在列已确定，将各因素列的水平代码换成相应因素的具体水平值，即得试验设计方案。

均匀试验设计时主要根据因素水平来选用均匀设计表，并按均匀设计表的使用来安排试验方案。但要注意，方案设计时不考虑因素间的交互作用。均匀设计表中的空列（即未安排因素的列），既不能用于考察交互作用，也不能用于估计试验误差。

13.2　试验结果分析

均匀设计试验结果分析有直观分析法和回归分析法两种。

（1）直观分析法

从已做的试验点中挑一个试验指标值最好的试验点，用该点对应的因素水平组合作为较优工艺条件，该法主要用于缺乏计算工具的场合。

（2）回归分析法

通过回归分析，可解决如下问题：

①得到各试验因素与试验指标之间的回归方程；

②根据标准回归系数的绝对值大小，得出各因素对试验指标影响的主次顺序；

③由回归方程的极值点，求得最优工艺条件。

例 13-1　某食品厂在生产过程进行某项试验。选择的因素有 z_1（底物）和 z_2（发酵时间），均取 9 个水平，如表 13-4 所示，试验考核的指标 y 为产物量（g）。

表 13-4　例 13-1 的因素水平表

水平	因素	
	z_1 底物（g）	z_2 发酵时间（min）
1	136.5	170
2	137.0	180
3	137.5	190
4	138.0	200
5	138.5	210
6	1313.0	220
7	1313.5	230
8	140.0	240
9	140.5	250

注：这是 1 个 2 因素 9 水平的试验，选择 $U_9(9^2)$ 较合适。

由 $U_9(9^2)$ 的使用表可知，因素 z_1 和因素 z_2 安排在第 1 列和第 3 列，试验方案安排及试验结果，如表 13-5 所示。

（1）简化计算

为计算简便，对因素 z_1 及因素 z_2 的各水平作线性变换，即：

$$x_{i1} = \frac{z_{i1} - 136}{0.5} \qquad i = 1, 2, \cdots, 9$$

$$x_{i1} = \frac{z_{i2} - 160}{10} \qquad i = 1, 2, \cdots, 9$$

表 13-5 例 13-1 试验方案及试验结果

试验号	$x_1(z_1)$ 1	$x_2(z_2)$ 3	试验结果 $y(g)$
1	1(136.5)	4(200)	5.8
2	2(137.0)	8(240)	6.3
3	3(137.5)	3(190)	4.9
4	4(138.0)	7(230)	5.4
5	5(138.5)	2(180)	4.0
6	6(139.0)	6(220)	4.5
7	7(139.5)	1(170)	3.0
8	8(140.0)	5(210)	3.6
9	13(140.5)	13(250)	4.1

如：

$$x_{11} = \frac{z_{11} - 136}{0.5} = \frac{136.5 - 136}{0.5} = 1$$

$$x_{21} = \frac{z_{21} - 136}{0.5} = \frac{137 - 136}{0.5} = 2$$

$$x_{12} = \frac{z_{12} - 160}{10} = \frac{200 - 160}{10} = 4$$

$$x_{22} = \frac{z_{22} - 160}{10} = \frac{240 - 160}{10} = 8$$

计算结果表明，经过线性变换后因素水平值恰好是均匀设计表 $U_9(9^2)$ 中相应列的水平数字，如表 13-5 所示。

（2）建立回归方程

①表 13-5 的合计值计算：

$$\sum_{i=1}^{9} x_{i1} = 1 + 2 + \cdots + 9 = 45$$

$$\sum_{i=1}^{9} x_{i2} = 4 + 8 + \cdots + 9 = 45$$

$$\sum_{i=1}^{9} y_i = 5.8 + 6.3 + \cdots + 4.1 = 41.6$$

②平均值计算：

$$\bar{x}_{i1} = \frac{1}{n} \sum_{i=1}^{n} x_{i1} = \frac{1}{9} \sum_{i=1}^{9} x_{i1} = 5$$

$$\bar{x}_{i2} = \frac{1}{n} \sum_{i=1}^{n} x_{i2} = \frac{1}{9} \sum_{i=1}^{9} x_{i2} = 5$$

$$\bar{y} = \frac{1}{n} \sum_{i=1}^{n} y_1 = \frac{1}{9} \sum_{i=1}^{9} y_1 = 5$$

③回归系数计算：

$$SS_{11} = \sum_{i=1}^{9} (x_{i1} - \bar{x}_{i1})^2 = 60$$

$$SS_{22} = \sum_{i=1}^{9} (x_{i2} - \bar{x}_{i2})^2 = 60$$

$$SS_{y} = \sum_{i=1}^{9} (y_i - \bar{y})^2 = 9.235$$

$$SS_{1y} = \sum_{i=1}^{9} (x_{i1} - \bar{x}_{i1})(y_i - \bar{y}) = -19.6$$

$$SS_{2y} = \sum_{i=1}^{9} (x_{i2} - \bar{x}_{i2})(y_i - \bar{y}) = 11.0$$

$$SS_{12} = SS_{21} = \sum_{i=1}^{9} (x_{i1} - \bar{x}_{i1})(x_{i2} - \bar{x}_{i2}) = 6.0$$

则正规方程组为

$$SS_{11}b_1 + SS_{12}b_2 = 60b_1 + 6b_2 = -19.6$$
$$SS_{21}b_1 + SS_{22}b_2 = 6b_1 + 60b_2 = 11.0$$

解联立方程组，得

$$b_1 = -0.348$$
$$b_2 = 0.218$$
$$b_0 = \bar{y} - b_1\bar{x}_1 - b_2\bar{x}_2 = 5.27$$

因而，则有回归方程为

$$\hat{y} = b_0 + b_1x_1 + b_2x_2$$
$$= 5.27 - 0.348x_1 + 0.218x_2$$

（3）回归方程的显著性检验

①计算回归平方和 $SS_{回}$ 与剩余平方和 SS_e 以及它们的自由度 $f_{回} \cdot f_e$

$$SS_{回} = b_1 \cdot SS_{1y} + b_2 \cdot SS_y$$
$$= (-0.348) \times (-19.6) + 0.218 \times 11 = 9.219$$
$$f_{回} = 2$$
$$SS_e = SS_{yy} - SS_{回}$$
$$= 9.235 - 9.219 = 0.016$$

$$f_e = 6$$

②计算回归均方 $SS_回/f_回$ 与剩余均方 SS_e/f_e 以及 F 值

$$F = \frac{SS_回/f_回}{SS_e/f_e}$$

$$= \frac{9.219/2}{0.016/6} = 1707.41$$

③进行 F 值检验，并列方差分析表（表 13-6）。

表 13-6　方差分析表

方差来源	平方和	自由度	方差	F 比	显著性
$SS_回$	9.219	2	4.61	$F = 1707.41$	* *
$SS_剩$	0.016	6	0.0027		
SS_T	9.235	8			
$F_\alpha(2, n-3)$：$\bar{F}_{0.01}(2, 6) = 10.92$					

计算 F 值为 1707.41 后进行检验，取显著水平 $\alpha = 0.01$，从附表 Ⅱ 上查出临界值 $F_{0.01}$ (2, 6) = 10.92，比较 F 与 $\bar{F}_{0.01}(2, 6)$，故回归关系极显著。

最后，经过线性变换，得回归方程为

$$\hat{y} = 96.44 - 0.696_{z1} + 0.022_{z2}$$

由上式看出，指标 $\hat{y}$ 随因素 z_1 增加而减少，随因素 z_2 的增加而增加，利用此方程可寻找试验范围内的最优工艺条件，也可以对指标 $y\hat{y}\hat{y}$ 进行预测和控制。

以上分析过程可以 R 语言实现：

```
dat = read. csv("D：/ryy/131. csv"，header = TRUE，sep = "，")
stade1 = as. data. frame(dat)
lm1 = lm(y ~ x1+x2，data = stade1)#回归参数
summary(lm1)#回归方程显著性检验
```

13.3　实例分析

例 13-2　某食品厂在生产益生菌发酵饮料过程中，对益生菌发酵饮料的配方，运用均匀试验设计技术进行试验优化研究，预期取得较好的技术经济效果。

试验设计步骤如下：

（1）明确试验目的及考核指标

益生菌发酵饮料的配方在经过多次反复试验和筛选优化后，取得较好的效果。为进一步降低原材料消耗和提高发酵单位，采用均匀试验设计方法进行优化。本试验的目的是降低原材料消耗和提高发酵单位。试验考核指标是发酵单位 y(u/mg)。

（2）因素与水平均数的选取

在原来试验的基础上并结合专业知识，选择 6 个因素，并确定它们的变化范围：

$x_1 = 1.0 \sim 3.0$，$x_2 = 0.46 \sim 0.62$，$x_3 = 1.5 \sim 3.5$，

$x_4 = 0.006 \sim 0.118$, $x_5 = 0.14 \sim 0.26$, $x_6 = 0.6 \sim 0.8$

每个因素均取 5 个水平，因素水平如表 13-7 所示。

表 13-7　因素水平表

水平	因素					
	x_1	x_2	x_3	x_4	x_5	x_6
1	1.0	0.50	2.5	0.112	0.23	0.8
2	1.5	0.54	3.0	0.115	0.26	0.6
3	2.0	0.58	3.5	0.118	0.14	0.65
4	2.5	0.62	1.5	0.006	0.17	0.7
5	3.0	0.46	2.0	0.009	0.20	0.75

（3）选择均设计表，进行表头设计

本试验是 5^6 型试验即 6 因素 5 水平，可以选取 $U_6(6^6)$、$U_8(8^6)$、$U_{10}(10^{10})$ 等偶数均匀设计表，亦可选择 $U_7(7^6)$、$U_9(9^6)$、$U_{11}(11^{10})$ 等奇数均匀设计表。为提高试验精度和可靠性，选取均匀设计表 $U_{10}(10^{10})$，并运用拟水平法来安排试验。表 13-8 及表 13-9 是 $U_{10}(10^{10})$ 均匀设计表及其使用表。根据 $U_{10}(10^{10})$ 的使用表，6 个因素分别安排在第 1、2、3、5、7、10 列上，如表 13-10 所示。

表 13-8　$U_{10}(10^{10})$ 均匀设计表

试验号	列号									
	1	2	3	4	5	6	7	8	9	10
1	1	2	3	4	5	6	7	8	9	10
2	2	4	6	8	10	1	3	5	7	9
3	3	6	9	1	4	7	10	2	5	8
4	4	8	1	5	9	2	6	10	3	7
5	5	10	4	9	3	8	2	7	1	6
6	6	1	7	2	8	3	9	4	10	5
7	7	3	10	6	2	9	5	1	8	4
8	8	5	2	10	7	4	1	9	6	3
9	9	7	5	3	1	10	8	6	4	2
10	10	9	8	7	6	5	4	3	2	1

表 13-9　$U_{10}(10^{10})$ 的使用表

因素数	列号				
2	1	7			
3	1	5	7		
4	1	2	5	7	
5	1	2	3	5	7

（续）

因素数				列号					
6	1	2	3	5	7	10			
7	1	2	3	4	5	7	10		
8	1	2	3	4	5	6	7	10	
9	1	2	3	4	5	6	7	9	10
10	1	2	3	4	5	6	7	8	9	10

表 13-10   表头设计

因素	x_1	x_2	x_3	x_4		x_5			x_6
列号	1	2	3	4	5	6	7	8	9	10

（4）试验方案及其实施

表头设计完成后，将因素的水平运用拟水平方法的原则填到 $U_{10}(10^{10})$ 均匀设计表上，得试验方案。经过试验得到 10 个试验数据填在表上，如表 13-11 所示。

表 13-11   试验方案与结果

试验号	因素及列号						试验结果
	x_1	x_2	x_3	x_4	x_5	x_6	$y(\text{u/mg})$
1	1(1.0)	2(0.54)	3(3.5)	(0.009)	7(0.26)	10(0.75)	28625
2	2(1.5)	4(0.62)	6(2.5)	10(0.009)	3(0.14)	9(0.70)	29558
3	3(2.0)	6(0.50)	9(1.5)	4(0.006)	10(0.20)	8(0.65)	26008
4	4(2.5)	8(0.58)	1(2.5)	9(0.006)	6(0.23)	7(0.60)	31133
5	5(3.0)	10(0.46)	4(1.5)	3(0.118)	2(0.26)	6(0.80)	29641
6	6(1.0)	1(0.50)	7(3.0)	8(0.118)	9(0.17)	5(0.75)	27175
7	7(1.5)	3(0.58)	10(2.0)	2(0.115)	5(0.20)	4(0.70)	27858
8	8(2.0)	5(0.46)	2(3.0)	7(0.115)	1(0.23)	3(0.65)	28692
9	9(2.5)	7(0.46)	5(2.0)	1(0.112)	8(0.14)	2(0.60)	31796
10	10(3.0)	9(0.62)	8(3.5)	6(0.112)	4(0.17)	1(0.80)	26908
对照	2.5	0.58	2.5	0.115	0.23	0.75	30542

（5）试验结果计算分析

由表 13-11 看出，对试验结果的直接分析，得到第 9 号试验的指标值最高（31796 u/mg），并且比对照值高。

为提高试验结果分析的精度，并对优化条件进行预测，对试验结果的数据正规化处理后输入计算机，经过多次多项式回归拟合得出如下回归方程：

$$\hat{y} = 169210.80 + 14340.71x_1 + 16426.5x_4 - 387741.60x_5 - 304332.50x_6 - 213.23x_1^2 + 1012.869x_5^2 + 202045.70x_6^2$$

再经过计算得：$R = 0.9890998$，$S = 581.39$，$F = 12.777$ 查 F 分布表得 $F_{0.01}(5, 9) =$

$6.06F_{0.10} = 90.35$。回归方程 F 检验通过，且对回归系数的检验也通过。

最后，对上面的回归方程求极值，结合专业知识和实际经验，预测得到优化配方为 $x_1 = 1.0$，$x_2 = 0.46$，$x_3 = 1.5$，$x_4 = 0.112$，$x_5 = 0.14$，$x_6 = 0.9$

$\hat{y}$ 值的预测值波动范围为 31396~34882。为了再现所得到的指标值的可靠性，优化配方进行试验，得到 $\hat{y}$。该指标值在预测范围内，并且比以前试验的最好结果（对照）30542，以及均匀试验设计得到的试验最好的结果（第 9 号试验）31796 好得多。

本项目运用均匀试验设计技术，基本达到试验的目的。经过测算，优化后配方比对照平均降低原材料消耗 34%，平均提高发酵单位 5%，并且取得良好的经济效益。。

以上试验结果分析也可以 R 语言实现：

```
dat = read.csv("D：/132.csv", header = TRUE, sep = "，")
stade2 = as.data.frame(dat)
lm2 = lm(y ~ (x1+x2+x3+x4+x5+x6)^2, data = stade2)
summary(lm2)
```

均匀试验设计是研究多因素多水平试验最优组合的一种试验设计方法，其可用较少的试验次数，完成复杂的因素、水平间的最优搭配。但目前专业的均匀试验设计软件不多，一般的统计软件很难完成均匀试验的设计和全部分析。除了直接应用均匀设计表的使用表来进行均匀设计外，还可以利用 DPS(date processing system) 试验设计软件来进行指定因素数和水平数的均匀设计。DPS 数据处理系统包含了常用的各种统计方法，操作简单和数据处理功能强大是其最大特点，在均匀试验设计与分析上有其独特之处。

例 13-3 在山药饼干的生产工艺考察中，为提高口感，选取了原料配比(A)、糖含量(B)和焙烤时间(C)3 个因素，分别取 5 个水平，如表 13-12 所示。利用 DPS 软件进行设计和分析。

表 13-12　因素水平表

水平	因素		
	A	B/mg	C/h
1	1.0	10	0.5
2	1.4	13	1.0
3	1.8	16	1.5
4	2.2	19	2.0
5	2.6	22	2.5

试验设计与分析步骤如下：

(1) 将 DPS 数据处理系统软件安装在电脑上并打开，选择创建带"＊"的均匀设计表。在均匀设计参数设置中，填写该试验要求，即 3 个因素，每个因素 5 个水平。根据均匀设计表 $U_5(5^3)$ 的使用表安排试验。也可以利用 DPS 试验设计软件直接设计 $U_5(5^3)$ 均匀设计表，如图 13-2 所示。从图 13-3 中 DPS 软件输出结果可以看到，其偏差 D 只有 0.0012，小于 $U_5(5^3)$ 使用表中的偏差值 0.4570，优越性更好，采用这种方法获得的均匀设计表不需要使用表。

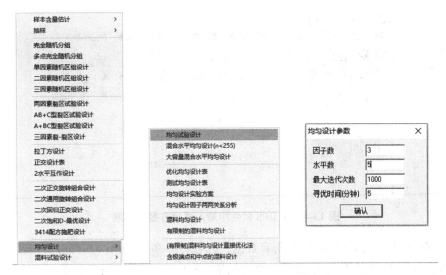

图 13-2 在 DPS 中启用均匀试验设计命令

```
以中心化偏差CD为指标的优化结果。
运行时间 0分1秒.
中心化偏差CD=        0.1780
L2-偏差D=           0.0842
修正偏差MD=          0.1999
对称化偏差SD=        0.7117
可卷偏差WD=          0.2602
条件数C=            2.0343
D-优良性=           0.0012
A-优良性=           0.3471

均匀实验设计方案
因子      x1      x2      x3
N1        2       5       4
N2        3       3       5
N3        4       4       1
N4        5       1       3
N5        1       2       2
```

图 13-3 DPS 软件输出结果

（2）新建一个工作表，依据图 13-4 DPS 软件输出结果，分别填入相应的水平及在因素 C 的后一列 D 填入试验结果，如表 13-13 及图 13-4 所示。

表 13-13 试验方案及结果

试验号	A	B/g	C/h	D（口感）
1	1.4	22	2.0	0.451
2	1.8	16	2.5	0.482
3	2.2	19	0.5	0.336
4	2.6	10	1.5	0.357
5	1.0	13	1.0	0.34

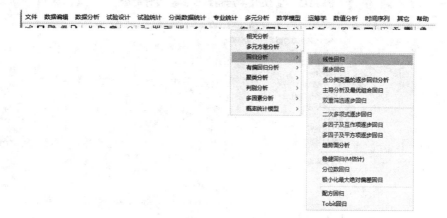

图 13-4　在 DPS 软件中输入试验方案及结果

（3）利用鼠标选中图 13-4 中的所有数据，标题栏→多元分析→回归分析→线性回归→结果分析，如图 13-5 及图 13-6 所示，根据结果(图 13-7)获得模型有意义。

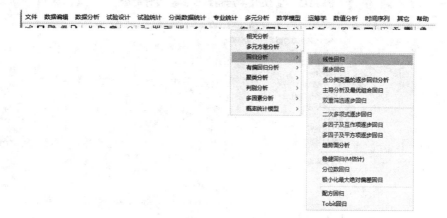

图 13-5　在 DPS 软件中输入回归模型命令

图 13-6　在 DPS 软件输出结果

变量	平均值	标准差
*X1	1.8270	0.6381
*X2	16.7200	5.1703
*X3	1.5675	0.8372
Y	0.4338	0.0771

$$Y= 0.2627000000+0.09020000000*X3$$

复相关系数R=0.933086　　决定系数R^2=0.870649
F值=20.1927　　Df=(1,3)　　p值=0.0206
剩余标准差SSE=0.0317
调整相关系数Ra=0.909688　　调整决定系数Ra^2=0.827532

图 13-7　在 DPS 软件输出结果

（4）根据（3）的结果，利用鼠标选中图 13-4 中的所有数据，标题栏→回归分析→二次多项式逐步回归→结果分析，如图 13-8 及图 13-9（a）所示，获得回归方程如图 13-9（b）所示。

图 13-8　在 DPS 软件输入多项式回归命令

图 13-9　在 DPS 软件输出多项式回归结果（a）

变量	平均值	标准差
*X1	1.8252	0.6818
*X2	17.2960	5.1276
*X3	1.6215	0.7961
*X1*X1	3.5849	2.5238
*X2*X2	279.7540	156.2329
*X3*X3	2.7692	2.4343
*X1*X2	28.6697	10.4875
*X1*X3	2.7212	1.6281
*X2*X3	24.8103	16.7144
Y	0.4302	0.0824

Y=
0.2618156028+0.003415400203*X2+0.029650179608*X3*X3

	偏相关	t值	p值
r(y,X2)=	0.9798	4.8204	0.0432
r(y,X3*X3)=	1.0207	21.2851	0.0025

复相关系数R=0.998040	决定系数R^2=0.996083	
F值=254.3027	Df=(2,2)	p值=0.0039
剩余标准差SSE=0.0068		
调整相关系数Ra=0.996075	调整决定系数Ra^2=0.992166	

图 13-9　在 DPS 软件输出多项式回归结果(b)

此外，该题也可以采用 R 语言对试验结果进行分析，具体如下：

dat = read. csv("D：/133. csv"，header = TRUE，sep = "，")

stade3 = as. data. frame(dat)

lm3 = lm(y ~ x1+x2+x3，data = stade3)

summary(lm3)

lm4 = lm(y ~ x1+x2+x3+x1^2+x2^2+x3^2，data = stade3)

summary(lm4)

习　题

1. 均匀设计和正交设计相比，有哪些优点？

2. 采用均匀设计表设计试验方案时，应注意的问题是什么？为什么每个均匀设计表都附有一个相应的使用表？

3. 均匀设计法的特点有哪些？

4. 某试验要考察 A、B、C、D 4 个因素，每个因素有 4 个水平，如何使用均匀设计法安排试验方案？若 A 因素有 8 个水平，如何安排？

14　回归正交设计

本章摘要

　　本章将介绍回归正交设计的应用背景，设计方法，设计特点及回归正交试验结果分析所采用的方法。着重介绍一次回归正交设计和二次回归正交组合设计的原理、特点及其设计方法。结果分析部分按一次回归正交设计试验结果的统计分析和二次回归正交组合设计试验结果的统计分析两种数据模型进行阐述。实例分析部分详细给出了基于 Design-Expert 软件而进行的回归正交试验设计方案的建立及其结果分析方法，并给出了对应的 R 语言程序。

14.1　回归正交设计方法与特点

　　正交设计是一种实施多因素多水平科学试验设计方法，但是正交设计有一个缺陷是不能在一定的试验范围内，根据所得样本数据去确定变量间的相关关系及其相应的回归方程。而回归设计，就是在多元线性回归的基础上用主动收集数据的方法获得具有较好性质的回归方程的一种试验设计方法，是在因子空间中选择适当的试验点，以较少的试验处理建立一个有效的回归方程，从而解决生产中的优化问题，目的是寻找试验指标与多个因子间的关系。

14.1.1　一次回归正交设计方法

　　当试验研究的依变量与各自变量之间呈线性关系时，则可采用一次回归正交设计的方法。此方法是利用回归正交设计原理建立依变量 y 关于 n 个自变量 Z_1、Z_2、$\cdots$、Z_n 的一次回归方程：

$$\hat{y} = b_0 + b_1 Z_1 + b_2 Z_2 + \cdots + b_n Z_n \qquad (14-1)$$

或带有交互作用项 $Z_i Z_j$ 的回归方程

$$\hat{y} = b_0 + \sum_{j=1}^{n} b_j Z_j + \sum_{i<j} b_{ij} Z_i Z_j \qquad (14-2)$$

的回归设计与分析方法。

　　一次回归正交设计主要是应用二水平正交表进行设计，例如二水平正交表 $L_4(2^3)$、

$L_8(2^7)$、$L_{12}(2^{11})$、$L_{16}(2^{15})$、$L_{64}(2^{63})$ 等。

一次回归正交设计的具体方法：

（1）确定因子的变化范围

假设影响指标 y 的因子有 n 个，即 Z_1、Z_2、$\cdots$、Z_n，设计中首先要确定每个试验因子 Z_k 的变化范围。设 Z_{1k} 和 Z_{2k} 分别表示因子 Z_k 变化的下界和上界，那么取值最高的那个水平（Z_{2k}）称为上水平，取值最低的那个水平（Z_{1k}）称为下水平，Z_{0k} 为零水平，即

$$Z_{0k} = (Z_{1k} + Z_{2k})/2 \tag{14-3}$$

Δ_k 为因子 Z_k 的变化间距，即

$$\Delta_k = (Z_{2k} - Z_{1k})/2，当然 \Delta_k = Z_{2k} - Z_{0k} = Z_{0k} - Z_{1k} \tag{14-4}$$

（2）对各因子 Z_k 的水平进行编码

所谓编码，就是对各因子的水平 Z_k 进行如下线性变换：

$$x_k = (Z_k - Z_{0k})/\Delta_k \tag{14-5}$$

经过上述编码，就建立了因子 Z_k（水平实际值）和 x_k（水平编码值）之间取值变换的关系，即：

$$下水平 Z_{1k} \longleftrightarrow -1(x_{1k})$$
$$零水平 Z_{0k} \longleftrightarrow 0(x_{0k})$$
$$上水平 Z_{2k} \longleftrightarrow +1(x_{2k})$$

通过对因子 Z_k 的各水平进行编码使 Z_k 的各水平的取值都在 $[1, -1]$ 区间内变化，而不受原因素 Z_k 的单位和取值大小的影响，同时把试验结果 y 对供试因子 Z_1、Z_2、$\cdots$、Z_n 的回归方程转化为在编码空间内试验结果 y 对编码因子 x_1、x_2、$\cdots$、x_n 的回归方程。

一次回归正交设计建立的关于编码变量 x_k 的一次多元回归方程为：

$$\hat{y} = b_0 + b_1 x_1 + b_2 x_2 + \cdots + b_n x_n \text{ 或 } \hat{y} = b_0 + \sum_{k=1}^{n} b_k x_k + \sum_{i<k}^{n} b_{ik} x_{ik} \tag{14-6}$$

（3）选择适合的二水平正交表进行设计

在采用二水平正交表进行回归设计时，以"+1"替换表中的"1"，以"-1"替换表中的"2"，并增加"0"水平。原正交表经过上述替换，其交互作用列可以直接从表中相应几列对应元素的相乘而得到，而原正交表的二列间交互作用列表也就不需要了。例如：二年生油茶幼龄施肥试验中，用 Z_1、Z_2、Z_3 表示 N、P、K 三种养分用量，各因素的水平及编码值见表 14-1。

表 14-1 三因素试验水平取值及编码表　　　　　g/株

名称及编码值	$Z_1(N 素)$	$Z_2(P 素)$	$Z_3(K 素)$
上水平(+1)	500	1500	500
零水平(0)	300	1000	325
下水平(-1)	100	500	150
间距(Δ_k)	200	500	175

由于本试验除了考察主效外，还需考察交互作用，故而不能选择 $L_4(2^3)$ 正交表，此处我们选用 $L_8(2^7)$ 进行设计，即将正交表中的"1"改为"+1"，"2"改为"-1"，且把 x_1、x_2、

x_3 放在 1、2、4 列上。这时只要将各供试因素 Z_k 的每个水平填入相应的编码值中，并在 "0"水平处(中心区)安排适当的重复试验，即可得到试验处理方案，如表14-2所示。

表14-2 三元一次回归正交设计试验方案

试验号	$x_1(N\,素)$	$x_2(P\,素)$	$x_3(K\,素)$
1	+1(500)	+1(1500)	+1(500)
2	+1(500)	+1(1500)	-1(150)
3	+1(500)	-1(500)	+1(500)
4	+1(500)	-1(500)	-1(150)
5	-1(100)	+1(1500)	+1(500)
6	-1(100)	+1(1500)	-1(150)
7	-1(100)	-1(500)	+1(500)
8	-1(100)	-1(500)	-1(150)
9	0(300)	0(1000)	0(325)
…	…	…	…
N	0(300)	0(1000)	0(325)

这样安排的试验方案具有正交性：从编码值的角度来考虑，具有各列元素之和 $\sum x_{ij} = 0$ 和任两列对应元素乘积之和 $\sum x_{ik}x_{ij} = 0$。零水平安排重复试验的主要作用，一方面在于对试验结果进行统计分析时能够检验一次回归方程中各参试结果在被研究区域内与基准水平(即零水平)的拟合情况；另一方面是当一次回归正交设计属饱和安排时，可以提供剩余自由度，以便进行误差的估算。对于基准水平的重复试验应安排多少次，主要根据对试验的要求和实际情况而定。一般来讲，当试验要进行拟合性检验时，基准水平的试验应该至少重复2~6次。

14.1.2 二次回归正交组合设计方法

如果用一次回归正交设计时发现拟合程度不理想，就说明使用一次回归设计不合适，需要用二次或高次回归方程来描述。

当有 n 个自变量时，二次回归方程的数学模型为：

$$y = \beta_0 + \sum_{j=1}^{n} \beta_j x_j + \sum_{i<j} \beta_{ij} x_i x_j + \sum_{j=1}^{n} \beta_{jj} x_j^2 + \varepsilon \qquad (14-7)$$

与之相对应的回归方程为：

$$\hat{y} = b_0 + \sum_{j=1}^{n} b_j x_j + \sum_{i<j} b_{ij} x_i x_j + \sum_{j=1}^{n} b_{jj} x_j^2 \qquad (14-8)$$

共有回归系数的个数 $q = 1+n+C_n^2+n = (n+2)(n+1)/2 = C_{n+2}^2$。这就说明，为了获得 n 个变量的二次回归方程，试验点数 N 至少应该大于 q；同时，为了计算二次回归方程的系数，每个因素所取的水平数应不小于3。

二次回归正交试验设计，一般由以下三种类型的试验点组合而成：

（1）二水平析因点

这些点的每一个坐标，都分别各自只取+1 或-1；这种试验点的个数记为 m_c；当这些点组成二水平全因子试验时 $m_c = 2^n$。若根据正交表配置二水平部分实施（1/2 或 1/4 等）的试验点时，这种试验点的个数 $m_c = 2^{n-1}$ 或 $m_c = 2^{n-2}$。

（2）星号点

这些点都在坐标轴上，且与坐标原点（中心点）的距离都为 γ，即这些点只有一个坐标（自变量）取 γ 或 $-\gamma$，而其余坐标都取 0。其中 γ 称为星号臂，是待定参数，可根据正交性或旋转性的要求来确定。这些点的个数为 $2n$，记为 m_γ。

（3）中心试验点

又称原点，即各自变量都取 0 的点，本试验点可试验一次，也可重复多次，其次数记为 m_0。

上述三种类型试验点个数的总和，组合试验设计的总试验次数（N），即：

$$N = m_c + 2n + m_0 \tag{14-9}$$

例如，$n=2$，二因素（x_1 与 x_2）二次回归正交组合设计，由 9 个试验点组成，见图 14-1，其试验点的构成见表 14-3。

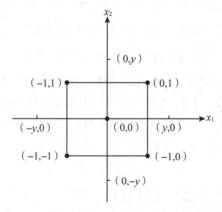

图 14-1 $m=2$ 的二次回归正交组合设计试验点分布图

表 14-3 二元二次回归正交设计试验点的构成

试验号	x_1	x_2	说明
1	1	1	
2	1	-1	二水平析因点（m_c），本例全因子试验 $m_c = 2^2 = 4$
3	-1	1	
4	-1	-1	
5	$+\gamma$	0	
6	$-\gamma$	0	星号点（m_γ），本例 $m_\gamma = 2 \times 2 = 4$
7	0	$+\gamma$	
8	0	$-\gamma$	
9	0	0	中心试验点（m_0），本例 $m_0 = 1$

当 $n=3$ 时，三因素（x_1、x_2、x_3）二次回归正交组合设计则由 15 个试验点组成，见图 14-2，其试验点构成见表 14-4。

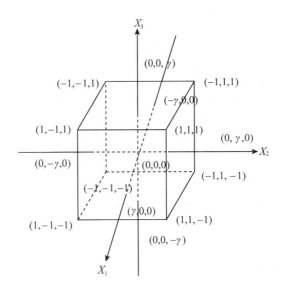

图 14-2　$m=3$ 的二次回归正交组合设计试验点分布图

表 14-4　三元二次回归正交组合设计试验点构成

处理号	x_1	x_2	x_3	说明
1	1	1	1	
2	1	1	-1	
3	1	-1	1	
4	1	-1	-1	二水平析因点 (m_c)，本例全因子试验 $m_c=2^3=8$
5	-1	1	1	
6	-1	1	-1	
7	-1	-1	1	
8	-1	-1	-1	
9	γ	0	0	
10	$-\gamma$	0	0	
11	0	γ	0	星号点 (m_γ)，本例 $m_\gamma=2\times3=6$
12	0	$-\gamma$	0	
13	0	0	γ	
14	0	0	$-\gamma$	
15	0	0	0	中心试验点 (m_0)，本例 $m_0=1$

二次回归正交组合设计的试验点构成，见表 14-5。

表 14-5　二次回归正交组合设计试验点构成

因素数 n	选用正交表	表头设计	m_c	$m_\gamma=2n$	m_0	N	q
2	$L_4(2^3)$	1、2 列	$2^2=4$	$2\times2=4$	1	9	6
3	$L_8(2^7)$	1、2、4 列	$2^3=8$	$2\times3=6$	1	15	10
4	$L_{16}(2^{15})$	1、2、4、8 列	$2^4=16$	$2\times4=8$	1	25	15
5	$L_{32}(2^{31})$	1、2、4、8、16 列	$2^5=32$	$2\times5=10$	1	43	21
5(1/2 实施)	$L_{16}(2^{15})$	1、2、4、8、15 列	$2^{5-1}=16$	$2\times5=10$	1	27	21

注：q 为最少实施试验设计的次数。

星号臂 γ 值的计算公式为：

$$\gamma = \sqrt{\frac{-m_c + \sqrt{m_c^2 + 2m_c(n + m_0/2)}}{2}} \qquad (14-10)$$

公式中 m_c 为二水平析因点试验次数，n 为试验因素数，m_0 为零水平试验重复次数，γ 值就可以通过上式计算出来。为了应用上的方便，将由上述公式计算得的一些常用 γ 值列于表 14-6，以便大家查阅。

表 14-6 二次回归正交组合设计常用 γ 值表

m_0	因素数(n)							
	2	3	4	5(1/2 实施)	5	6(1/2 实施)	6	7(1/2 实施)
1	1.00000	1.21541	1.41421	1.54671	1.59601	1.72443	1.76064	1.88488
2	1.07809	1.28719	1.48258	1.60717	1.66183	1.78419	1.82402	1.94347
3	1.14744	1.35313	1.54671	1.66443	1.72443	1.84139	1.88488	2.00000
4	1.21000	1.41421	1.60717	1.71885	1.78419	1.89629	1.94347	2.05464
5	1.26710	1.47119	1.66443	1.77074	1.84139	1.94910	2.00000	2.10754
6	1.31972	1.52465	1.71885	1.82036	1.89629	2.00000	2.05464	2.15884
7	1.36857	1.57504	1.77074	1.86792	1.94910	2.04915	2.10754	2.20866
8	1.41421	1.62273	1.82036	1.91361	2.00000	2.09668	2.15884	2.25709
9	1.45709	1.66803	1.86792	1.95759	2.04915	2.14272	2.20866	2.30424
10	1.49755	1.71120	1.91361	2.00000	2.09668	2.18738	2.25709	2.35018
11	1.53587	1.75245	1.95759	2.04096	2.14272	2.23073	2.30424	2.39498

二次回归正交组合设计的具体方法：

（1）确定因子的变化范围

二次回归正交组合设计的方法与一次回归正交设计的方法相类似，首先要确定每个试验因子 Z_k 的变化范围(下界和上界)，上水平用 Z_{2k} 表示，下水平用 Z_{1k} 表示，零水平用 Z_{0k} 表示，即 $Z_{0k} = (Z_{1k}+Z_{2k})/2$，因子 Z_k 的变化间距以 Δ_k 表示，即

$$\Delta_k = (Z_{2k} - Z_{0k})/\gamma \qquad (14-11)$$

（2）对各因子 Z_k 的水平进行编码

对各因子 Z_k 的各个水平进行线性变换：$x_{ik} = (Z_{ik}-Z_{0k})/\Delta_k$，完成对各因子的编码(见表 14-7)。

表 14-7 因素水平编码表

Z_k	因子			
	Z_1	Z_2	…	Z_n
γ	Z_{21}	Z_{22}	…	Z_{2n}
1	$Z_{01}+\Delta_1$	$Z_{02}+\Delta_2$	…	$Z_{0n}+\Delta_n$
0	Z_{01}	Z_{02}	…	Z_{0n}
-1	$Z_{01}-\Delta_1$	$Z_{02}-\Delta_2$	…	$Z_{0n}-\Delta_n$
$-\gamma$	Z_{11}	Z_{12}	…	Z_{1n}

（3）选择适合的二水平正交表进行设计

根据试验因子的多少，选择合适的二水平正交表作好表头设计，然后加上二次回归正交组合设计试验点构成中 m_γ 和 m_0 的试验点，构成编码值的试验设计方案。在具体实施过程中，将试验设计各因素编码水平换为实际水平即得实施方案。

14.2　试验结果的统计分析

14.2.1　一次回归正交设计试验结果的统计分析

根据改造后二水平正交表编制 n 元一次回归正交设计，如果进行了 N 次试验，其试验结果（单一试验指标时）可以用 y_1、y_2、$\cdots$、y_N 表示，则编码后的一次回归的数学模型为：

$$y_i = \beta_0 + \sum_{k=1}^{n} \beta_i x_{ik} + \sum_{j<k} \beta_{jk} x_{ij} x_{ik} + \varepsilon_i (i = 1, 2, \cdots, N) \tag{14-12}$$

其结构矩阵 X 为：

$$X = \begin{bmatrix} 1 & x_{11} & x_{12} & \cdots & x_{1n} & x_{11}x_{12} & x_{11}x_{13} & \cdots & x_{1n-1}x_{1n} \\ 1 & x_{21} & x_{22} & \cdots & x_{2n} & x_{21}x_{22} & x_{21}x_{23} & \cdots & x_{2n-1}x_{2n} \\ \vdots & \vdots & \vdots & \cdots & \vdots & \vdots & \vdots & \cdots & \vdots \\ 1 & x_{N1} & x_{N2} & \cdots & x_{Nn} & x_{N1}x_{N2} & x_{N1}x_{N3} & \cdots & x_{Nn-1}x_{Nn} \end{bmatrix}$$

由于一次回归正交设计的结构矩阵 X 具有正交性，即除第 1 列的和为 N 外，其余各列的和以及任意两列的内积和均为零，因而它的信息矩阵 A 为对角阵：

$$A = X'X = \begin{bmatrix} N & & & & & & & & 0 \\ & \sum x_{i1}^2 & & & & & & & \\ & & \sum x_{i2}^2 & & & & & & \\ & & & \ddots & & & & & \\ & & & & \sum x_{in}^2 & & & & \\ & & & & & \sum (x_{i1}x_{i2})^2 & & & \\ & & & & & & \sum (x_{i1}x_{i3})^2 & & \\ & & & & & & & \ddots & \\ 0 & & & & & & & & \sum (x_{in-1}x_{in})^2 \end{bmatrix}$$

$$= \begin{pmatrix} N & & 0 \\ & \ddots & \\ 0 & & N \end{pmatrix}$$

由多元线性回归分析方法可以知道常数项矩阵 B 为：

$$B = X'Y = \begin{bmatrix} \sum y_i \\ \sum x_{i1}y_i \\ \sum x_{i2}y_i \\ \vdots \\ \sum x_{in}y_i \\ \sum x_{i1}x_{i2}y_i \\ \sum x_{i1}x_{i3}y_i \\ \vdots \\ \sum x_{i(n-1)}x_{in}y_i \end{bmatrix} = \begin{bmatrix} B_0 \\ B_1 \\ B_2 \\ \vdots \\ B_n \\ B_{12} \\ B_{13} \\ \vdots \\ B_{(n-1)n} \end{bmatrix} \qquad (14-13)$$

根据参数 β 的最小二乘估计，可知 $b = A^{-1}B$，即

$$\begin{cases} b_0 = \dfrac{B_0}{N} = \dfrac{1}{N}\sum_{a=1}^{N} y_a \\[2mm] b_j = \dfrac{B_j}{a_j} = \dfrac{1}{a_j}\sum x_{aj}y_a \quad (j = 1, 2, \cdots, n) \\[2mm] b_{ij} = \dfrac{B_{ij}}{a_{ij}} = \dfrac{1}{a_{ij}}\sum x_{ai}x_{aj}y_a (i < j) \end{cases} \qquad (14-14)$$

由以上可看出，正是由于按正交表来安排的试验具有正交性，因而消除了回归系数间的相关性，所以一次回归正交设计的计算也就相对简单。当然由于计算机软件的普及，如 Design-Expert 软件、R 语言，即使因素间存在交互作用也使得回归正交试验的结果分析变得更加简单，关于回归方程的显著性检验以及寻优分析过程将在实例分析中加以说明。

14.2.2　二次回归正交组合设计试验结果的统计分析

由于二次回归正交组合设计的结构矩阵 X 具有正交性，因而它的信息矩阵 A 为：

$$A = X'X = \begin{bmatrix} N & & & & & & & & & 0 \\ & a_1 & & & & & & & & \\ & & \ddots & & & & & & & \\ & & & a_n & & & & & & \\ & & & & a_{12} & & & & & \\ & & & & & \ddots & & & & \\ & & & & & & a_{(n-1)n} & & & \\ & & & & & & & a_{11} & & \\ & & & & & & & & \ddots & \\ 0 & & & & & & & & & a_{nn} \end{bmatrix}$$

其中：$a_j = \sum x_{aj}^2$，$a_{ij} = \sum (x_{\alpha i}x_{\alpha j})^2 (i \neq j)$ $a_{jj} = \sum (x'_{\alpha j})^2$

常数项矩阵 $\boldsymbol{B}$ 为：

$$\boldsymbol{B} = \boldsymbol{X}'\boldsymbol{Y} = (B_0,\ B_1\cdots B_n,\ B_{12},\ \cdots,\ B_{n-1,\ n},\ B_{11},\ \cdots,\ B_{nn})' \qquad (14-15)$$

式中 $B_0 = \sum y_\alpha$，$B_j = \sum x_{\alpha j} y_\alpha$，$B_{ij} = \sum x_{\alpha i} x_{\alpha j} y_\alpha (i \neq j)$，$B_{jj} = \sum x'_{\alpha j} y_\alpha$

相关矩阵 $\boldsymbol{C}$ 为：

$$\boldsymbol{C} = \boldsymbol{A}^{-1} = \begin{bmatrix} N^{-1} & & & & & & & 0 \\ & a_1^{-1} & & & & & & \\ & & \ddots & & & & & \\ & & & a_n^{-1} & & & & \\ & & & & a_{12}^{-1} & & & \\ & & & & & \ddots & & \\ & & & & & & a_{n-1,\ n}^{-1} & \\ & & & & & & & a_{11}^{-1} \\ & & & & & & & \ddots \\ 0 & & & & & & & a_{nn}^{-1} \end{bmatrix}$$

于是正规方程组 $Ab = B$ 的解 $b = A^{-1}B$，即二次回归方程的回归系数为：

$$b'_0 = \frac{B_0}{N} = \frac{1}{N}\sum y_\alpha = \bar{y} \qquad b_j = \frac{B_j}{a_j} = \frac{\sum x_{\alpha j} y_\alpha}{\sum x_{\alpha j}^2}$$

$$b_{jj} = \frac{B_{jj}}{a_{jj}} = \frac{\sum x'_{\alpha j} y_\alpha}{\sum (x'_{\alpha j})^2} \qquad b_{ij} = \frac{B_{ij}}{a_{ij}} = \frac{\sum x_{\alpha i} x_{\alpha j} y_\alpha}{\sum (x_{\alpha i} x_{\alpha j})^2} \quad (i \neq j) \qquad (14-16)$$

14.3　实例分析

某树种苗木的水培试验，采用二次回归正交组合设计法拟研究某种培养液中的 5 种主要成分(A、B、C、D 和 E)与苗木主根生长量的数学模型，各因素的水平编码值表及试验结果见表 14-8 和表 14-9，试进行分析。

表 14-8　各因子的水平编码表

编码值	因子				
	A	B	C	D	E
$\gamma = 1.547$	1.82	1.42	1.77	2.27	1.42
1	1.60	1.20	1.50	2.00	1.20
0	1.20	0.80	1.00	1.50	0.80
−1	0.80	0.40	0.50	1.00	0.40
$-\gamma = -1.547$	0.58	0.18	0.23	0.73	0.18
变化间距(Δ_k)	0.40	0.40	0.50	0.50	0.40

注：本例正交设计时，由于因子数 $n = 5$，$m_c = 2^{5-1} = 16$，$m_0 = 1$，查表 10-6 可知道 $\gamma = 1.547$。

表 14-9　5 因素(1/2 实施)的试验结果

试验号	A	B	C	D	E	生长量
1	−1	−1	−1	−1	1	0.51
2	1	−1	−1	−1	−1	0.59
3	−1	1	−1	−1	−1	0.46
4	1	1	−1	−1	1	0.52
5	−1	−1	1	−1	−1	0.37
6	1	−1	1	−1	1	0.34
7	−1	1	1	−1	1	0.45
8	1	1	1	−1	−1	0.50
9	−1	−1	−1	1	−1	0.61
10	1	−1	−1	1	1	0.53
11	−1	1	−1	1	1	0.50
12	1	1	−1	1	−1	0.62
13	−1	−1	1	1	1	0.43
14	1	−1	1	1	−1	0.48
15	−1	1	1	1	−1	0.46
16	1	1	1	1	1	0.54
17	−1.547	0	0	0	0	0.52
18	1.547	0	0	0	0	0.52
19	0	−1.547	0	0	0	0.37
20	0	1.547	0	0	0	0.53
21	0	0	−1.547	0	0	0.57
22	0	0	1.547	0	0	0.45
23	0	0	0	−1.547	0	0.41
24	0	0	0	1.547	0	0.57
25	0	0	0	0	−1.547	0.55
26	0	0	0	0	1.547	0.52
27	0	0	0	0	0	0.56

可以通过 Design-Expert 软件进行设计和结果分析, 具体步骤为:

①建立试验设计方案: 双击启动 Design-Expert 软件[见图 14-3(a)]→"File"中选择"New Design"[见图 14-3(b)]→在设计类型中选择"响应面试验设计(response surface)"→点击"中心组合设计(central composite)", 并将"试验因子数(numeric factors)"设置为"5", 将"类型(Type)"设置为"1/2 Fraction"[见图 14-3(c)]→在"选项(options)"里, 将"中心点试验数(center points)"设置为"1", 将"星号臂值(alpha)"设置为"1.547"[见图 14-3(d)]→点击"OK"和"Continue", 建立试验处理数为 27 的二次回归正交组合设计。

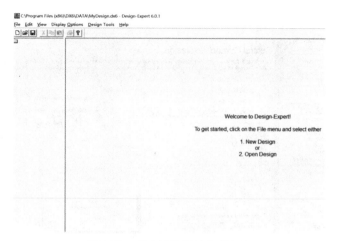

图 14-3　建立试验设计方案(a)

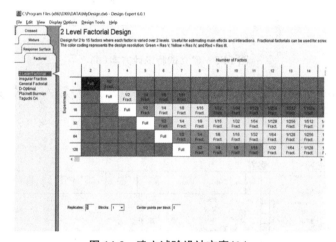

图 14-3　建立试验设计方案(b)

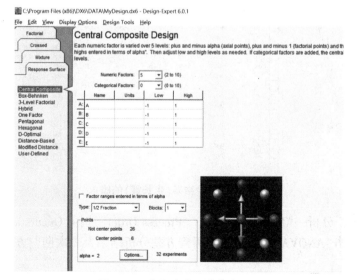

图 14-3　建立试验设计方案(c)

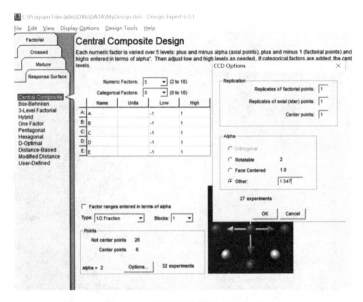

图 14-3　建立试验设计方案(d)

②输入试验结果：将 27 个试验组合的实施结果(表 14-9)输入到试验处理号对应的试验指标(生长量)中，如图 14-4 所示。

图 14-4　试验结果(生长量)的输入

③分析设置：分析→"Model"选项中，"Process Order"选择"Quadratic"，"Selection"选择"Manual"→点击"ANOVA"方差分析，得到方差分析结果及二次回归方程，见图 14-5。

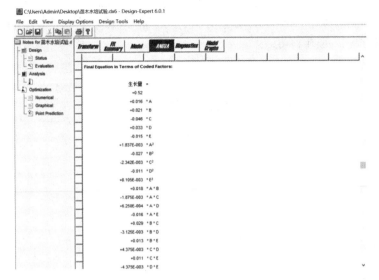

图 14-5　首次分析结果(a)

图 14-5　首次分析结果(b)

由图 14-5(a)可知，主根生长量与 5 个因子编码值的二次回归方程为：

$\hat{y} = 0.5238 + 0.0159x_1 + 0.0210x_2 - 0.0460x_3 + 0.0326x_4 - 0.0152x_5 + 0.0018x_1^2 - 0.0274x_2^2 - 0.0023x_3^2 - 0.0107x_4^2 + 0.0081x_5^2 + 0.0181x_1x_2 - 0.0019x_1x_3 + 0.0006x_1x_4 - 0.0156x_1x_5 + 0.0294x_2x_3 - 0.0031x_2x_4 + 0.0131x_2x_5 + 0.0044x_3x_4 + 0.0106x_3x_5 - 0.0044x_4x_5$

由图 14-5(b)可知，回归方程模型检验的 $F = 3.07$，$P = 0.0846 > 0.05$，说明此回归方程是不显著的。但是这不一定就是说试验无意义，还可以在剔除不显著项分析的基础上再来考察回归方程的显著性。具体分析方法如下：

④剔除不显著项的分析：重复步骤③中步骤进行分析→"Model"选项中，"Process

Order"依旧选择"Quadratic",但是在"Selection"中选择"stepwise(逐步回归)",其他各选项均保留默认→然后点击"ANOVA"方差分析,可以得到剔除了不显著项的方差分析结果及其二次回归方程,见图14-6。

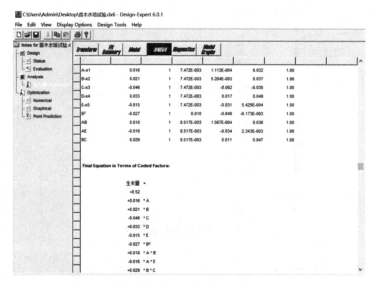

图 14-6　逐步回归剔除不显著项的分析结果(a)

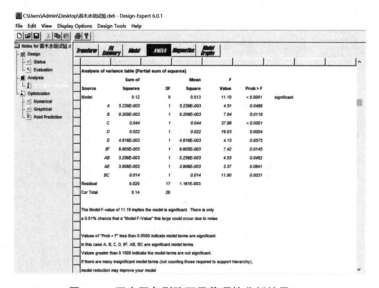

图 14-6　逐步回归剔除不显著项的分析结果(b)

由图14-6(a)可知,采用逐步回归分析方法在剔除不显著项后,可以得到主根生长量与5个因子编码值的二次回归方程:$\hat{y}=0.5204+0.0159x_1+0.0210x_2-0.0460x_3+0.0326x_4-0.0152x_5-0.0274x_2^2+0.0181x_1x_2-0.0156x_1x_5+0.0294x_2x_3$,回归方程显著性检验结果如图14-6(b)或表14-10所示。

表 14-10 回归方程显著性检验结果

变异来源	平方和	自由度	均方	F 值	伴随概率 P	
Model	0.1200	9	0.0130	11.20	<0.0001	significant
x_1	5.239E-3	1	5.239E-3	4.51	0.0486	
x_2	9.209E-3	1	9.209E-3	7.93	0.0119	
x_3	0.0440	1	0.0440	37.90	<0.0001	
x_4	0.0220	1	0.0220	18.95	0.0004	
x_5	4.816E-3	1	4.816E-3	4.15	0.0575	
x_2^2	8.605E-3	1	8.605E-3	7.41	0.0145	
$x_1 x_2$	5.256E-3	1	5.256E-3	4.53	0.0482	
$x_1 x_5$	3.906E-3	1	3.906E-3	3.36	0.0841	
$x_2 x_3$	0.0140	1	0.0140	12.06	0.0031	
剩余(误差)	0.0200	17	1.161E-3			
总和	0.1400	26				

由表 14-10 可知，回归方程模型检验的 $F=11.20$，$P<0.01$，说明剔除不显著项的回归方程极显著。

⑤最佳优化组合的分析：对显著的回归方程进行寻优，以期待找到最佳的因素组合。点击"Optimization"→"Numerical"→选择"生长量"→"Goal(目标)"→"is maximum"[图 14-7(a)]。点击"Solutions"→得到一组或多组(不一定是惟一最佳方案)最优组合方案，当有多组方案时一般都选 Desirability 为最大值的方案[图 14-7(b)]。

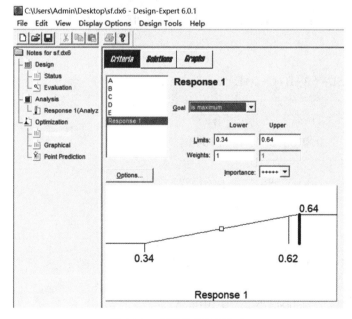

图 14-7 寻优分析结果(a)

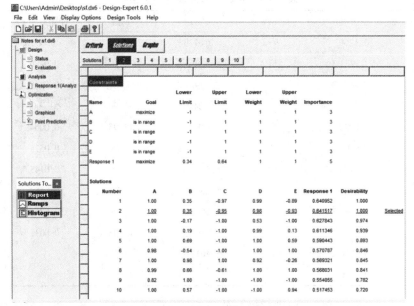

图 14-7 寻优分析结果(b)

由图 14-7(b)可知，$x_1 = 1.00$，$x_2 = 0.35$，$x_3 = -0.95$，$x_4 = 0.98$，$x_5 = -0.93$ 时，生长量拟合值($\hat{y}$)为 0.641，此时 Desirability 为 100%。

R 语言实现：

```
dat = read. csv("D: / 10. csv", header = TRUE, sep = ",") #读取数据
stade = as. data. frame(dat) #文件格式转换为数据框
lm1 = lm(SL ~ (A+B+C+D+E)^2, data = stade) #回归参数估计
lm1
Call:
lm(formula = SL ~ (A+B+C+D+E)^2, data = stade)
Coefficients:
(Intercept)          A            B
 0.499259      0.015876      0.021048
          C             D            E
-0.045974      0.032594      -0.015222
        A: B          A: C          A: D
 0.018125     -0.001875      0.000625
        A: E          B: C          B: D
-0.015625      0.029375      -0.003125
        B: E          C: D          C: E
 0.013125      0.004375      0.010625
        D: E
-0.004375
```

```
(Intercept) 6. 21e-15 * * *
A            0. 141278
B            0. 059457.
C            0. 000778 * * *
D            0. 007679 * *
E            0. 156793
A：B          0. 140687
A：C          0. 872527
A：D          0. 957324
A：E          0. 198423
B：C          0. 025912 *
B：D          0. 789370
B：E          0. 274678
C：D          0. 708866
C：E          0. 372007
D：E          0. 708866
---
Signif. codes：
   0 ' * * * ' 0. 001 ' * * ' 0. 01 ' * ' 0. 05 '.'
   0. 1 ' ' 1

Residual standard error：0. 04567 on 11 degrees of freedom
Multiple R-squared：    0. 832, Adjusted R-squared：    0. 603
F-statistic：3. 633 on 15 and 11 DF,    p-value：0. 01821
par(mfrow=c(2, 3))#残差分析和异常检测
```

习　题

1. 某树种苗木的水培试验, 采用二次回归正交组合设计法拟研究某种培养液中的 5 种主要成分(A、B、C、D 和 E)与苗木主根生长量的数学模型, 试验结果见表 14-9, 试采用 Design-Expert 软件求 5 种主要成分实际值(z_k)与苗木主根生长量的数学模型, 并将 5 个因素最佳组合条件下的编码值转化为实际值。

($\hat{y}=0.4781+0.0272Z_1+0.0439Z_2-0.2094Z_3+0.0652Z_4+0.0791Z_5-0.1713Z_2^2+0.1133Z_1Z_2-0.0977Z_1Z_5+0.1469Z_2Z_3$; $Z_1=1.600$, $Z_2=0.940$, $Z_3=0.525$, $Z_4=1.990$, $Z_5=0.428$)

2. 二年生油茶幼龄施肥试验中, 用 Z_1、Z_2、Z_3 表示三个因素 N、P、K, 各因素的上、下水平值见表 14-11。假定零水平试验次数 $m_0=4$, 试拟定一个 3 因素的二次回归正交试验设计方案。

表 14-11　三因素试验水平值　　　　　　　　　　　　　　　　　g/株

水平	Z_1(N 素)	Z_2(P 素)	Z_3(K 素)
上水平	500	1500	500
下水平	100	500	150

15 回归旋转设计

本章摘要

本章介绍了回归旋转设计的应用背景，设计方法，设计特点及回归旋转试验结果分析所采用的方法。着重讲述了回归旋转设计的概念、基本原理、特点及回归旋转设计的基本方法。结果分析部分按二次正交旋转组合设计结果的统计分析和通用旋转组合设计方法及试验结果的统计分析两种数据模型进行阐述。实例分析部分详细给出了基于 Design-Expert 软件而进行的回归旋转设计方案的建立及其结果分析方法，并给出了对应的 R 语言程序。

15.1 回归旋转设计方法与特点

回归正交设计具有试验次数较少、计算简便、消除了回归系数之间的相关性等优点，但它也存在一定的缺点：预测值的方差随试验点在因子空间的位置不同而呈现较大的差异，由于误差的干扰，不易根据预测值寻找最优区域。为了弥补回归正交设计的缺点，研究人员提出了回归旋转设计。

15.1.1 二次正交旋转组合设计

在研究苗木生长与 N、P、K 营养要素的关系时，常采用三元二次回归方程来表达。三元二次回归模型为

$$
\begin{aligned}
y_\alpha = {} & \beta_0 + \beta_1 x_{\alpha 1} + \beta_2 x_{\alpha 2} + \beta_3 x_{\alpha 3} + \beta_{12} x_{\alpha 1} x_{\alpha 2} + \beta_{13} x_{\alpha 1} x_{\alpha 3} + \beta_{23} x_{\alpha 2} x_{\alpha 3} \\
& + \beta_{11} x_{\alpha 1}^2 + \beta_{22} x_{\alpha 2}^2 + \beta_{33} x_{\alpha 3}^2 + \varepsilon_\alpha \qquad (\alpha = 1,\ 2,\ \cdots,\ N)
\end{aligned}
\tag{15-1}
$$

它的结构矩阵为

$$
X = \begin{bmatrix}
1 & x_{11} & x_{12} & x_{13} & x_{11}x_{12} & x_{11}x_{13} & x_{12}x_{13} & x_{11}^2 & x_{12}^2 & x_{13}^2 \\
1 & x_{21} & x_{22} & x_{23} & x_{21}x_{22} & x_{21}x_{23} & x_{22}x_{23} & x_{21}^2 & x_{22}^2 & x_{23}^2 \\
\vdots & \vdots & \vdots & \vdots & \vdots & \vdots & \vdots & \vdots & \vdots & \vdots \\
1 & x_{N1} & x_{N2} & x_{N3} & x_{N1}x_{N2} & x_{N1}x_{N3} & x_{N2}x_{N3} & x_{N1}^2 & x_{N2}^2 & x_{N3}^2
\end{bmatrix}
$$

对应的系数矩阵 A 为：

$$A = X'X = \begin{bmatrix} N & \sum x_{\alpha1} & \sum x_{\alpha2} & \sum x_{\alpha3} & \sum x_{\alpha1}x_{\alpha2} & \sum x_{\alpha1}x_{\alpha3} & \sum x_{\alpha2}x_{\alpha3} & \sum x_{\alpha1}^2 & \sum x_{\alpha2}^2 & \sum x_{\alpha3}^2 \\ & \sum x_{\alpha1}^2 & \sum x_{\alpha1}x_{\alpha2} & \sum x_{\alpha1}x_{\alpha3} & \sum x_{\alpha1}^2x_{\alpha2} & \sum x_{\alpha1}^2x_{\alpha3} & \sum x_{\alpha1}x_{\alpha2}x_{\alpha3} & \sum x_{\alpha1}^3 & \sum x_{\alpha1}x_{\alpha2}^2 & \sum x_{\alpha1}x_{\alpha3}^2 \\ & & \sum x_{\alpha2}^2 & \sum x_{\alpha2}x_{\alpha3} & \sum x_{\alpha1}x_{\alpha2}^2 & \sum x_{\alpha1}x_{\alpha2}x_{\alpha3} & \sum x_{\alpha2}^2x_{\alpha3} & \sum x_{\alpha1}^2x_{\alpha2} & \sum x_{\alpha2}^3 & \sum x_{\alpha2}x_{\alpha3}^2 \\ & & & \sum x_{\alpha3}^2 & \sum x_{\alpha1}x_{\alpha2}x_{\alpha3} & \sum x_{\alpha1}x_{\alpha3}^2 & \sum x_{\alpha2}x_{\alpha3}^2 & \sum x_{\alpha1}^2x_{\alpha3} & \sum x_{\alpha2}^2x_{\alpha3} & \sum x_{\alpha3}^3 \\ & & & & \sum x_{\alpha1}^2x_{\alpha2}^2 & \sum x_{\alpha1}^2x_{\alpha2}x_{\alpha3} & \sum x_{\alpha1}x_{\alpha2}^2x_{\alpha3} & \sum x_{\alpha1}^3x_{\alpha2} & \sum x_{\alpha1}x_{\alpha2}^3 & \sum x_{\alpha1}x_{\alpha2}x_{\alpha3}^2 \\ & & & & & \sum x_{\alpha1}^2x_{\alpha3}^2 & \sum x_{\alpha1}x_{\alpha2}x_{\alpha3}^2 & \sum x_{\alpha1}^3x_{\alpha3} & \sum x_{\alpha1}x_{\alpha2}^2x_{\alpha3} & \sum x_{\alpha1}x_{\alpha3}^3 \\ & & & & & & \sum x_{\alpha2}^2x_{\alpha3}^2 & \sum x_{\alpha1}x_{\alpha2}x_{\alpha3}^2 & \sum x_{\alpha2}^3x_{\alpha3} & \sum x_{\alpha2}x_{\alpha3}^3 \\ & & & & & & & \sum x_{\alpha1}^4 & \sum x_{\alpha1}^2x_{\alpha2}^2 & \sum x_{\alpha1}^2x_{\alpha3}^2 \\ & & & & & & & & \sum x_{\alpha2}^4 & \sum x_{\alpha2}^2x_{\alpha3}^2 \\ & & & & & & & & & \sum x_{\alpha3}^4 \end{bmatrix}$$

由此可知，在三元二次回归中，系数矩阵 A 中元素的一般形式为

$$\sum_{\alpha} x_{\alpha1}^{a_1} x_{\alpha2}^{a_2} x_{\alpha3}^{a_3}$$

其中 x 的指数 a_1，a_2，a_3 分别可取 0，1，2，3，4 等非负整数，但是这些指数的和不能超过 4，即：$0 \le 4 \sum_{i=1}^{3} a_i$。

矩阵 A 的元素分为两类：一类元素的所有指数 a_1，a_2，a_3 都是偶数或零；另一类元素的所有指数 a_1，a_2，a_3 中至少有一个奇数。

在 n 元 d 次回归中，共有 C_{n+d}^d 个待估计参数，对应的系数矩阵 A 是 C_{n+d}^d 阶对称方阵，A 的元素的一般形式为：$\sum_{\alpha} x_{\alpha1}^{a_1} x_{\alpha2}^{a_2} x_{\alpha3}^{a_3} \cdots x_{\alpha n}^{a_n}$。

在旋转设计中，对这两类元素的值的要求，归纳成著名的 G. E. P. Box 旋转定理。这个定理说明旋转设计系数矩阵 A 的具体结构，它也是旋转设计的基本要求，我们称为旋转性条件。例如：n 元 d 次旋转设计中矩阵 A 的元素必须满足的条件见表 15-1。

表 15-1　n 元 d 次旋转设计中矩阵 A 的元素必须满足的条件

元素类别	$d=1$	$d=2$	备注
第一类元素	$\sum_a x_{ai}^2 = \lambda_2 N$	$\sum_{\alpha} x_{\alpha1}^{a_1} x_{\alpha2}^{a_2} x_{\alpha3}^{a_3} \cdots x_{\alpha n}^{a_n} = 0$	
第二类元素	$\sum_a x_{ai}^2 = \lambda_2 N$ $\sum_a x_{ai}^4 = 3 \sum_a x_{ai}^2 x_{aj}^2 = 3\lambda_4 N$	$\sum_{\alpha} x_{\alpha1}^{a_1} x_{\alpha2}^{a_2} x_{\alpha3}^{a_3} \cdots x_{\alpha n}^{a_n} = 0$	$i, j = 1, 2, \cdots, n$ λ_2，λ_4 为待定参数

此外，为了使旋转设计成为可能，还必须使矩阵 A 不退化。要使矩阵 A 为非退化的，必须 $|A| \neq 0$。亦即必须满足条件：

$$\frac{\lambda_4}{\lambda_2^2} \neq \frac{n}{n+2}$$

待定参数 λ_2，λ_4 的比值不仅与试验因子数 n 有关，而且还与总的试验次数 N 及 N 个试验点所在球面半径 $\rho_{\alpha}(\alpha=1, 2, \cdots, N)$ 有关。可以证明只要 N 个试验点至少分布在两个半径不等的球面上就可以满足非退化条件。

这样在组合设计中的 N 个试验次点 ($N = m_c + m_\gamma + m_0 = m_c + 2n + m_0$) 是分布在 3 个球面上。即：

m_c 个点分布在半径为 $\rho_c = \sqrt{n}$ 的球面上；

$m_\gamma = 2n$ 个点分布在半径为 $\rho_\gamma = \gamma$ 的球面上；

m_0 个点集中在半径 $\rho_0 = 0$ 的球面上。

表 15-2 提供的是二次回归旋转组合设计的各种参数，以便研究者进行正交旋转组合设计时参考。

表 15-2　n 个因子的正交旋转组合设计的参数表

n	m_c	m_γ	m_0	N	γ
2（全实施）	4	4	8	16	1.414
3（全实施）	8	6	9	23	1.682
4（全实施）	16	8	12	36	2.000
4（1/2实施）	8	8	7	23	1.682
5（全实施）	32	10	17	59	2.378
5（1/2实施）	16	10	10	36	2.000
6（1/2实施）	32	12	15	59	2.378
6（1/4实施）	16	12	8	36	2.000
7（1/2实施）	64	14	22	100	2.828
7（1/4实施）	32	14	13	59	2.378
8（1/2实施）	128	16	33	177	3.364
8（1/4实施）	64	16	20	100	2.828
8（1/8实施）	32	16	11	59	2.374

假定设有 n 个因素 Z_1, Z_2, ⋯, Z_n，首先需要确定各因素的上水平 (Z_{2k}) 和下水平 (Z_{1k})，并由此计算零水平 (Z_{0k}) 和变化间距 (Δ_k)：

$$Z_{ok} = (Z_{2k} + Z_{1k})/2, \quad \Delta_k = (Z_{2k} - Z_{0k})/\gamma \quad (15-2)$$

式中：γ 为待定参数，可以从表 15-2 中查出。

对各因子 Z_k 的各个水平进行编码，就可以完成对各因子的水平进行如下线性变换：

$$x_{ik} = (Z_{ik} - Z_{0k})/\Delta_k \quad (15-3)$$

从而可以编制出因素水平的编码值表（表 15-3）。

表 15-3　因素水平编码值表

x_k	因子			
	Z_1	Z_2	⋯	Z_n
$+\gamma$	Z_{21}	Z_{22}	⋯	Z_{2n}
1	$Z_{01}+\Delta_1$	$Z_{02}+\Delta_2$	⋯	$Z_{0n}+\Delta_n$
0	Z_{01}	Z_{02}	⋯	Z_{0n}
−1	$Z_{01}-\Delta_1$	$Z_{02}-\Delta_2$	⋯	$Z_{0n}-\Delta_n$
$-\gamma$	Z_{11}	Z_{12}	⋯	Z_{1n}

选用适当的二水平正交表，并根据试验次数 $N = m_c + m_\gamma + m_0$，将编码因素试验方案的编

码水平换成相应的实际水平即得二次正交旋转组合设计的方案。

以三元二次正交旋转组合设计为例，可以得到其试验设计方案如下（表 15-4）：

表 15-4 三元二次正交旋转组合设计试验方案

	试验号	x_1	x_2	x_3
	1	1	1	1
	2	1	1	−1
	3	1	−1	1
	4	1	−1	−1
m_c	5	1	1	1
	6	1	1	−1
	7	1	−1	1
	8	1	−1	−1
	9	1.682	0	0
	10	−1.682	0	0
	11	0	1.682	0
m_γ	12	0	−1.682	0
	13	0	0	1.682
	14	0	0	−1.682
	15	0	0	0
	16	0	0	0
	17	0	0	0
	18	0	0	0
m_0	19	0	0	0
	20	0	0	0
	21	0	0	0
	22	0	0	0
	23	0	0	0

15.1.2 回归旋转设计的通用性

二次回归旋转组合设计，解决了同一球面上各试验点预测值 $\hat{y}$ 的方差相等的优点，但它还存在不同半径球面上各试验点的预测值 $\hat{y}$ 的方差不等的缺点。为了解决这一问题，提出了旋转设计的通用性问题。所谓通用性是指除了仍保持试验设计的旋转性外，在与编码中心距离小于 1 的任意点上的预测值的方差近似相等的性质。同时将具有旋转性与通用性的组合设计称为通用旋转组合设计。

已知在 n 个因素情况下，其预测值 $\hat{y}$ 的方差为：

$$D(\hat{y}) = \frac{(n+2)\sigma^2}{[(n+2)\lambda_4 - n](N/\lambda_4)} \times \left[1 + \frac{\lambda_4 - 1}{\lambda_4}\rho^2 + \frac{(n+1)\lambda_4 - (n-1)}{2\lambda_4^2(n+2)}\rho^4\right]$$

对于任意一个旋转组合设计，因子个数 n 和比值 N/λ_4 是确定的，关键在于确定 λ_4，才能满足通用性的要求。即一个回归设计可以使它的预测方差 $D(\hat{y})$ 在区间 $0 < \rho < 1$ 内基本保持

某一个常数的话，确定 λ_4 为某一个合适的值就能使旋转设计具有通用性。我们在区间 $0<\rho<1$ 内插入如下分点 $0<\rho_1<\rho_2<\cdots<\rho_n<1$，然后来确定 λ_4，使得预测方差 $D(\hat{y})$ 在 ρ_i 处的值与 $\rho = 0$ 处的值的差的平方和为最小，即 $Q(\lambda_4) = f_0^2(\lambda_4) \sum_{i=1}^{n} [f_1(\lambda_4)\rho_i^2 + f_2(\lambda_4)\rho_i^4]^2$ 为最小，其中

$$f_0(\lambda_4) = \frac{n+2}{[(n+2)\lambda_4 - n](N/\lambda_4)}, \quad f_2(\lambda_4) = \frac{(n+1)\lambda_4 - (n-1)}{2\lambda_4^2(n+2)}, \quad f_1(\lambda_4) = \frac{\lambda_4 - 1}{\lambda_4}。于$$

是，对于不同的 n，均可计算出满足 $Q(\lambda_4)$ 最小的 λ_4。当 λ_4 确定后，就可以计算出试验因子数为 n 的试验次数 N。

$$N = \frac{(m_c + 2\gamma^2)^2(n+2)\lambda_4}{m_c n + 2\gamma^4} \tag{15-4}$$

如果计算的结果不是整数时，N 可取其最靠近的整数。然后再确定 m_0

$$m_0 = N - m_c - m_r \tag{15-5}$$

对于不同的因子数 n，我们计算出了二次通用旋转组合设计参数值，供大家查阅(见表15-5)。

表 15-5 n 个因子的二次通用旋转组合设计的参数表

n	m_c	m_γ	γ	λ_4	N	m_0
2(全实施)	4	4	1.414	0.81	13	5
3(全实施)	8	6	1.682	0.86	20	6
4(全实施)	16	8	2.000	0.86	31	7
5(1/2 实施)	16	10	2.000	0.89	32	6
6(1/2 实施)	32	12	2.378	0.90	53	9
7(1/2 实施)	64	14	2.828	0.92	92	14
8(1/2 实施)	128	16	3.364	0.93	165	21
8(1/4 实施)	64	16	2.828	0.93	93	13

以三元二次通用旋转组合设计为例，可以得到其试验设计方案如下(表15-6)。

表 15-6 三元二次通用旋转组合设计试验方案

	试验号	x_1	x_2	x_3
m_c	1	1	1	1
	2	1	1	-1
	3	1	-1	1
	4	1	-1	-1
	5	1	1	1
	6	1	1	-1
	7	1	-1	1
	8	1	-1	-1
m_γ	9	1.682	0	0
	10	-1.682	0	0
	11	0	1.682	0
	12	0	-1.682	0
	13	0	0	1.682
	14	0	0	-1.682

（续）

试验号		x_1	x_2	x_3
	15	0	0	0
	16	0	0	0
m_0	17	0	0	0
	18	0	0	0
	19	0	0	0
	20	0	0	0

15.2 回归旋转设计的结果分析

15.2.1 二次正交旋转组合设计结果的统计分析

二次回归旋转组合设计试验结果的统计分析，与二次正交设计试验结果的统计分析相似，此处不再赘述。

建立的二次回归方程为：

$$\hat{y} = b_0 + \sum_{j=1}^{m} b_j x_j + \sum \sum_{i<j} b_{ij} x_i x_j + \sum_{j=1}^{m} b_{jj} x_j^2 \tag{15-6}$$

式中：

$$b_0 = \bar{y} - \frac{1}{N} \sum_{j=1}^{m} b_{jj} \sum_{a=1}^{N} x_{aj}^2, \quad b_j = \frac{B_j}{a_j} = \frac{\sum x_{\alpha j} y_{\alpha}}{\sum x_{\alpha j}^2},$$

$$b_{jj} = \frac{B_{jj}}{a_{jj}} = \frac{\sum x'_{\alpha j} y_{\alpha}}{\sum (x'_{\alpha j})^2}, \quad b_{ij} = \frac{B_{ij}}{a_{ij}} = \frac{\sum x_{\alpha i} x_{\alpha j} y_{\alpha}}{\sum (x_{\alpha i} x_{\alpha j})^2}$$

可以借助 Design-Expert 软件进行试验设计及结果分析，得到相应的回归方程，对回归方程进行显著性检验，并在剔除不显著项后进行最佳组合的寻优。

15.2.2 通用旋转组合设计的结果分析

二次回归通用旋转组合设计回归系数由下式计算

$$b = (X'X)^{-1}(X'Y) \tag{15-7}$$

其中$(X'X)^{-1}$为设计的相关矩阵，$(X'Y)$为常数项矩阵B，在旋转设计下，则有

$$
\begin{bmatrix}
b_0 \\ b_{11} \\ b_{22} \\ \vdots \\ b_{nn} \\ b_1 \\ \vdots \\ b_n \\ b_{12} \\ \vdots \\ b_{(n-1)n}
\end{bmatrix}
=
\begin{bmatrix}
K & E & E & \cdots & E & & & & & \\
E & F & G & \cdots & G & & & & & \\
E & G & F & \cdots & G & & & & & \\
\vdots & \vdots & \vdots & \ddots & \vdots & & & & & \\
E & G & G & \cdots & F & & & & & \\
& & & & & e^{-1} & & & & \\
& & & & & & \ddots & & & \\
& & & & & & & e^{-1} & & \\
& & & & & & & & m_c^{-1} & \\
& & & & & & & & & \ddots & \\
& & & & & & & & & & m_c^{-1}
\end{bmatrix}
\begin{bmatrix}
B_0 \\ B_{11} \\ B_{22} \\ \vdots \\ B_{nn} \\ B_1 \\ \vdots \\ B_n \\ B_{12} \\ \vdots \\ B_{(n-1)n}
\end{bmatrix}
$$

其中 $B_0 = \sum_\alpha y_\alpha$, $B_{jj} = \sum_\alpha x_{\alpha j}^2 y_\alpha$, $B_j = \sum_\alpha x_{\alpha j} y_\alpha$, $B_{ij} = \sum_\alpha x_{\alpha i} x_{\alpha j} y_\alpha$

所以
$$
\begin{cases}
b_0 = KB_0 + E\sum B_{jj} \\
b_j = e^{-1} B_j \\
b_{ij} = m_c^{-1} B_{ij} \\
b_{jj} = (F-G)B_{jj} + G\sum B_{jj} + EB_0
\end{cases}
\tag{15-8}
$$

其中通用旋转组合设计中的 K、E、F、G 值可查表 15-7。

表 15-7　计算回归系数的有关参数表

因子数 n	e	K	E	F	G
2(全实施)	8	0.2	−0.1	0.1437500	0.0187500
3(全实施)	13.618	0.1663402	−0.0567920	0.0693900	0.0068900
4(全实施)	24	0.1428571	−0.0357142	0.0349702	0.0037202
5(1/2 全实施)	24	0.1590909	−0.0340909	0.0340909	0.0028409
5(全实施)	43.314	0.0987822	−0.0191010	0.0170863	0.0014613
6(1/2 实施)	43.314	0.1107487	−0.0187380	0.0168422	0.0012172
7(1/2 实施)	80	0.0703125	−0.0097656	0.0004883	0.0083008

当然其试验结果同样也可以采用 Design-Expert 软件进行回归分析，得到相应的回归方程，对回归方程进行显著性检验，并在剔除不显著项后进行最佳组合的寻优。

15.3　实例分析

为了解水肥对油茶果实产量的影响，设计了 N、P、K 施用量和灌水量四个因子的二次通用旋转组合试验，因素水平的用量及编码见表 15-8。以同期栽种的盛果期油茶为试验对象，每处理 30 株，处理间留保护株，果实成熟时分单株测定鲜果重，以单株平均产量为试验指标，试验结果见表 15-9，试对试验结果进行统计分析。

表 15-8　各因素水平编码及用量　　　　　g/株

代码	因子	变化间距 (Δ_k)	水平 −2	−1	0	1	2
Z_1	N	60	0	60	120	180	240
Z_2	P_2O_5	30	0	30	60	90	120
Z_3	K_2O	90	0	90	180	270	360
Z_4	H_2O	10000	0	10000	20000	30000	40000

注：本例因子数 $n=4$，$m_c=2^4=16$，$m_\gamma=2\times4=8$，$m_0=7$，$\gamma=2$。

表 15-9 4 因素二次通用旋转组合设计试验的结果

试验号	A	B	C	D	g/株
1	1	1	1	1	3162
2	1	1	1	−1	2656
3	1	1	−1	1	2467
4	1	1	−1	−1	2047
5	1	−1	1	1	2790
6	1	−1	1	−1	1969
7	1	−1	−1	1	1900
8	1	−1	−1	−1	1611
9	−1	1	1	1	2501
10	−1	1	1	−1	1766
11	−1	1	−1	1	1857
12	−1	1	−1	−1	1545
13	−1	−1	1	1	1907
14	−1	−1	1	−1	1484
15	−1	−1	−1	1	1602
16	−1	−1	−1	−1	1227
17	−2	0	0	0	1347
18	2	0	0	0	2373
19	0	−2	0	0	1568
20	0	2	0	0	2260
21	0	0	−2	0	1616
22	0	0	2	0	2309
23	0	0	0	−2	1351
24	0	0	0	2	2362
25	0	0	0	0	2739
26	0	0	0	0	2568
27	0	0	0	0	2532
28	0	0	0	0	2723
29	0	0	0	0	2638
30	0	0	0	0	2651
31	0	0	0	0	2726

本例用 Design-Expert 软件进行试验设计及结果分析，具体步骤为：

①建立试验设计方案：双击启动 Design-Expert 软件[图 15-1(a)]→"File"中选择"New Design"[图 15-1(b)]→在设计类型中选择"响应面试验设计(response surface)"→点击"中心组合设计(central composite)"，并将"试验因子数(numeric factors)"设置为"4"，将"类型(type)"设置为"Full"[图 15-1(c)]→在"选项(options)"里，将"中心点试验数(center points)"设置为"7"，将"星号臂值(alpha)"默认为"2"[图 15-1(d)]→点击"OK"和"Continue"，建立试验处理数为 31 的二次通用旋转组合设计。

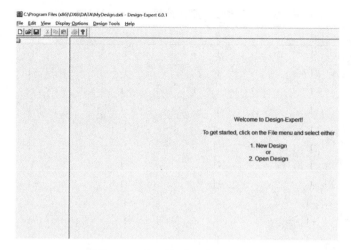

图 15-1　建立试验设计方案(a)

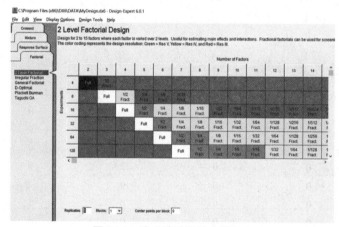

图 15-1　建立试验设计方案(b)

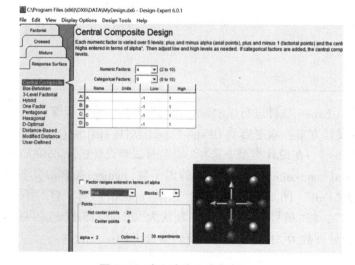

图 15-1　建立试验设计方案(c)

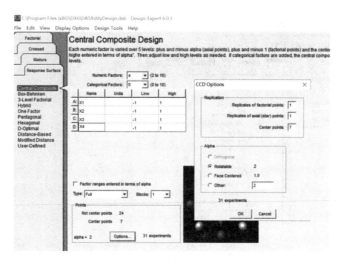

图 15-1　建立试验设计方案(d)

②输入试验结果：将 31 个试验组合的实施结果(图 15-2)输入到试验处理号对应的试验指标(生长量)中，如图 15-2 所示。

Std	Run	Block	Factor 1 A:X1	Factor 2 B:X2	Factor 3 C:X3	Factor 4 D:X4	Response 1 单株平均产量
1	7	Block 1	-1.00	-1.00	-1.00	-1.00	1227
2	11	Block 1	1.00	-1.00	-1.00	-1.00	1611
3	30	Block 1	-1.00	1.00	-1.00	-1.00	1545
4	21	Block 1	1.00	1.00	-1.00	-1.00	2047
5	12	Block 1	-1.00	-1.00	1.00	-1.00	1484
6	5	Block 1	1.00	-1.00	1.00	-1.00	1969
7	29	Block 1	-1.00	1.00	1.00	-1.00	1766
8	16	Block 1	1.00	1.00	1.00	-1.00	2656
9	8	Block 1	-1.00	-1.00	-1.00	1.00	1602
10	26	Block 1	1.00	-1.00	-1.00	1.00	1900
11	28	Block 1	-1.00	1.00	-1.00	1.00	1857
12	10	Block 1	1.00	1.00	-1.00	1.00	2467
13	14	Block 1	-1.00	-1.00	1.00	1.00	1907
14	19	Block 1	1.00	-1.00	1.00	1.00	2790
15	6	Block 1	-1.00	1.00	1.00	1.00	2501
16	25	Block 1	1.00	1.00	1.00	1.00	3162
17	9	Block 1	-2.00	0.00	0.00	0.00	1347
18	3	Block 1	2.00	0.00	0.00	0.00	2373
19	24	Block 1	0.00	-2.00	0.00	0.00	1568
20	2	Block 1	0.00	2.00	0.00	0.00	2260
21	1	Block 1	0.00	0.00	-2.00	0.00	1616
22	1	Block 1	0.00	0.00	2.00	0.00	2309
23	23	Block 1	0.00	0.00	0.00	-2.00	1351

图 15-2　试验结果(单株平均产量)的输入

③分析设置：分析→"Model"选项中，"Process Order"选择"Quadratic"，"Selection"选择"Manual"→点击"ANOVA"方差分析，得到方差分析结果及回归方程，见图 15-3。

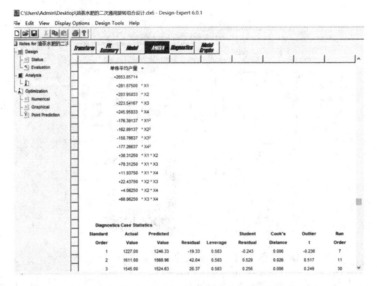

图 15-3 首次分析结果(a)

图 15-3 首次分析结果(b)

由图 15-3(a)可知，油茶单株产量与 4 个因子编码值的回归方程为：

$$\hat{y} = 2653.86 + 281.86X_1 + 203.96X_2 + 223.54X_3 + 245.96X_4 - 176.39X_1^2 - 162.89X_2^2 - 150.77X_3^2 - 177.27X_4^2 + 38.31X_1X_2 + 70.31X_1X_3 + 11.94X_1X_4 + 22.44X_2X_3 + 4.06X_2X_4 + 68.06X_3X_4$$

由图 15-3(b)可知，回归方程模型检验的 $F = 38.48$，$P < 0.01$，说明此回归方程是极显著的，而且由于失拟项(lack of fit)的 $F = 3.07$，$P = 0.0915 > 0.05$，说明失拟项不显著，即表明回归方程可以用于生产实践的预测和估算。下面还可以进一步剔除不显著项，具体分析方法如下：

④剔除不显著项的分析：重复步骤③中步骤进行分析→"Model"选项中，"Process Order"依旧选择"Quadratic"，但是在"Selection"中选择"stepwise（逐步回归）"，其他各选项均保留默认→然后点击"ANOVA"方差分析，可以得到剔除了不显著的方差分析结果及其二次回归方程，见图15-4。

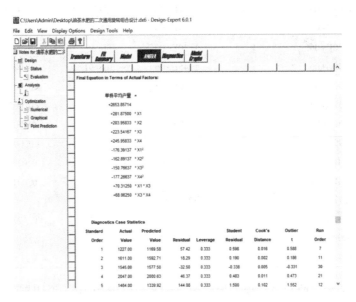

图15-4　逐步回归剔除不显著项的分析结果（a）

图15-4　逐步回归剔除不显著项的分析结果（b）

由图15-4（a）可知，采用逐步回归分析方法在剔除不显著项后，可以得到主根生长量与5个因子编码值的二次回归方程：$\hat{y}=2653.86+281.88x_1+203.96x_2+223.54x_3+245.96x_4-176.39x_1^2-162.89x_2^2-150.77x_3^2-177.27x_4^2+70.31x_1x_3+68.06X_3x_4$，回归方程显著性检验结果如图15-4（b）或表15-10所示。

表 15-10   回归方程显著性检验结果

变异来源	平方和	自由度	均方	F 值	伴随概率 P	显著性
模型	8.14E+06	10	8.14E+05	58.80	<0.0001	（极）显著
x_1	1.91E+06	1	1.91E+06	137.78	<0.0001	
x_2	9.98E+05	1	9.98E+05	72.14	<0.0001	
x_3	1.20E+06	1	1.20E+06	86.65	<0.0001	
x_4	1.45E+06	1	1.45E+06	104.91	<0.0001	
x_1^2	8.90E+05	1	8.90E+05	64.29	<0.0001	
x_2^2	7.59E+05	1	7.59E+05	54.82	<0.0001	
x_3^2	6.50E+05	1	6.50E+05	46.96	<0.0001	
x_4^2	8.99E+05	1	8.99E+05	64.93	<0.0001	
$x_1 x_3$	79101.56	1	79101.56	5.72	0.0268	
$x_3 x_4$	74120.06	1	74120.06	5.36	0.0314	
残差	2.77E+05	20	13840.06			
失拟项	2.37E+05	14	16934.74	2.56	0.1272	不显著
纯误差	39714.86	6	6619.14			
总和	8.42E+06	30				

由表 15-10 可知，回归方程模型检验的 $F=58.80$，$P<0.01$，说明剔除不显著项的回归方程极显著，而且失拟项不显著，另外还可知 x_1 与 x_3，x_3 与 x_4 之间存在交互作用。

⑤最佳优化组合的分析：对显著的回归方程进行寻优，以期待找到最佳的因素组合。点击"Optimization"→"Numerical"→选择"单株平均产量"→"Goal（目标）"→"is maximum"[图 15-5(a)]。点击"Solutions"→得到多组最优组合方案，选择 Desirability 为最大值的方案[图 15-5(b)]→x_1 与 x_3，x_3 与 x_4 之间互作效应见图 15-5(c)和图 15-5(d)。

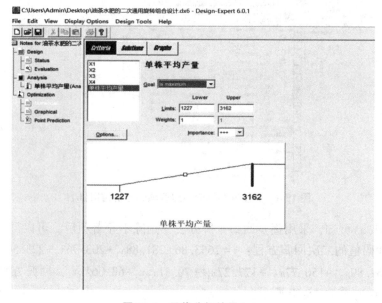

图 15-5   寻优分析结果(a)

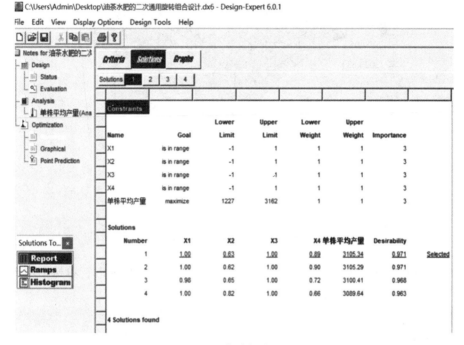

图 15-5　寻优分析结果（b）

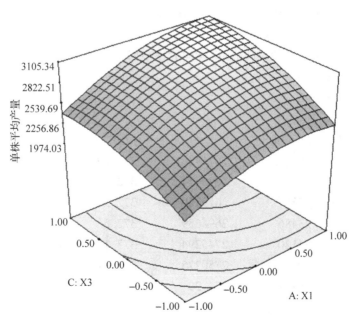

图 15-5　寻优分析结果（c）

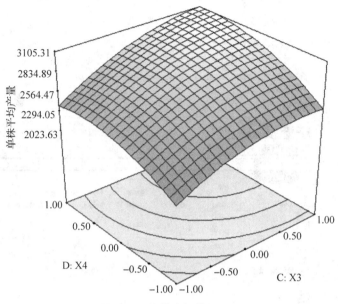

图 15-5　寻优分析结果（d）

由图 15-5(b)可知，$x_1 = 1.00$，$x_2 = 0.63$，$x_3 = 1.00$，$x_4 = 0.89$ 时，单株平均产量拟合值($\hat{y}$)为 3105.34，此时满意度为 97.1%。

R 语言实现：

```
library(MASS)
dat = read.csv("D: /11.csv", header = TRUE, sep = ",")
stade = as.data.frame(dat)
lm2 = lm(y ~ (x1+x2+x3+x4)^2, data = stade)
stepAIC(lm2, direction = "backward")#向后逐步回归
Start:   AIC = 374.29
y ~ (x1+x2+x3+x4)^2
```

	Df	Sum of Sq	RSS	AIC
−x2: x4	1	264	2671438	372.29
−x1: x4	1	2280	2673454	372.31
−x2: x3	1	8055	2679229	372.38
−x1: x2	1	23486	2694659	372.56
−x3: x4	1	74120	2745294	373.13
−x1: x3	1	79102	2750275	373.19
\<none\>			2671174	374.29

```
Step:   AIC = 372.29
y ~ x1+x2+x3+x4+x1: x2+x1: x3+x1: x4+x2: x3+x3: x4
```

	Df	Sum of Sq	RSS	AIC
−x1：x4	1	2280	2673718	370.31
−x2：x3	1	8055	2679493	370.38
−x1：x2	1	23486	2694923	370.56
−x3：x4	1	74120	2745558	371.14
−x1：x3	1	79102	2750539	371.19
<none>			2671438	372.29

Step： AIC=370.31

y~x1+x2+x3+x4+x1：x2+x1：x3+x2：x3+x3：x4

	Df	Sum of Sq	RSS	AIC
−x2：x3	1	8055	2681773	368.41
−x1：x2	1	23486	2697203	368.59
−x3：x4	1	74120	2747838	369.16
−x1：x3	1	79102	2752819	369.22
<none>			2673718	370.31

Step： AIC=368.41

y~x1+x2+x3+x4+x1：x2+x1：x3+x3：x4

	Df	Sum of Sq	RSS	AIC
−x1：x2	1	23486	2705258	366.68
−x3：x4	1	74120	2755893	367.25
−x1：x3	1	79102	2760874	367.31
<none>			2681773	368.41

Step： AIC=366.68

y~x1+x2+x3+x4+x1：x3+x3：x4

	Df	Sum of Sq	RSS	AIC
−x3：x4	1	74120	2779378	365.52
−x1：x3	1	79102	2784360	365.57
<none>			2705258	366.68
−x2	1	998376	3703634	374.42

Step： AIC=365.52

y~x1+x2+x3+x4+x1：x3

	Df	Sum of Sq	RSS	AIC
−x1：x3	1	79102 2858480	364.39	
\<none\>		2779378	365.52	
−x2	1	998376	3777754	373.03
−x4	1	1451892	4231270	376.54

Step： AIC=364.39

y~x1+x2+x3+x4

	Df	Sum of Sq	RSS	AIC
\<none\>		2858480	364.39	
−x2	1	998376	3856856	371.67
−x3	1	1199301	4057781	373.25
−x4	1	1451892	4310372	375.12
−x1	1	1906884	4765364	378.23

Call：

lm(formula=y~x1+x2+x3+x4, data=stade)

Coefficients：

(Intercept)	x1	x2	x3	x4
2137.2	281.9	204.0	223.5	246.0

summary(lm2)#显著性分析

Call：

lm(formula=y~(x1+x2+x3+x4)^2, data=stade)

Residuals：

Min	1Q	Median	3Q	Max
−327.98	−180.60	−118.81	14.11	601.77

Coefficients：

	Estimate	Std. Error	t value	Pr(>|t|)
(Intercept)	2137.226	65.638	32.561	<2e−16 * * *
x1	281.875	74.599	3.779	0.00118 * *
x2	203.958	74.599	2.734	0.01279 *
x3	223.542	74.599	2.997	0.00713 * *
x4	245.958	74.599	3.297	0.00360 * *

x1：x2	38. 313	91. 364	0. 419	0. 67944
x1：x3	70. 313	91. 364	0. 770	0. 45054
x1：x4	11. 937	91. 364	0. 131	0. 89735
x2：x3	22. 438	91. 364	0. 246	0. 80851
x2：x4	4. 062	91. 364	0. 044	0. 96497
x3：x4	68. 063	91. 364	0. 745	0. 46496

———

Signif. codes： 0 ' ＊ ＊ ＊ ' 0. 001 ' ＊ ＊ ' 0. 01 ' ＊ ' 0. 05 '. ' 0. 1 ' ' 1

Residual standard error：365. 5 on 20 degrees of freedom

Multiple R-squared： 0. 6826，Adjusted R-squared： 0. 5239

F-statistic：4. 301 on 10 and 20 DF， p-value：0. 002686

>lm3＝lm(y～x2^2，data＝stade)#最佳选择

>anova(lm3，lm2)

Analysis of Variance Table

Model 1：y～x2^2

Model 2：y～(x1+x2+x3+x4)^2

　Res. Df　　RSS Df Sum of Sq　　F　Pr(>F)

1　29 7416557

2　20 2671174　9　4745384 3. 9478 0. 005059 ＊ ＊

———

Signif. codes： 0 ' ＊ ＊ ＊ ' 0. 001 ' ＊ ＊ ' 0. 01 ' ＊ ' 0. 05 '. ' 0. 1 ' ' 1

习 题

1. 某油茶的养分试验，拟采用二次旋转组合设计法研究 5 种养分(A、B、C、D 和 E)与油茶果实出油率的数学模型，试采用列出该 5 个因子(1/2 实施)的编码值的试验设计方案。

2. 二年生油茶幼龄施肥试验中，用 Z_1、Z_2、Z_3 表示三个因素 N、P、K，各因素的上、下水平值见表 15-11。试拟定一个 3 因素的二次通用旋转组合设计的实施方案。

表 15-11　三因素试验水平值　　　　　　　　　　g/株

水平	$Z_1(N 素)$	$Z_2(P 素)$	$Z_3(K 素)$
上水平	500	1500	500
下水平	100	500	150

3. 根据表 15-9(4 因素二次通用旋转组合设计)的试验结果，试采用 Design-Expert 软件求 4 种主要成分实际值(Z_k)与单株平均产量间的数学模型，并将 4 个因素最佳组合条件下的编码值转化为实际值。

($\hat{y}=-1372.57+14.11Z_1+28.52Z_2+6.11Z_3+0.08Z_4-0.05Z_1^2-0.18Z_2^2-0.02Z_3^2-1.77E-6Z_4^2+0.01Z_1Z_3+7.56E-5Z_3Z_4$；$Z_1=179.92$，$Z_2=78.74$，$Z_3=270.00$，$Z_4=28850.62$)

16　混料试验设计

本章摘要

混料设计，其核心是合理地设计混料试验，通过各混料成分不同比例的一些组合试验，获得试验指标与各混料成分比例之间的线性或非线性的回归方程，是 Scheffe 在 1958 年提出单纯形格子设计以来发展起来的一种试验设计方法。因此，通过本章的学习，可以理解混料设计的意义和特点，掌握单纯形格子设计和单纯形重心设计的方法及试验结果的统计分析。

16.1　混料设计概述

在日常生活和工业生产中经常遇到配方、配比一类的混料问题。混料试验，是指在各种混料成分的变化范围受到一定约束条件限制的情况下，通过试验探索各成分的百分比与试验研究指标之间的关系，由 H. Scheffé 于 1958 年提出。

这里所说的混料是指由若干种不同成分按一定比例混合在一起，如蛋糕是将面粉、水、油、糖及某些香料混合发酵后经烘烤制成的，考察这些成分对蛋糕的柔软性、口味等试验指标的影响所进行的试验就是混料试验。应该指出，混料试验中的混料成分至少应有三种，并且混料成分中的不变成分不应作为混料成分。此外，某些分配问题，如企业的材料、资金、设备和人员等的分配也可以看成是混料问题。

不同于之前章节所介绍的各种试验设计，混料设计的试验指标只与每种成分的含量有关，而与混料的总量无关，且每种成分的比例必须是非负的，在 0~1 之间变化，各种成分的含量之和必须等于 1（即 100%）。也就是说，各种成分不能完全自由地变化，受到一定条件的约束。设 y 为试验指标，$x^i (i=1, 2, \cdots, p)$ 是第 i 种成分的含量，即混料问题的约束条件为：

$$\left.\begin{array}{l} x_i \geq 0, \ (i = 1, 2, \cdots, p) \\ \displaystyle\sum_{i=1}^{p} x_i = x_1 + x_2 + \cdots + x_p = 1 \end{array}\right\} \tag{16-1}$$

其中 x_i 称为混料成分或混料分量，即混料试验中的试验因素。

混料试验设计是一种受特殊条件约束的回归设计，它是通过合理地安排混料试验，以求得各种线性或非线性回归方程的技术方法，具有试验点数少、计算简便、容易分析、迅速得到最佳混料条件等优点。

但前述混料条件式(16-1)决定了混料试验设计不能采用一般多项式作为回归模型，否则会由于混料条件的约束而引起信息矩阵的退化。混料试验设计常采用 Scheffé 多项式回归模型。例如，一般的三元二次回归方程为：

$$y = b_0 + \sum_{i=1}^{3} b_i x_i + \sum_{i<j} b_{ij} x_i x_j + \sum_{i=1}^{3} b_{ii} x_i^2 \qquad (16-2)$$

而混料试验设计中，三分量二次回归方程应为：

$$y = b_0 + \sum_{i=1}^{3} b_i x_i + \sum_{i<j} b_{ij} x_i x_j \qquad (16-3)$$

将约束条件 $\sum_{i=1}^{3} x_i = 1$ 代入式(16-2)，即可推导得到式(16-3)。比较式(16-2)和式(16-3)可知，Scheffé 多项式没有常数项和平方项。

通常，混料试验设计为 p 分量 d 次多项式回归方程，其 Scheffé 多项式(或称为规范多项式)为：

一次式($d=1$)：
$$y = \sum_{i=1}^{p} b_i x_i \qquad (16-4)$$

二次式($d=2$)：
$$y = \sum_{i=1}^{p} b_i x_i + \sum_{i<j} b_{ij} x_i x_j \qquad (16-5)$$

三次式($d=3$)：
$$y = \sum_{i=1}^{p} b_i x_i + \sum_{i<j} b_{ij} x_i x_j + \sum_{i<j} r_{ij} x_i x_j (x_i - x_j) + \sum_{i<j<k} b_{ijk} x_i x_j x_k \qquad (16-6)$$

式中 r_{ij} 为三次项 $x_i x_j (x_i - x_j)$ 的回归系数。

由此看来，混料试验设计的(p, d) Scheffé 多项式回归方程中，待估计的回归系数的个数，比一般的 p 因素 d 次多项式回归方程要少。例如，对于混料试验设计(p, d)的回归方程式(16-5)，无常数项和二次项。于是，减少了 $p+1$ 个回归系数，所以至少可以少做 $p+1$ 次试验。

16.2　混料设计方法

16.2.1　单(纯)形格子设计方法与结果分析

在混料试验设计方法中，单纯形格子设计是最早出现的，也是混料试验设计中最基本的方法。

16.2.1.1　单(纯)形及单(纯)形上点的坐标

在混料问题中，各分量 $x_i(i=1, 2, \cdots, p)$ 的变化范围受混料条件式(16-1)的制约。

在几何上，称 $\sum_{i=1}^{p} x_i = 1$ 为 p 维平面，而$(x_1, x_2, \cdots, x_p)$为 p 维平面上点的坐标。在 p 维平面上满足 $0 \leqslant x_1, x_2, \cdots, x_p \leqslant 1$ 的区域构成一个图形称为单形(或单纯形)。单形上的

点，若其 p 个坐标中有一个坐标 $x_i = 1$，而其余的 $p-1$ 个坐标 $x_j = 0 (j \neq i)$，则这种点称为单形的顶点。因此，在 p 因子混料试验中，单形的顶点有 p 个。例如，$p = 3$ 时，单形的 3 个顶点为 $(1, 0, 0)$、$(0, 1, 0)$ 和 $(0, 0, 1)$。所以此单形的图形为一个等边(正)三角形，如图 16-1(a) 所示。正多边形又称为正规单(纯)形。

设 $P(x_1 、 x_2 、 x_3)$ 为此单形的内点，定义 x_1 表示 P 点到边 BC 的距离，x_2 为 P 点到边 AC 的距离，x_3 为 P 点到边 AB 的距离。为简单起见，使用时不再画出三个坐标轴，只画出一个等边三角形，如图 16-1(b) 所示。

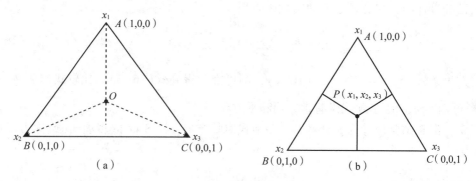

图 16-1 $p = 3$ 时的单形

($x_1 + x_2 + x_3 = $ 正三角形的高 $= 1$)

取此等边(正)三角形的高为 1，则由初等几何学可知，$\triangle ABC$ 内任一点 P 到三个边的距离之和为 1，即 $x_1 + x_2 + x_3 = 1$ 或 $\sum_{i=1}^{3} x_i = 1$。因此，三因子混料试验可以用等边三角形这样一个单形上的点表示。

一般情况下，对 p 因子混料试验，其 p 个顶点分别为 $A_1(1, 0, 0, \cdots, 0)$、$A_2(0, 1, 0, \cdots, 0)$、$\cdots$、$A_p(0, 0, 0, \cdots, 1)$。设 $P(x_1, x_2, \cdots, x_p)$ 为单形的内点，定义 x_1，x_2，$\cdots$，x_p 分别表示 P 点到 $A_2 \cdots A_p$ 面的距离、$A_1 A_3 \cdots A_p$ 面的距离、$\cdots$、$A_1 \cdots A_{p-1}$ 面的距离，并取 $p-1$ 维空间内正多边形的高为 1，建立 p 因子混料试验的单形坐标系。

16.2.1.2 单(纯)形格子点的概念

对于由混料条件式 (16-1) 构成的正规单(纯)形因素空间，当采用式 (16-5)、式 (16-6) 等完全型规范多项式回归模型时，试验点可以取在正规单(纯)形格子点上，构成单(纯)形格子设计。

对于三因素 ($p = 3$ 时) 的格子点集，其单(纯)形是一个高为 1 的等边三角形，它的三个顶点的全体称为一阶格子点集，记为 $\{3, 1\}$，如图 16-2(a) 所示。

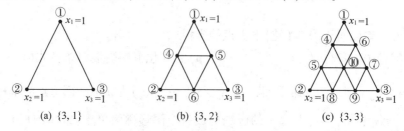

(a) $\{3, 1\}$ (b) $\{3, 2\}$ (c) $\{3, 3\}$

图 16-2 单(纯)形格子点分布图

将高为 1 的等边三角形的三条边各二等分，则该三角形的三个顶点与三条边的中点的全体称为二阶格子点集，记为 {3，2}，如图 16-2(b) 所示。其中共有 6 个点，各点坐标如表 16-1 所示。

将等边三角形的各边进行三等分，对应分点连成与各边平行的直线，在等边三角形上形成许多格子，则这些格子顶点的全体称为三阶格子点集，记为 {3，3}，如图 16-2(c) 所示，其中共有 10 个点。各点坐标如表 16-2 所示。

表 16-1　{3，2} 各点坐标

点号	坐标		
	x_1	x_2	x_3
1	1	0	0
2	0	1	0
3	0	0	1
4	$\frac{1}{2}$	$\frac{1}{2}$	0
5	$\frac{1}{2}$	0	$\frac{1}{2}$
6	0	$\frac{1}{2}$	$\frac{1}{2}$

表 16-2　{3，3} 各点坐标

点号	坐标		
	x_1	x_2	x_3
1	1	0	0
2	0	1	0
3	0	0	1
4	$\frac{2}{3}$	$\frac{1}{3}$	0
5	$\frac{1}{3}$	$\frac{2}{3}$	0
6	$\frac{2}{3}$	0	$\frac{1}{3}$
7	$\frac{1}{3}$	0	$\frac{2}{3}$
8	0	$\frac{2}{3}$	$\frac{1}{3}$
9	0	$\frac{1}{3}$	$\frac{2}{3}$
10	$\frac{1}{3}$	$\frac{1}{3}$	$\frac{1}{3}$

四因素二阶格子点集，记为 {4，2}，其中共有 10 个点，各点坐标见表 16-3。

表 16-3 {4，2} 各点坐标

点号	坐标			
	x_1	x_2	x_3	x_4
1	1	0	0	0
2	0	1	0	0
3	0	0	1	0
4	0	0	0	1
5	$\frac{1}{2}$	$\frac{1}{2}$	0	0
6	$\frac{1}{2}$	0	$\frac{1}{2}$	0
7	$\frac{1}{2}$	0	0	$\frac{1}{2}$
8	0	$\frac{1}{2}$	$\frac{1}{2}$	0
9	0	$\frac{1}{2}$	0	$\frac{1}{2}$
10	0	0	$\frac{1}{2}$	$\frac{1}{2}$

一般情况下，p 因素 d 阶格子点集记为 $\{p，d\}$，其中 p 表示单(纯)形顶点的个数，d 表示单(纯)形边长被等分的段数，并且总的点数为 c_{p+d-1}^d。

16.2.1.3 单(纯)形格子设计法特点

Scheffé 提出的单(纯)形格子设计，具有以下两个特点：

(1) 每个 $\{p，d\}$ 设计所要做的试验次数为 c_{p+d-1}^d，恰好等于完全型规范多项式回归方程，如式(16-5)、式(16-6)中的回归系数的个数。因而单(纯)形格子设计是饱和设计，是一种优化设计。代表试验的点对称地排列在单形上，构成单形的一个格子，称为 $\{p，d\}$ 格子。每一点的 p 个坐标代表 p 个因素的成分值，它们加起来的和等于 1。

(2) 试验点的成分与模型的次数(或阶数)d 有关，我们约定每一成分 x_i 取值为 $\frac{1}{d}$ 的倍数，即 $x_i = 0，\frac{1}{d}，\frac{2}{d}，\cdots，\frac{d-1}{d}，1$，并且在设计中因素成分量的各种配合都使用到。

单(纯)形格子设计的试验点数，与相应的完全型规范多项式回归方程的阶数(或次数)d 的关系，见表16-4。

表 16-4 单(纯)形格子设计的试验点数(c_{p+d-1}^d)

P	d		
	2	3	4
3	6	10	15
4	10	20	35
5	15	35	70
6	21	56	126
8	36	120	330
10	55	220	715

16.2.1.4 回归系数的计算

在单(纯)形格子设计中，每个回归系数的值只取决于所对应的格子上的观测值，而与其他设计点上的观测值无关，故采用最小二乘法计算回归系数。各回归系数均可表达为相应设计点上观测值的简单线性组合。

例 16-1 {3，2}单(纯)形格子设计。

{3，2}表示三因素二次单形格子设计，即 $p=3$，$d=2$。其响应方程为：

$$y = \sum_{i=1}^{3} b_i x_i + \sum_{i<j}^{3} b_{ij} x_i x_j$$
$$= b_1 x_1 + b_2 x_2 + b_3 x_3 + b_{12} x_1 x_2 + b_{13} x_1 x_3 + b_{23} x_2 x_3$$

成分的取值 $x_i = 0$，$\dfrac{1}{2}$，1。此时单形格子设计及试验结果如表 16-5 所示。

表 16-5　单形格子{3，2}设计及试验结果

试验号	x_1	x_2	x_3	观测值
1	1	0	0	y_1
2	0	1	0	y_2
3	0	0	1	y_3
4	$\dfrac{1}{2}$	$\dfrac{1}{2}$	0	y_4
5	$\dfrac{1}{2}$	0	$\dfrac{1}{2}$	y_5
6	0	$\dfrac{1}{2}$	$\dfrac{1}{2}$	y_6

为了求出模型中系数的估计值，可以通过把同一号的试验成分值分别代入上述模型中的 x_1、x_2 和 x_3，并把观测值 y_i 代入对应的 y_i，这样便得到一组方程，解这组方程便可获得回归系数的估计值。

将第 1 号试验(1，0，0)代入(x_1，x_2，x_3)，便得到

$$y_1 = b_1$$

同理可得

$$b_2 = y_2，b_3 = y_3$$
$$b_{12} = 4y_4 - 2y_1 - 2y_2$$
$$b_{13} = 4y_5 - 2y_1 - 2y_3$$
$$b_{23} = 4y_6 - 2y_2 - 2y_3$$

从上述系数估计公式中可以看出，一次项的系数 b_i 只受单形的第 i 个顶点上观测值的影响。一次项 $b_i x_i$ 反映了纯组分(只有一个坐标 x_i 为 1，其余均为零)的响应。

若响应曲面是一个平面，则方程

$$y = \sum_{i=1}^{p} b_i x_i \tag{16-7}$$

表示成分与观测值(响应值)的线性组合(即 $x_i \sim y$ 之间的线性组合)。

二次项系数 b_{ij} 仅受单形中连接第 i 个和第 j 个顶点的棱上试验点观测值的影响。全体二次项 $\sum_{i<j}\sum b_{ij}x_ix_j$ 表示响应曲面与式(16-7)所表示的平面之间的离差。

应当指出的是，二次项 $b_{ij}x_ix_j$ 不能单纯理解为 x_i 和 x_j 的交互效应，这是因为它们受约束条件式(16-1)的限制，不能独立地变动，所以它们只表示一种非线性混合的关系。当 $b_{ij}>0$ 时，Scheffé 称这种非线性混合关系为协调的；而当 $b_{ij}<0$ 时，则为对抗的。

16.2.1.5 单(纯)形格子设计实例

在单形格子设计所安排的试验中，总有几个试验，它的成分中有一个为 1 其余为 0，如(1，0，…，0)；或者一个或几个为 0，其余非 0，如 $\left(\dfrac{1}{3}, \dfrac{2}{3}, 0, \cdots, 0\right)$。但在实际试验中不等于 0 的成分占大多数，少数有一、二个成分为 0、其余不为 0 的试验点。因此，为了使单形设计能适用于这类实际情况，必须进行编码。与"回归正交试验设计"一样，编码不是试验的真正成分，而是一种变换。这种变换的结果是试验设计中出现的因素水平。下面结合一个具体例子来介绍编码的方法。

例 16-2 一种固体饮料是由三种成分 A、B、C 混合制成。这里 A 表示实际成分主料，B 表示辅料，C 表示小料。采用 $\{3, 2\}$ 单形格子设计。

表 16-6 中给出了设计的编码和实际成分，其中 A、B、C 下的数值是编码数。现在寻找编码与实际成分的关系。用 x_i 表示编码，z_i 表示实际成分。分别找出 z_1、z_2、z_3 的最小值(存在下界约束条件的混料设计)分别为 $a_1=0.200$、$a_2=0.400$、$a_3=0.200$。作变换

$$z_i - a_i = \left(1 - \sum_{j=1}^{3} a_j\right)x_i \quad (i = 1, 2, 3) \tag{16-8}$$

表 16-6　单形格子设计 $\{3, 2\}$ 应用实例

试验号	编码			实际成分			观测值 y
	A	B	C	主料	辅料	小料	
	x_1	x_2	x_3	z_1	z_2	z_3	
1	1	0	0	0.400	0.400	0.200	22.0
2	0	1	0	0.200	0.600	0.200	26.0
3	0	0	1	0.200	0.400	0.400	19.0
4	$\frac{1}{2}$	$\frac{1}{2}$	0	0.300	0.500	0.200	31.0
5	$\frac{1}{2}$	0	$\frac{1}{2}$	0.300	0.400	0.300	26.0
6	0	$\frac{1}{2}$	$\frac{1}{2}$	0.200	0.500	0.300	41.0

这样，就使每种成分 z_i 的最小值 (a_i) 所对应于 x_i 的编码为 0，于是

$$z_1-0.200 = [1-(0.200+0.400+0.200)]x_1 = 0.200x_1$$

$$z_2-0.400 = 0.200x_2$$

$$z_3-0.200 = 0.200x_3$$

这就是关于本例编码与实际成分的转换公式。现对表 16-6 中的试验任选 2 个检验一

下。在第 1 号试验中，

$$当 z_1 = 0.200 \text{ 时}，x_1 = 1;$$
$$当 z_2 = 0.400 \text{ 时}，x_2 = 0;$$
$$当 z_2 = 0.400 \text{ 时}，x_3 = 0。$$

同样，在第 6 号试验中，

$$当 z_1 = 0.200 \text{ 时}，x_1 = 0;$$
$$当 z_2 = 0.500 \text{ 时}，x_2 = \frac{1}{2};$$
$$当 z_3 = 0.200 \text{ 时}，x_3 = \frac{1}{2}。$$

一般情况下，p 因子混料试验的编码 x_i 与实际成分 z_i 之间的转换公式为：

$$z_i - a_i = \left(1 - \sum_{j=1}^{3} a_j\right) x_i \quad (i = 1, 2, \cdots, p) \tag{16-9}$$

这里 a_i 为 z_i 的最小值。

在求出响应函数（y）与编码（x_i）的回归方程 $y = f(x_1, x_2, \cdots, x_p)$ 后，再将变换

公式（16-9）的逆变换 $x_i = \dfrac{z_i - a_i}{1 - \sum\limits_{j=1}^{p} a_j}$ 代入所得回归方程，这样就得到了响应函数（y）与实际

成分（z_j）的回归方程：

$$y = f(z_1, z_2, \cdots, z_p)$$

对于表 16-6 中的试验观测值，可按照例 16-1 中的公式求出回归系数的估计值：

$$b_1 = y_1 = 22.0, \qquad b_2 = y_2 = 26.0, \qquad b_3 = y_3 = 19.0,$$
$$b_{12} = 4y_4 - 2y_1 - 2y_2 = 4 \times 31.0 - 2 \times 22.0 - 2 \times 26.0 = 28.0$$
$$b_{13} = 4y_5 - 2y_1 - 2y_3 = 4 \times 26.0 - 2 \times 22.0 - 2 \times 19.0 = 22.0$$
$$b_{23} = 4y_6 - 2y_2 - 2y_3 = 4 \times 41.0 - 2 \times 26.0 - 2 \times 19.0 = 74.0$$

因此，响应函数与编码之间的回归方程为：

$$y = 22.0x_1 + 26.0x_2 + 19.0x_3 + 28.0x_1x_2 + 22.0x_1x_3 + 74.0x_2x_3$$

逆变换公式为：

$$x_i = \frac{z_i - a_i}{1 - \sum_{j=1}^{p} a_j} = \frac{z_i - a_i}{0.200}$$

$$x_1 = \frac{z_1 - 0.200}{0.200}, \quad x_2 = \frac{z_2 - 0.400}{0.200}, \quad x_3 = \frac{z_3 - 0.400}{0.200}$$

最后，得到响应函数与实际成分之间的回归方程为：

$$y = 22.0 \times \frac{z_1 - 0.200}{0.200} + 26.0 \times \frac{z_2 - 0.400}{0.200} + 19.0 \times \frac{z_3 - 0.200}{0.200} + 28.0 \times \frac{z_1 - 0.200}{0.200}$$

$$\times \frac{z_2 - 0.400}{0.200} + 22.0 \times \frac{z_1 - 0.200}{0.200} \times \frac{z_3 - 0.200}{0.200} + 74.0 \times \frac{z_2 - 0.400}{0.200} \times \frac{z_3 - 0.200}{0.200}$$

$$= -280z_1 - 380z_2 - 755z_3 + 700z_1z_2 + 550z_1z_3 + 1850z_2z_3 + 133$$

16.2.2 单(纯)形重心设计

16.2.2.1 基本原理与设计方法

在一个 $\{p, d\}$ 单形格子设计中，当回归模型的阶数 $d>2$ 时，某些混料试验中格子点的非零坐标不相等，这种非对称性反映到估计响应函数(即回归多项式或规范多项式)的系数时，就会出现某些观测值对回归方程影响大，而某些观测值对回归方程影响小。此外，单形格子设计的试验次数还是比较多(用 c_{p+d-1}^d 计算)。

为了改进上述两个缺点，Scheffé 提出单(纯)形重心设计，对单(纯)形格子设计进行改进，使混料试验中格子点的非零坐标相等。

在一个 p 因子单形重心设计中，试验点数目是 2^p-1，包括：

p 个顶点 $(1, 0, \cdots, 0)$，$\cdots$，$(0, 0, \cdots, 1)$，共有 $c_p^1=p$ 个点；

两个顶点的重心点 $\left(\dfrac{1}{2}, \dfrac{1}{2}, 0, \cdots, 0\right)$，$\cdots$，$\left(0, 0, \cdots, \dfrac{1}{2}, \dfrac{1}{2}\right)$，共有 c_p^2 个点；

三个顶点的重心点 $\left(\dfrac{1}{3}, \dfrac{1}{3}, \dfrac{1}{3}, 0, \cdots, 0\right)$，$\cdots$，$\left(0, 0, 0, \cdots, \dfrac{1}{3}, \dfrac{1}{3}, \dfrac{1}{3}\right)$，共有 c_p^3 个点；

……

p 个顶点的重心点 $\left(\dfrac{1}{p}, \dfrac{1}{p}, \cdots, \dfrac{1}{p}\right)$，共有 $c_p^p=1$ 个点。

显然，单形重心设计的全部点的坐标不依赖于 d。

当 $p=3$ 时，单形重心设计的试验点数目 $=2^3-1=7$，包括：

以 $(1, 0, 0)$ 为代表的 $c_p^1=c_3^1=3$ 个点；

以 $\left(\dfrac{1}{2}, \dfrac{1}{2}, 0\right)$ 为代表的 $c_p^2=c_3^2=3$ 个点；

以 $\left(\dfrac{1}{3}, \dfrac{1}{3}, \dfrac{1}{3}\right)$ 为代表的 $c_p^3=c_3^3=1$ 个点。

所以，总的试验点数目为

$$N=c_3^1+c_3^2+c_3^3=3+3+1=7$$

试验点分布和试验方案，如图16-3和表16-7所示。

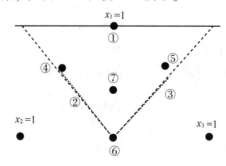

图16-3 试验点分布图

表 16-7　试验方案

试验点	x_1	x_2	x_3	y
1	1	0	0	y_1
2	0	1	0	y_2
3	0	0	1	y_3
4	1/2	1/2	0	y_{12}
5	1/2	0	1/2	y_{13}
6	0	1/2	1/2	y_{23}
7	1/3	1/3	1/3	y_{123}

显然，当 $p=3$ 时，有

$$\left. \begin{array}{l} x_i \geq 0, \ (i = 1, \ 2, \ 3) \\ x_1 + x_2 + x_3 = 1 \end{array} \right\} \qquad (16-10)$$

例 16-3　{3，3}单形重心设计。

三元三次回归方程($p=3$ 和 $d=3$ 时)，即{3，3}单形重心设计的回归方程为：

$$y = \sum_{i=1}^{3} b_i x_i + \sum_{i<j} b_{ij} x_i x_j + b_{123} x_1 x_2 x_3 \qquad (16-11)$$

上式中回归系数的计算公式为(回归系数的推导与单形格子设计相同)

$$b_i = y_i (i = 1, \ 2, \ 3)$$
$$b_{ij} = 4y_{ij} - 2_{(y_i+y_j)} (i, \ j = 1, \ 2, \ 3, \ i < j) \qquad (16-12)$$
$$b_{123} = 27y_{123} - 3_{(y_1+y_2+y_3)} - 12_{(y_{12}+y_{13}+y_{23})}$$

一般情况下，p 因素单形重心设计的总试验次数为

$$N = c_p^1 + c_p^2 + c_p^3 + \cdots + c_p^p = 2^p - 1 \qquad (16-13)$$

通常，对{p，d}单形重心设计，各个回归系数的计算通式为：

$$b_{D_r} = r \sum_{1 \forall t \leq r} (-1)^{r-t} t^{r-1} y_t(D_r) (r = 1, \ 2, \ \cdots, \ d) \qquad (16-14)$$

式中　D_r——p 个成分中某 r 个的集合；

$y_t(D_r)$——r 个成分中取出 t 个的全部 C_r^t 个组合的试验指标值的总和。

(注：如对上式通式不理解，那么也可象单形格子设计一样，针对具体情况，自己推导具体的计算公式)

例 16-4　{4，3}单形重心设计。

当 $p=4$ 和 $d=3$ 时，即{4，3}单形重心设计的回归方程为：

$$y = \sum_{i=1}^{4} b_i x_i + \sum_{i<j}^{4} b_{ij} x_i y_j + \sum_{i<j<k}^{4} b_{ijk} x_i x_j x_k \qquad (16-15)$$

上式中各回归系数，按式(16-14)计算如下：

$r=1$ 时，则 $t=1$，

$$b_i = 1 \times [(-1)^{1-1} \times 1^{1-1} \times y_i] = y_i (r = 1, \ 2, \ 3, \ 4)$$

$r=2$ 时，则 $t=2$ 和 1

$$b_{ij} = 2 \times [(-1)^{2-2} \times 2^{2-1} \times y_{ij} + (-1)^{2-1} \times 1^{2-1} \times (y_i + y_j)]$$
$$= 4y_{ij} - 2_{(y_i + y_j)}, (i, j = 1, 2, 3, 4, i < j)$$

$r = 3$ 时，则 $t = 3$、2 和 1，

$$b_{ijk} = 3 \times [(-1)^{3-3} \times 3^{3-1} \times y_{ijk} + (-1)^{3-2} \times 2^{3-1} \times (y_{ij} + y_{ik} + y_{jk}) + (-1)^{3-1} \times 1^{3-1}$$
$$\times (y_i + y_j + y_k)]$$
$$= 27y_{ijk} + 3_{(y_i + y_j + y_k)} - 12_{(y_{ij} + y_{ik} + y_{jk})} (i, j, k = 1, 2, 3, 4, i < j < k)$$

回归系数的总数 $2^p - 1 = 2^4 - 1 = 15$，也就是要做 15 次试验，而 {4，3} 单形格子设计的试验次数为 20 次 ($c_{p+d-1}^d = c_6^3 = 20$)。显然，单形重心设计的试验次数，比单形格子设计的要少。

{4，3} 单形重心设计的设计表见表 16-8。

表 16-8　{4，3} 单形重心试验设计表

试验号	X_1	X_2	X_3	X_4	测试值 y
1	1	0	0	0	y_1
2	0	1	0	0	y_2
3	0	0	1	0	y_3
4	0	0	0	1	y_4
5	$\frac{1}{2}$	$\frac{1}{2}$	0	0	y_{12}
6	$\frac{1}{2}$	0	$\frac{1}{2}$	0	y_{13}
7	$\frac{1}{2}$	0	0	$\frac{1}{2}$	y_{14}
8	0	$\frac{1}{2}$	$\frac{1}{2}$	0	y_{23}
9	0	$\frac{1}{2}$	0	$\frac{1}{2}$	y_{24}
10	0	0	$\frac{1}{2}$	$\frac{1}{2}$	y_{34}
11	$\frac{1}{3}$	$\frac{1}{3}$	$\frac{1}{3}$	0	y_{123}
12	$\frac{1}{3}$	$\frac{1}{3}$	0	$\frac{1}{3}$	y_{124}
13	$\frac{1}{3}$	0	$\frac{1}{3}$	$\frac{1}{3}$	y_{134}
14	0	$\frac{1}{3}$	$\frac{1}{3}$	$\frac{1}{3}$	y_{234}
15	$\frac{1}{4}$	$\frac{1}{4}$	$\frac{1}{4}$	$\frac{1}{4}$	y_{1234}

表 16-8 中的第 15 号试验可以省去不做，因为 {4，3} 单形重心设计是四元三次模型，即式 (16-15) 中已设有 $b_{1234}x_1x_2x_3x_4$ 一项。

一般情况下，当我们考虑 {p，d} 单形重心试验设计 (p 元 d 次) 时，若 d < p，截尾模型

时可以省去单形重心设计中后面的一些设计点。

通常，$\{p, d\}$ 单形重心设计的响应曲面方程为：

$$y = \sum_{i=1}^{p} b_i x_i + \sum_{i<j} b_{ij} x_i x_j + \sum b_{ijk} x_i x_j x_k + b_{12\cdots p} x_1 x_2 \cdots x_p \qquad (16-16)$$

16.2.2.2　单(纯)形重心设计实例

例 16-5　感官评定法是在试验室里对食品口感性能使用的一种评分方法。现设计一组试验，系统地改变食品配料的特性来检验配料对口感的影响。试验配料的三个成分为：x_1——芋头粉；x_2——燕麦粉；x_3——红枣粉。

试验的约束条件为：

$$\left.\begin{array}{l} x_i \geqslant 0(i = 1, 2, 3) \\ x_1 + x_2 + x_3 = 1 \end{array}\right\} \qquad (16-17)$$

本试验选用 $\{3, 3\}$ 单形重心设计，试验次数为：

$$N = 2^p - 1 = 2^3 - 1 = 8$$

试验方案及结果如表 16-9 所示。

表 16-9　$\{3, 3\}$ 单形重心设计试验方案及结果

试验号	x_1	x_2	x_3	y
1	1	0	0	$y_1 = 4.6$
2	0	1	0	$y_2 = 4.9$
3	0	0	1	$y_3 = 0.8$
4	1/2	1/2	0	$y_{12} = 4.8$
5	1/2	0	1/2	$y_{13} = 3.8$
6	0	1/2	1/2	$y_{23} = 3.0$
7	1/3	1/3	1/3	$y_{123} = 3.7$

根据式(16-12)或式(16-14)，可求出回归系数：

$$b_1 = y_1 = 4.6$$
$$b_2 = y_2 = 4.9$$
$$b_3 = y_3 = 0.8$$
$$b_{12} = 4y_{12} - 2(y_1 + y_2) = 4 \times 4.8 - 2 \times (4.6 + 4.9) = 0.2$$
$$b_{13} = 4y_{13} - 2(y_1 + y_3) = 4 \times 3.8 - 2 \times (4.6 + 0.8) = 4.4$$
$$b_{23} = 4y_{23} - 2(y_2 + y_3) = 4 \times 3.0 - 2 \times (4.9 + 0.8) = 0.6$$
$$b_{123} = 27y_{123} + 2(y_1 + y_2 + y_3) - 12(y_{12} + y_{23} + y_{23})$$
$$= 27 \times 3.7 + 3(4.6 + 4.9 + 0.8) - 12 \times (4.8 + 3.8 + 3.0)$$
$$= -8.4$$

将回归系数代入方程式(16-11)，得

$$y = \sum_{i=1}^{3} b_i x_i + \sum_{i<j} b_{ij} x_i x_j + b_{123} x_1 x_2 x_3$$

$$= b_1x_1 + b_2x_2 + b_3x_3 + b_{12}x_1x_2 + b_{13}x_1x_3 + b_{23}x_2x_3 + b_{123}x_1x_2x_3$$

$$(16-18)$$

所以

$$y = 4.6x_1 + 4.9x_2 + 0.8x_3 + 0.2x_1x_2 + 4.4x_1x_3 + 0.6x_2x_3 - 8.4x_1x_2x_3 \quad (16-19)$$

16.2.3　极端顶点设计

有些混料问题，常常会同时兼有上、下界约束条件的限制，其混料条件为：

$$0 \le a_i \le x_i \le b_i \le 1(i=1, 2, \cdots, p, ai \text{ 和 } bi \text{ 均为常数})$$

$$\sum_{i=1}^{p} x_i = 1$$

$$(16-20)$$

这种问题有几种设计方法，这里仅介绍一种简便的极端顶点设计法。

在极限平面 $x_i = a_i$ 和 $x_i = b_i$，$(i=1, 2, \cdots, p)$ 的等交线上满足 $\sum_{i=1}^{p} x_i = 1$ 的点被称为极端顶点。利用极端顶点子集所构成的混料试验设计称为极端顶点设计。如果响应函数的未知参数个数多于极端顶点个数的话，那么需要补充一些由极端顶点构成的棱、面、体的中心作为试验点，这样得到的设计也称为极端顶点设计。

换言之，对于单（纯）形坐标系，满足式（16-20）约束条件得点的总体，就是 $(p-1)$ 维正单（纯）形上的一个 $(p-1)$ 维凸面体。该多面体的 $(p-2)$ 维边界面分别与相应坐标面 $(x_i = 0$ 的面，$i=1, 2, \cdots, p)$ 平行。极端顶点设计就是把试验点取在该凸多面体的顶点及各个 $(p-2)$ 维边界面的重心上，或者再加上各顶点的重心，构成兼有上、下界约束的混料问题的极端顶点设计。

极端顶点的构造分两步进行：

第一步是找出以上界或下界为成分值的极端顶点；

第二步是找出全部边界面重心试验点和整个多面体的重心坐标。然后，在极端顶点上进行试验，测得指标值，并用最小二乘法求得多项式回归方程。最后，通过求极值得到最佳配方。

16.3　试验设计案例

混料设计可以利用 minitab 软件进行，以下例 16-6 介绍设计步骤。

例 16-6　选取 A、B、C 三种面粉，经过混料实验，使得 D 面粉的白度达到 75.8。其中 A：特精（白度 76.2）；B：上白（白度 71.7）；C：富强（白度 74.7）。

实验目的：A、B、C 三种面粉如何搭配比例能够达到 D 面粉白度 75.8。

步骤 1：进入 minitab 软件，选择创建混料设计。如图 16-4 所示。

步骤 2：选择设计类型"单纯型质心法"——进入"设计""通过轴点增强设计"，选择整个设计的仿形数为 1，确定后得到混料设计表格，如图 16-5 所示。

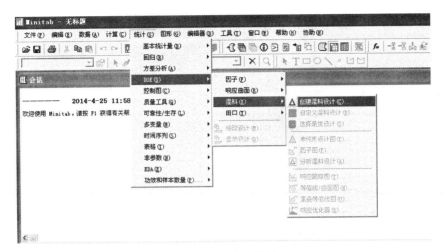

图 16-4 方案的创

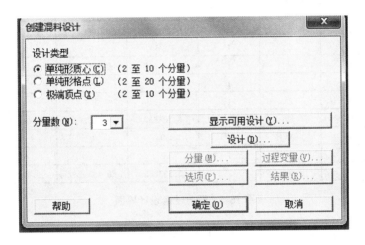

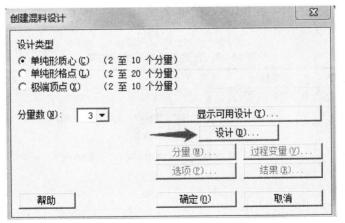

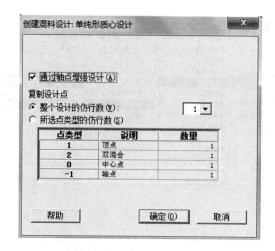

标准序	运行序	点类型	区组	A	B	C	D
1	1	1	1	1	0	0	
8	2	-1	1	0.666667	0.166667	0.166667	
5	3	2	1	0.5	0	0.5	
9	4	-1	1	0.166667	0.666667	0.166667	
2	5	1	1	0	1	0	
4	6	2	1	0.5	0.5	0	
10	7	-1	1	0.166667	0.166667	0.666667	
3	8	1	1	0	0	1	
6	9	2	1	0	0.5	0.5	
7	10	0	1	0.333333	0.333333	0.333333	

图 16-5　配方试验设计界面

步骤 3：选取 A、B、C（A：超精 白度 76.73；B：富强 白度 74.93；C：上白 白度 70.9），按照以上设计表格的混料比例均匀混合成 D 面粉 100 g，测量每次混料组合后 D 面粉的白度并填入 D 列表格中。

表 16-10　方案安排表及试验结果

标准序	运行序	点类型	区组	A	B	C	D
1	1	1	1	1	0	0	76.73
8	2	-1	1	0.666667	0.166667	0.166667	75.60
5	3	2	1	0.5	0	0.5	74.0
9	4	-1	1	0.166667	0.666667	0.166667	74.30
2	5	1	1	0	1	0	74.93
4	6	2	1	0.5	0.5	0	76.50
10	7	-1	1	0.166667	0.166667	0.666667	73.53
3	8	1	1	0	0	1	70.90
6	9	2	1	0	0.5	0.5	73.90
7	10	0	1	0.333333	0.333333	0.333333	75.0

步骤4：进入分析混料设计，将 D 选入右面"相应"内，再点击图形，选择"四合一"，如图 16-6 所示，得到图 16-7 回归方程系数检验及方差分析的运行结果。

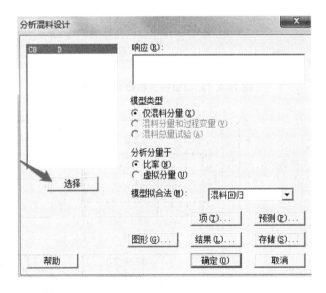

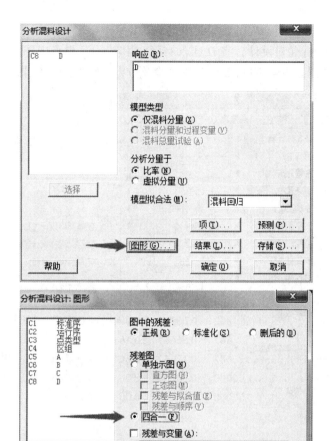

图 16-6 启动数据分析命令对话框

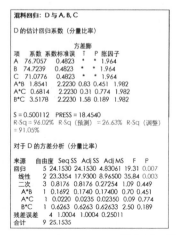

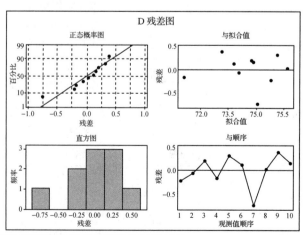

图 16-7 回归方程系数检验及方差分析结果显示

步骤 5：进入等值线/曲面图形，观察 D 预期要达到的范围 75.8 处于哪个范围。如图 16-8 所示。

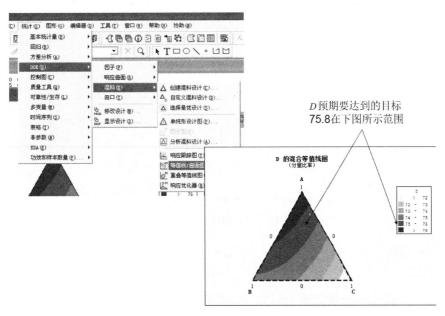

图 16-8　等值线及曲面生产法

步骤 6：进入相应优化器，将左栏的 D 选入右栏，之后点击相应优化器内的设置。如图 16-9 所示。

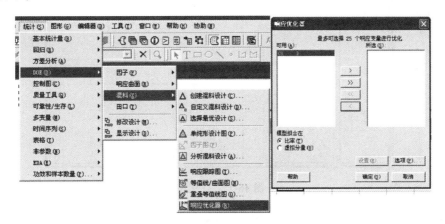

图 16-9　最佳组合生成方法

步骤 7：进入相应优化器设置项，按照我们要得到的 D 的白度进行设置，实验目标是 D 的白度要达到 75.8，但根据标准要求可以上下浮动 0.3，因此可以设置上下界限。如图 16-10 所示。

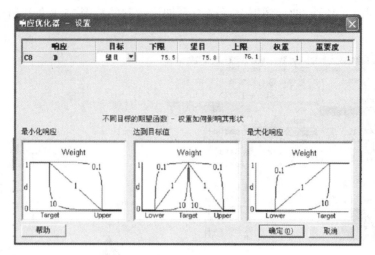

图 16-10　进入相应优化器设置项

步骤 8：进入应优化图，可以看到 $Y=75.8$ 就是 D 的白度为 75.8，三种面粉的搭配比例为 A：0.8213，B：0，C：0.1787，如图 16-11 所示。

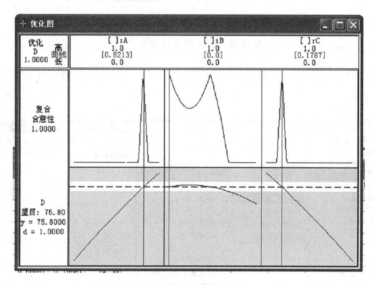

图 16-11　优化图

步骤 9：按照优化器指示的搭配比例进行实验验证，即按照 A 面粉 82.13%、B 面粉 0%、C 面粉 17.87% 来搭配 $100gD$ 面粉。实验验证三次，D 面粉白度分别为 75.6、75.9 和 76.0，平均 75.86 与我们预期的目标基本吻合。

习　题

1. 何为混料设计？混料设计有何特点？

2. 单纯形格子设计与单纯形重心设计有何异同？

3. 编制一个 $\{4, 3\}$ 单纯形重心设计的蛋糕配方筛选的方案，假定混料中四种成分的用量最小值分别为：$a_1 = 0.3$，$a_2 = 0.16$，$a_1 = 0.04$，$a_1 = 0.20$。

4. 假设由第 3 题设计的试验方案进行试验，结果为：$y_1 = 14.6$，$y_2 = 14.9$，$y_3 = 13.8$，$y_4 = 14.2$，$y_{12} = 12.8$，$y_{13} = 13.3$，$y_{14} = 13.5$，$y_{23} = 13.6$，$y_{24} = 13.4$，$y_{34} = 12.6$，$y_{123} = 13.0$，$y_{124} = 12.4$，$y_{134} = 13.2$，$y_{234} = 13.6$；试确定回归方程，并通过 minitab 软件对回归方程系数进行检验，并确定最优配比。

参考文献

韩承伟. BIB 设计和分析[J]. 内蒙古农业科技，1986(1)：43-48.

洪伟. 试验设计与分析[M]. 北京：中国林业出版社，2004.

洪伟. 试验设计与统计分析[M]. 北京：中国农业出版社，2009.

贾乃光，张青，李永慈. 数理统计[M]. 4 版. 北京：中国林业出版社，2006.

蒋庆琅. 方积乾，等译. 实用统计分析方法[M]. 北京：北京医科大学、中国协和医科大学联合出版社，1998.

林德光. 拉丁方设计的多元分析——业师赵仁镕教授逝世周年纪念[J]. 沈阳农业大学学报，1993（2）：9.

林维萱. 试验设计方法[M]. 大连：大连海事大学出版社，1995.

林元震. R 与 ASReml-R 统计学[M]. 北京：中国林业出版社，2017.

刘权. 第三讲 复拉丁方设计及分析[J]. 浙江柑橘，1985.

栾军. 现代试验设计优化方法[M]. 上海：上海交通大学出版社，1995.

茆诗松，丁元，周纪芗，等. 回归分析及其试验设计[M]. 上海：华东师范大学出版社，1981.

明道绪. 田间试验设计与统计分析[M]. 3 版. 北京：科学出版社，2013.

任露泉. 试验优化设计与分析[M]. 2 版. 北京：高等教育出版社，2003.

谢宇. 回归分析(修订版)[M]. 北京：社会科学文献出版社，2013.

薛毅，陈立萍. 统计建模与 R 软件[M]. 北京：清华大学出版社，2008.

张吴平. 食品试验设计与统计分析[M]. 3 版. 北京：中国农业大学出版社，2017.

White T L, Adams W T, Neale D B, et al. Forest genetics[M]. CAB International，2007.

附录1 常用数理统计用表

附表1 正态分布表

$$\Phi(u) = \frac{1}{\sqrt{2\pi}} \int_{-\infty}^{u} e^{-\frac{u^2}{2}} \mathrm{d}u \quad (u \leqslant 0)$$

u	0.00	0.01	0.02	0.03	0.04	0.05	0.06	0.07	0.08	0.09	u
-0.0	0.5000	0.4960	0.4920	0.4880	0.4840	0.4801	0.4761	0.4721	0.4681	0.4641	-0.0
-0.1	0.4602	0.4562	0.4522	0.4483	0.4443	0.4404	0.4364	0.4325	0.4286	0.4247	-0.1
-0.2	0.4207	0.4168	0.4129	0.4090	0.4052	0.4013	0.3974	0.3936	0.3897	0.3859	-0.2
-0.3	0.3821	0.3783	0.3745	0.3707	0.3669	0.3632	0.3594	0.3557	0.3520	0.3483	-0.3
-0.4	0.3446	0.3409	0.3372	0.3336	0.3300	0.3264	0.3228	0.3192	0.3156	0.3121	-0.4
-0.5	0.3085	0.3050	0.3015	0.2981	0.2946	0.2912	0.2877	0.2843	0.2810	0.2776	-0.5
-0.6	0.2743	0.2709	0.2673	0.2643	0.2611	0.2578	0.2546	0.2514	0.2483	0.2451	-0.6
-0.7	0.2420	0.2389	0.2358	0.2327	0.2297	0.2266	0.2236	0.2206	0.2177	0.2148	-0.7
-0.8	0.2119	0.2090	0.2061	0.2033	0.2005	0.1977	0.1949	0.1922	0.1894	0.1867	-0.8
-0.9	0.1841	0.1814	0.1788	0.1762	0.1736	0.1711	0.1685	0.1660	0.1635	0.1611	-0.9
-1.0	0.1587	0.1562	0.1539	0.1515	0.1492	0.1469	0.1446	0.1423	0.1401	0.1379	-1.0
-1.1	0.1357	0.1335	0.1314	0.1292	0.1271	0.1251	0.1230	0.1210	0.1190	0.1170	-1.1
-1.2	0.1151	0.1131	0.1112	0.1093	0.1075	0.1056	0.1038	0.1020	0.1003	0.09853	-1.2
-1.3	0.09680	0.09510	0.09342	0.09176	0.09012	0.08851	0.08691	0.08534	0.08379	0.08226	-1.3
-1.4	0.08076	0.07927	0.07780	0.07636	0.07493	0.07353	0.07215	0.07078	0.06944	0.06811	-1.4
-1.5	0.06681	0.06552	0.06426	0.06301	0.06178	0.06057	0.05938	0.05821	0.05705	0.05592	-1.5
-1.6	0.05480	0.05370	0.05262	0.05155	0.05050	0.04947	0.04846	0.04746	0.04648	0.04551	-1.6
-1.7	0.04457	0.04363	0.04272	0.04182	0.04093	0.04006	0.03920	0.03836	0.03754	0.03673	-1.7
-1.8	0.03593	0.03515	0.03438	0.03362	0.03288	0.03216	0.03144	0.03074	0.03005	0.02938	-1.8
-1.9	0.02872	0.02807	0.02743	0.02680	0.02619	0.02559	0.02500	0.02442	0.02385	0.02330	-1.9
-2.0	0.02275	0.02222	0.02169	0.02118	0.02068	0.02018	0.01970	0.01923	0.01876	0.01831	-2.0
-2.1	0.01786	0.01743	0.01700	0.01659	0.01618	0.01578	0.01539	0.01500	0.01463	0.01426	-2.1
-2.2	0.01390	0.01355	0.01321	0.01287	0.01255	0.01222	0.01191	0.01160	0.01130	0.01101	-2.2

（续）

u	0.00	0.01	0.02	0.03	0.04	0.05	0.06	0.07	0.08	0.09	u
−2.3	0.01072	0.01044	0.01017	0.0^29903	0.0^29642	0.0^29387	0.0^29137	0.0^28894	0.0^28656	0.0^28424	−2.3
−2.4	0.0^28198	0.0^27976	0.0^27760	0.0^27549	0.0^27344	0.0^27143	0.0^26947	0.0^26756	0.0^26569	0.0^26387	−2.4
−2.5	0.0^26210	0.0^26037	0.0^25868	0.0^25703	0.0^25543	0.0^25386	0.0^25234	0.0^25085	0.0^24940	0.0^24799	−2.5
−2.6	0.0^24661	0.0^24527	0.0^24396	0.0^24269	0.0^24145	0.0^24025	0.0^23907	0.0^23793	0.0^23681	0.0^23573	−2.6
−2.7	0.0^23467	0.0^23364	0.0^23264	0.0^23167	0.0^23072	0.0^22980	0.0^22890	0.0^22803	0.0^22718	0.0^22635	−2.7
−2.8	0.0^22555	0.0^22477	0.0^22401	0.0^22327	0.0^22256	0.0^22186	0.0^22118	0.0^22052	0.0^21988	0.0^21926	−2.8
−2.9	0.0^21866	0.0^21807	0.0^21750	0.0^21695	0.0^21641	0.0^21589	0.0^21538	0.0^21489	0.0^21441	0.0^21395	−2.9
−3.0	0.0^21350	0.0^21306	0.0^21264	0.0^21223	0.0^21183	0.0^21144	0.0^21107	0.0^21070	0.0^21035	0.0^21001	−3.0
−3.1	0.0^39676	0.0^39354	0.0^39043	0.0^38740	0.0^38447	0.0^38164	0.0^37888	0.0^37622	0.0^37364	0.0^37114	−3.1
−3.2	0.0^36871	0.0^36637	0.0^36410	0.0^36190	0.0^35976	0.0^35770	0.0^35571	0.0^35377	0.0^35190	0.0^35009	−3.2
−3.3	0.0^34834	0.0^34665	0.0^34501	0.0^34342	0.0^34189	0.0^34041	0.0^33897	0.0^33758	0.0^33624	0.0^33495	−3.3
−3.4	0.0^33369	0.0^33248	0.0^33131	0.0^33018	0.0^32909	0.0^32803	0.0^32701	0.0^32602	0.0^32507	0.0^32415	−3.4
−3.5	0.0^32326	0.0^32241	0.0^32158	0.0^32078	0.0^32001	0.0^31926	0.0^31854	0.0^31785	0.0^31718	0.0^31653	−3.5
−3.6	0.0^31591	0.0^31531	0.0^31473	0.0^31417	0.0^31363	0.0^31311	0.0^31261	0.0^31213	0.0^31166	0.0^31121	−3.6
−3.7	0.0^31078	0.0^31036	0.0^49961	0.0^49574	0.0^49201	0.0^48842	0.0^48496	0.0^48162	0.0^47841	0.0^47532	−3.7
−3.8	0.0^47235	0.0^46948	0.0^46673	0.0^46407	0.0^46152	0.0^45906	0.0^45669	0.0^45442	0.0^45223	0.0^45012	−3.8
−3.9	0.0^44810	0.0^44615	0.0^44427	0.0^44247	0.0^44074	0.0^43908	0.0^43747	0.0^43594	0.0^43446	0.0^43304	−3.9
−4.0	0.0^43167	0.0^43036	0.0^42910	0.0^42789	0.0^42673	0.0^42561	0.0^42454	0.0^42351	0.0^42252	0.0^42157	−4.0
−4.1	0.0^42066	0.0^41978	0.0^41894	0.0^41814	0.0^41737	0.0^41662	0.0^41591	0.0^41523	0.0^41458	0.0^41395	−4.1
−4.2	0.0^41335	0.0^41277	0.0^41222	0.0^41168	0.0^41118	0.0^41069	0.0^41022	0.0^59774	0.0^59345	0.0^58934	−4.2
−4.3	0.0^58540	0.0^58163	0.0^57801	0.0^57455	0.0^57124	0.0^56807	0.0^56503	0.0^56212	0.0^55934	0.0^55668	−4.3
−4.4	0.0^55413	0.0^55169	0.0^54935	0.0^54712	0.0^54498	0.0^54294	0.0^54098	0.0^53911	0.0^53732	0.0^53561	−4.4
−4.5	0.0^53398	0.0^53241	0.0^53092	0.0^52949	0.0^52813	0.0^52682	0.0^52558	0.0^52439	0.0^52325	0.0^52216	−4.5
−4.6	0.0^52112	$0.0^{5v}2013$	0.0^51919	0.0^51828	0.0^51742	0.0^51660	0.0^51581	0.0^51506	0.0^51434	0.0^51366	−4.6
−4.7	0.0^51301	0.0^51239	0.0^51179	0.0^51123	0.0^51069	0.0^51017	0.0^69630	0.0^69211	0.0^68765	0.0^68339	−4.7
−4.8	0.0^67933	0.0^67547	0.0^67178	0.0^66827	0.0^66492	0.0^66173	0.0^65869	0.0^65580	0.0^65304	0.0^65042	−4.8
−4.9	0.0^64792	0.0^64554	0.0^64327	0.0^64111	0.0^63906	0.0^63711	$0.0^{6v}3525$	0.0^63348	0.0^63179	0.0^63019	−4.9

$$\Phi(u) = \frac{1}{\sqrt{2\pi}} \int_{-\infty}^{u} e^{-\frac{u^2}{2}} \mathrm{d}u \quad (u \geqslant 0)$$

u	0.00	0.01	0.02	0.03	0.04	0.05	0.06	0.07	0.08	0.09	u
0.0	0.5000	0.5040	0.5080	0.5120	0.5160	0.5199	0.5239	0.5279	0.5319	0.5359	0.0
0.1	0.5398	0.5438	0.5478	0.5517	0.5557	0.5596	0.5636	0.5675	0.5714	0.5753	0.1
0.2	0.5793	0.5832	0.5871	0.5910	0.5948	0.5987	0.6026	0.6064	0.6103	0.6141	0.2
0.3	0.6179	0.6217	0.6255	0.6293	0.6331	0.6368	0.6406	0.6443	0.6480	0.6517	0.3
0.4	0.6554	0.6591	0.6628	0.6664	0.6700	0.6736	0.6772	0.6808	0.6844	0.6879	0.4
0.5	0.6915	0.6950	0.6985	0.7019	0.7054	0.7088	0.7123	0.7157	0.7190	0.7224	0.5

（续）

u	0.00	0.01	0.02	0.03	0.04	0.05	0.06	0.07	0.08	0.09	u
0.6	0.7257	0.7291	0.7324	0.7357	0.7389	0.7422	0.7454	0.7486	0.7517	0.7549	0.6
0.7	0.7580	0.7611	0.7642	0.7673	0.7703	0.7734	0.7764	0.7794	0.7823	0.7852	0.7
0.8	0.7881	0.7910	0.7939	0.7967	0.7995	0.8023	0.8051	0.8078	0.8106	0.8133	0.8
0.9	0.8159	0.8186	0.8212	0.8238	0.8264	0.8289	0.8315	0.8340	0.8365	0.8389	0.9
1.0	0.8413	0.8438	0.8461	0.8485	0.8508	0.8531	0.8554	0.8577	0.8599	0.8621	1.0
1.1	0.8643	0.8665	0.8686	0.8708	0.8729	0.8749	0.8770	0.8790	0.8810	0.8830	1.1
1.2	0.8849	0.8869	0.8888	0.8907	0.8925	0.8944	0.8962	0.8980	0.8997	0.90147	1.2
1.3	0.90320	0.90490	0.90658	0.90824	0.90988	0.91149	0.91309	0.91466	0.91621	0.91774	1.3
1.4	0.91924	0.92073	0.92220	0.92364	0.92507	0.92647	0.92785	0.92922	0.93056	0.93189	1.4
1.5	0.93319	0.93448	0.93574	0.93699	0.93822	0.93943	0.94062	0.94179	0.94295	0.94408	1.5
1.6	0.94520	0.94630	0.94738	0.94845	0.94950	0.95053	0.95154	0.95254	0.95352	0.95449	1.6
1.7	0.95543	0.95637	0.95728	0.95818	0.95907	0.95994	0.96080	0.96164	0.96246	0.96327	1.7
1.8	0.96407	0.96485	0.96562	0.96638	0.96712	0.96784	0.96856	0.96926	0.96995	0.97062	1.8
1.9	0.97128	0.97193	0.97257	0.97320	0.97381	0.97441	0.97500	0.97558	0.97615	0.97670	1.9
2.0	0.97725	0.97778	0.97831	0.97882	0.97932	0.97982	0.98030	0.98077	0.98124	0.98169	2.0
2.1	0.98214	0.98257	0.98300	0.98341	0.98382	0.98422	0.98461	0.98500	0.98537	0.98574	2.1
2.2	0.98610	0.98645	0.98679	0.98713	0.98745	0.98778	0.98809	0.98840	0.98870	0.98899	2.2
2.3	0.98928	0.98956	0.98983	$0.9^2 0097$	$0.9^2 0358$	$0.9^2 0613$	$0.9^2 0863$	$0.9^2 1106$	$0.9^2 1344$	$0.9^2 1576$	2.3
2.4	$0.9^2 1802$	$0.9^2 2024$	$0.9^2 2240$	$0.9^2 2451$	$0.9^2 2656$	$0.9^2 2857$	$0.9^2 3053$	$0.9^2 3244$	$0.9^2 3431$	$0.9^2 3613$	2.4
2.5	$0.9^2 3790$	$0.9^2 3963$	$0.9^2 4132$	$0.9^2 4297$	$0.9^2 4457$	$0.9^2 4614$	$0.9^2 4766$	$0.9^2 4915$	$0.9^2 5060$	$0.9^2 5201$	2.5
2.6	$0.9^2 5339$	$0.9^2 5473$	$0.9^2 5604$	$0.9^2 5731$	$0.9^2 5855$	$0.9^2 5975$	$0.9^2 6093$	$0.9^2 6207$	$0.9^2 6319$	$0.9^2 6427$	2.6
2.7	$0.9^2 6533$	$0.9^2 6636$	$0.9^2 6736$	$0.9^2 6833$	$0.9^2 6928$	$0.9^2 7020$	$0.9^2 7110$	$0.9^2 7197$	$0.9^2 7282$	$0.9^2 7365$	2.7
2.8	$0.9^2 7445$	$0.9^2 7523$	$0.9^2 7599$	$0.9^2 7673$	$0.9^2 7744$	$0.9^2 7814$	$0.9^2 7882$	$0.9^2 7948$	$0.9^2 8012$	$0.9^2 8074$	2.8
2.9	$0.9^2 8134$	$0.9^2 8193$	$0.9^2 8250$	$0.9^2 8305$	$0.9^2 8859$	$0.9^2 8411$	$0.9^2 8462$	$0.9^2 8511$	$0.9^2 8559$	$0.9^2 8605$	2.9
3.0	$0.9^2 8650$	$0.9^2 8694$	$0.9^2 8736$	$0.9^2 8777$	$0.9^2 8817$	$0.9^2 8856$	$0.9^2 8893$	$0.9^2 8930$	$0.9^2 8965$	$0.9^2 8999$	3.0
3.1	$0.9^3 0324$	$0.9^3 0646$	$0.9^3 0957$	$0.9^3 1260$	$0.9^3 1553$	$0.9^3 1836$	$0.9^3 2112$	$0.9^3 2378$	$0.9^3 2636$	$0.9^3 2886$	3.1
3.2	$0.9^3 3129$	$0.9^3 3363$	$0.9^3 3590$	$0.9^3 3810$	$0.9^3 4024$	$0.9^3 4230$	$0.9^3 4429$	$0.9^3 4623$	$0.9^3 4810$	$0.9^3 4991$	3.2
3.3	$0.9^3 5166$	$0.9^3 5335$	$0.9^3 5499$	$0.9^3 5658$	$0.9^3 5811$	$0.9^3 5959$	$0.9^3 6103$	$0.9^3 6242$	$0.9^3 6376$	$0.9^3 6505$	3.3
3.4	$0.9^3 6631$	$0.9^3 6752$	$0.9^3 6869$	$0.9^3 6982$	$0.9^3 7091$	$0.9^3 7197$	$0.9^3 7299$	$0.9^3 7398$	$0.9^3 7493$	$0.9^3 7585$	3.4
3.5	$0.9^3 7674$	$0.9^3 7759$	$0.9^3 7842$	$0.9^3 7922$	$0.9^3 7999$	$0.9^3 8074$	$0.9^3 8146$	$0.9^3 8215$	$0.9^3 8282$	$0.9^3 8347$	3.5
3.6	$0.9^3 8409$	$0.9^3 8469$	$0.9^3 8527$	$0.9^3 8583$	$0.9^3 8637$	$0.9^3 8689$	$0.9^3 8739$	$0.9^3 8787$	$0.9^3 8834$	$0.9^3 8879$	3.6
3.7	$0.9^3 8922$	$0.9^3 8964$	$0.9^4 0039$	$0.9^4 0426$	$0.9^4 0799$	$0.9^4 1158$	$0.9^4 1504$	$0.9^4 1838$	$0.9^4 2159$	$0.9^4 5468$	3.7
3.8	$0.9^4 2765$	$0.9^4 3052$	$0.9^4 3327$	$0.9^4 3593$	$0.9^4 3848$	$0.9^4 4094$	$0.9^4 4331$	$0.9^4 4558$	$0.9^4 4777$	$0.9^4 4983$	3.8
3.9	$0.9^4 5190$	$0.9^4 5385$	$0.9^4 5573$	$0.9^4 5753$	$0.9^4 5926$	$0.9^4 6092$	$0.9^4 6253$	$0.9^4 6406$	$0.9^4 6554$	$0.9^4 6696$	3.9
4.0	$0.9^4 6833$	$0.9^4 6964$	$0.9^4 7090$	$0.9^4 7211$	$0.9^4 7327$	$0.9^4 7439$	$0.9^4 7546$	$0.9^4 7649$	$0.9^4 7748$	$0.9^4 7843$	4.0
4.1	$0.9^4 7934$	$0.9^4 8022$	$0.9^4 8106$	$0.9^4 8186$	$0.9^4 8263$	$0.9^4 8338$	$0.9^4 8409$	$0.9^4 8477$	$0.9^4 8542$	$0.9^4 8605$	4.1

（续）

u	0.00	0.01	0.02	0.03	0.04	0.05	0.06	0.07	0.08	0.09	u
4.2	$0.9^4 8665$	$0.9^4 8723$	$0.9^4 8778$	$0.9^4 8832$	$0.9^4 8882$	$0.9^4 8931$	$0.9^4 8978$	$0.9^5 0226$	$0.9^5 0655$	$0.9^5 1066$	4.2
4.3	$0.9^5 1460$	$0.9^5 1837$	$0.9^5 2199$	$0.9^5 2545$	$0.9^5 2876$	$0.9^5 3193$	$0.9^5 3497$	$0.9^5 3788$	$0.9^5 4066$	$0.9^5 4332$	4.3
4.4	$0.9^5 4587$	$0.9^5 4831$	$0.9^5 5065$	$0.9^5 5288$	$0.9^5 5502$	$0.9^5 5706$	$0.9^5 5902$	$0.9^5 6089$	$0.9^5 6268$	$0.9^5 6439$	4.4
4.5	$0.9^5 6602$	$0.9^5 6759$	$0.9^5 6908$	$0.9^5 7051$	$0.9^5 7187$	$0.9^5 7318$	$0.9^5 7442$	$0.9^5 7561$	$0.9^5 7675$	$0.9^5 7784$	4.5
4.6	$0.9^5 7888$	$0.9^5 7987$	$0.9^5 8081$	$0.9^5 8172$	$0.9^5 8258$	$0.9^5 8340$	$0.9^5 8419$	$0.9^5 8494$	$0.9^5 8566$	$0.9^5 8634$	4.6
4.7	$0.9^5 8699$	$0.9^5 8761$	$0.9^5 8821$	$0.9^5 8877$	$0.9^5 8931$	$0.9^5 8983$	$0.9^6 0320$	$0.9^6 0789$	$0.9^6 1235$	$0.9^6 1661$	4.7
4.8	$0.9^6 2067$	$0.9^6 2453$	$0.9^6 2822$	$0.9^6 3173$	$0.9^6 3508$	$0.9^6 3827$	$0.9^6 4131$	$0.9^6 4420$	$0.9^6 4696$	$0.9^6 4958$	4.8
4.9	$0.9^6 5208$	$0.9^6 5446$	$0.9^6 5673$	$0.9^6 5889$	$0.9^6 6094$	$0.9^6 6289$	$0.9^6 6475$	$0.9^6 6652$	$0.9^6 6821$	$0.9^6 6981$	4.9

附表 2　正态分布的双侧分位数（u_α）表

α	α									
	0.01	0.02	0.03	0.04	0.05	0.06	0.07	0.08	0.09	0.10
0.0	2.575829	2.326348	2.170090	2.053749	1.959964	1.880794	1.811911	1.750686	1.695398	1.644854
0.1	1.598193	1.554774	1.514102	1.475791	1.439531	1.405072	1.372204	1.340755	1.310579	1.281552
0.2	1.253565	1.226528	1.200359	1.174987	1.150349	1.126391	1.103063	1.080319	1.058122	1.036433
0.3	1.015222	0.994458	0.974114	0.954165	0.934589	0.915365	0.896473	0.877896	0.859617	0.841621
0.4	0.823894	0.806421	0.789192	0.772193	0.755415	0.738847	0.722479	0.706303	0.690309	0.674490
0.5	0.658838	0.643345	0.628006	0.612813	0.597760	0.582841	0.568051	0.553385	0.538836	0.524401
0.6	0.510073	0.495850	0.481727	0.467699	0.453762	0.439913	0.426148	0.412463	0.398855	0.385320
0.7	0.371856	0.358459	0.345125	0.331853	0.318639	0.305481	0.292375	0.279319	0.266311	0.253347
0.8	0.240426	0.227545	0.214702	0.201893	0.189118	0.176374	0.163658	0.150969	0.138304	0.125661
0.9	0.113039	0.100434	0.087845	0.075270	0.062707	0.050154	0.037608	0.025069	0.012533	0.000000

附表 3　t 值表（两尾）

自由度 df	概率值（p）						
	0.500	0.200	0.100	0.050	0.025	0.010	0.005
1	1.000	3.078	6.314	12.706	25.452	63.657	127.321
2	0.816	1.886	2.920	4.303	6.205	9.925	14.089
3	0.765	1.638	2.353	3.182	4.176	5.841	7.453
4	0.741	1.533	2.132	2.776	3.495	4.604	5.598
5	0.727	1.476	2.015	2.571	3.163	4.032	4.773
6	0.718	1.440	1.943	2.447	2.969	3.707	4.317
7	0.711	1.415	1.895	2.365	2.841	3.499	4.029
8	0.706	1.397	1.860	2.306	2.752	3.355	3.832
9	0.703	1.383	1.833	2.262	2.685	3.250	3.690
10	0.700	1.372	1.812	2.228	2.634	3.169	3.581
11	0.697	1.363	1.796	2.201	2.593	3.106	3.497

（续）

自由度 df	概率值(p)						
	0.500	0.200	0.100	0.050	0.025	0.010	0.005
12	0.695	1.356	1.782	2.179	2.560	3.055	3.428
13	0.694	1.350	1.771	2.160	2.533	3.012	3.372
14	0.692	1.345	1.761	2.145	2.510	2.977	3.326
15	0.691	1.341	1.753	2.131	2.490	2.947	3.286
16	0.690	1.337	1.746	2.120	2.473	2.921	3.252
17	0.689	1.333	1.740	2.110	2.458	2.898	3.222
18	0.688	1.330	1.734	2.101	2.445	2.878	3.197
19	0.688	1.328	1.729	2.093	2.433	2.861	3.174
20	0.687	1.325	1.725	2.086	2.423	2.845	3.153
21	0.686	1.323	1.721	2.080	2.414	2.831	3.135
22	0.686	1.321	1.717	2.074	2.406	2.819	3.119
23	0.685	1.319	1.714	2.069	2.398	2.807	3.104
24	0.685	1.318	1.711	2.064	2.391	2.797	3.090
25	0.684	1.316	1.708	2.060	2.385	2.787	3.078
26	0.684	1.315	1.706	2.056	2.379	2.779	3.067
27	0.684	1.314	1.703	2.052	2.373	2.771	3.056
28	0.683	1.313	1.701	2.048	2.368	2.763	3.047
29	0.683	1.311	1.699	2.045	2.364	2.756	3.038
30	0.683	1.310	1.697	2.042	2.360	2.750	3.030
35	0.682	1.306	1.690	2.030	2.342	2.724	2.996
40	0.681	1.303	1.684	2.021	2.329	2.704	2.971
45	0.680	1.301	1.680	2.014	2.319	2.690	2.952
50	0.680	1.299	1.676	2.008	2.310	2.678	2.937
55	0.679	1.297	1.673	2.004	2.304	2.669	2.925
60	0.679	1.296	1.671	2.000	2.299	2.660	2.915
70	0.678	1.294	1.667	1.994	2.290	2.648	2.899
80	0.678	1.292	1.665	1.989	2.284	2.638	2.887
90	0.677	1.291	1.662	1.986	2.279	2.631	2.878
100	0.677	1.290	1.661	1.982	2.276	2.625	2.871
120	0.677	1.289	1.658	1.980	2.270	2.617	2.860
∞	0.674	1.282	1.645	1.960	2.241	2.576	2.807

附表 4　*F* 值表

方差分析用(单尾)：上行概率 0.05，下行概率 0.01

分母的自由度 df_2	分子的自由度 df_1											
	1	2	3	4	5	6	7	8	9	10	11	12
1	161	200	216	225	230	234	237	239	241	242	243	224
	4052	4999	5403	5625	5764	5859	5928	5981	6022	6056	6082	6106
2	18.51	19.00	19.16	19.25	19.30	19.33	19.36	19.37	19.38	19.39	19.40	19.41
	98.49	99.00	99.17	99.25	99.30	99.33	99.34	99.36	99.38	99.40	99.41	99.42
3	10.13	9.55	9.28	9.12	9.01	8.94	8.88	8.84	8.81	8.78	8.76	8.74
	34.12	30.82	29.46	28.71	28.24	27.91	27.67	27.49	27.34	27.23	27.13	27.05
4	7.71	6.94	6.59	6.39	6.26	6.16	6.09	6.04	6.00	5.96	5.93	5.91
	21.20	18.00	16.69	15.98	15.52	15.21	14.98	14.80	14.66	14.54	14.45	14.37
5	6.61	5.79	5.41	5.19	5.05	4.95	4.88	4.82	4.78	4.74	4.70	4.68
	16.26	13.27	12.06	11.39	10.97	10.67	10.45	10.27	10.15	10.05	9.96	9.89
6	5.99	5.14	4.76	4.53	4.39	4.28	4.21	4.15	4.10	4.06	4.03	4.00
	13.74	10.92	9.78	9.15	8.75	8.47	8.26	8.10	7.98	7.87	7.79	7.72
7	5.59	4.74	4.35	4.12	3.97	3.87	3.79	3.73	3.68	3.63	3.60	3.57
	12.25	9.55	8.45	7.85	7.46	7.19	7.00	6.84	6.71	6.62	6.54	6.47
8	5.32	4.46	4.07	3.84	3.69	3.58	3.50	3.44	3.39	3.34	3.31	3.28
	11.26	8.65	7.59	7.01	6.63	6.37	6.19	6.03	5.91	5.82	5.74	5.67
9	5.12	4.26	3.86	3.63	3.48	3.37	3.29	3.23	3.18	3.13	3.10	3.07
	10.56	8.02	6.99	6.42	6.06	5.80	5.62	5.47	5.35	5.26	5.18	5.11
10	4.96	4.10	3.71	3.48	3.33	3.22	3.14	3.07	3.02	2.97	2.94	2.91
	10.04	7.56	6.55	5.99	5.64	5.39	5.21	5.06	4.95	4.85	4.78	4.71
11	4.84	3.98	3.59	3.36	3.20	3.09	3.01	2.95	2.90	2.86	2.82	2.76
	9.65	7.20	6.22	5.67	5.32	5.07	4.88	4.74	4.63	4.54	4.46	4.40
12	4.75	3.88	3.49	3.26	3.11	3.00	2.92	2.85	2.80	2.76	2.72	2.69
	9.33	6.93	5.95	5.41	5.06	4.82	4.65	4.50	4.39	4.30	4.22	4.16
13	4.67	3.80	3.41	3.18	3.02	2.92	2.84	2.77	2.72	2.67	2.63	2.60
	9.07	6.70	5.74	5.20	4.86	4.62	4.44	4.30	4.19	4.10	4.02	3.96
14	4.60	3.74	3.34	3.11	2.96	2.85	2.77	2.70	2.65	2.60	2.56	2.53
	8.86	6.51	5.56	5.03	4.69	4.46	4.28	4.14	4.03	3.94	3.86	3.80
15	4.54	3.68	3.29	3.06	2.90	2.79	2.70	2.64	2.59	2.55	2.51	2.48
	8.68	6.36	5.42	4.89	4.56	4.32	4.14	4.00	3.89	3.80	3.73	3.67
16	4.49	3.63	3.24	3.01	2.85	2.74	2.66	2.59	2.54	2.49	2.45	2.42
	8.53	6.23	5.29	4.77	4.44	4.20	4.03	3.89	3.78	3.69	3.61	3.55
17	4.45	3.59	3.20	2.96	2.81	2.70	2.62	2.55	2.50	2.45	2.41	2.38
	8.40	6.11	5.18	4.67	4.34	4.10	3.93	3.79	3.68	3.59	3.52	3.45

（续）

分母的自 由度 df_2	分子的自由度 df_1											
	1	2	3	4	5	6	7	8	9	10	11	12
18	4.41	3.55	3.16	2.93	2.77	2.66	2.58	2.51	2.46	2.41	2.37	2.34
	8.28	6.01	5.09	4.58	4.25	4.01	3.85	3.71	3.60	3.51	3.44	3.37
19	4.38	3.52	3.13	2.90	2.74	2.63	2.55	2.48	2.43	2.38	2.34	2.31
	8.18	5.93	5.01	4.50	4.17	3.94	3.77	3.63	3.52	3.43	3.36	3.30
20	4.35	3.49	3.10	2.87	2.71	2.60	2.52	2.45	2.40	2.35	2.31	2.28
	8.10	5.85	4.94	4.43	4.10	3.87	3.71	3.56	3.45	3.37	3.30	3.23
21	4.32	3.47	3.07	2.84	2.68	2.57	2.49	2.42	2.37	2.32	2.28	2.25
	8.02	5.78	4.87	4.37	4.04	3.81	3.65	3.51	3.40	3.31	3.24	3.17
22	4.30	3.44	3.05	2.82	2.66	2.55	2.47	2.40	2.35	2.30	2.26	2.23
	7.94	5.72	4.82	4.31	3.99	3.76	3.59	3.45	3.35	3.26	3.18	3.12
23	4.28	3.42	3.03	2.80	2.64	2.53	2.45	2.38	2.32	2.28	2.24	3.20
	7.88	5.66	4.76	4.26	3.94	3.71	3.54	3.41	3.30	3.21	3.14	3.07
24	4.26	3.40	3.01	2.78	2.62	2.51	2.43	2.36	2.30	2.26	2.22	2.18
	7.82	5.61	4.72	4.22	3.90	3.67	3.50	3.36	3.25	3.17	3.09	3.03
25	4.24	3.38	2.99	2.76	2.60	2.49	2.41	2.34	2.28	2.24	2.20	2.16
	7.77	5.57	4.68	4.18	3.86	3.63	3.46	3.32	3.21	3.13	3.05	2.99

续附表4　F 值表

分母的自 由度 df_2	分子的自由度 df_1											
	14	16	20	24	30	40	50	75	100	200	500	∞
1	245	246	248	249	250	251	252	253	253	254	254	254
	6142	6169	6208	6234	6258	6286	6302	6323	6334	6352	6361	6366
2	19.42	19.43	19.44	19.45	19.46	19.47	19.47	19.48	19.49	19.49	19.50	19.50
	99.43	99.44	99.45	99.46	99.47	99.48	99.48	99.49	99.49	99.49	99.50	99.50
3	8.71	8.69	8.66	8.64	8.62	8.60	8.58	8.57	8.56	8.54	8.54	8.53
	26.92	26.83	26.69	26.60	26.50	26.41	26.35	26.27	26.23	26.18	26.14	26.12
4	5.87	5.84	5.80	5.77	5.74	5.71	5.70	5.68	5.66	5.65	5.64	5.63
	14.24	14.15	14.02	13.93	13.83	13.74	13.69	13.61	13.57	13.52	13.48	13.46
5	4.64	4.60	4.56	4.53	4.50	4.46	4.44	4.42	4.40	4.38	4.37	4.36
	9.77	9.68	9.55	9.47	9.38	9.29	9.24	9.17	9.13	9.07	9.04	9.02
6	3.96	3.92	3.87	3.84	3.81	3.77	3.75	3.72	3.71	3.69	3.68	3.67
	7.60	7.52	7.39	7.31	7.23	7.14	7.09	7.02	6.99	6.94	6.90	6.88
7	3.52	3.49	3.44	3.41	3.38	3.34	3.32	3.29	3.28	3.25	3.24	3.23
	6.35	6.27	6.15	6.07	5.98	5.90	5.85	5.78	5.75	5.70	5.67	5.65
8	3.23	3.20	3.15	3.12	3.08	3.05	3.03	3.00	2.98	2.96	2.94	2.93
	5.56	5.48	5.36	5.28	5.20	5.11	5.06	5.00	4.96	4.91	4.88	4.86

（续）

分母的自由度 df_2	分子的自由度 df_1											
	14	16	20	24	30	40	50	75	100	200	500	∞
9	3.02	2.98	2.93	2.90	2.86	2.82	2.80	2.77	2.76	2.73	2.72	2.71
	5.00	4.92	4.80	4.73	4.64	4.56	4.51	4.45	4.41	4.36	4.33	4.31
10	2.86	2.82	2.77	2.74	2.70	2.67	2.64	2.61	2.59	2.56	2.55	2.54
	4.60	4.52	4.41	4.33	4.25	4.17	4.12	4.05	4.01	3.96	3.93	3.91
11	2.74	2.70	2.65	2.61	2.57	2.53	2.50	2.47	2.45	2.42	2.41	2.40
	4.29	4.21	4.10	4.02	3.94	3.86	3.80	3.74	3.70	3.66	3.62	3.60
12	2.64	2.60	2.54	2.50	2.46	2.42	2.40	2.36	2.35	2.32	2.31	2.30
	4.05	3.98	3.86	3.78	3.70	3.61	3.56	3.49	3.46	3.41	3.38	3.36
13	2.55	2.51	2.46	2.42	2.38	2.34	2.32	2.28	2.26	2.24	2.22	2.21
	3.85	3.78	3.67	3.59	3.51	3.42	3.37	3.30	3.27	3.21	3.18	3.16
14	2.48	2.44	2.39	2.35	2.31	2.27	2.24	2.21	2.19	2.16	2.14	2.13
	3.70	3.62	3.51	3.43	3.34	3.26	3.21	3.14	3.11	3.06	3.02	3.00
15	2.43	2.39	2.33	2.29	2.25	2.21	2.18	2.15	2.12	2.10	2.08	2.07
	3.56	3.48	3.36	3.29	3.20	3.12	3.07	3.00	2.97	2.92	2.89	2.87
16	2.37	2.33	2.28	2.24	2.20	2.16	2.13	2.09	2.07	2.04	2.02	2.01
	3.45	3.37	3.25	3.18	3.10	3.01	2.96	2.89	2.86	2.80	2.77	2.75
17	2.33	2.29	2.23	2.19	2.15	2.11	2.08	2.04	2.02	1.99	1.97	1.96
	3.35	3.27	3.16	3.08	3.00	2.92	2.86	2.79	2.76	2.70	2.67	2.65
18	2.29	2.25	2.19	2.15	2.11	2.07	2.04	2.00	1.98	1.95	1.93	1.92
	3.27	3.19	3.07	3.00	2.91	2.83	2.78	2.71	2.68	2.62	2.59	2.57
19	2.26	2.21	2.15	2.11	2.07	2.02	2.00	1.96	1.94	1.91	1.90	1.88
	3.19	3.12	3.00	2.92	2.84	2.76	2.70	2.63	2.60	2.54	2.51	2.49
20	2.23	2.18	2.12	2.08	2.04	1.99	1.96	1.92	1.90	1.87	1.85	1.84
	3.13	3.05	2.94	2.86	2.77	2.69	2.63	2.56	2.53	2.47	2.44	2.42
21	2.20	2.15	2.09	2.05	2.00	1.96	1.93	1.89	1.87	1.84	1.82	1.81
	3.07	2.99	2.88	2.80	2.72	2.63	2.58	2.51	2.47	2.42	2.38	2.36
22	3.18	2.13	2.07	2.03	1.98	1.93	1.91	1.87	1.84	1.81	1.80	1.78
	3.02	2.94	2.83	2.75	2.67	2.58	2.53	2.46	2.42	2.37	2.33	2.31
23	2.14	2.10	2.04	2.00	1.96	1.91	1.88	1.84	1.82	1.79	1.77	1.76
	2.97	2.89	2.78	2.70	2.62	2.53	2.48	2.41	2.37	2.32	2.28	2.26
24	2.13	2.09	2.02	1.98	1.94	1.89	1.86	1.82	1.80	1.76	1.74	1.73
	2.93	2.85	2.74	2.66	2.58	2.49	2.44	2.36	2.33	2.27	2.23	2.21
25	2.11	2.06	2.00	1.96	1.92	1.87	1.84	1.80	1.77	1.74	1.72	1.71
	2.89	2.81	2.70	2.62	2.54	2.45	2.40	2.32	2.29	2.23	2.19	2.17

续附表 4   F 值表

分母的自由度 df_2	分子的自由度 df_1											
	1	2	3	4	5	6	7	8	9	10	11	12
26	4.22	3.37	2.98	2.74	2.59	2.47	2.39	2.32	2.27	2.22	2.18	2.15
	7.72	5.53	4.64	4.14	3.82	3.59	3.42	3.29	3.17	3.09	3.02	2.96
27	4.21	3.35	2.96	2.73	2.57	2.46	2.37	2.30	2.25	2.20	2.16	2.13
	7.68	5.49	4.60	4.11	3.79	3.56	3.39	3.26	3.14	3.06	2.98	2.93
28	4.20	3.34	2.95	2.71	2.56	2.44	2.36	2.29	2.24	2.19	2.15	2.12
	7.64	5.45	4.57	4.07	3.76	3.53	3.36	3.23	3.11	3.03	2.95	2.90
29	4.18	3.33	2.93	2.70	2.54	2.43	2.35	2.28	2.22	2.18	2.14	2.10
	7.60	5.42	4.54	4.04	3.73	3.50	3.33	3.20	3.08	3.00	2.92	2.87
30	4.17	3.32	2.92	2.69	2.53	2.42	2.34	2.27	2.21	2.16	2.12	2.09
	7.56	5.39	4.51	4.02	3.70	3.47	3.30	3.17	3.06	2.98	2.90	2.84
32	4.15	3.30	2.90	2.67	2.51	2.40	2.32	2.25	2.19	2.14	2.10	2.07
	7.50	5.34	4.46	3.97	3.66	3.42	3.25	3.12	3.01	2.94	2.86	2.80
34	4.13	3.28	2.88	2.65	2.49	2.38	2.30	2.23	2.17	2.12	2.08	2.05
	7.44	5.29	4.42	3.93	3.61	3.38	3.21	3.08	2.97	2.89	2.82	2.76
36	4.11	3.26	2.86	2.63	2.48	2.36	2.28	2.21	2.15	2.10	2.06	2.03
	7.39	5.25	4.38	3.89	3.58	3.35	3.18	3.04	2.94	2.86	2.78	2.72
38	4.10	3.25	2.85	2.62	2.46	2.35	2.26	2.19	2.14	2.09	2.05	2.02
	7.35	5.21	4.34	3.86	3.54	3.32	3.15	3.02	2.91	2.82	2.75	2.69
40	4.08	3.23	2.84	2.61	2.45	2.34	2.25	2.18	2.12	2.07	2.04	2.00
	7.31	5.18	4.31	3.83	3.51	3.29	3.12	2.99	2.88	2.80	2.73	2.66
42	4.07	3.22	2.83	2.59	2.44	2.32	2.24	2.17	2.11	2.06	2.02	1.99
	7.27	5.15	4.29	3.80	3.49	3.26	3.10	2.96	2.86	2.77	2.70	2.64
44	4.06	3.21	2.82	2.58	2.43	2.31	2.23	2.16	2.10	2.05	2.01	1.98
	7.24	5.12	4.26	3.78	3.46	3.24	3.07	2.94	2.84	2.75	2.68	2.62
46	4.05	3.20	2.81	2.57	2.42	2.30	2.22	2.14	2.09	2.04	2.00	1.97
	7.21	5.10	4.24	3.76	3.44	3.22	3.05	2.92	2.82	2.73	2.66	2.60
48	4.04	3.19	2.80	2.56	2.41	2.30	2.21	2.14	2.08	2.03	1.99	1.96
	7.19	5.08	4.22	3.74	3.42	3.20	3.04	2.90	2.80	2.71	2.64	2.58
50	4.03	3.18	2.79	2.56	2.40	2.29	2.20	2.13	2.07	2.02	1.98	1.95
	7.17	5.06	4.20	3.72	3.41	3.18	3.02	2.88	2.78	2.70	2.62	2.56
60	4.00	3.15	2.76	2.52	2.37	2.25	2.17	2.10	2.04	1.99	1.95	1.92
	7.08	4.98	4.13	3.65	3.34	3.12	2.95	2.82	2.72	2.63	2.56	2.50
70	3.98	3.13	2.74	2.50	2.35	2.23	2.14	2.07	2.01	1.97	1.93	1.89
	7.01	4.92	4.08	3.60	3.29	3.07	2.91	2.77	2.67	2.59	2.51	2.45

（续）

分母的自由度 df_2	分子的自由度 df_1											
	1	2	3	4	5	6	7	8	9	10	11	12
80	3.96	3.11	2.72	2.48	2.33	2.21	2.12	2.05	1.99	1.95	1.91	1.88
	6.96	4.88	4.04	3.56	3.25	3.04	2.87	2.74	2.64	2.55	2.48	2.41
100	3.94	3.09	2.70	2.46	2.30	2.19	2.10	2.03	1.97	1.92	1.88	1.85
	6.90	4.82	3.98	3.51	3.20	2.99	2.82	2.69	2.59	2.51	2.43	2.36
125	3.92	3.07	2.68	2.44	2.29	2.17	2.08	2.01	1.95	1.90	1.86	1.83
	6.84	4.78	3.94	3.47	3.17	2.95	2.79	2.65	2.56	2.47	2.40	2.33
150	3.91	3.06	2.67	2.43	2.27	2.16	2.07	2.00	1.94	1.89	1.85	1.82
	6.81	4.75	3.91	3.44	3.14	2.92	2.76	2.62	2.53	2.44	2.37	2.30
200	3.89	3.04	2.65	2.41	2.26	2.14	2.05	1.98	1.92	1.87	1.83	1.80
	6.76	4.71	3.88	3.41	3.11	2.90	2.73	2.60	2.50	2.41	2.34	2.28
400	3.86	3.02	2.62	2.39	2.23	2.12	2.03	1.96	1.90	1.85	1.81	1.78
	6.70	4.66	3.83	3.36	3.06	2.85	2.69	2.55	2.46	2.37	2.29	2.23
1000	3.85	3.00	2.61	2.38	2.22	2.10	2.02	1.95	1.89	1.84	1.80	1.76
	6.66	4.62	3.80	3.34	3.04	2.82	2.66	2.53	2.43	2.34	2.26	2.20
∞	3.84	2.99	2.60	2.37	2.21	2.09	2.01	1.94	1.88	1.83	1.79	1.75
	6.64	4.60	3.78	3.32	3.02	2.80	2.64	2.51	2.41	2.32	2.24	2.18

续附表 4　F 值表

分母的自由度 df_2	分子的自由度 df_1											
	14	16	20	24	30	40	50	75	100	200	500	∞
26	2.10	2.05	1.99	1.95	1.90	1.85	1.82	1.78	1.76	1.72	1.70	1.69
	2.86	2.77	2.66	2.58	2.50	2.41	2.36	2.28	2.25	2.19	2.15	2.13
27	2.08	2.03	1.97	1.93	1.88	1.84	1.80	1.76	1.74	1.71	1.68	1.67
	2.83	2.74	2.63	2.55	2.47	2.38	2.33	2.25	2.21	2.16	2.12	2.10
28	2.06	2.02	1.96	1.91	1.87	1.81	1.78	1.75	1.72	1.69	1.67	1.65
	2.80	2.71	2.60	2.52	2.44	2.35	2.30	2.22	2.18	2.13	2.09	2.06
29	2.05	2.00	1.94	1.90	1.85	1.80	1.77	1.73	1.71	1.68	1.65	1.64
	2.77	2.68	2.57	2.49	2.41	2.32	2.27	2.19	2.15	2.10	2.06	2.03
30	2.04	1.99	1.93	1.89	1.84	1.79	1.76	1.72	1.69	1.66	1.64	1.62
	2.74	2.66	2.55	2.47	2.38	2.29	2.24	2.16	2.13	2.07	2.03	2.01
32	2.02	1.97	1.91	1.86	1.82	1.76	1.74	1.69	1.67	1.64	1.61	1.59
	2.70	2.62	2.51	2.42	2.34	2.25	2.20	2.12	2.08	2.02	1.98	1.96

（续）

分母的自由度 df_2	分子的自由度 df_1											
	14	16	20	24	30	40	50	75	100	200	500	∞
34	2.00	1.95	1.89	1.84	1.80	1.74	1.71	1.67	1.64	1.61	1.59	1.57
	2.66	2.58	2.47	2.38	2.30	2.21	2.15	2.08	2.04	1.98	1.94	1.91
36	1.98	1.93	1.87	1.82	1.78	1.72	1.69	1.65	1.62	1.59	1.56	1.55
	2.62	2.54	2.43	2.35	2.26	2.17	2.12	2.04	2.00	1.94	1.90	1.87
38	1.96	1.92	1.85	1.80	1.76	1.71	1.67	1.63	1.60	1.57	1.54	1.53
	2.59	2.51	2.40	2.32	2.22	2.14	2.08	2.00	1.97	1.90	1.86	1.84
40	1.95	1.90	1.84	1.79	1.74	1.69	1.66	1.61	1.59	1.55	1.53	1.51
	2.56	2.49	2.37	2.29	2.20	2.11	2.05	1.97	1.94	1.88	1.84	1.81
42	1.94	1.89	1.82	1.78	1.73	1.68	1.64	1.60	1.57	1.54	1.51	1.49
	2.54	2.46	2.35	2.26	2.17	2.08	2.02	1.94	1.91	1.85	1.80	1.78
44	1.92	1.88	1.81	1.76	1.72	1.66	1.63	1.58	1.56	1.52	1.50	1.48
	2.52	2.44	2.32	2.24	2.15	2.06	2.00	1.92	1.88	1.82	1.78	1.75
46	1.91	1.87	1.80	1.75	1.71	1.65	1.62	1.57	1.54	1.51	1.48	1.46
	2.50	2.42	2.30	2.22	2.13	2.04	1.98	1.90	1.86	1.80	1.76	1.72
48	1.90	1.86	1.79	1.74	1.70	1.64	1.61	1.56	1.53	1.50	1.47	1.45
	2.48	2.40	2.28	2.20	2.11	2.02	1.96	1.88	1.84	1.78	1.73	1.70
50	1.90	1.85	1.78	1.74	1.69	1.63	1.60	1.55	1.52	1.48	1.46	1.44
	2.46	2.39	2.26	2.18	2.10	2.00	1.94	1.86	1.82	1.76	1.71	1.68
60	1.86	1.81	1.75	1.70	1.65	1.59	1.56	1.50	1.48	1.44	1.41	1.39
	2.40	2.32	2.20	2.12	2.03	1.93	1.87	1.79	1.74	1.68	1.63	1.60
70	1.84	1.79	1.82	1.67	1.62	1.56	1.53	1.47	1.45	1.40	1.37	1.35
	2.35	2.28	2.15	2.07	1.98	1.88	1.82	1.74	1.69	1.62	1.56	1.53
80	1.82	1.77	1.70	1.65	1.60	1.54	1.51	1.45	1.42	1.38	1.35	1.32
	2.32	2.24	2.11	2.03	1.94	1.84	1.78	1.70	1.65	1.57	1.52	1.49
100	1.79	1.75	1.68	1.63	1.57	1.51	1.48	1.42	1.39	1.34	1.30	1.28
	2.26	2.19	2.06	1.98	1.89	1.79	1.73	1.64	1.59	1.51	1.46	1.43
125	1.77	1.72	1.65	1.60	1.55	1.49	1.45	1.39	1.36	1.31	1.27	1.25
	2.23	2.15	2.03	1.94	1.85	1.75	1.68	1.59	1.54	1.46	1.40	1.37
150	1.76	1.71	1.64	1.59	1.54	1.47	1.44	1.37	1.34	1.29	1.25	1.22
	2.20	2.12	2.00	1.91	1.83	1.72	1.66	1.56	1.51	1.43	1.37	1.33

（续）

分母的自由度 df_2	分子的自由度 df_1											
	14	16	20	24	30	40	50	75	100	200	500	∞
200	1.74	1.69	1.62	1.57	1.52	1.45	1.42	1.35	1.32	1.26	1.22	1.19
	2.17	2.09	1.97	1.88	1.79	1.69	1.62	1.53	1.48	1.39	1.33	1.28
400	1.72	1.67	1.60	1.54	1.49	1.42	1.38	1.32	1.28	1.22	1.16	1.13
	2.12	2.04	1.92	1.84	1.74	1.64	1.57	1.47	1.42	1.32	1.24	1.19
1000	1.70	1.65	1.58	1.53	1.47	1.41	1.36	1.30	1.26	1.19	1.13	1.08
	2.09	2.01	1.89	1.81	1.71	1.61	1.54	1.44	1.38	1.28	1.19	1.11
∞	1.69	1.64	1.57	1.52	1.46	1.40	1.35	1.28	1.24	1.17	1.11	1.00
	2.07	1.99	1.87	1.79	1.69	1.59	1.52	1.41	1.36	1.25	1.15	1.00

附表5　F 值表（两尾，方差齐性检验用）　　$L_{27}(3^{13})$　$\alpha = 0.05$

df_2	df_1（较大均方的自由度）														
	2	3	4	5	6	7	8	9	10	12	15	20	30	60	∞
1	799.5	864.2	899.6	921.8	937.1	948.2	956.7	963.3	968.5	976.7	984.9	993.1	1001	1010	1018
2	39.00	39.17	39.25	39.30	39.33	39.36	39.37	39.39	39.40	39.41	39.43	39.45	39.46	39.48	39.50
3	16.04	15.44	15.10	14.88	14.73	14.62	14.54	14.47	14.42	14.34	14.25	14.17	14.08	13.99	13.90
4	10.65	9.98	9.60	9.36	9.20	9.07	8.98	8.90	8.84	8.75	8.66	8.56	8.46	8.36	8.26
5	8.43	7.76	7.39	7.15	6.98	6.85	6.76	6.68	6.62	6.52	6.43	6.33	6.23	6.12	6.02
6	7.26	6.60	6.23	5.99	5.82	5.69	5.60	5.52	5.46	5.37	5.27	5.17	5.06	4.96	4.85
7	6.54	5.89	5.52	5.28	5.12	4.99	4.90	4.82	4.76	4.67	4.57	4.47	4.36	4.25	4.14
8	6.06	5.42	5.05	4.82	4.65	4.53	4.43	4.36	4.29	4.20	4.10	4.00	3.89	3.78	3.67
9	5.71	5.08	4.72	4.48	4.32	4.20	4.10	4.03	3.96	3.87	3.77	3.67	3.56	3.45	3.33
10	5.46	4.83	4.47	4.24	4.07	3.95	3.85	3.78	3.72	3.62	3.52	2.42	3.31	3.20	3.08
11	5.26	4.63	4.28	4.04	3.88	3.76	3.66	3.59	3.53	3.43	3.33	3.23	3.12	3.00	2.88
12	5.10	4.47	4.12	3.89	3.73	3.61	3.51	3.44	3.37	3.28	3.18	3.07	2.96	2.85	2.72
13	4.96	4.35	4.00	3.77	3.60	3.48	3.39	3.31	3.25	3.15	3.05	2.95	2.84	2.72	2.59
14	4.86	4.24	3.89	3.66	3.50	3.38	3.28	3.21	3.15	3.05	2.95	2.84	2.73	2.61	2.49
15	4.76	4.15	3.80	3.58	3.41	3.29	3.20	3.12	3.06	2.96	2.86	2.76	2.64	2.52	2.39
16	4.69	4.08	3.73	3.50	3.34	3.22	3.12	3.05	2.99	2.89	2.79	2.68	2.57	2.45	2.32
17	4.62	4.01	3.66	3.44	3.28	3.16	3.06	2.98	2.92	2.82	2.72	2.62	2.50	2.38	2.25
18	4.56	3.95	3.61	3.38	3.22	3.10	3.00	2.93	2.87	2.77	2.67	2.56	2.44	2.32	2.19
19	4.51	3.90	3.56	3.33	3.17	3.05	2.96	2.88	2.82	2.72	2.62	2.51	2.39	2.27	2.13

（续）

df_2	df_1（较大均方的自由度）														
	2	3	4	5	6	7	8	9	10	12	15	20	30	60	∞
20	4.46	3.86	3.51	3.29	3.13	3.01	2.91	2.84	2.77	2.68	2.57	2.46	2.35	2.22	2.08
21	4.42	3.82	3.47	3.25	3.09	2.97	2.87	2.80	2.73	2.64	2.53	2.42	2.31	2.18	2.04
22	4.38	3.78	3.44	3.21	3.05	2.93	2.84	2.76	2.70	2.60	2.50	2.39	2.27	2.14	2.00
23	4.35	3.75	3.41	3.18	3.02	2.90	2.81	2.73	2.67	2.57	2.47	2.36	2.24	2.11	1.97
24	4.32	3.72	3.38	3.15	2.99	2.87	2.78	2.70	2.64	2.54	2.44	2.33	2.21	2.08	1.93
25	4.29	3.69	3.35	3.13	2.97	2.85	2.75	2.68	2.61	2.51	2.41	2.30	2.18	2.05	1.91
26	4.25	3.67	3.33	3.10	2.94	2.82	2.73	2.65	2.59	2.49	2.39	2.28	2.16	2.03	1.88
27	4.24	3.65	3.31	3.08	2.92	2.80	2.71	2.63	2.57	2.47	2.36	2.25	2.13	2.00	1.85
28	4.22	3.63	3.29	3.06	2.90	2.78	2.69	2.61	2.55	2.45	2.34	2.23	2.11	1.98	1.83
29	4.20	3.61	3.27	3.04	2.88	2.76	2.67	2.59	2.53	2.43	2.32	2.21	2.09	1.96	1.181
30	4.18	3.59	3.25	3.03	2.87	2.75	2.65	2.57	2.51	2.41	2.31	2.19	2.07	1.94	1.79
31	4.16	3.57	3.23	3.01	2.85	2.73	2.63	2.56	2.49	2.40	2.29	2.18	2.06	1.92	1.77
32	4.15	3.56	3.22	2.99	2.84	2.71	2.62	2.54	2.48	2.38	2.27	2.16	2.05	1.90	1.75
33	4.13	3.54	3.20	2.98	2.82	2.70	2.61	2.53	2.47	2.37	2.26	2.15	2.03	1.89	1.73
34	4.12	3.53	3.19	2.97	2.81	2.69	2.59	2.52	2.45	2.35	2.25	2.13	2.01	1.87	1.72
35	4.11	3.52	3.18	2.96	2.80	2.68	2.58	2.50	2.44	2.34	2.23	2.12	2.00	1.86	1.70
36	4.09	3.50	3.17	2.94	2.78	2.66	2.57	2.49	2.43	2.33	2.22	2.11	1.99	1.85	1.69
37	4.08	3.49	3.16	2.93	2.77	2.65	2.56	2.48	2.42	2.32	2.21	2.10	1.97	1.84	1.67
38	4.07	3.48	3.14	2.92	2.76	2.64	2.55	2.47	2.41	2.31	2.20	2.09	1.96	1.82	1.66
39	4.06	3.47	3.13	2.91	2.75	2.63	2.54	2.46	2.40	2.30	2.19	2.08	1.95	1.81	1.65
40	4.05	3.46	3.13	2.90	2.74	2.62	2.53	2.45	2.39	2.29	2.18	2.07	1.94	1.80	1.64
42	4.03	3.45	3.11	2.89	2.73	2.61	2.51	2.43	2.37	2.27	2.16	2.05	1.92	1.78	1.61
44	4.02	3.43	3.09	2.87	2.71	2.59	2.50	2.42	2.35	2.25	2.15	2.03	1.91	1.77	1.60
46	4.00	3.41	3.08	2.86	2.70	2.58	2.48	2.40	2.34	2.24	2.13	2.02	1.89	1.75	1.58
48	3.99	3.40	3.07	2.84	2.68	2.56	2.47	2.39	2.33	2.23	2.12	2.01	1.88	1.73	1.56
50	3.37	3.39	3.05	2.83	2.67	2.55	2.46	2.38	2.32	2.22	2.11	1.99	1.87	1.75	1.54
60	3.92	3.34	3.01	2.79	2.63	2.51	2.41	2.33	2.27	2.17	2.06	1.94	1.81	1.67	1.48
80	3.86	3.28	2.95	2.73	2.57	2.45	2.35	2.28	2.21	2.11	2.00	1.88	1.75	1.60	1.40
120	3.80	3.23	2.89	2.67	2.51	2.39	2.30	2.22	2.16	2.05	1.94	1.82	1.69	1.53	1.31
240	3.75	3.17	2.84	2.62	2.46	2.34	2.24	2.17	2.10	2.00	1.89	1.77	1.63	1.46	1.20
∞	3.69	3.12	2.79	2.57	2.41	2.29	2.19	2.11	2.05	1.94	1.83	1.71	1.57	1.39	1.00

附表 6　q 值表

K（检验极差的平均数个数，即秩次距）

自由度 df	α	2	3	4	5	6	7	8	9	10	11	12	13	14	15	16	17	18	19	20
3	0.05	4.50	5.91	6.82	7.50	8.04	8.48	8.85	9.18	9.46	9.72	9.95	10.15	10.35	10.52	10.69	10.84	10.98	11.11	11.24
3	0.01	8.26	10.62	12.27	13.33	14.24	15.00	15.64	16.20	16.69	17.13	17.53	17.89	18.22	18.52	18.81	19.07	19.32	19.55	19.77
4	0.05	3.93	5.04	5.76	6.29	6.71	7.05	7.35	7.60	7.83	8.03	8.21	8.37	8.52	8.66	8.79	8.91	9.03	9.13	9.23
4	0.01	6.51	8.12	9.17	9.96	10.58	11.10	11.55	11.93	12.27	12.57	12.84	13.09	13.32	13.53	13.73	13.91	14.08	14.24	14.40
5	0.05	3.64	4.60	5.22	5.67	6.03	6.33	6.58	6.80	6.99	7.17	7.32	7.47	7.60	7.72	7.83	7.93	8.03	8.12	8.21
5	0.01	5.70	6.98	7.80	8.42	8.91	9.32	9.67	9.97	10.24	10.48	10.70	10.89	11.08	11.24	11.40	11.55	11.68	11.81	11.93
6	0.05	3.46	4.34	4.90	5.30	5.63	5.90	6.12	6.32	6.49	6.65	6.79	6.92	7.03	7.14	7.24	7.34	7.43	7.51	7.59
6	0.01	5.24	6.33	7.03	7.56	7.97	8.32	8.61	8.87	9.10	9.30	9.48	9.65	9.81	9.95	10.08	10.21	10.32	10.43	10.54
7	0.05	3.34	4.16	4.68	5.06	5.36	5.61	5.82	6.00	6.16	6.30	6.43	6.55	6.66	6.76	6.85	6.94	7.02	7.10	7.17
7	0.01	4.95	5.92	6.54	7.01	7.37	7.68	7.94	8.17	8.37	8.55	8.71	8.86	9.00	9.12	9.24	9.35	9.46	9.55	9.65
8	0.05	3.26	4.04	4.53	4.89	5.17	5.40	5.60	5.77	5.92	6.05	6.18	6.29	6.39	6.48	6.57	6.65	6.73	6.80	6.87
8	0.01	4.75	5.64	6.20	6.62	6.96	7.24	7.47	7.68	7.86	8.03	8.18	8.31	8.44	8.55	8.66	8.76	8.85	8.94	9.03
9	0.05	3.20	3.95	4.41	4.76	5.02	5.24	5.43	5.59	5.74	5.87	5.98	6.09	6.19	6.28	6.36	6.44	6.51	6.58	6.64
9	0.01	4.60	5.43	5.96	6.35	6.66	6.91	7.13	7.33	7.49	7.65	7.78	7.91	8.03	8.13	8.23	8.33	8.41	8.49	8.57
10	0.05	3.15	3.88	4.33	4.65	4.91	5.12	5.30	5.46	5.60	5.72	5.83	5.93	6.03	6.11	6.19	6.27	6.34	6.40	6.47
10	0.01	4.48	5.27	5.77	6.14	6.43	6.67	6.87	7.05	7.21	7.36	7.48	7.60	7.71	7.81	7.91	7.99	8.08	8.15	8.23
11	0.05	3.11	3.82	4.26	4.57	4.82	5.03	5.20	5.35	5.49	5.61	5.71	5.81	5.90	5.98	6.06	6.13	6.20	6.27	6.33
11	0.01	4.39	5.15	5.62	5.97	6.25	6.48	6.67	6.84	6.99	7.13	7.25	7.36	7.46	7.56	7.65	7.73	7.81	7.88	7.95
12	0.05	3.08	3.77	4.20	4.51	4.75	4.95	5.12	5.27	5.39	5.51	5.61	5.71	5.80	5.88	5.95	6.02	6.09	6.15	6.21
12	0.01	4.32	5.05	5.50	5.84	6.10	6.32	6.51	6.67	6.81	6.94	7.06	7.17	7.26	7.36	7.44	7.52	7.59	7.66	7.73
13	0.05	3.06	3.73	4.15	4.45	4.69	4.88	5.05	5.19	5.32	5.43	5.53	5.63	5.71	5.79	5.86	5.93	5.99	6.05	6.11
13	0.01	4.26	4.96	5.40	5.73	5.98	6.19	6.37	6.53	6.67	6.79	6.90	7.01	7.10	7.19	7.27	7.35	7.42	7.48	7.55
14	0.05	3.03	3.70	4.11	4.41	4.64	4.83	4.99	5.13	5.25	5.36	5.46	5.55	5.64	5.71	5.79	5.85	5.91	5.97	6.03
14	0.01	4.21	4.89	5.32	5.63	5.88	6.08	6.26	6.41	6.54	6.66	6.77	6.87	6.96	7.05	7.13	7.20	7.27	7.33	7.39
15	0.05	3.01	3.67	4.08	4.37	4.59	4.78	4.94	5.08	5.20	5.31	5.40	5.49	5.57	5.65	5.72	5.78	5.85	5.90	5.96
15	0.01	4.17	4.84	5.25	5.56	5.80	5.99	6.16	6.31	6.44	6.55	6.66	6.76	6.84	6.93	7.00	7.07	7.14	7.20	7.26

（续）

自由度 df	α	K（检验极差的平均数个数，即秩次距）																		
		2	3	4	5	6	7	8	9	10	11	12	13	14	15	16	17	18	19	20
16	0.05	3.00	3.65	4.05	4.33	4.56	4.74	4.90	5.03	5.15	5.26	5.35	5.44	5.52	5.59	5.66	5.73	5.79	5.84	5.90
	0.01	4.13	4.79	5.19	5.49	5.72	5.92	6.08	6.22	6.35	6.46	6.56	6.66	6.74	6.82	6.90	6.97	7.03	7.09	7.15
17	0.05	2.98	3.63	4.02	4.30	4.52	4.70	4.86	4.99	5.11	5.21	5.31	5.39	5.47	5.54	5.61	5.67	5.73	5.79	5.84
	0.01	4.10	4.74	5.14	5.43	5.66	5.85	6.01	6.15	6.27	6.38	6.48	6.57	6.66	6.73	6.81	6.87	6.94	7.00	7.05
18	0.05	2.97	3.61	4.00	4.28	4.49	4.67	4.82	4.96	5.07	5.17	5.27	5.35	5.43	5.50	5.57	5.63	5.69	5.74	5.79
	0.01	4.07	4.70	5.09	5.38	5.60	5.79	5.94	6.08	6.20	6.31	6.41	6.50	6.58	6.65	6.73	6.79	6.85	6.91	6.97
19	0.05	2.96	3.59	3.98	4.25	4.47	4.65	4.79	4.92	5.04	5.14	5.23	5.31	5.39	5.46	5.53	5.59	5.65	5.70	5.75
	0.01	4.05	4.67	5.05	5.33	5.55	5.73	5.89	6.02	6.16	6.25	6.34	6.43	6.51	6.58	6.65	6.72	6.78	6.84	6.89
20	0.05	2.95	3.58	3.96	4.23	4.45	4.62	4.77	4.90	5.01	5.11	5.20	5.28	5.36	5.43	5.49	5.55	5.61	5.66	5.71
	0.01	4.02	4.64	5.02	5.29	5.51	5.69	5.84	5.97	6.09	6.19	6.28	6.37	6.45	6.52	6.59	6.65	6.71	6.77	6.82
24	0.05	2.92	3.53	3.90	4.17	4.37	4.54	4.68	4.81	4.92	5.01	5.10	5.18	5.25	5.32	5.38	5.44	5.49	5.55	5.59
	0.01	3.96	4.55	4.91	5.17	5.37	5.54	5.69	5.81	5.92	6.02	6.11	6.19	6.26	6.33	6.39	6.45	6.51	6.56	6.61
30	0.05	2.89	3.49	3.85	4.10	4.30	4.46	4.60	4.72	4.82	4.92	5.00	5.08	5.15	5.21	5.27	5.33	5.38	5.43	5.47
	0.01	3.89	4.45	4.80	5.05	5.24	5.40	5.54	5.65	5.76	5.85	5.93	6.01	6.08	6.14	6.20	6.26	6.31	6.36	6.41
40	0.05	2.86	3.44	3.79	4.04	4.23	4.39	4.52	4.63	4.73	4.82	4.90	4.98	5.04	5.11	5.16	5.22	5.27	5.31	5.36
	0.01	3.82	4.37	4.70	4.93	5.11	5.26	5.39	5.50	5.60	5.69	5.76	5.83	5.90	5.96	6.02	6.07	6.12	6.16	6.21
60	0.05	2.83	3.40	3.74	3.98	4.16	4.31	4.44	4.55	4.65	4.73	4.81	4.88	4.94	5.00	5.06	5.11	5.15	5.20	5.24
	0.01	3.76	4.28	4.59	4.82	4.99	5.13	5.25	5.36	5.45	5.53	5.60	5.67	5.73	5.78	5.84	5.89	5.93	5.97	6.01
120	0.05	2.80	3.36	3.68	3.92	4.10	4.24	4.36	4.47	4.56	4.64	4.71	4.78	4.84	4.90	4.95	5.00	5.04	5.09	5.13
	0.01	3.70	4.20	4.50	4.71	4.87	5.01	5.12	5.21	5.30	5.37	5.44	5.50	5.56	5.61	5.66	5.71	5.75	5.79	5.85
∞	0.05	2.77	3.31	3.63	3.86	4.03	4.17	4.29	4.39	4.47	4.55	4.62	4.68	4.74	4.80	4.85	4.89	4.93	4.97	5.01
	0.01	3.64	4.12	4.40	4.60	4.76	4.88	4.99	5.08	5.16	5.23	5.29	5.35	5.40	5.45	5.49	5.54	5.57	5.61	5.65

附表 7　Duncan's 新复极差检验的 SSR 值

自由度 df	α	检验极差的平均数个数(K)													
		2	3	4	5	6	7	8	9	10	12	14	16	18	20
1	0.05	18.0	18.0	18.0	18.0	18.0	18.0	18.0	18.0	18.0	18.0	18.0	18.0	18.0	18.0
	0.01	90.0	90.0	90.0	90.0	90.0	90.0	90.0	90.0	90.0	90.0	90.0	90.0	90.0	90.0
2	0.05	6.09	6.09	6.09	6.09	6.09	6.09	6.09	6.09	6.09	6.09	6.09	6.09	6.09	6.09
	0.01	14.0	14.0	14.0	14.0	14.0	14.0	14.0	14.0	14.0	14.0	14.0	14.0	14.0	14.0
3	0.05	4.50	4.50	4.50	4.50	4.50	4.50	4.50	4.50	4.50	4.50	4.50	4.50	4.50	4.50
	0.01	8.26	8.5	8.6	8.7	8.8	8.9	8.9	9.0	9.0	9.0	9.1	9.2	9.3	9.3
4	0.05	3.93	4.0	4.02	4.02	4.02	4.02	4.02	4.02	4.02	4.02	4.02	4.02	4.02	4.02
	0.01	6.51	6.8	6.9	7.0	7.1	7.1	7.2	7.2	7.3	7.3	7.4	7.4	7.5	7.5
5	0.05	3.64	3.74	3.79	3.83	3.83	3.83	3.83	3.83	3.83	3.83	3.83	3.83	3.83	3.83
	0.01	5.70	5.96	6.11	6.18	6.26	6.33	6.40	6.44	6.5	6.6	6.6	6.7	6.7	6.8
6	0.05	3.46	3.58	3.64	3.68	3.68	3.68	3.68	3.68	3.68	3.68	3.68	3.68	3.68	3.68
	0.01	5.24	5.51	5.65	5.73	5.81	5.88	5.95	6.00	6.0	6.1	6.2	6.2	6.3	6.3
7	0.05	3.35	3.47	3.54	3.58	3.60	3.61	3.61	3.61	3.61	3.61	3.61	3.61	3.61	3.61
	0.01	4.95	5.22	5.37	5.45	5.53	5.61	5.69	5.73	5.8	5.8	5.9	5.9	6.0	6.0
8	0.05	3.26	3.39	3.47	3.52	3.55	3.56	3.56	3.56	3.56	3.56	3.56	3.56	3.56	3.56
	0.01	4.74	5.00	5.14	5.23	5.32	5.40	5.47	5.51	5.5	5.6	5.7	5.7	5.8	5.8
9	0.05	3.20	3.34	3.41	3.47	3.50	3.51	3.52	3.52	3.52	3.52	3.52	3.52	3.52	3.52
	0.01	4.60	4.86	4.99	5.08	5.17	5.25	5.32	5.36	5.4	5.5	5.5	5.6	5.7	5.7
10	0.05	3.15	3.30	3.37	3.43	3.46	3.47	3.47	3.47	3.47	3.47	3.47	3.47	3.47	3.48
	0.01	4.48	4.73	4.88	4.96	5.06	5.12	5.20	5.24	5.28	5.36	5.42	5.48	5.54	5.55
11	0.05	3.11	3.27	3.35	3.39	3.43	3.44	3.45	3.46	3.46	3.46	3.46	3.46	3.47	3.48
	0.01	4.39	4.63	4.77	4.86	4.94	5.01	5.06	5.12	5.15	5.24	5.28	5.34	5.38	5.39
12	0.05	3.08	3.23	3.33	3.36	3.48	3.42	3.44	3.44	3.46	3.46	3.46	3.46	3.47	3.48
	0.01	4.32	4.55	4.68	4.76	4.84	4.92	4.96	5.02	5.07	5.13	5.17	5.22	5.24	5.26
13	0.05	3.06	3.21	3.30	3.36	3.38	3.41	3.42	3.44	3.45	3.45	3.46	3.46	3.47	3.47
	0.01	4.26	4.48	4.62	4.69	4.74	4.84	4.88	4.94	4.98	5.04	5.08	5.13	5.14	5.15
14	0.05	3.03	3.18	3.27	3.33	3.37	3.39	3.41	3.42	3.44	3.45	3.46	3.46	3.47	3.47
	0.01	4.21	4.42	4.55	4.63	4.70	4.78	4.83	4.87	4.91	4.96	5.00	5.04	5.06	5.07
15	0.05	3.01	3.16	3.25	3.31	3.36	3.38	3.40	3.42	3.43	3.44	3.45	3.46	3.47	3.47
	0.01	4.17	4.37	4.50	4.58	4.64	4.72	4.77	4.81	4.84	4.90	4.94	4.97	4.99	5.00
16	0.05	3.00	3.15	3.23	3.30	3.34	3.37	3.39	3.41	3.43	3.44	3.45	3.46	3.47	3.47
	0.01	4.13	4.34	4.45	4.54	4.60	4.67	4.72	4.76	4.79	4.84	4.88	4.91	4.93	4.94
17	0.05	2.98	3.13	3.22	3.28	3.33	3.36	3.38	3.40	3.42	3.44	3.45	3.46	3.47	3.47
	0.01	4.10	4.30	4.41	4.50	4.56	4.63	4.68	4.72	4.75	4.80	4.83	4.86	4.88	4.89
18	0.05	2.97	3.12	3.21	3.27	3.32	3.35	3.37	3.39	3.41	3.43	3.45	3.46	3.47	3.47
	0.01	4.07	4.27	4.38	4.46	4.53	4.59	4.64	4.68	4.71	4.76	4.79	4.82	4.84	4.85
19	0.05	2.96	3.11	3.19	3.26	3.31	3.35	3.37	3.39	3.41	3.43	3.44	3.46	3.47	3.47
	0.01	4.05	4.24	4.35	4.43	4.50	4.56	4.61	4.64	4.67	4.72	4.76	4.79	4.81	4.82

（续）

自由度 df	α	检验极差的平均数个数(K)													
		2	3	4	5	6	7	8	9	10	12	14	16	18	20
20	0.05	2.95	3.10	3.18	3.25	3.30	3.34	3.36	3.38	3.40	3.43	3.44	3.46	3.46	3.47
	0.01	4.02	4.22	4.33	4.40	4.47	4.53	4.58	4.61	4.65	4.69	4.73	4.76	4.78	4.79
22	0.05	2.93	3.08	3.17	3.24	3.29	3.32	3.35	3.37	3.39	3.42	3.44	3.45	3.46	3.47
	0.01	3.99	4.17	4.28	4.36	4.42	4.48	4.53	4.57	4.60	4.65	4.68	4.71	4.74	4.75
24	0.05	2.92	3.07	3.15	3.22	3.28	3.31	3.34	3.37	3.38	3.41	3.44	3.45	3.46	3.47
	0.01	3.96	4.14	4.24	4.33	4.39	4.44	4.49	4.53	4.57	4.62	4.64	4.67	4.70	4.72
26	0.05	2.91	3.06	3.14	3.21	3.27	3.30	3.34	3.36	3.38	3.41	3.43	3.45	3.46	3.47
	0.01	3.93	4.11	4.21	4.30	4.36	4.41	4.46	4.50	4.53	4.58	4.62	4.65	4.67	4.69
28	0.05	2.90	3.04	3.13	3.20	3.26	3.30	3.33	3.35	3.37	3.40	3.43	3.45	3.46	3.47
	0.01	3.91	4.08	4.18	4.28	4.34	4.39	4.43	4.47	4.51	4.56	4.60	4.62	4.65	4.67
30	0.05	2.89	3.04	3.12	3.20	3.25	3.29	3.32	3.35	3.37	3.40	3.43	3.44	3.46	3.47
	0.01	3.89	4.06	4.16	4.22	4.32	4.36	4.41	4.45	4.48	4.54	4.58	4.61	4.63	4.65
40	0.05	2.86	3.01	3.10	3.17	3.22	3.27	3.30	3.33	3.35	3.39	3.42	3.44	3.46	3.47
	0.01	3.82	3.99	4.10	4.17	4.24	4.30	4.31	4.37	4.41	4.46	4.51	4.54	4.57	4.59
60	0.05	2.83	2.98	3.08	3.14	3.20	3.24	3.28	3.31	3.33	3.37	3.40	3.43	3.45	3.47
	0.01	3.76	3.92	4.03	4.12	4.17	4.23	4.27	4.31	4.34	4.39	4.44	4.47	4.50	4.53
100	0.05	2.80	2.95	3.05	3.12	3.18	3.22	3.26	3.29	3.32	3.36	3.40	3.42	3.45	3.47
	0.01	3.71	3.86	3.98	4.06	4.11	4.17	4.21	4.25	4.29	4.35	4.38	4.42	4.45	4.48
∞	0.05	2.77	2.92	3.02	3.09	3.15	3.19	3.23	3.26	3.29	3.34	3.38	3.41	3.44	3.47
	0.01	3.64	3.80	3.90	3.98	4.04	4.09	4.14	4.17	4.20	4.26	4.31	4.34	4.38	4.41

附表8 r 与 R 的显著数值表

自由度 df	概率 α	变量的个数(M)				自由度 df	概率 α	变量的个数(M)			
		2	3	4	5			2	3	4	5
1	0.05	0.997	0.999	0.999	0.999	24	0.05	0.388	0.470	0.523	0.562
	0.01	1.000	1.000	1.000	1.000		0.01	0.496	0.565	0.609	0.642
2	0.05	0.950	0.975	0.983	0.987	25	0.05	0.381	0.462	0.514	0.553
	0.01	0.990	0.995	0.997	0.998		0.01	0.487	0.555	0.600	0.633
3	0.05	0.878	0.930	0.950	0.961	26	0.05	0.374	0.454	0.506	0.545
	0.01	0.959	0.976	0.982	0.987		0.01	0.478	0.546	0.590	0.624
4	0.05	0.811	0.881	0.912	0.930	27	0.05	0.367	0.446	0.498	0.536
	0.01	0.917	0.949	0.962	0.970		0.01	0.470	0.538	0.582	0.615
5	0.05	0.754	0.863	0.874	0.898	28	0.05	0.361	0.439	0.490	0.592
	0.01	0.874	0.917	0.937	0.949		0.01	0.463	0.530	0.573	0.606
6	0.05	0.707	0.795	0.839	0.867	29	0.05	0.355	0.432	0.482	0.521
	0.01	0.834	0.886	0.911	0.927		0.01	0.456	0.522	0.565	0.598
7	0.05	0.666	0.758	0.807	0.838	30	0.05	0.349	0.426	0.476	0.514
	0.01	0.798	0.855	0.885	0.904		0.01	0.449	0.514	0.558	0.519

（续）

自由度	概率	变量的个数(M)				自由度	概率	变量的个数(M)			
df	α	2	3	4	5	df	α	2	3	4	5
8	0.05	0.632	0.726	0.777	0.811	35	0.05	0.325	0.397	0.445	0.482
	0.01	0.765	0.827	0.860	0.882		0.01	0.418	0.481	0.523	0.556
9	0.05	0.602	0.697	0.750	0.786	40	0.05	0.304	0.373	0.419	0.455
	0.01	0.735	0.800	0.836	0.861		0.01	0.393	0.454	0.494	0.526
10	0.05	0.576	0.671	0.726	0.763	45	0.05	0.288	0.353	0.397	0.432
	0.01	0.708	0.776	0.814	0.840		0.01	0.372	0.430	0.470	0.501
11	0.05	0.553	0.648	0.703	0.741	50	0.05	0.273	0.336	0.379	0.412
	0.01	0.684	0.753	0.793	0.821		0.01	0.354	0.410	0.449	0.479
12	0.05	0.532	0.627	0.683	0.722	60	0.05	0.250	0.308	0.348	0.380
	0.01	0.661	0.732	0.773	0.802		0.01	0.325	0.377	0.414	0.442
13	0.05	0.514	0.608	0.664	0.703	70	0.05	0.232	0.286	0.324	0.354
	0.01	0.641	0.712	0.755	0.785		0.01	0.302	0.351	0.386	0.413
14	0.05	0.497	0.590	0.646	0.686	80	0.05	0.217	0.269	0.304	0.332
	0.01	0.623	0.694	0.737	0.768		0.01	0.283	0.330	0.362	0.389
15	0.05	0.482	0.574	0.630	0.670	90	0.05	0.205	0.254	0.288	0.315
	0.01	0.606	0.677	0.721	0.752		0.01	0.267	0.312	0.343	0.368
16	0.05	0.468	0.559	0.615	0.655	100	0.05	0.195	0.241	0.274	0.300
	0.01	0.590	0.662	0.706	0.738		0.01	0.254	0.297	0.327	0.351
17	0.05	0.456	0.545	0.601	0.641	125	0.05	0.174	0.216	0.246	0.269
	0.01	0.575	0.647	0.691	0.724		0.01	0.228	0.266	0.294	0.316
18	0.05	0.444	0.532	0.587	0.628	150	0.05	0.159	0.198	0.225	0.247
	0.01	0.561	0.633	0.678	0.710		0.01	0.208	0.244	0.270	0.290
19	0.05	0.433	0.520	0.575	0.615	200	0.05	0.138	0.172	0.196	0.215
	0.01	0.549	0.620	0.665	0.698		0.01	0.181	0.212	0.234	0.253
20	0.05	0.423	0.509	0.563	0.604	300	0.05	0.113	0.141	0.160	0.176
	0.01	0.537	0.608	0.652	0.685		0.01	0.148	0.174	0.192	0.208
21	0.05	0.413	0.498	0.522	0.592	400	0.05	0.098	0.122	0.139	0.153
	0.01	0.526	0.596	0.641	0.674		0.01	0.128	0.151	0.167	0.180
22	0.05	0.404	0.488	0.542	0.582	500	0.05	0.088	0.109	0.124	0.137
	0.01	0.515	0.585	0.630	0.663		0.01	0.115	0.135	0.150	0.162
23	0.05	0.396	0.479	0.532	0.572	1000	0.05	0.062	0.077	0.088	0.097
	0.01	0.505	0.574	0.619	0.652		0.01	0.081	0.096	0.106	0.115

附表 9 χ^2 值表(一尾)

自由度 df	概率值(P)									
	0.995	0.990	0.975	0.950	0.900	0.100	0.050	0.025	0.010	0.005
1	—	—	—	—	0.02	2.71	3.84	5.02	6.63	7.88
2	0.01	0.02	0.05	0.10	0.21	4.61	5.99	7.38	9.21	10.60
3	0.07	0.11	0.22	0.35	0.58	6.25	7.81	9.35	11.34	12.84
4	0.21	0.30	0.48	0.71	1.06	7.78	9.49	11.14	13.28	14.86
5	0.41	0.55	0.83	1.15	1.61	9.24	11.07	12.83	15.09	16.75
6	0.68	0.87	1.24	1.64	2.20	10.64	12.59	14.45	16.81	18.55
7	0.99	1.24	1.69	2.17	2.83	12.02	14.07	16.01	18.48	20.28
8	1.34	1.65	2.18	2.73	3.49	13.36	15.51	17.53	20.09	21.96
9	1.73	2.09	2.70	3.33	4.17	14.68	16.92	19.02	21.69	23.59
10	2.16	2.56	3.25	3.94	4.87	15.99	18.31	20.48	23.21	25.19
11	2.60	3.05	3.82	4.57	5.58	17.28	19.68	21.92	24.72	26.76
12	3.07	3.57	4.40	5.23	6.30	18.55	21.03	23.34	26.22	28.30
13	3.57	4.11	5.01	5.89	7.04	19.81	22.36	24.74	27.69	29.82
14	4.07	4.66	5.63	6.57	7.79	21.06	23.68	26.12	29.14	31.32
15	4.60	5.23	6.27	7.26	8.55	22.31	25.00	27.49	30.58	32.80
16	5.14	5.81	6.91	7.96	9.31	23.54	26.30	28.85	32.00	34.27
17	5.70	6.41	7.56	8.67	10.09	24.77	27.59	30.19	33.41	35.72
18	6.26	7.01	8.23	9.39	10.86	25.99	28.87	31.53	34.81	37.16
19	6.84	7.63	8.91	10.12	11.65	27.20	30.14	32.85	36.19	38.58
20	7.43	8.26	9.59	10.85	12.44	28.41	31.41	34.17	37.57	40.00
21	8.03	8.90	10.28	11.59	13.24	29.62	32.67	35.48	38.93	41.40
22	8.64	9.54	10.98	12.34	14.04	30.81	33.92	36.78	40.29	42.80
23	9.26	10.20	11.69	13.09	14.85	32.01	35.17	38.08	41.64	44.18
24	9.89	10.86	12.40	13.85	15.66	33.20	36.42	39.36	42.98	45.56
25	10.52	11.52	13.12	14.61	16.47	34.38	37.65	40.65	44.31	46.93
26	11.16	12.20	13.84	15.38	17.29	35.56	38.89	41.92	45.61	48.29
27	11.81	12.88	14.57	16.15	18.11	36.74	40.11	43.19	46.96	49.64
28	12.46	13.56	15.31	16.93	18.94	37.92	41.34	44.46	48.28	50.99
29	13.12	14.26	16.05	17.71	19.77	39.09	42.56	45.72	49.59	52.34
30	13.79	14.95	16.79	18.49	20.60	40.26	43.77	46.98	50.89	53.67
40	20.71	22.16	24.43	26.51	29.05	51.80	55.76	59.34	63.69	66.77
50	27.99	29.71	32.36	34.76	37.69	63.17	67.50	71.42	76.15	79.49
60	35.53	37.48	40.48	43.19	46.46	74.40	79.08	83.30	66.38	91.95
70	43.28	45.44	48.76	51.74	55.33	85.53	90.53	95.02	100.42	104.22
80	51.17	53.54	57.15	60.39	64.28	96.58	101.88	106.03	112.33	116.32
90	59.20	61.75	65.65	69.13	73.29	107.56	113.14	118.14	124.12	128.30
100	67.33	70.06	74.22	77.93	82.36	118.50	124.34	119.56	135.81	140.17

附表 10　平衡不完全区组设计表①

设计 1　$a=4$, $k=2$, $r=3$, $b=6$, $\lambda=1$

I	II	III
1　2	1　3	1　4
3　4	2　4	2　3

设计 2　$a=4$, $k=3$, $r=3$, $b=4$, $\lambda=2$

I	II	III
1	3	4
1	2	3
2	3	4
1	2	4

设计 3　$a=5$, $k=2$, $r=4$, $b=10$, $\lambda=1$

I	II	III	IV
1	2	1	3
2	3	2	4
3	4	3	5
4	5	4	1
5	1	5	2

设计 4　$a=5$, $k=3$, $r=6$, $b=10$, $\lambda=3$

I	II	III	IV	V	VI
1	2	3	1	2	4
2	3	4	2	3	5
3	4	5	3	4	1
4	5	1	4	5	2
5	1	2	5	1	3

设计 5　$a=6$, $k=2$, $r=5$, $b=15$, $\lambda=1$

I	II	III	IV	V
1　2	1　3	1　4	1　5	1　6
3　4	2　5	2　6	2　4	2　3
5　6	4　6	3　5	3　6	4　5

设计 6　$a=6$, $k=3$, $r=5$, $b=10$, $\lambda=2$

I	II	III	IV	V	VI
1	2	5	2	3	4
1	2	6	2	3	5
1	3	4	2	4	6
1	3	6	3	5	6
1	4	5	4	5	6

设计 7　$a=6$, $k=3$, $r=10$, $b=20$, $\lambda=4$

I	II	III	IV	V
1　2　3	1　2　4	1　2　5	1　2　6	1　3　4
4　5　6	3　5　6	3　4　6	3　4　5	2　5　6

VI	VII	VIII	IX	X
1　3　5	1　3　6	1　4　5	1　4　6	1　5　6
2　4　6	2　4　5	2　3　6	2　3　5	2　3　4

设计 8　$a=6$, $k=4$, $r=10$, $b=15$, $\lambda=6$

I	II	III	IV	V	VI	VII	VIII	IX	X
1　2　3　4	1　2　3　5	1　2　3　6	1　2　4　5	1　2　5　6
1　4　5　6	1　2　4　6	1　3　4　5	1　3　5　6	1　3　4　6
2　3　5　6	3　4　5　6	2　4　5　6	2　3　4　6	2　3　4　5

设计 9　$a=7$, $k=2$, $r=6$, $b=21$, $\lambda=1$

I	II	III	IV	V	VI
1	2	1	3	1	4
2	3	2	4	2	5
3	4	3	5	3	6
4	5	4	6	4	7
5	6	5	7	5	1
6	7	6	1	6	2
7	1	7	2	7	3

设计 10　$a=7$, $k=3$, $r=3$, $b=7$, $\lambda=1$

I	II	III
1	2	4
2	3	5
3	4	6
4	5	7
5	6	1
6	7	2
7	1	3

设计 11　$a=7$, $k=4$, $r=4$, $b=7$, $\lambda=2$

I	II	III	IV
1	2	3	6
2	3	4	7
3	4	5	1
4	5	6	2
5	6	7	3
6	7	1	4
7	1	2	5

————————————

① 阿拉伯数字表示处理，行表示区组，罗马数字表示重复

设计12 $a=8$, $k=2$, $r=7$, $b=28$, $\lambda=1$

I	II	III	IV
1 2	1 3	1 4	1 5
3 4	2 8	2 7	2 3
5 6	4 5	3 6	4 7
7 8	6 7	5 8	6 8

V	VI	VII
1 6	1 7	1 8
2 4	2 6	2 5
3 8	3 5	3 7
5 7	4 8	4 9

设计13 $a=8$, $k=4$, $r=7$, $b=14$, $\lambda=3$

I	II	III	IV
1 2 3 4	1 2 5 6	1 2 7 8	1 3 5 7
5 6 7 8	3 4 7 8	3 4 5 6	2 4 6 8

V	VI	VII
1 3 6 8	1 4 5 8	1 4 6 7
2 4 5 7	2 3 6 7	2 3 5 8

设计14 $a=9$, $k=2$, $r=8$, $b=36$, $\lambda=1$

I	II	III	IV	V	VI	VII	VIII
1	2	1	3	1	4	1	5
2	3	2	4	2	5	2	6
3	4	3	5	3	6	3	7
4	5	4	6	4	7	4	8
5	6	5	7	5	8	5	9
6	7	6	8	6	9	6	1
7	8	7	9	7	1	7	2
8	9	8	1	8	2	8	3
9	1	9	2	9	3	9	4

设计15 $a=9$, $k=3$, $r=4$, $b=12$, $\lambda=1$

I	II	III	IV
1 2 3	1 4 7	1 5 9	1 6 8
4 5 6	2 5 8	2 6 7	2 4 9
7 8 9	3 6 9	3 4 8	3 5 7

设计16 $a=9$, $k=4$, $r=8$, $b=18$, $\lambda=3$

I	II	III	IV	V	VI	VII	VIII
1	2	3	5	1	4	5	8
2	3	4	6	2	5	6	9
3	4	5	7	3	6	7	1
4	5	6	8	4	7	8	2
5	6	7	9	5	8	9	3
6	7	8	1	6	9	1	4
7	8	9	2	7	1	2	5
8	9	1	3	8	2	3	6
9	1	2	4	9	3	4	7

设计17 $a=9$, $k=5$, $r=10$, $b=18$, $\lambda=5$

I	II	III	IV	V	VI	VII	VIII	IX	X
1	2	3	4	8	1	2	4	6	7
2	3	4	5	9	2	3	5	7	8
3	4	5	6	1	3	4	6	8	9
4	5	6	7	2	4	5	7	9	1
5	6	7	8	3	5	6	8	1	2
6	7	8	9	4	6	7	9	2	3
7	8	9	1	5	7	8	1	3	4
8	9	1	2	6	8	9	2	4	5
9	1	2	3	7	9	1	3	5	6

设计18 $a=9$, $k=6$, $r=8$, $b=12$, $\lambda=5$

I II	III IV
1 2 3 4 5 6	1 2 4 5 7 8
1 2 3 7 8 9	1 3 4 6 7 9
4 5 6 7 8 9	2 3 5 6 8 9

V VI	VII VIII
1 2 4 6 8 9	1 2 5 6 7 9
1 3 5 6 7 8	1 3 4 5 8 9
2 3 4 5 7 9	2 3 4 6 7 8

设计19 $a=10$, $k=2$, $r=9$, $b=45$, $\lambda=1$

I	II	III	IV	V
1 2	1 3	1 4	1 5	1 6
3 4	2 7	2 10	2 8	2 9
5 6	4 8	3 7	3 10	3 8
7 8	5 9	5 8	4 9	4 10
9 10	6 10	6 9	6 7	5 7

VI	VII	VIII	IX
1 7	1 8	1 9	1 10
2 6	2 3	2 4	2 5
3 9	4 6	3 5	3 6
4 5	5 10	6 8	4 7
8 10	7 9	7 10	8 9

设计20 $a=10$, $k=3$, $r=9$, $b=30$, $\lambda=2$

I	II	III	IV	V	VI	VII	VIII	IX
1	2	3	1	2	4	1	3	5
1	4	6	1	5	7	1	6	8
1	7	9	1	8	10	1	9	10
2	5	8	2	3	6	2	4	10
2	8	10	2	5	9	2	6	7
3	4	7	3	4	8	2	7	9
3	9	10	3	7	10	3	5	6
4	6	9	4	5	9	3	8	9
5	6	10	6	7	10	4	5	10
5	7	8	6	8	9	4	7	8

设计21　$a=10$, $k=4$, $r=6$, $b=15$, $\lambda=2$

1	2	3	4	1	6	8	10	3	4	5	8
1	2	5	6	2	3	6	9	3	5	9	10
1	3	7	8	2	4	7	10	3	6	7	10
1	4	9	10	2	5	8	10	4	5	6	7
1	5	7	9	2	7	8	9	4	6	8	9

设计22　$a=10$, $k=5$, $r=9$, $b=18$, $\lambda=4$

1	2	3	4	5	1	4	5	6	10	2	5	6	8	10
1	2	3	6	7	1	4	8	9	10	2	6	7	9	10
1	2	4	6	9	1	5	7	9	10	3	4	5	7	9
1	2	5	7	8	2	3	4	8	10	3	4	6	7	10
1	3	6	8	9	2	3	5	9	10	3	5	6	8	9
1	3	7	8	10	2	4	7	8	9	4	5	6	7	8

设计23　$a=10$, $k=6$, $r=9$, $b=15$, $\lambda=5$

1	2	3	5	7	10	1	3	4	5	6	10	2	3	4	6	8	10
1	2	3	8	9	10	1	3	4	6	7	9	2	3	5	6	7	8
1	2	4	5	8	9	1	3	5	6	8	9	2	4	5	6	9	10
1	2	4	6	7	8	1	4	5	7	8	10	3	4	7	8	9	10
1	2	6	7	9	10	2	3	4	5	7	9	5	6	7	8	9	10

设计24　$a=11$, $k=2$, $r=10$, $b=55$, $\lambda=1$

I	II	III	IV	V	VI	VII	VIII	IX	X
1	2	1	3	1	4	1	5	1	6
2	3	2	4	2	5	2	6	2	7
3	4	3	5	3	6	3	7	3	8
4	5	4	6	4	7	4	8	4	9
5	6	5	7	5	8	5	9	5	10
6	7	6	8	6	9	6	10	6	11
7	8	7	9	7	10	7	11	7	1
8	9	8	10	8	11	8	1	8	2
9	10	9	11	9	1	9	2	9	3
10	11	10	1	10	2	10	3	10	4
11	1	11	2	11	3	11	4	11	5

设计25　$a=11$, $k=5$, $r=5$, $b=11$, $\lambda=2$

I	II	III	IV	V
1	2	3	5	8
2	3	4	6	9
3	4	5	7	10
4	5	6	8	11
5	6	7	9	1
6	7	8	10	2
7	8	9	11	3
8	9	10	1	4
9	10	11	2	5
10	11	1	3	6
11	1	2	4	7

设计26　$a=11$, $k=6$, $r=6$, $b=11$, $\lambda=3$

I	II	III	IV	V	VI
1	2	3	7	9	10
2	3	4	8	10	11
3	4	5	9	11	1
4	5	6	10	1	2
5	6	7	11	2	3
6	7	8	1	3	4
7	8	9	2	4	5
8	9	10	3	5	6
9	10	11	4	6	7
10	11	1	5	7	8
11	1	2	6	8	9

设计27　$a=13$, $k=3$, $r=6$, $b=26$, $\lambda=1$

I	II	III	IV	V	VI
1	2	11	1	3	9
2	3	12	2	4	10
3	4	13	3	5	11
4	5	1	4	6	12
5	6	2	5	7	13
6	7	3	6	8	1
7	8	4	7	9	2
8	9	5	8	10	3
9	10	6	9	11	4
10	11	7	10	12	5
11	12	8	11	13	6
12	13	9	12	1	7
13	1	10	13	2	8

设计 28 $a=13$, $k=4$, $r=4$, $b=13$, $\lambda=1$

I	II	III	IV
1	2	4	10
2	3	5	11
3	4	6	12
4	5	7	13
5	6	8	1
6	7	9	2
7	8	10	3
8	9	11	4
9	10	12	5
10	11	13	6
11	12	1	7
12	13	2	8
13	1	3	9

设计 29 $a=13$, $k=9$, $r=9$, $b=13$, $\lambda=6$

I	II	III	IV	V	VI	VII	VIII	IX
1	2	3	4	5	7	8	9	12
2	3	4	5	6	8	9	10	13
3	4	5	6	7	9	10	11	1
4	5	6	7	8	10	11	12	2
5	6	7	8	9	11	12	13	3
6	7	8	9	10	12	13	1	4
7	8	9	10	11	13	1	2	5
8	9	10	11	12	1	2	3	6
9	10	11	12	13	2	3	4	7
10	11	12	13	1	3	4	5	8
11	12	13	1	2	4	5	6	9
12	13	1	2	3	5	6	7	10
13	1	2	3	4	6	7	8	11

设计 30 $a=15$, $k=3$, $r=7$, $b=35$, $\lambda=1$

I			II			III			IV		
1	2	3	1	4	5	1	6	7	1	8	9
4	8	12	2	8	10	2	9	11	2	13	15
5	10	15	3	13	14	3	12	15	3	4	7
6	11	13	6	9	15	4	10	14	5	11	14
7	9	14	7	11	12	5	8	13	6	10	12

V			VI			VII		
1	10	11	1	12	13	1	14	15
2	12	14	2	5	7	2	4	6
3	5	6	3	9	10	3	8	11
4	9	13	4	11	15	5	9	12
7	8	15	6	8	14	7	10	13

设计 31 $a=15$, $k=7$, $r=7$, $b=15$, $\lambda=3$

I	II	III	IV	V	VI	VII
1	2	3	5	6	9	11
2	3	4	6	7	10	12
3	4	5	7	8	11	13
4	5	6	8	9	12	14
5	6	7	9	10	13	15
6	7	8	10	11	14	1
7	8	9	11	12	15	2
8	9	10	12	13	1	3
9	10	11	13	14	2	4
10	11	12	14	15	3	5
11	12	13	15	1	4	6
12	13	14	1	2	5	7
13	14	15	2	3	6	8
14	15	1	3	4	7	9
15	1	2	4	5	8	10

设计 32 $a=15$, $k=8$, $r=8$, $b=15$, $\lambda=4$

I	II	III	IV	V	VI	VII	VIII
1	2	3	4	8	11	12	14
2	3	4	5	9	12	13	15
3	4	5	6	10	13	14	1
4	5	6	7	11	14	15	2
5	6	7	8	12	15	1	3
6	7	8	9	13	1	2	4
7	8	9	10	14	2	3	5
8	9	10	11	15	3	4	6
9	10	11	12	1	4	5	7
10	11	12	13	2	5	6	8
11	12	13	14	3	6	7	9
12	13	14	15	4	7	8	10
13	14	15	1	5	8	9	11
14	15	1	2	6	9	10	12
15	1	2	3	7	10	11	13

设计 33　$a=16$, $k=4$, $r=5$, $b=20$, $\lambda=1$

1	2	3	4
5	6	7	8
9	10	11	12
13	14	15	16

1	5	9	13
2	6	10	14
3	7	11	15
4	8	12	16

1	6	11	16
2	5	12	15
3	8	9	14
4	7	10	13

1	7	12	14
2	8	11	13
3	5	10	16
4	6	9	15

1	8	10	15
2	7	9	16
3	6	12	13
4	5	11	14

设计 34　$a=16$, $k=6$, $r=6$, $b=16$, $\lambda=2$

1	2	3	4	5	6
2	7	8	9	10	1
3	1	13	7	11	12
4	8	1	11	14	15
5	12	14	1	16	9
6	10	15	13	1	16
7	14	2	16	15	3
8	16	12	2	4	13
9	15	11	5	13	2
10	11	6	12	2	14
11	4	16	3	9	10
12	3	10	15	8	5
13	6	9	14	3	8
14	13	5	10	7	4
15	9	4	6	12	7
16	5	7	8	6	11

设计 35　$a=16$, $k=6$, $r=9$, $b=24$, $\lambda=3$

1	2	5	6	11	12
1	2	7	8	13	14
1	2	9	10	15	16
3	4	5	6	15	16
3	4	7	8	9	10
3	4	11	12	13	14
5	6	9	10	13	14
7	8	11	12	15	16

1	3	5	7	10	12
1	3	6	8	13	15
1	3	9	11	14	16
2	4	5	7	14	16
2	4	6	8	9	11
2	4	10	12	13	15
5	7	9	11	13	15
6	8	10	12	14	16

1	4	5	8	10	11
1	4	6	7	13	16
1	4	9	12	14	15
2	3	5	8	14	15
2	3	6	7	9	12
2	3	10	11	13	16
5	8	9	12	13	16
6	7	10	11	14	15

设计 36　$a=16$, $k=10$, $r=10$, $b=16$, $\lambda=6$

I	II	III	IV	V	VI	VII	VIII	IX	X
1	4	5	6	8	9	10	11	12	13
2	7	10	9	12	13	6	3	16	5
3	13	11	12	14	15	4	5	6	16
4	8	9	7	11	12	5	14	2	3
5	6	3	11	7	10	1	15	9	14
6	3	7	15	13	11	8	2	10	4
7	1	4	3	9	8	13	16	5	15
8	10	12	13	15	16	7	9	14	11
9	5	8	10	16	14	2	4	15	6
10	2	16	1	5	4	15	12	11	7
11	9	15	16	2	3	12	6	1	8
12	15	2	8	6	5	14	7	13	1
13	11	14	5	1	2	16	8	3	10
14	16	1	2	4	6	11	13	7	9
15	12	13	14	3	1	9	10	4	2
16	14	6	4	10	7	3	1	8	12

设计 37　$a=19$, $k=3$, $r=9$, $b=57$, $\lambda=1$

I	II	III	IV	V	VI	VII	VIII	IX
1	2	13	1	3	6	1	5	14
2	3	14	2	4	7	2	6	15
3	4	15	3	5	8	3	7	16
4	5	16	4	6	9	4	8	17
5	6	17	5	7	10	5	9	18
6	7	18	6	8	11	6	10	19
7	8	19	7	9	12	7	11	1
8	9	1	8	10	13	8	12	2
9	10	2	9	11	14	9	13	3
10	11	3	10	12	15	10	14	4
11	12	4	11	13	16	11	15	5
12	13	5	12	14	17	12	16	6
13	14	6	13	15	18	13	17	7
14	15	7	14	16	19	14	18	8
15	16	8	15	17	1	15	19	9
16	17	9	16	18	2	16	1	10
17	18	10	17	19	3	17	2	11
18	19	11	18	1	4	18	3	12
19	1	12	19	2	5	19	4	13

设计 38 　$a=19$，$k=9$，$r=9$，$b=19$，$\lambda=4$

I	II	III	IV	V	VI	VII	VIII	IX
1	3	5	6	7	8	11	14	15
2	4	6	7	8	9	12	15	16
3	5	7	8	9	10	13	16	17
4	6	8	9	10	11	14	17	18
5	7	9	10	11	12	15	18	19
6	8	10	11	12	13	16	19	1
7	9	11	12	13	14	17	1	2
8	10	12	13	14	15	18	2	3
9	11	13	14	15	16	19	3	4
10	12	14	15	16	17	1	4	5
11	13	15	16	17	18	2	5	6
12	14	16	17	18	19	3	6	7
13	15	17	18	19	1	4	7	8
14	16	18	19	1	2	5	8	9
15	17	19	1	2	3	6	9	10
16	18	1	2	3	4	7	10	11
17	19	2	3	4	5	8	11	12
18	1	3	4	5	6	9	12	13
19	2	4	5	6	7	10	13	14

设计 39 　$a=19$，$k=10$，$r=10$，$b=19$，$\lambda=5$

I	II	III	IV	V	VI	VII	VIII	IX	X
1	2	3	4	6	8	13	14	16	17
2	3	4	5	7	9	14	15	17	18
3	4	5	6	8	10	15	16	18	19
4	5	6	7	9	11	16	17	19	1
5	6	7	8	10	12	17	18	1	2
6	7	8	9	11	13	18	19	2	3
7	8	9	10	12	14	19	1	3	4
8	9	10	11	13	15	1	2	4	5
9	10	11	12	14	16	2	3	5	6
10	11	12	13	15	17	3	4	6	7
11	12	13	14	16	18	4	5	7	8
12	13	14	15	17	19	5	6	8	9
13	14	15	16	18	1	6	7	9	10
14	15	16	17	19	2	7	8	10	11
15	16	17	18	1	3	8	9	11	12
16	17	18	19	2	4	9	10	12	13
17	18	19	1	3	5	10	11	13	14
18	19	1	2	4	6	11	12	14	15
19	1	2	3	5	7	12	13	15	16

设计 40 　$a=21$，$k=3$，$r=10$，$b=70$，$\lambda=1$

I	II	III	IV	V
1 2 3	1 4 15	1 5 17	1 6 9	1 7 21
4 5 6	2 5 11	2 4 14	2 7 16	2 13 17
7 8 9	3 9 16	3 7 11	3 8 21	3 10 18
10 11 12	6 17 20	6 10 19	4 17 19	4 8 11
13 14 15	7 12 19	8 16 20	5 10 13	5 16 19
16 17 18	8 13 18	9 15 18	11 15 20	6 12 15
19 20 21	10 14 21	12 13 21	12 14 18	9 14 20

VI	VII	VIII	IX	X
1 8 10	1 11 18	1 12 20	1 13 19	1 14 16
2 18 19	2 10 20	2 6 8	2 9 12	2 15 21
3 15 17	3 5 12	3 14 19	3 4 20	3 6 18
4 12 16	4 9 13	4 18 21	5 8 14	4 7 10
5 9 21	6 16 21	5 7 15	6 7 18	5 18 20
6 11 14	7 14 17	9 10 17	10 15 16	8 12 17
7 13 20	8 15 19	11 13 16	11 17 21	9 11 19

设计 41 　$a=21$，$k=5$，$r=5$，$b=21$，$\lambda=1$

I	II	III
1 2 5 15 17	8 9 12 1 3	15 16 19 8 10
2 3 6 16 18	9 10 13 2 4	16 17 20 9 11
3 4 7 17 19	10 11 14 3 5	17 18 21 10 12
4 5 8 18 20	11 12 15 4 6	18 19 1 11 13
5 6 9 19 21	12 13 16 5 7	19 20 2 12 14
6 7 10 20 1	13 14 17 6 8	20 21 3 13 15
7 8 11 21 2	14 15 18 7 9	21 1 4 14 16

设计 42 　$a=21$，$k=7$，$r=10$，$b=30$，$\lambda=3$

I	II
1 2 3 4 5 6 7	2 3 5 9 10 12 15
1 2 4 8 9 11 21	2 3 12 14 16 18 19
1 2 11 13 15 17 18	2 4 8 12 15 16 20
1 3 7 8 10 14 20	2 5 10 11 17 19 20
1 3 11 14 15 19 21	2 6 7 9 13 14 19
1 4 9 10 16 18 19	2 6 8 14 16 17 21
1 5 6 8 12 13 18	2 7 10 13 18 20 21
1 5 13 14 15 16 20	3 4 6 10 11 13 16
1 6 9 12 17 19 20	3 4 8 13 17 19 20
1 7 10 12 16 17 21	3 5 9 13 16 17 21

III	
3 6 11 12 18 20 21	4 7 12 13 15 19 21
3 7 8 9 15 17 18	5 6 8 10 15 19 21
4 5 7 11 12 14 17	5 7 8 11 16 18 19
4 5 9 14 18 20 21	6 7 9 11 15 16 20
4 6 10 14 15 17 18	8 9 10 11 12 13 14

设计 43　$a=25$，$k=4$，$r=8$，$b=50$，$\lambda=1$

I	II	III	IV	V	VI	VII	VIII
1	2	6	25	1	3	11	19
2	3	7	21	2	4	12	20
3	4	8	22	3	5	13	16
4	5	9	23	4	1	14	17
5	6	10	24	5	2	15	18
6	7	11	5	6	8	16	24
7	8	12	1	7	9	17	25
8	9	13	2	8	10	18	21
9	10	14	3	9	6	19	22
10	11	15	4	10	7	20	23
11	12	16	10	11	13	21	4
12	13	17	6	12	14	22	5
13	14	18	7	13	5	23	1
14	15	19	8	14	11	24	2
15	16	20	9	15	12	25	3
16	17	21	15	16	18	1	9
17	18	22	11	17	19	2	10
18	19	23	12	18	20	3	6
19	20	24	13	19	16	4	7
20	21	25	14	20	17	5	8
21	22	1	20	21	23	6	14
22	23	2	16	22	24	7	15
23	24	3	17	23	25	8	11
24	25	4	18	24	21	9	12
25	21	5	19	25	22	10	13

设计 45　$a=25$，$k=9$，$r=9$，$b=25$，$\lambda=3$

I	II	III	IV	V	VI	VII	VIII	IX
1	2	3	4	5	6	7	8	9
2	4	9	10	24	17	15	22	12
3	24	8	23	18	21	13	4	10
4	22	25	3	20	12	11	3	19
5	15	17	18	8	11	2	13	20
6	8	12	13	1	14	24	25	15
7	16	5	22	3	10	25	15	13
8	10	11	16	6	22	23	1	17
9	13	20	5	12	23	1	21	22
10	19	14	12	16	2	8	5	21
11	18	19	24	10	1	5	9	25
12	6	10	25	7	18	20	2	23
13	11	4	9	23	25	14	16	2
14	3	7	17	11	5	12	23	24
15	20	21	1	14	7	10	11	4
16	17	18	7	13	19	4	12	1
17	14	13	20	19	3	9	10	6
18	9	22	14	25	8	21	17	7
19	7	23	15	9	20	16	24	8
20	5	16	6	4	24	22	14	13
21	12	6	11	15	9	3	18	16
22	21	24	19	2	13	6	7	11
23	1	2	3	22	15	18	19	14
24	25	1	2	21	16	17	20	3
25	23	15	21	17	4	19	6	5

设计 44　$a=25$，$k=5$，$r=6$，$b=30$，$\lambda=1$

I
1	2	3	4	5
6	7	8	9	10
11	12	13	14	15
16	17	18	19	20
21	22	23	24	25

II
1	6	11	16	21
2	7	12	17	22
3	9	14	19	24
4	9	14	19	24
5	10	15	20	25

III
1	7	13	20	24
2	8	14	16	25
4	10	11	18	22
3	9	15	17	21
5	6	12	19	23

IV
1	8	15	19	22
2	9	11	20	23
3	10	12	16	24
4	6	13	17	25
5	7	14	18	21

V
1	9	12	18	25
2	10	13	19	21
3	6	14	20	22
4	7	15	16	23
5	8	11	17	24

VI
1	10	14	17	23
2	6	15	18	24
3	7	11	19	25
4	8	12	20	21
5	9	13	16	22

设计 46　$a=28$，$k=4$，$r=9$，$b=63$，$\lambda=1$

I
28	1	10	19
2	9	13	16
3	8	11	18
4	7	23	24
5	6	20	27
12	17	22	25
14	15	21	26

II
28	2	11	20
3	1	14	17
4	9	12	10
5	8	24	25
6	7	21	19
13	18	23	26
15	16	22	27

III
28	3	12	21
4	2	15	18
5	1	13	11
6	9	25	26
7	3	22	20
14	10	24	27
16	17	23	19

IV
28	4	13	22
5	3	16	10
6	2	14	12
7	1	26	27
8	9	23	21
15	11	25	19
17	18	24	20

V
28	5	14	23
6	4	17	11
7	3	15	13
8	2	27	19
9	1	24	22
16	12	26	20
18	10	25	21

VI
28	6	15	24
7	5	18	12
8	4	16	14
9	3	19	20
1	2	25	23
17	13	27	21
10	11	26	22

VII				VIII				IX			
28	7	16	25	28	8	17	26	28	9	18	27
8	6	10	13	9	7	11	14	1	8	12	15
9	5	17	15	1	6	18	16	2	7	10	17
1	4	20	21	2	5	21	22	3	6	22	23
2	3	26	24	3	4	27	25	4	5	19	26
18	14	19	22	10	15	20	23	11	16	21	24
11	12	27	23	12	13	19	24	13	14	20	25

设计 47 $a=28$, $k=7$, $r=9$, $b=36$, $\lambda=2$

I	II	III	IV	V	VI	VII	VIII	IX	X	XI	XII	XIII	XIV
1	2	4	13	20	24	28	3	7	16	18	19	20	24
1	2	8	10	12	16	25	3	8	10	13	22	27	28
1	3	4	7	15	21	22	3	9	15	16	25	26	28
1	3	6	12	19	23	27	4	5	12	13	15	19	26
1	5	9	10	11	15	24	4	6	9	18	24	25	27
1	5	17	18	21	27	28	4	7	8	9	14	23	28
1	6	7	8	11	20	26	4	8	11	17	19	21	25
1	9	14	16	17	19	22	4	10	16	17	20	26	27
12	13	14	18	25	26		5	6	7	10	19	25	28
2	3	5	14	20	21	25	5	7	11	13	14	16	27
2	3	6	9	11	13	17	5	8	9	12	18	20	22
2	4	5	6	16	22	23	6	8	13	15	16	18	21
2	7	9	12	21	26	27	6	10	14	21	22	24	26
2	7	10	15	17	18	23	6	12	14	15	17	20	28
2	8	14	15	19	24	27	7	12	13	17	22	24	25
2	11	18	19	22	26	28	9	10	13	19	20	21	23
3	4	10	11	12	14	18	11	12	16	21	23	24	28
3	5	8	17	23	24	26	11	15	20	22	23	25	27

设计 48 $a=31$, $k=6$, $r=6$, $b=31$, $\lambda=1$

I	II	III	IV	V	VI
1	2	4	11	15	27
2	3	5	12	16	28
3	4	6	13	17	29
4	5	7	14	18	30
5	6	8	15	19	31
6	7	9	16	20	1
7	8	10	17	21	2
8	9	11	18	22	3
9	10	12	19	23	4
10	11	13	20	24	5
11	12	14	21	25	6
12	13	15	22	26	7
13	14	16	23	27	8
14	15	17	24	28	9
15	16	18	25	29	10
16	17	19	26	30	11
17	18	20	27	31	12
18	19	21	28	1	13
19	20	22	29	2	14
20	21	23	30	3	15
21	22	24	31	4	16
22	23	25	1	5	17
23	24	26	2	6	18
24	25	27	3	7	19
25	26	28	4	8	20
26	27	29	5	9	21
27	28	30	6	10	22
28	29	31	7	11	23
29	30	1	8	12	24
30	31	2	9	13	25
31	1	3	10	14	26

设计 49 $a=31$, $k=10$, $r=10$, $b=31$, $\lambda=3$

I	II	III	IV	V	VI	VII	VIII	IX	X
1	2	4	8	9	11	15	16	13	23
2	3	12	9	10	17	16	19	5	22
3	4	20	10	17	13	6	18	11	23
4	5	7	11	12	21	18	14	19	24
5	6	1	12	13	8	19	20	15	25
6	7	13	16	14	9	20	21	2	26
7	1	15	14	8	10	21	17	3	27
8	11	17	25	16	23	29	7	26	5
9	12	24	29	27	18	1	26	17	6
10	13	18	19	29	25	2	27	28	7
11	14	22	26	19	20	3	28	29	1
12	8	27	23	20	29	4	22	21	2
13	9	29	23	21	15	5	23	24	3
14	10	25	22	15	16	24	29	6	4
15	24	26	5	2	27	11	10	30	20
16	25	6	30	3	28	12	11	27	21
17	26	23	7	30	22	13	12	4	15
18	27	23	1	5	30	14	13	22	16
19	28	30	2	6	14	8	24	23	17
20	22	8	3	7	24	9	30	25	18
21	23	10	4	1	26	30	25	9	19
22	21	11	17	24	1	25	2	31	13
23	15	3	18	25	2	26	31	12	14
24	16	19	31	26	3	27	4	13	8
25	17	14	27	31	4	28	5	20	9
26	18	5	21	23	31	22	6	3	10
27	19	31	15	22	6	23	9	7	11
28	20	16	24	23	7	31	1	10	12
29	30	2	6	4	5	7	3	1	31
30	31	9	13	11	12	10	8	14	29
31	29	21	20	13	19	17	15	16	30

设计 50　$a=37$，$k=9$，$r=9$，$b=37$，$\lambda=2$

Ⅰ	Ⅱ	Ⅲ	Ⅳ	Ⅴ	Ⅵ	Ⅶ	Ⅷ	Ⅸ
1	2	4	8	18	25	26	30	36
2	3	5	9	19	26	27	31	37
3	4	6	10	20	27	28	32	1
4	5	7	11	21	28	29	33	2
5	6	8	12	22	29	30	34	3
6	7	9	13	23	30	31	35	4
7	8	10	14	24	31	32	36	5
8	9	11	15	25	32	33	37	6
9	10	12	16	26	33	34	1	7
10	11	13	17	27	34	35	2	8
11	12	14	18	28	35	36	3	9
12	13	15	19	29	36	37	4	10
13	14	16	20	30	37	1	5	11
14	15	17	21	31	1	2	6	12
15	16	18	22	32	2	3	7	13
16	17	19	23	33	3	4	8	14
17	18	20	24	34	4	5	9	15
18	19	21	25	35	5	6	10	16
19	20	22	26	36	6	7	11	17
20	21	23	27	37	7	8	12	18
21	22	24	28	1	8	9	13	19
22	23	25	29	2	9	10	14	20
23	24	26	30	3	10	11	15	21
24	25	27	31	4	11	12	16	22
25	26	28	32	5	12	13	17	23
26	27	29	33	6	13	14	18	24
27	28	30	34	7	14	15	19	25
28	29	31	35	8	15	16	20	26
29	30	32	36	9	16	17	21	27
30	31	33	37	10	17	18	22	28
31	32	34	1	11	18	19	23	29
32	33	35	2	12	19	20	24	30
33	34	36	3	13	20	21	25	31
34	35	37	4	14	21	22	26	32
35	36	1	5	15	22	23	27	33
36	37	2	6	16	23	24	28	34
37	1	3	7	17	24	25	29	35

设计 51　$a=41$，$k=5$，$r=10$，$b=82$，$\lambda=1$

Ⅰ	Ⅱ	Ⅲ	Ⅳ	Ⅴ	Ⅵ	Ⅶ	Ⅷ	Ⅸ	Ⅹ
1	10	16	18	37	1	19	31	32	35
2	11	17	19	38	2	20	32	33	36
3	12	18	20	39	3	21	33	34	37
4	13	19	21	40	4	22	34	35	38
5	14	20	22	41	5	23	35	36	39
6	15	21	23	1	6	24	36	37	40
7	16	22	24	2	7	25	37	38	41
8	17	23	25	3	8	26	38	39	1
9	18	24	26	4	9	27	39	40	2
10	19	25	27	5	10	28	40	41	3
11	20	26	28	6	11	29	41	1	4
12	21	27	29	7	12	30	1	2	5
13	22	28	30	8	13	31	2	3	6
14	23	29	31	9	14	32	3	4	7
15	24	30	32	10	15	33	4	5	8
16	25	31	33	11	16	34	5	6	9
17	26	32	34	12	17	35	6	7	10
18	27	33	35	13	18	36	7	8	11
19	28	34	36	14	19	37	8	9	12
20	29	35	37	15	20	38	9	10	13
21	30	36	38	16	21	39	10	11	14
22	31	37	39	17	22	40	11	12	15
23	32	38	40	18	23	41	12	13	16
24	33	39	41	19	24	1	13	14	17
25	34	40	1	20	25	2	14	15	18
26	35	41	2	21	26	3	15	16	19
27	36	1	3	22	27	4	16	17	20
28	37	2	4	23	28	5	17	18	21
29	38	3	5	24	29	6	18	19	22
30	39	4	6	25	30	7	19	20	23
31	40	5	7	26	31	8	20	21	24
32	41	6	8	27	32	9	21	22	25
33	1	7	9	28	33	10	22	23	26
34	2	8	10	29	34	11	23	24	27
35	3	9	11	30	35	12	24	25	28
36	4	10	12	31	36	13	25	26	29
37	5	11	13	32	37	14	26	27	30
38	6	12	14	33	38	15	27	28	31
39	7	13	15	34	39	16	28	29	32
40	8	14	16	35	40	17	29	30	33
41	9	15	17	36	41	18	30	31	34

设计 52 $a=49$, $k=7$, $r=8$, $b=56$, $\lambda=1$

I

1	2	3	4	5	6	7
8	9	10	11	12	13	14
15	16	17	18	19	20	21
22	23	24	25	26	27	28
29	30	31	32	33	34	35
36	37	38	39	40	41	42
43	44	45	46	47	48	49

II

1	8	15	22	29	36	43
2	9	16	23	30	37	44
3	10	17	24	31	38	45
4	11	18	25	32	39	46
5	12	19	26	33	40	47
6	13	20	27	34	41	48
7	14	21	28	35	42	49

III

1	9	18	24	35	40	48
2	10	19	25	29	41	49
3	11	20	26	30	42	43
4	12	21	27	31	36	44
5	13	15	28	32	37	45
6	14	16	22	33	38	46
7	15	17	23	34	39	47

IV

1	10	21	26	34	37	46
2	11	15	27	35	38	47
3	12	16	28	29	39	48
4	13	17	22	30	40	49
5	14	18	23	31	41	43
6	8	19	24	32	42	44
7	9	20	25	33	36	45

V

1	11	17	23	33	41	44
2	12	18	22	34	42	45
3	13	19	23	35	36	46
4	14	20	24	29	37	47
5	8	21	25	30	38	48
6	9	15	26	31	39	49
7	10	16	27	32	40	43

VI

1	12	20	23	32	38	49
2	13	21	24	33	39	43
3	14	15	25	34	40	44
4	8	16	26	35	41	45
5	9	17	27	29	42	46
6	10	18	28	30	36	47
7	11	19	22	31	37	48

VII

1	13	16	25	31	42	47
2	14	17	26	32	36	48
3	8	18	27	33	37	49
4	9	19	28	34	38	43
5	10	20	22	35	39	44
6	11	21	23	29	40	45
7	12	15	24	30	41	46

VIII

1	14	19	27	30	39	45
2	8	20	28	31	40	46
3	9	21	22	32	41	47
4	10	15	23	33	42	48
5	11	16	24	34	36	49
6	12	17	25	35	37	43
7	13	18	26	29	38	44

设计 53 $a=57$, $k=8$, $r=8$, $b=57$, $\lambda=1$

I	II	III	IV	V	VI	VII	VIII
1	4	6	14	15	21	33	37
2	5	7	15	16	22	34	38
3	6	8	16	17	23	35	39
4	7	9	17	18	24	36	40
5	8	10	18	19	25	37	41
6	9	11	19	20	26	38	42
7	10	12	20	21	27	39	43
8	11	13	21	22	28	40	44
9	12	14	22	23	29	41	45
10	13	15	23	24	30	42	46
11	14	16	24	25	31	43	47
12	15	17	25	26	32	44	48
13	16	18	26	27	33	45	49
14	17	19	27	28	34	46	50
15	18	20	28	29	35	47	51
16	19	21	29	30	36	48	52
17	20	22	30	31	37	49	53
18	21	23	31	32	38	50	54
19	22	24	32	33	39	51	55
20	23	25	33	34	40	52	56
21	24	26	34	35	41	53	57
22	25	27	35	36	42	54	1
23	26	28	36	37	43	55	2
24	27	29	37	38	44	56	3
25	28	30	38	39	45	57	4
26	29	31	39	40	46	1	5
27	30	32	40	41	47	2	6
28	31	33	41	42	48	3	7
29	32	34	42	43	49	4	8
30	33	35	43	44	50	5	9
31	34	36	44	45	51	6	10
32	35	37	45	46	52	7	11
33	36	38	46	47	53	8	12
34	37	39	47	48	54	9	13
35	38	40	48	49	55	10	14
36	39	41	49	50	56	11	15
37	40	42	50	51	57	12	16
38	41	43	51	52	1	13	17
39	42	44	52	53	2	14	18
40	43	45	53	54	3	15	19
41	44	46	54	55	4	16	20
42	45	47	55	56	5	17	21
43	46	48	56	57	6	18	22
44	47	49	57	1	7	19	23
45	48	50	1	2	8	20	24
46	49	51	2	3	9	21	25
47	50	52	3	4	10	22	26
48	51	53	4	5	11	23	27
49	52	54	5	6	12	24	28
50	53	55	6	7	13	25	29
51	54	56	7	8	14	26	30
52	55	57	8	9	15	27	31
53	56	1	9	10	16	28	32
54	57	2	10	11	17	29	33
55	1	3	11	12	18	30	34
56	2	4	12	13	19	31	35
57	3	5	13	14	20	32	36

附表 11　常用正交表

(1) $L_4(2^3)$

试验号	列号		
	1	2	3
1	1	1	1
2	1	2	2
3	2	1	2
4	2	2	1

注：任意二列的交互作用列为另一列。

(2) $L_8(2^7)$

试验号	列号						
	1	2	3	4	5	6	7
1	1	1	1	1	1	1	1
2	1	1	1	2	2	2	2
3	1	2	2	1	1	2	2
4	1	2	2	2	2	1	1
5	2	1	2	1	2	1	2
6	2	1	2	2	1	2	1
7	2	2	1	1	2	2	1
8	2	2	1	2	1	1	2

$L_8(2^7)$ 二列间的交互作用表

1	2	3	4	5	6	7	列号
(1)	3	2	5	4	7	6	1
	(2)	1	6	7	4	5	2
		(3)	7	6	5	4	3
			(4)	1	2	3	4
				(5)	3	2	5
					(6)	1	6
						(7)	7

(3) $L_9(3^4)$

试验号	列号			
	1	2	3	4
1	1	1	1	1
2	1	2	2	2
3	1	3	3	3
4	2	1	2	3

（续）

试验号	列号			
	1	2	3	4
5	2	2	3	1
6	2	3	1	2
7	3	1	3	2
8	3	2	1	3
9	3	3	2	1

注：任意二列的交互作用列为另外二列。

（4）$L_{16}(2^{15})$

试验号	列号														
	1	2	3	4	5	6	7	8	9	10	11	12	13	14	15
1	1	1	1	1	1	1	1	1	1	1	1	1	1	1	1
2	1	1	1	1	1	1	1	2	2	2	2	2	2	2	2
3	1	1	1	2	2	2	2	1	1	1	1	2	2	2	2
4	1	1	1	2	2	2	2	2	2	2	2	1	1	1	1
5	1	2	2	1	1	2	2	1	1	2	2	1	1	2	2
6	1	2	2	1	1	2	2	2	2	1	1	2	2	1	1
7	1	2	2	2	2	1	1	1	1	2	2	2	2	1	1
8	1	2	2	2	2	1	1	2	2	1	1	1	1	2	2
9	2	1	2	1	2	1	2	1	2	1	2	1	2	1	2
10	2	1	2	1	2	1	2	2	1	2	1	2	1	2	1
11	2	1	2	2	1	2	1	1	2	1	2	2	1	2	1
12	2	1	2	2	1	2	1	2	1	2	1	1	2	1	2
13	2	2	1	1	2	2	1	1	2	2	1	1	2	2	1
14	2	2	1	1	2	2	1	2	1	1	2	2	1	1	2
15	2	2	1	2	1	1	2	1	2	2	1	2	1	1	2
16	2	2	1	2	1	1	2	2	1	1	2	1	2	2	1

$L_{16}(2^{15})$ 二列间的交互作用表

1	2	3	4	5	6	7	8	9	10	11	12	13	14	15	列号
(1)	3	2	5	4	7	6	9	8	11	10	13	12	15	14	1
	(2)	1	6	7	4	5	10	11	8	9	14	15	12	13	2
		(3)	7	6	5	4	11	10	9	8	15	14	13	12	3
			(4)	1	2	3	12	13	14	15	8	9	10	11	4
				(5)	3	2	13	12	15	14	9	8	11	10	5
					(6)	1	14	15	12	13	10	11	8	9	6

（续）

1	2	3	4	5	6	7	8	9	10	11	12	13	14	15	列号
						(7)	15	14	13	12	11	10	9	8	7
							(8)	1	2	3	4	5	6	7	8
								(9)	3	2	5	4	7	6	9
									(10)	1	6	7	4	5	10
										(11)	7	6	5	4	11
											(12)	1	2	3	12
												(13)	3	2	13
													(14)	1	14
														(15)	15

（5）$L_{16}(4^5)$

试验号	列号				
	1	2	3	4	5
1	1	1	1	1	1
2	1	2	2	2	2
3	1	3	3	3	3
4	1	4	4	4	4
5	2	1	2	3	4
6	2	2	1	4	3
7	2	3	4	1	2
8	2	4	3	2	1
9	3	1	3	4	2
10	3	2	4	3	1
11	3	3	1	2	4
12	3	4	2	1	3
13	4	1	4	2	3
14	4	2	3	1	4
15	4	3	2	4	1
16	4	4	1	3	2

注：任意二列的交互作用列为另外三列。

（6）$L_{27}(3^{13})$

试验号	列号												
	1	2	3	4	5	6	7	8	9	10	11	12	13
1	1	1	1	1	1	1	1	1	1	1	1	1	1
2	1	1	1	1	2	2	2	2	2	2	2	2	2

（续）

试验号	列号												
	1	2	3	4	5	6	7	8	9	10	11	12	13
3	1	1	1	1	3	3	3	3	3	3	3	3	3
4	1	2	2	2	1	1	1	2	2	2	3	3	3
5	1	2	2	2	2	2	2	3	3	3	1	1	1
6	1	2	2	2	3	3	3	1	1	1	2	2	2
7	1	3	3	3	1	1	1	3	3	3	2	2	2
8	1	3	3	3	2	2	2	1	1	1	3	3	3
9	1	3	3	3	3	3	3	2	2	2	1	1	1
10	2	1	2	3	1	2	3	1	2	3	1	2	3
11	2	1	2	3	2	3	1	2	3	1	2	3	1
12	2	1	2	3	3	1	2	3	1	2	3	1	2
13	2	2	3	1	1	2	3	2	3	1	3	1	2
14	2	2	3	1	2	3	1	3	1	2	1	2	3
15	2	2	3	1	3	1	2	1	2	3	2	3	1
16	2	3	1	2	1	2	3	3	1	2	2	3	1
17	2	3	1	2	2	3	1	1	2	3	3	1	2
18	2	3	1	2	3	1	2	2	3	1	1	2	3
19	3	1	3	2	1	3	2	1	3	2	1	3	2
20	3	1	3	2	2	1	3	2	1	3	2	1	3
21	3	1	3	2	3	2	1	3	2	1	3	2	1
22	3	2	1	3	1	3	2	2	1	3	3	2	1
23	3	2	1	3	2	1	3	3	2	1	1	3	2
24	3	2	1	3	3	2	1	1	3	2	2	1	3
25	3	3	2	1	1	3	2	3	2	1	2	1	3
26	3	3	2	1	2	1	3	1	3	2	3	2	1
27	3	3	2	1	3	2	1	2	1	3	1	3	2

$L_{27}(3^{13})$ 二列间的交互作用表

1	2	3	4	5	6	7	8	9	10	11	12	13	列号
(1)	3 4	2 4	2 3	6 7	5 7	5 6	9 10	8 10	8 9	12 13	11 13	11 12	1
	(2)	1 4	1 3	8 11	9 12	10 13	5 11	6 12	7 13	5 8	6 9	7 10	2
		(3)	1 2	9 13	10 11	8 12	7 12	5 13	6 11	6 10	7 8	5 9	3
			(4)	10 12	8 13	9 11	6 13	7 11	5 12	7 9	5 10	6 8	4

（续）

1	2	3	4	5	6	7	8	9	10	11	12	13	列号
				(5)		1 7	1 6	2 11	3 13	4 12	2 8	4 10	3 9	5
					(6)		1 5	4 13	2 12	3 11	3 10	2 9	4 8	6
						(7)		3 12	4 11	2 13	4 9	3 8	2 10	7
							(8)		1 10	1 9	2 5	3 7	4 6	8
								(9)		1 8	4 7	2 6	3 5	9
									(10)		3 6	4 5	2 7	10
										(11)		1 13	1 12	11
											(12)		1 11	12

（7）$L_{25}(5^6)$

试验号	列号					
	1	2	3	4	5	6
1	1	1	1	1	1	1
2	1	2	2	2	2	2
3	1	3	3	3	3	3
4	1	4	4	4	4	4
5	1	5	5	5	5	5
6	2	1	2	3	4	5
7	2	2	3	4	5	1
8	2	3	4	5	1	2
9	2	4	5	1	2	3
10	2	5	1	2	3	4
11	3	1	3	5	2	4
12	3	2	4	1	3	5
13	3	3	5	2	4	1
14	3	4	1	3	5	2
15	3	5	2	4	1	3

（续）

试验号	列号					
	1	2	3	4	5	6
16	4	1	4	2	5	3
17	4	2	5	3	1	4
18	4	3	1	4	2	5
19	4	4	2	5	3	1
20	4	5	3	1	4	2
21	5	1	5	4	3	2
22	5	2	1	5	4	3
23	5	3	2	1	5	4
24	5	4	3	2	1	5
25	5	5	4	3	2	1

（注）任意二列间的交互作用列为另外四列。

（8）$L_8(4 \times 2^4)$

试验号	列号				
	1	2	3	4	5
1	1	1	1	1	1
2	1	2	2	2	2
3	2	1	1	2	2
4	2	2	2	1	1
5	3	1	2	1	2
6	3	2	1	2	1
7	4	1	2	2	1
8	4	2	1	1	2

（9）$L_9(2^1 \times 3^3)$

试验号	列号			
	1	2	3	4
1	1	1	1	1
2	1	2	2	2
3	1	3	3	3
4	1	1	2	3
5	1	2	3	1
6	1	3	1	2
7	2	1	3	2
8	2	2	1	3
9	2	3	2	1

$(10)\,L_9(2^2\times3^2)$

试验号	列号			
	1	2	3	4
1	1	1	1	1
2	1	1	2	2
3	1	2	3	3
4	1	1	2	3
5	1	1	3	1
6	1	2	1	2
7	2	1	3	2
8	2	1	1	3
9	2	2	2	1

$(11)\,L_{12}(3^1\times2^4)$

试验号	列号				
	1	2	3	4	5
1	1	1	1	1	1
2	1	1	1	2	2
3	1	2	2	1	2
4	1	2	2	2	1
5	2	1	2	1	1
6	2	1	2	2	2
7	2	2	1	1	1
8	2	2	1	2	2
9	3	1	2	1	2
10	3	1	1	2	1
11	3	2	1	1	2
12	3	2	2	2	1

$(12)\,L_{12}(6^1\times2^2)$

试验号	列号		
	1	2	3
1	2	1	1
2	5	1	2
3	5	2	1
4	2	2	2
5	4	1	1
6	1	1	2

（续）

试验号	列号		
	1	2	3
7	1	2	1
8	4	2	2
9	3	1	1
10	6	1	2
11	6	2	1
12	3	2	2

（13）$L_{16}(4^1 \times 2^{12})$

试验号	列号												
	1	2	3	4	5	6	7	8	9	10	11	12	13
1	1	1	1	1	1	1	1	1	1	1	1	1	1
2	1	1	1	1	1	2	2	2	2	2	2	2	2
3	1	2	2	2	2	1	1	1	1	2	2	2	2
4	1	2	2	2	2	2	2	2	2	1	1	1	1
5	2	1	1	2	2	1	1	2	2	1	1	2	2
6	2	1	1	2	2	2	2	1	1	2	2	1	1
7	2	2	2	1	1	1	1	2	2	2	2	1	1
8	2	2	2	1	1	2	2	1	1	1	1	2	2
9	3	1	2	1	2	1	2	1	2	1	2	1	2
10	3	1	2	1	2	2	1	2	1	2	1	2	1
11	3	2	1	2	1	1	2	1	2	2	1	2	1
12	3	2	1	2	1	2	1	2	1	1	2	1	2
13	4	1	2	2	1	1	2	2	1	1	2	2	1
14	4	1	2	2	1	2	1	1	2	2	1	1	2
15	4	2	1	1	2	1	2	2	1	2	1	1	2
16	4	2	1	1	2	2	1	1	2	1	2	2	1

注：$L_{16}(4^1 \times 2^{12})$，$L_{16}(4^2 \times 2^9)$，$L_{16}(4^3 \times 2^6)$，$L_{16}(4^4 \times 2^3)$ 均由 $L_{16}(2^{15})$ 并列得到。

（14）$L_{16}(8^1 \times 2^8)$

试验号	列号								
	1	2	3	4	5	6	7	8	9
1	1	1	1	1	1	1	1	1	1
2	1	2	2	2	2	2	2	2	2
3	2	1	1	1	1	2	2	2	2
4	2	2	2	2	2	1	1	1	1

（续）

试验号	列号								
	1	2	3	4	5	6	7	8	9
5	3	1	1	2	2	1	1	2	2
6	3	2	2	1	1	2	2	1	1
7	4	1	1	2	2	2	2	1	1
8	4	2	2	1	1	1	1	2	2
9	5	1	2	1	2	1	2	1	2
10	5	2	1	2	1	2	1	2	1
11	6	1	2	1	2	2	1	2	1
12	6	2	1	2	1	1	2	1	2
13	7	1	2	2	1	1	2	2	1
14	7	2	1	1	2	2	1	1	2
15	8	1	2	2	1	2	1	1	2
16	8	2	1	1	2	1	2	2	1

（15）$L_{16}(3^1 \times 2^{15})$

试验号	列号													
	1	2	3	4	5	6	7	8	9	10	11	12	13	14
1	1	1	1	1	1	1	1	1	1	1	1	1	1	1
2	1	1	1	1	1	1	2	2	2	2	2	2	2	2
3	1	1	2	2	2	2	1	1	1	1	2	2	2	2
4	1	1	2	2	2	2	2	2	2	2	1	1	1	1
5	1	2	1	1	2	2	1	1	2	2	1	1	2	2
6	1	2	1	1	2	2	2	2	1	1	2	2	1	1
7	1	2	2	2	1	1	1	1	2	2	2	2	1	1
8	1	2	2	2	1	1	2	2	1	1	1	1	2	2
9	2	2	1	2	1	2	1	2	1	2	1	2	1	2
10	2	2	1	2	1	2	2	1	2	1	2	1	2	1
11	2	2	2	1	2	1	1	2	1	2	2	1	2	1
12	2	2	2	1	2	1	2	1	2	1	1	2	1	2
13	2	3	1	2	2	1	1	2	2	1	1	2	2	1
14	2	3	1	2	2	1	2	1	1	2	2	1	1	2
15	2	3	2	1	1	2	1	2	2	1	2	1	1	2
16	2	3	2	1	1	2	2	1	1	2	1	2	2	1

（16）$L_{16}(3^2 \times 2^{11})$

试验号	列号												
	1	2	3	4	5	6	7	8	9	10	11	12	13
1	1	1	1	1	1	1	1	1	1	1	1	1	1
2	1	1	1	1	1	2	2	2	2	2	2	2	2
3	1	1	2	2	2	1	1	1	1	2	2	2	2
4	1	1	2	2	2	2	2	2	2	1	1	1	1
5	1	2	1	2	2	1	1	2	2	1	1	2	2
6	1	2	1	2	2	2	2	1	1	2	2	1	1
7	1	2	2	1	1	1	1	2	2	2	2	1	1
8	1	2	2	1	1	2	2	1	1	1	1	2	2
9	2	2	2	1	2	1	2	1	2	1	2	1	2
10	2	2	2	1	2	2	1	2	1	2	1	2	1
11	2	2	3	2	1	1	2	1	2	2	1	2	1
12	2	2	3	2	1	2	1	2	1	1	2	1	2
13	2	3	2	2	1	1	2	2	1	1	2	2	1
14	2	3	2	2	1	2	1	1	2	2	1	1	2
15	2	3	3	1	2	1	2	2	1	2	1	1	2
16	2	3	3	1	2	2	1	1	2	1	2	2	1

（17）$L_{16}(3^3 \times 2^9)$

试验号	列号											
	1	2	3	4	5	6	7	8	9	10	11	12
1	1	1	1	1	1	1	1	1	1	1	1	1
2	1	1	1	1	1	2	2	2	2	2	2	2
3	1	1	2	2	2	1	1	1	2	2	2	2
4	1	1	2	2	2	2	2	2	1	1	1	1
5	1	2	1	2	2	1	2	2	1	1	2	2
6	1	2	1	2	2	2	1	1	2	2	1	1
7	1	2	2	1	1	1	2	2	2	2	1	1
8	1	2	2	1	1	2	1	1	1	1	2	2
9	2	2	2	1	2	2	1	2	1	2	1	2
10	2	2	2	1	2	3	2	1	2	1	2	1
11	2	2	3	2	1	2	1	2	2	1	2	1
12	2	2	3	2	1	3	2	1	1	2	1	2
13	2	3	2	2	1	2	2	1	1	2	2	1
14	2	3	2	2	1	3	1	2	2	1	1	2
15	2	3	3	1	2	2	2	1	2	1	1	2
16	2	3	3	1	2	3	1	2	1	2	2	1

(18) $L_{18}(2^1 \times 3^7)$

试验号	列号							
	1	2	3	4	5	6	7	8
1	1	1	1	1	1	1	1	1
2	1	1	2	2	2	2	2	2
3	1	1	3	3	3	3	3	3
4	1	2	1	1	2	2	3	3
5	1	2	2	2	3	3	1	1
6	1	2	3	3	1	1	2	2
7	1	3	1	2	1	3	2	3
8	1	3	2	3	2	1	3	1
9	1	3	3	1	3	2	1	2
10	2	1	1	3	3	2	2	1
11	2	1	2	1	1	3	3	2
12	2	1	3	2	2	1	1	3
13	2	2	1	2	3	1	3	2
14	2	2	2	3	1	2	1	3
15	2	2	3	1	2	3	2	1
16	2	3	1	3	2	3	1	2
17	2	3	2	1	3	1	2	3
18	2	3	3	2	1	2	3	1

(19) $L_{18}(6^1 \times 3^6)$

试验号	列号						
	1	2	3	4	5	6	7
1	1	1	1	1	1	1	1
2	1	2	2	2	2	2	2
3	1	3	3	3	3	3	3
4	2	1	1	2	2	3	3
5	2	2	2	3	3	1	1
6	2	3	3	1	1	2	2
7	3	1	2	1	3	2	3
8	3	2	3	2	1	3	1
9	3	3	1	3	2	1	2
10	4	1	3	3	2	2	1
11	4	2	1	1	3	3	2
12	4	3	2	2	1	1	3

（续）

试验号	列号						
	1	2	3	4	5	6	7
13	5	1	2	3	1	3	2
14	5	2	3	1	2	1	3
15	5	3	1	2	3	2	1
16	6	1	3	2	3	1	2
17	6	2	1	3	1	2	3
18	6	3	2	1	2	3	1

（20）$L_{20}(5^1 \times 2^8)$

试验号	列号								
	1	2	3	4	5	6	7	8	9
1	1	1	1	1	1	1	1	1	1
2	1	1	1	1	1	2	2	2	2
3	1	2	2	2	2	1	1	1	1
4	1	2	2	2	2	2	2	2	2
5	2	1	2	1	2	1	1	1	2
6	2	1	2	2	1	1	2	2	1
7	2	2	1	1	2	2	1	2	1
8	2	2	1	2	1	2	2	1	2
9	3	1	1	2	1	1	1	2	2
10	3	1	2	2	2	2	2	1	1
11	3	2	1	1	2	1	2	2	1
12	3	2	2	1	1	2	1	1	2
13	4	1	1	2	2	1	2	1	2
14	4	1	2	1	2	2	1	2	2
15	4	2	1	2	1	2	1	1	1
16	4	2	2	1	1	1	2	2	1
17	5	1	1	1	2	2	2	1	1
18	5	1	2	2	1	2	1	2	1
19	5	2	1	2	2	1	1	2	2
20	5	2	2	1	1	1	2	1	2

（21）$L_{20}(10^1 \times 2^2)$

试验号	列号		
	1	2	3
1	1	1	1
2	1	2	2
3	2	1	2
4	2	2	1

（续）

试验号	列号		
	1	2	3
5	3	1	1
6	3	2	2
7	4	1	2
8	4	2	1
9	5	1	1
10	5	2	2
11	6	1	2
12	6	2	1
13	7	1	1
14	7	2	2
15	8	1	2
16	8	2	1
17	9	1	1
18	9	2	2
19	10	1	2
20	10	2	1

（22）$L_{24}(3^1 \times 4^1 \times 2^4)$

试验号	列号					
	1	2	3	4	5	6
1	1	1	1	1	1	1
2	1	2	1	1	2	2
3	1	3	1	2	2	1
4	1	4	1	2	1	2
5	1	1	2	2	2	2
6	1	2	2	2	1	1
7	1	3	2	1	1	2
8	1	4	2	1	2	1
9	2	1	1	1	1	2
10	2	2	1	1	2	1
11	2	3	1	2	2	2
12	2	4	1	2	1	1
13	2	1	2	2	2	1
14	2	2	2	2	1	2
15	2	3	2	1	1	1
16	2	4	2	1	2	2

（续）

试验号	列号					
	1	2	3	4	5	6
17	3	1	1	1	1	2
18	3	2	1	1	2	1
19	3	3	1	2	2	2
20	3	4	1	2	1	1
21	3	1	2	2	2	1
22	3	2	2	2	1	2
23	3	3	2	1	1	1
24	3	4	2	1	2	2

（23）$L_{24}(6^1 \times 4^1 \times 2^3)$

试验号	列号				
	1	2	3	4	5
1	1	1	1	1	2
2	1	2	1	2	1
3	1	3	2	2	2
4	1	4	2	1	1
5	2	1	2	2	1
6	2	2	2	1	2
7	2	3	1	1	1
8	2	4	1	2	2
9	3	1	1	1	1
10	3	2	1	2	2
11	3	3	2	2	1
12	3	4	2	1	2
13	4	1	2	2	2
14	4	2	2	1	1
15	4	3	1	1	2
16	4	4	1	2	1
17	5	1	1	1	1
18	5	2	1	2	2
19	5	3	2	2	1
20	5	4	2	1	2
21	6	1	2	2	2
22	6	2	2	1	1
23	6	3	1	1	2
24	6	4	1	2	1

附表 12 均匀设计表

(1) $U_5(5^3)$

试验号	列号		
	1	2	3
1	1	2	4
2	2	4	3
3	3	1	2
4	4	3	1
5	5	5	5

$U_5(5^3)$ 使用表

s	列号			D
2	0.3100	1	2	
3	0.4570	1	2	3

(2) $U_6^*(6^4)$

试验号	列号			
	1	2	3	4
1	1	2	3	6
2	2	4	6	5
3	3	6	2	4
4	4	1	5	3
5	5	3	1	2
6	6	5	4	1

$U_6^*(6^4)$ 使用表

s	列号				D
2	1	3			0.1875
3	1	2	3		0.2656
4	1	2	3	4	0.2990

(3) $U_7(7^6)$

试验号	列号					
	1	2	3	4	5	6
1	1	2	3	4	5	6
2	2	4	6	1	3	5
3	3	6	2	5	1	4
4	4	1	5	2	6	3
5	5	3	1	6	4	2
6	6	5	4	3	2	1
7	7	7	7	7	7	7

$U_7(7^6)$ 使用表

s	列号				D
2	1	3		0.2398	
3	1	2	3		0.3721
4	1	2	3	6	0.4760

(4) $U_7^7(7^4)$

试验号	列号			
	1	2	3	4
1	1	3	5	7
2	2	6	2	6
3	3	1	7	5
4	4	4	4	4
5	5	7	1	3
6	6	2	6	2
7	7	5	3	1

$U_7^*(7^4)$ 使用表

s	列号			D
2	1	3		0.1582
3	2	3	4	0.2132

(5) $U_8^*(8^5)$

试验号	列号				
	1	2	3	4	5
1	1	2	4	7	8
2	2	4	8	5	7
3	3	6	3	3	6
4	4	8	7	1	5
5	5	1	2	8	4
6	6	3	6	6	3
7	7	5	1	4	2
8	8	7	5	2	1

$U_8^*(8^5)$ 使用表

s	列号				D
2	1	3			0.1445
3	1	3	4		0.2000
4	1	2	3	5	0.2709

（6）$U_9(9^5)$

试验号	列号					
	1	2	3	4	5	6
1	1	2	4	5	7	8
2	2	4	8	1	5	7
3	3	6	3	6	3	6
4	4	8	7	2	1	5
5	5	1	2	7	8	4
6	6	3	6	3	6	3
7	7	5	1	8	4	2
8	8	7	5	4	2	1
9	9	9	9	9	9	9

$U_9(9^5)$ 使用表

s	列号				D
2	1	3			0.1944
3	1	3	5		0.3102
4	1	2	3	6	0.4066

（7）$U_9^*(9^4)$

试验号	列号			
	1	2	3	4
1	1	3	7	9
2	2	6	4	8
3	3	9	1	7
4	4	2	8	6
5	5	5	5	5
6	6	8	2	4
7	7	1	9	3
8	8	4	6	2
9	9	7	3	1

$U_9^*(9^4)$ 使用表

s	列号			D
2	1	2		0.1574
3	2	3	4	0.1980

（8）$U_{10}^{*}(10^{8})$

试验号	列号							
	1	2	3	4	5	6	7	8
1	1	2	3	4	5	7	9	10
2	2	4	6	8	10	3	7	9
3	3	6	9	1	4	10	5	8
4	4	8	1	5	9	6	3	7
5	5	10	4	9	3	2	1	6
6	6	1	7	2	8	9	10	5
7	7	3	10	6	2	5	8	4
8	8	5	2	10	7	1	6	3
9	9	7	5	3	1	8	4	2
10	10	9	8	7	6	4	2	1

$U_{10}^{*}(10^{8})$ 使用表

s	列号						D
2	0.1125	1	6				
3	0.1681	1	5	6			
4	0.2236	1	3	4	5		
5	0.2414	1	3	4	5	7	
6	0.2994	1	2	3	5	6	8

（9）$U_{11}(11^{10})$

试验号	列号									
	1	2	3	4	5	6	7	8	9	10
1	1	2	3	4	5	6	7	8	9	10
2	2	4	6	8	10	1	3	5	7	9
3	3	6	9	1	4	7	10	2	5	8
4	4	8	1	5	9	2	6	10	3	7
5	5	10	4	9	3	8	2	7	1	6
6	6	1	7	2	8	3	9	4	10	5
7	7	3	10	6	2	9	5	1	8	4
8	8	5	2	10	7	4	1	9	6	3
9	9	7	5	3	1	10	8	6	4	2
10	10	9	8	7	6	5	4	3	2	1
11	11	11	11	11	11	11	11	11	11	11

$U_{11}(11^{10})$ 使用表

s	列号						D
2	1	7					0.1634
3	1	5	7				0.2649
4	1	2	5	7			0.3528
5	1	2	3	5	7		0.4286
6	1	2	3	5	7	10	0.4942

（10）$U_{11}^{*}(11^{4})$

试验号	列号			
	1	2	3	4
1	1	5	7	11
2	2	10	2	10
3	3	3	9	9
4	4	8	4	8
5	5	1	11	7
6	6	6	6	6
7	7	11	1	5
8	8	4	8	4
9	9	9	3	3
10	10	2	10	2
11	11	7	5	1

$U_{11}^{*}(11^{4})$ 使用表

s	列号			D
2	1	2		0.1136
3	2	3	4	0.2307

（11）$U_{12}^{*}(12^{10})$

试验号	列号									
	1	2	3	4	5	6	7	8	9	10
1	1	2	3	4	5	6	8	9	10	12
2	2	4	6	8	10	12	3	5	7	11
3	3	6	9	12	2	5	11	1	4	10
4	4	8	12	3	7	11	6	10	1	9
5	5	10	2	7	12	4	1	6	11	8
6	6	12	5	11	4	10	9	2	8	7
7	7	1	8	2	9	3	4	11	5	6

（续）

试验号	列号									
	1	2	3	4	5	6	7	8	9	10
8	8	3	11	6	1	9	12	7	2	5
9	9	5	1	10	6	2	7	3	12	4
10	10	7	4	1	11	8	2	12	9	3
11	11	9	7	5	3	1	10	8	6	2
12	12	11	10	9	8	7	5	4	3	1

$U_{12}^{*}(12^{10})$ 使用表

s	列号						D
2	1	5					0.1163
3	1	6	9				0.1838
4	1	6	7	9			0.2233
5	1	3	4	8	10		0.2272
6	1	2	6	7	8	9	0.2670
7	1	2	6	7	8	9	10	0.2768

（12）$U_{13}(13^{12})$

试验号	列号											
	1	2	3	4	5	6	7	8	9	10	11	12
1	1	2	3	4	5	6	7	8	9	10	11	12
2	2	4	6	8	10	12	1	3	5	7	9	11
3	3	6	9	12	2	5	8	11	1	4	7	10
4	4	8	12	3	7	11	2	6	10	1	5	9
5	5	10	2	7	11	4	9	1	6	11	3	8
6	6	12	5	11	4	10	3	9	2	8	1	7
7	7	1	8	2	9	3	10	4	11	5	12	6
8	8	3	11	6	1	9	4	12	7	2	10	5
9	9	5	1	10	6	2	11	7	3	12	8	4
10	10	7	4	1	11	8	5	2	12	9	6	3
11	11	9	7	5	3	1	12	10	8	6	4	2
12	12	11	10	9	8	7	6	5	4	3	2	1
13	13	13	13	13	13	13	13	13	13	13	13	13

$U_{13}(13^{12})$ 使用表

s	列号				D
2	1	5			0.1405
3	1	3	4		0.2308
4	1	6	8	10	0.3107

（续）

s	列号						D
5	1	6	8	9	10		0.3814
6	1	2	6	8	9	10	0.4439
7	1	2	6	8	9	10	12	0.4492

（13）$U_{13}^*(13^4)$

试验号	列号			
	1	2	3	4
1	1	5	9	11
2	2	10	4	8
3	3	1	13	5
4	4	6	8	2
5	5	11	3	13
6	6	2	12	10
7	7	7	7	7
8	8	12	2	4
9	9	3	11	1
10	10	8	6	12
11	11	13	1	9
12	12	4	10	6
13	13	9	5	3

$U_{13}^*(13^4)$ 使用表

s	列号				D
2	1	3			0.0962
3	1	3	4		0.1442
4	1	2	3	4	0.2076

（14）$U_{14}^*(14^5)$

试验号	列号				
	1	2	3	4	5
1	1	4	7	11	13
2	2	8	14	7	11
3	3	12	6	3	9
4	4	1	13	14	7
5	5	5	5	10	5
6	6	9	12	6	3

（续）

试验号	列号				
	1	2	3	4	5
7	7	13	4	2	1
8	8	2	11	13	14
9	9	6	3	9	12
10	10	10	10	5	10
11	11	14	2	1	8
12	12	3	9	12	6
13	13	7	1	8	4
14	14	11	8	4	2

$U_{14}^*(14^5)$ 使用表

s	列号				D
2	1	4		0.0957	
3	1	2	3	0.1455	
4	1	2	3	5	0.2091

（15）$U_{15}(15^5)$

试验号	列号				
	1	2	3	4	5
1	1	4	7	11	13
2	2	8	14	7	11
3	3	12	6	3	9
4	4	1	13	14	7
5	5	5	5	10	5
6	6	9	12	6	3
7	7	13	4	2	1
8	8	2	11	13	14
9	9	6	3	9	12
10	10	10	10	5	10
11	11	14	2	1	8
12	12	3	9	12	6
13	13	7	1	8	4
14	14	11	8	4	2
15	15	15	15	15	15

$U_{15}(15^5)$ 使用表

s	列号				D
2	1	4			0.1233
3	1	2	3		0.2043
4	1	2	3	5	0.2772

（16）$U_{15}(15^7)$ 试验号

试验号	列号						
	1	2	3	4	5	6	7
1	1	5	7	9	11	13	15
2	2	10	14	2	6	10	14
3	3	15	5	11	1	7	13
4	4	4	12	4	12	4	12
5	5	9	3	13	7	1	11
6	6	14	10	6	2	14	10
7	7	3	1	15	13	11	9
8	8	8	8	8	8	8	8
9	9	13	15	1	3	5	7
10	10	2	6	10	14	2	6
11	11	7	13	3	9	15	5
12	12	12	4	12	4	12	4
13	13	1	11	5	15	9	3
14	14	6	2	14	10	6	2
15	15	11	9	7	5	3	1

$U_{15}(15^7)$ 使用表

s	列号					D
2	1	3				0.0833
3	1	2	6			0.1361
4	1	2	4	6		0.1511
5	2	3	4	5	7	0.2090

（17）$U_{16}^*(16^{12})$

试验号	列号											
	1	2	3	4	5	6	7	8	9	10	11	12
1	1	2	4	5	6	8	9	10	13	14	15	16
2	2	4	8	10	12	16	1	3	9	11	13	15
3	3	6	12	15	1	7	10	13	5	8	11	14

（续）

试验号	列号											
	1	2	3	4	5	6	7	8	9	10	11	12
4	4	8	16	3	7	15	2	6	1	5	9	13
5	5	10	3	8	13	6	11	16	14	2	7	12
6	6	12	7	13	2	14	3	9	10	16	5	11
7	7	14	11	1	8	5	12	2	6	13	3	10
8	8	16	15	6	14	13	4	12	2	10	1	9
9	9	1	2	11	3	4	13	5	15	7	16	8
10	10	3	6	16	9	12	5	15	11	4	14	7
11	11	5	10	4	15	3	14	8	7	1	12	6
12	12	7	14	9	4	11	6	1	3	15	10	5
13	13	9	1	14	10	2	15	11	16	12	8	4
14	14	11	5	2	16	10	7	4	12	9	6	3
15	15	13	9	7	5	1	16	14	8	6	4	2
16	16	15	13	12	11	9	8	7	4	3	2	1

$U_{16}^*(16^{12})$ 使用表

s	列号							D
2	1	8						0.0908
3	1	4	6					0.1262
4	1	4	5	6				0.1705
5	1	4	5	6	9			0.2070
6	1	3	5	8	10	11		0.2518
7	1	2	3	6	9	11	12	0.2769

（18）$U_{17}(17^8)$

试验号	列号							
	1	2	3	4	5	6	7	8
1	1	4	6	9	10	11	14	15
2	2	8	12	1	3	5	11	13
3	3	12	1	10	13	16	8	11
4	4	16	7	2	6	10	5	9
5	5	3	13	11	16	4	2	7
6	6	7	2	3	9	15	16	5
7	7	11	8	12	2	9	13	3
8	8	15	14	4	12	3	10	1
9	9	2	3	13	5	14	7	16

（续）

试验号	列号							
	1	2	3	4	5	6	7	8
10	10	2	3	13	5	14	7	16
11	11	10	15	14	8	2	1	12
12	12	14	4	6	1	13	15	10
13	13	1	10	15	11	7	12	8
14	14	5	16	7	4	1	9	6
15	15	9	5	16	14	12	6	4
16	16	13	11	8	7	6	3	2
17	17	17	17	17	17	17	17	17

$U_{17}(17^8)$ 使用表

s	列号							D
2	1	6						0.1099
3	1	5	8					0.1832
4	1	5	7	8				0.2501
5	1	2	5	7	8			0.3111
6	1	2	3	5	7	8		0.3667
7	1	2	3	4	5	7	8	0.4174

（19）$U_{17}^*(17^5)$

试验号	列号				
	1	2	3	4	5
1	1	7	11	13	17
2	2	14	4	8	16
3	3	3	15	3	15
4	4	10	8	16	14
5	5	17	1	11	13
6	6	6	12	6	12
7	7	13	5	1	11
8	8	2	16	14	10
9	9	9	9	9	9
10	10	16	2	4	8
11	11	5	13	17	7
12	12	12	6	12	6
13	13	1	17	7	5
14	14	8	10	2	4
15	15	15	3	15	3
16	16	4	14	10	2
17	17	11	7	5	1

$U_{17}^*(17^5)$ 使用表

s		列号				D
2	1	2				0.0856
3	1	2	4			0.1331
4	2	3	4	5		0.1785

（20）$U_{18}^*(18^{11})$

试验号	列号										
	1	2	3	4	5	6	7	8	9	10	11
1	1	3	4	5	6	7	8	9	11	15	16
2	2	6	8	10	12	14	16	18	3	11	13
3	3	9	12	15	18	2	5	8	14	7	10
4	4	12	16	1	5	9	13	17	6	3	7
5	5	15	1	6	11	16	2	7	17	18	4
6	6	18	5	11	17	4	10	16	9	14	1
7	7	2	9	16	4	11	18	6	1	10	17
8	8	5	13	2	10	18	7	15	12	6	14
9	9	8	17	7	16	6	15	5	4	2	11
10	10	11	2	12	3	13	4	14	15	17	8
11	11	14	6	17	9	1	12	4	7	13	5
12	12	17	10	3	15	8	1	13	18	9	2
13	13	1	14	8	2	15	9	3	10	5	18
14	14	4	18	13	8	3	17	12	2	1	15
15	15	7	3	18	14	10	6	2	13	16	12
16	16	10	7	4	1	17	14	11	5	12	9
17	17	13	11	9	7	5	3	1	16	8	6
18	18	16	15	14	13	12	11	10	8	4	3

$U_{18}^*(18^{11})$ 使用表

s		列号						D
2	1	7						0.0779
3	1	4	8					0.1394
4	1	4	6	8				0.1754
5	1	3	6	8	11			0.2047
6	1	2	4	7	8	10		0.2245
7	1	4	5	6	8	9	11	0.2247

(21) $U_{19}^*(19^7)$

试验号	列号						
	1	2	3	4	5	6	7
1	1	3	7	9	11	13	19
2	2	6	14	18	2	6	18
3	3	9	1	7	13	19	17
4	4	12	8	16	4	12	16
5	5	15	15	5	15	5	15
6	6	18	2	14	6	18	14
7	7	1	9	3	17	11	13
8	8	4	16	12	8	4	12
9	9	7	3	1	19	17	11
10	10	10	10	10	10	10	10
11	11	13	17	19	1	3	9
12	12	16	4	8	12	16	8
13	13	19	11	17	3	9	7
14	14	2	18	6	14	2	6
15	15	5	5	15	5	15	5
16	16	8	12	4	16	8	4
17	17	11	19	13	7	1	3
18	18	14	6	2	18	14	2
19	19	17	13	11	9	7	1

$U_{19}^*(19^7)$ 使用表

s	列号					D
2	1	4				0.0755
3	1	5	6			0.1372
4	1	2	3	5		0.1807
5	3	4	5	6	7	0.1897

(22) $U_{20}^*(20^7)$

试验号	列号						
	1	2	3	4	5	6	7
1	1	4	5	10	13	16	19
2	2	8	10	20	5	11	17
3	3	10	15	9	18	6	15
4	4	16	20	19	10	1	13
5	5	20	4	8	2	17	11

（续）

试验号	列号						
	1	2	3	4	5	6	7
6	6	3	9	18	15	12	9
7	7	7	14	7	7	7	7
8	8	11	19	17	20	2	5
9	9	15	3	6	12	18	3
10	10	19	8	16	4	13	1
11	11	2	13	5	17	8	20
12	12	6	18	15	9	3	18
13	13	10	2	4	1	19	16
14	14	14	7	14	14	14	14
15	15	18	12	3	6	9	12
16	16	1	17	13	19	4	10
17	17	5	1	2	11	20	8
18	18	9	6	12	3	15	6
19	19	13	11	1	16	10	4
20	20	17	16	11	8	5	2

$U_{20}^*(20^7)$ 使用表

s	列号						D
2	1	5					0.0947
3	1	2	3				0.1363
4	1	4	5	6			0.1915
5	1	2	4	5	6		0.2012
6	1	2	4	5	6	7	0.2010

（23）$U_{21}(21^6)$

试验号	列号					
	1	2	3	4	5	6
1	1	4	10	13	16	19
2	2	8	20	5	11	17
3	3	12	9	18	6	15
4	4	16	19	10	1	13
5	5	20	8	2	17	11
6	6	2	18	15	12	9
7	7	7	7	7	7	7
8	8	11	17	20	2	5

（续）

试验号	列号					
	1	2	3	4	5	6
9	9	15	6	12	18	3
10	10	19	6	12	18	3
11	11	2	5	17	8	20
12	12	6	15	9	3	18
13	13	10	4	1	19	16
14	14	14	14	14	14	14
15	15	18	3	6	9	12
16	16	1	13	19	4	10
17	17	5	2	11	20	8
18	18	9	12	3	15	6
19	19	13	1	16	10	4
20	20	17	11	8	5	2
21	21	21	21	21	21	21

$U_{21}(21^6)$ 使用表

s	列号						D
2	1	4					0.0947
3	1	3	5				0.1581
4	1	3	4	5			0.2089
5	1	2	3	4	5		0.2620
6	1	2	3	4	5	6	0.3113

（24）$U_{21}^*(21^7)$

试验号	列号					
	1	2	3	4	5	6
1	1	5	7	9	13	17
2	2	10	14	18	4	12
3	3	15	21	5	17	7
4	4	20	6	15	8	2
5	5	3	13	1	21	19
6	6	8	20	10	12	14
7	7	13	5	19	3	9
8	8	18	12	6	16	4
9	9	1	19	15	7	21
10	10	6	4	2	20	16

（续）

试验号	列号					
	1	2	3	4	5	6
11	11	11	11	11	11	11
12	12	16	18	20	2	6
13	13	21	3	7	15	1
14	14	4	10	16	6	18
15	15	9	17	3	19	13
16	16	14	2	12	10	8
17	17	19	9	21	1	3
18	18	2	16	8	14	20
19	19	7	1	17	5	15
20	20	12	8	4	18	10
21	21	17	15	13	9	5

$U_{21}^*(21^7)$ 使用表

s	列号					D
2	1	5				0.0679
3	1	3	4			0.1121
4	1	2	3	5		0.1381
5	1	4	5	6	7	0.1759

（25）$U_{21}^*(21^7)$

试验号	列号										
	1	2	3	4	5	6	7	8	9	10	11
1	1	5	6	8	9	11	13	14	17	20	21
2	2	10	12	16	18	22	3	5	11	17	19
3	3	15	18	1	4	10	16	19	5	14	17
4	4	20	1	9	13	21	6	10	22	11	15
5	5	2	7	17	22	9	19	1	16	8	13
6	6	7	13	2	8	20	9	15	10	5	11
7	7	12	19	10	17	8	22	6	4	2	9
8	8	17	2	18	3	19	12	20	21	22	7
9	9	22	8	3	12	7	2	11	15	19	5
10	10	4	14	11	21	18	15	2	9	16	3
11	11	9	20	19	7	6	5	16	3	13	1
12	12	14	3	4	16	17	18	7	20	10	22
13	13	19	9	12	2	5	8	21	14	7	20

（续）

试验号	列号										
	1	2	3	4	5	6	7	8	9	10	11
14	14	1	15	20	11	16	21	12	8	4	18
15	15	6	21	5	20	4	11	3	2	1	16
16	16	11	4	13	6	15	1	17	19	21	14
17	17	16	10	21	15	3	14	8	13	18	12
18	18	21	16	6	1	14	4	22	7	15	10
19	19	3	22	14	10	2	17	13	1	12	8
20	20	8	5	22	19	13	7	4	18	9	6
21	21	13	11	7	5	1	20	18	12	6	4
22	22	18	17	15	14	12	10	9	6	3	2

$U_{21}^*(21^7)$ 使用表

s	列号							D
2	1	5						0.0677
3	1	7	9					0.1108
4	1	7	8	9				0.1392
5	1	4	7	8	9			0.1827
6	1	4	7	8	9	11		0.1930
7	1	2	3	5	6	7	10	0.2195

（26）$U_{23}^*(23^7)$

试验号	列号						
	1	2	3	4	5	6	7
1	1	7	11	13	17	19	23
2	2	14	22	2	10	14	22
3	3	21	9	15	3	9	21
4	4	4	20	4	20	4	20
5	5	11	7	17	13	23	19
6	6	18	18	6	6	18	18
7	7	1	5	19	23	13	17
8	8	8	16	8	16	8	16
9	9	15	3	21	9	3	15
10	10	22	14	10	2	22	14
11	11	5	1	23	19	17	13
12	12	12	12	12	12	12	12
13	13	19	23	1	5	7	11

（续）

试验号	列号						
	1	2	3	4	5	6	7
14	14	2	10	14	22	2	10
15	15	9	21	3	15	21	9
16	16	16	8	16	8	16	8
17	17	23	19	5	1	11	7
18	18	6	6	18	18	6	6
19	19	13	17	7	11	1	5
20	20	20	4	20	4	20	4
21	21	3	15	9	21	15	3
22	22	10	2	22	14	10	2
23	23	17	13	11	7	5	1

$U_{22}^*(22^{11})$ 使用表

s	列号					D
2	1	5				0.0638
3	3	5	6			0.1029
4	1	2	4	6		0.1310
5	3	4	5	6	7	0.1691

（27）$U_{24}^*(24^9)$

试验号	列号								
	1	2	3	4	5	6	7	8	9
1	1	3	6	7	9	11	12	16	19
2	2	6	12	14	18	22	24	7	13
3	3	9	18	21	2	8	11	23	7
4	4	12	24	3	11	19	23	14	1
5	5	15	5	10	20	5	10	5	20
6	6	18	11	17	4	16	22	21	14
7	7	21	17	24	13	2	9	12	8
8	8	24	23	6	22	13	21	3	2
9	9	2	4	13	6	24	8	19	21
10	10	5	10	20	15	10	20	10	15
11	11	8	16	2	24	21	7	1	9
12	12	111	22	9	8	7	19	17	3
13	13	14	3	16	17	18	6	8	22
14	14	17	9	23	1	4	18	24	16

（续）

试验号	列号								
	1	2	3	4	5	6	7	8	9
15	15	20	15	5	10	15	5	15	10
16	16	23	21	12	19	1	17	6	4
17	17	1	2	19	3	12	4	22	23
18	18	4	8	1	12	23	16	13	17
19	19	7	14	8	21	9	3	4	11
20	20	10	20	15	5	20	15	20	5
21	21	13	1	22	14	6	2	11	24
22	22	16	7	4	23	17	14	2	18
23	23	19	13	11	7	3	1	18	12
24	24	22	19	18	16	14	13	9	6

$U_{24}^*(24^9)$ 使用表

s	列号							D
2	1	6						0.0586
3	1	3	6					0.1031
4	1	3	6	8				0.1441
5	1	2	6	7	9			0.1758
6	1	2	4	6	7	9		0.2064
7	1	2	4	5	6	7	9	0.2198

（28）$U_{27}^*(27^{10})$

试验号	列号									
	1	2	3	4	5	6	7	8	9	10
1	1	5	9	11	13	15	17	19	25	27
2	2	10	18	22	26	2	6	10	22	26
3	3	15	27	5	11	17	23	1	19	25
4	4	20	8	16	24	4	12	20	16	24
5	5	25	17	27	9	19	1	11	13	23
6	6	2	26	10	22	6	8	2	10	22
7	7	7	7	21	7	21	7	21	7	21
8	8	12	16	4	20	8	24	12	4	20
9	9	17	25	15	5	23	13	3	1	19
10	10	22	6	26	18	10	2	22	26	18
11	11	27	15	9	3	25	19	13	23	17
12	12	4	24	20	16	12	8	4	20	16

（续）

试验号	列号									
	1	2	3	4	5	6	7	8	9	10
13	13	9	5	3	1	27	25	23	17	15
14	14	14	14	14	14	14	14	14	14	14
15	15	19	23	25	27	1	3	5	11	13
16	16	24	4	8	12	16	20	24	8	12
17	17	1	13	19	25	3	9	15	5	11
18	18	6	22	2	10	18	26	6	2	10
19	19	11	3	13	23	5	15	25	27	9
20	20	16	12	24	8	20	4	16	24	8
21	21	21	21	7	21	7	21	7	21	7
22	22	26	2	18	6	22	10	26	18	6
23	23	3	11	1	19	9	27	17	15	5
24	24	8	20	12	4	24	16	8	12	4
25	25	13	1	23	17	11	5	27	9	3
26	26	18	10	6	2	26	22	18	6	2
27	27	23	19	17	15	13	11	9	3	1

$U_{27}^{*}(27^{10})$ 使用表

s	列号					D
2	1	4				0.0600
3	1	3	6			0.1009
4	1	4	6	9		0.1189
5	2	5	7	8	10	0.1378

（29）$U_{30}^{*}(30^{13})$

试验号	列号												
	1	2	3	4	5	6	7	8	9	10	11	12	13
1	1	4	6	9	10	11	14	18	19	22	25	28	29
2	2	8	12	18	20	22	28	5	7	13	19	25	27
3	3	12	18	27	30	2	11	23	26	4	13	22	25
4	4	16	24	5	9	13	25	10	14	26	7	19	23
5	5	20	30	14	19	24	8	28	2	17	1	16	21
6	6	24	5	23	29	4	22	15	21	8	26	13	19
7	7	28	11	1	8	15	5	2	9	30	20	10	17
8	8	1	17	10	18	26	19	20	28	21	14	7	15
9	9	5	23	19	28	6	2	7	16	12	8	4	13

（续）

试验号	列号												
	1	2	3	4	5	6	7	8	9	10	11	12	13
10	10	9	29	28	7	17	16	25	4	3	2	1	11
11	11	13	4	6	17	28	30	12	23	25	27	29	9
12	12	17	10	15	27	8	13	30	11	16	21	26	7
13	13	21	16	24	6	19	27	17	30	7	15	23	5
14	14	25	22	2	16	30	10	4	18	29	9	20	3
15	15	29	28	11	26	10	24	22	6	20	3	17	1
16	16	2	3	20	5	21	7	9	25	11	28	14	30
17	17	6	9	29	15	1	21	27	13	2	22	11	28
18	18	10	15	7	25	12	4	14	1	24	16	8	26
19	19	14	21	16	4	23	18	1	20	15	10	5	24
20	20	18	27	25	14	3	1	19	8	6	4	2	22
21	21	22	2	3	24	14	15	6	27	28	28	30	20
22	22	26	8	12	3	25	29	24	15	19	23	27	18
23	23	30	14	21	13	5	12	11	3	10	17	24	16
24	24	3	20	30	23	16	26	29	22	1	11	21	14
25	25	7	26	8	2	27	9	16	10	23	5	18	12
26	26	11	1	17	12	7	23	3	29	14	30	15	10
27	27	15	7	26	22	18	6	21	17	5	24	12	8
28	28	19	13	4	1	29	20	8	5	27	18	9	6
29	29	23	19	13	11	9	3	26	24	18	12	6	4
30	30	27	25	22	21	20	17	13	12	19	6	3	2

$U_{30}^*(30^{13})$ 使用表

s	列号							D
2	1	10						0.0519
3	1	9	10					0.0888
4	1	2	7	8				0.1325
5	1	2	5	7	8			0.1465
6	1	2	5	7	8	11		0.1621
7	1	2	3	4	6	12	13	0.1924

附表 13　拟水平构造混合水平均匀设计表的指导表

(1) 由 $U_6(6^6)$ 构造

混合水平表 (3 列)	应选列号			混合水平表 (4 列)	应选列号			
$U_6(6\times3^2)$	1	2	3	$U_6(6\times3^2\times2)$	1	2	3	6
$U_6(6\times3\times2)$	1	2	3	$U_6(6^2\times3\times2)$	1	2	3	5
$U_6(6^2\times3)$	2	3	5	$U_6(6^2\times3^2)$	1	2	3	5
$U_6(6^2\times2)$	1	2	3	$U_6(6^3\times3)$	1	2	3	4
$U_6(3^2\times2)$	1	2	3	$U_6(6^3\times2)$	1	2	3	4

(2) 由 $U_8(8^6)$ 构造

混合水平表 (3 列)	应选列号			混合水平表 (4 列)	应选列号			
$U_8(8\times4^2)$	1	4	5	$U_8(8\times4^3)$	1	2	3	6
$U_8(8\times4\times2)$	1	2	6	$U_8(8\times4^2\times2)$	1	2	3	5
$U_8(8^2\times4)$	1	3	5	$U_8(8^2\times4^2)$	1	2	4	5
$U_8(8^2\times2)$	1	2	4	$U_8(8^3\times4)$	1	2	3	4
				$U_8(8^3\times2)$	1	2	3	4

(3) 由 $U_{10}(10^{10})$ 构造

混合水平表 (3 列)	应选列号			混合水平表 (4 列)	应选列号			
$U_{10}(5^2\times2)$	1	2	5	$U_{10}(10\times5^3)$	1	2	4	10
$U_{10}(10\times5^2)$	3	5	9	$U_{10}(10\times5^2\times2)$	1	2	4	10
$U_{10}(10\times5\times2)$	1	2	5	$U_{10}(10^2\times5^2)$	1	3	4	5
$U_{10}(10^2\times5)$	2	3	10	$U_{10}(10^2\times5\times2)$	1	2	3	4
$U_{10}(10^2\times2)$	1	2	3	$U_{10}(10^3\times5)$	1	3	8	10
				$U_{10}(10^3\times2)$	1	2	3	5

(4) 由 $U_{12}(12^{12})$ 构造

混合水平表 (3 列)	应选列号			混合水平表 (4 列)	应选列号			
$U_{12}(6\times4\times3)$	1	3	4	$U_{12}(12\times6\times4^2)$	1	3	4	12
$U_{12}(6\times4^2)$	1	3	4	$U_{12}(12\times6\times4\times3)$	1	2	3	12
$U_{12}(6^2\times4)$	8	10	12	$U_{12}(12\times6^2\times2)$	1	2	5	12
$U_{12}(4^2\times3)$	1	2	3	$U_{12}(12\times6^2\times3)$	1	3	5	12
$U_{12}(12\times4^2)$	1	4	6	$U_{12}(12\times6^2\times3)$	1	3	4	12
$U_{12}(12\times4\times2)$	1	2	3	$U_{12}(12\times6^3)$	1	3	4	11
$U_{12}(12\times4\times3)$	1	2	3	$U_{12}(12\times4^3)$	1	2	5	6
$U_{12}(12\times6\times4)$	4	10	11	$U_{12}(12\times4^2\times3)$	1	2	5	6
$U_{12}(12\times6\times3)$	7	9	10	$U_{12}(12^2\times6\times2)$	1	2	3	5
$U_{12}(12\times6^2)$	1	6	9	$U_{12}(12\times6^2\times3)$	1	2	5	7

（续）

混合水平表（3 列）	应选列号			混合水平表（4 列）	应选列号			
$U_{12}(12^2×2)$	1	3	4	$U_{12}(12×6^2×4)$	1	3	4	7
$U_{12}(12^2×3)$	1	3	5	$U_{12}(12^2×6^2)$	1	8	10	11
$U_{12}(12^2×4)$	1	4	5	$U_{12}(12^2×4×3)$	1	2	3	9
$U_{12}(12^2×6)$	1	6	8	$U_{12}(12^2×4^2)$	1	3	4	6
				$U_{12}(12^3×2)$	1	2	3	5
				$U_{12}(12^3×3)$	1	3	5	7
				$U_{12}(12^3×4)$	1	4	5	6
				$U_{12}(12^3×6)$	2	8	9	10

注：$U_6(6^6)$、$U_8(8^6)$、$U_{10}(10^{10})$ 和 $U_{12}(12^{12})$ 分别由 $U_7(7^6)$、$U_9(9^6)$、$U_{11}(11^{10})$ 和 $U_{13}(13^{12})$ 去掉最后一行而得。

附表14　正交拉丁方表

正交拉丁方的安全系

3×3

I
```
1 2 3
2 3 1
3 1 2
```
II
```
1 2 3
3 1 2
2 3 1
```

4×4

I
```
1 2 3 4
2 1 4 3
3 4 1 2
4 3 2 1
```
II
```
1 2 3 4
3 4 1 2
4 3 2 1
2 1 4 3
```
III
```
1 2 3 4
4 3 2 1
2 1 4 3
3 4 1 2
```

5×5

I
```
1 2 3 4 5
2 3 4 5 1
3 4 5 1 2
4 5 1 2 3
5 1 2 3 4
```
II
```
1 2 3 4 5
3 4 5 1 2
5 1 2 3 4
2 3 4 5 1
4 5 1 2 3
```
III
```
1 2 3 4 5
4 5 1 2 3
2 3 4 5 1
5 1 2 3 4
3 4 5 1 2
```
IV
```
1 2 3 4 5
5 1 2 3 4
4 5 1 2 3
3 4 5 1 2
2 3 4 5 1
```

7×7

I
```
1 2 3 4 5 6 7
2 3 4 5 6 7 1
3 4 5 6 7 1 2
4 5 6 7 1 2 3
5 6 7 1 2 3 4
6 7 1 2 3 4 5
7 1 2 3 4 5 6
```
II
```
1 2 3 4 5 6 7
3 4 5 6 7 1 2
5 6 7 1 2 3 4
7 1 2 3 4 5 6
2 3 4 5 6 7 1
4 5 6 7 1 2 3
6 7 1 2 3 4 5
```
III
```
1 2 3 4 5 6 7
4 5 6 7 1 2 3
7 1 2 3 4 5 6
3 4 5 6 7 1 2
6 7 1 2 3 4 5
2 3 4 5 6 7 1
5 6 7 1 2 3 4
```

	IV							V							VI					
1	2	3	4	5	6	7		1	2	3	4	5	6	7		1	2	3	4	5	6	7
5	6	7	1	2	3	4		6	7	1	2	3	4	5		7	1	2	3	4	5	6
2	3	4	5	6	7	1		4	5	6	7	1	2	3		6	7	1	2	3	4	5
6	7	1	2	3	4	5		2	3	4	5	6	7	1		5	6	7	1	2	3	4
3	4	5	6	7	1	2		7	1	2	3	4	5	6		4	5	6	7	1	2	3
7	1	2	3	4	5	6		5	6	7	1	2	3	4		3	4	5	6	7	1	2
4	5	6	7	1	2	3		3	4	5	6	7	1	2		2	3	4	5	6	7	1

8×8

I

```
1 2 3 4 5 6 7 8
2 1 4 3 6 5 8 7
3 4 1 2 7 8 5 6
4 3 2 1 8 7 6 5
5 6 7 8 1 2 3 4
6 5 8 7 2 1 4 3
7 8 5 6 3 4 1 2
8 7 6 5 4 3 2 1
```

II

```
1 2 3 4 5 6 7 8
5 6 7 8 1 2 3 4
2 1 4 3 6 5 8 7
6 5 8 7 2 1 4 3
7 8 5 6 3 4 1 2
3 4 1 2 7 8 5 6
8 7 6 5 4 3 2 1
4 3 2 1 8 7 6 5
```

III

```
1 2 3 4 5 6 7 8
7 8 5 6 3 4 1 2
5 6 7 8 1 2 3 4
3 4 1 2 7 8 5 6
8 7 6 5 4 3 2 1
2 1 4 3 6 5 8 7
4 3 2 1 8 7 6 5
6 5 8 7 2 1 4 3
```

IV

```
1 2 3 4 5 6 7 8
8 7 6 5 4 3 2 1
7 8 5 6 3 4 1 2
2 1 4 3 6 5 8 7
4 3 2 1 8 7 6 5
5 6 7 8 1 2 3 4
6 5 8 7 2 1 4 3
3 4 1 2 7 8 5 6
```

V

```
1 2 3 4 5 6 7 8
4 3 2 1 8 7 6 5
8 7 6 5 4 3 2 1
5 6 7 8 1 2 3 4
6 5 8 7 2 1 4 3
7 8 5 6 3 4 1 2
3 4 1 2 7 8 5 6
2 1 4 3 6 5 8 7
```

VI

```
1 2 3 4 5 6 7 8
6 5 8 7 2 1 4 3
4 3 2 1 8 7 6 5
7 8 5 6 3 4 1 2
3 4 1 2 7 8 5 6
8 7 6 5 4 3 2 1
2 1 4 3 6 5 8 7
5 6 7 8 1 2 3 4
```

VII

```
1 2 3 4 5 6 7 8
3 4 1 2 7 8 5 6
6 5 8 7 2 1 4 3
8 7 6 5 4 3 2 1
2 1 4 3 6 5 8 7
4 3 2 1 8 7 6 5
5 6 7 8 1 2 3 4
7 8 5 6 3 4 1 2
```

9×9

I

```
1 2 3 4 5 6 7 8 9
2 3 1 5 6 4 8 9 7
3 1 2 6 4 5 9 7 8
4 5 6 7 8 9 1 2 3
5 6 4 8 9 7 2 3 1
6 4 5 9 7 8 3 1 2
7 8 9 1 2 3 4 5 6
8 9 7 2 3 1 5 6 4
9 7 8 3 1 2 6 4 5
```

II

```
1 2 3 4 5 6 7 8 9
7 8 9 1 2 3 4 5 6
4 5 6 7 8 9 1 2 3
2 3 1 5 6 4 8 9 7
8 9 7 2 3 1 5 6 4
5 6 4 8 9 7 2 3 1
3 1 2 6 4 5 9 7 8
9 7 8 3 1 2 6 4 5
6 4 5 9 7 8 3 1 2
```

III

```
1 2 3 4 5 6 7 8 9
9 7 8 3 1 2 6 4 5
5 6 4 8 9 7 2 3 1
6 4 5 9 7 8 3 1 2
2 3 1 5 6 4 8 9 7
7 8 9 1 2 3 4 5 6
8 9 7 2 3 1 5 6 4
4 5 6 7 8 9 1 2 3
3 1 2 6 4 5 9 7 8
```

IV

```
1 2 3 4 5 6 7 8 9
8 9 7 2 3 1 5 6 4
6 4 5 9 7 8 3 1 2
9 7 8 3 1 2 6 4 5
4 5 6 7 8 9 1 2 3
2 3 1 5 6 4 8 9 7
5 6 4 8 9 7 2 3 1
3 1 2 6 4 5 9 7 8
7 8 9 1 2 3 4 5 6
```

	V									VI									VII									VIII							
1	2	3	4	5	6	7	8	9	1	2	3	4	5	6	7	8	9	1	2	3	4	5	6	7	8	9	1	2	3	4	5	6	7	8	9
3	1	2	6	4	5	9	7	8	4	5	6	7	8	9	1	2	3	5	6	4	8	9	7	2	3	1	6	4	5	9	7	8	3	1	2
2	3	1	5	6	4	8	9	7	7	8	9	1	2	3	4	5	6	9	7	8	3	1	2	6	4	5	8	9	7	2	3	1	5	6	4
7	8	9	1	2	3	4	5	6	3	1	2	6	4	5	9	7	8	8	9	7	2	3	1	5	6	4	5	6	4	8	9	7	2	3	1
9	7	8	3	1	2	6	4	5	6	4	5	9	7	8	3	1	2	3	1	2	6	4	5	9	7	8	7	8	9	1	2	3	4	5	6
8	9	7	2	3	1	5	6	4	9	7	8	3	1	2	6	4	5	4	5	6	7	8	9	1	2	3	3	1	2	6	4	5	9	7	8
4	5	6	7	8	9	1	2	3	2	3	1	5	6	4	8	9	7	6	4	5	9	7	8	3	1	2	9	7	8	3	1	2	6	4	5
6	4	5	9	7	8	3	1	2	5	6	4	8	9	7	2	3	1	7	8	9	1	2	3	4	5	6	2	3	1	5	6	4	8	9	7
5	6	4	8	9	7	2	3	1	8	9	7	2	3	1	5	6	4	2	3	1	5	6	4	8	9	7	4	5	6	7	8	9	1	2	3

10×10

	I										II								
0	1	2	3	4	5	6	7	8	9	0	1	2	3	4	5	6	7	8	9
1	2	0	6	7	8	9	3	4	5	2	0	1	8	9	3	4	5	6	7
2	0	1	5	6	7	8	9	3	4	1	2	0	4	5	6	7	8	9	3
3	7	8	0	1	4	2	5	9	6	7	3	9	6	8	0	5	2	1	4
4	8	9	7	0	1	5	2	6	3	8	4	3	5	7	9	0	6	2	1
5	9	3	4	8	0	1	6	2	7	9	5	4	1	6	8	3	0	2	7
6	3	4	8	5	9	0	1	7	2	3	6	5	2	1	7	9	4	0	8
7	4	5	2	9	6	3	0	1	8	4	7	6	9	2	1	8	3	5	0
8	5	6	9	2	3	7	4	0	1	5	8	7	0	3	2	1	9	4	6
9	6	7	1	3	2	4	8	5	0	6	9	8	7	0	4	2	1	3	5

附录 2   R 语言相关参考

1. R 语言下载及使用网站地址

https：//cran. r-project. org 该网站也提供了一些常见的 R 使用手册和 R 包下载，网站中的 Task Views 部分会针对不同的主题更新一些有关该主题的最新的 R 包，一些常见的主题有 Bayesian（主题为贝叶斯推断）、Cluster（主题为聚类分析）、Machine Learning（主题为机器学习）、Multivariate（主题为多元统计）等。

https：//stackoverflow. com，该网站是一个全球性的程序设计领域问答网站，里面有世界各地的 R 使用者提出的咨询，也有世界各地的人对咨询进行解答。

2. R 语言主要软件包功能

R 包 corpcor，提供了协方差和偏相关估计的方法。

R 包 lavaan，提供了潜变量分析的方法，本书就是采用 lavaan 进行通径分析的相关计算。

R 包 yacca，提供了一种实现典型相关分析的方法。

R 包 ggplot2，提供了多种数据可视化的工具，能够制作绝大多数二维图形，如点图、线图、柱状图、箱线图等。

R 包 plyr，提供了整合、汇总数据的工具。

R 包 reshape2，提供了整合数据的工具。

3. R 语言参考书推荐

Robert I. Kabacoff 著，王小宁、刘撷芯、黄俊文等译，《R 语言实战（第 2 版）》，2016 年，人民邮电出版社出版。该书对 R 语言的功能进行了较为全面的介绍，包括统计分析、绘图等，同时对数据挖掘和高级编程也有所涉及。

薛毅、陈立萍编著，《统计建模与 R 软件》，2007 年，清华大学出版社出版。该书结合常见的数理统计问题对 R 软件进行科学和全面的介绍。

Winston Chang 著，肖楠、邓一硕、魏太云译，《R 数据可视化手册》，2014 年，人民邮电出版社出版。该书从如何画点图、线图、柱状图、箱线图，到如何添加注解、修改坐标轴和图例，再到分面的使用和颜色的选取等，对 R 的绘图技巧进行了细致的讲解。书中的大多数方法使用的是 ggplot2 包。

附录 3　试验设计软件 CycDesign 安装使用说明

一、CycDesign 简介

　　CycDesign 是澳大利亚联邦科学与工业研究组织（CSIRO）林业与林产品部 E. R. Williams 和新西兰怀卡托大学统计学系 J. A. John 及 D. Whitaker 共同研制的一款专用软件，专用于平衡不完全区组（BIB）设计和循环行-列设计（cyclic row-column design）。软件包内包含 7 个文件，如下图所示。

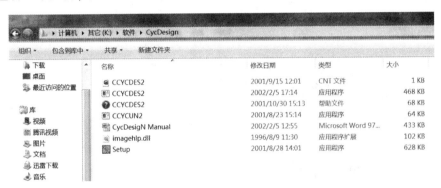

二、CycDesign 的安装

　　CycDesign V2.0 版本适用于 Win X 及以下操作系统。点击 Setup. exe 文件，出现如下界面。

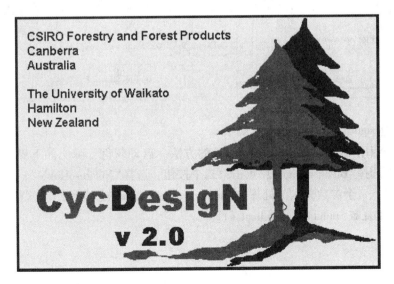

接着出现左下对话框，点击"OK"，弹出右下对话框，点击"Install"，按默认路径安装。

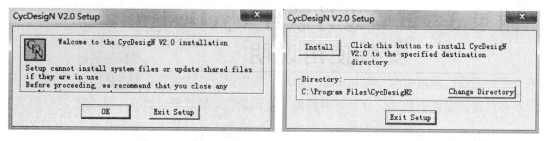

目标文件夹不存在时，弹出左下对话框，点击"Yes"创建文件夹，开始安装。安装完毕，设置显示运行结果的文本编辑器，默认为写字板（Wordpad）。若没有找到写字板，则弹出右下对话框，点击"确定"。

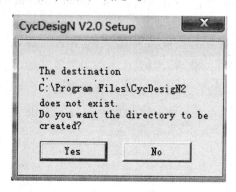

此时弹出左下对话框，询问是否指定自己的文本编辑器，点击"是"。可选择 Microsoft Word 作为显示运行结果的文本编辑器，以 Win 7 为例，默认路径为"c：\ Program Files（x86）\ Microsoft Office \ Office14"，在"Office14"文件夹内选择"WINWORD. EXE"，点击"确定"按钮，弹出右下对话框，点击"OK"完成安装。

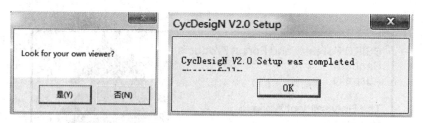

三、CycDesign 的使用

本文仅介绍用 CycDesign 进行 BIB 设计的方法。启动软件，弹出如下界面。点击左侧第一个按钮，选择"Block design"；点击第二个按钮，选择"Not resolvable"；点击第三个按钮，输入参数。三个参数分别为处理数（number of treatments）、每区组小区数（number of units/block）和重复数（number of replicates）。

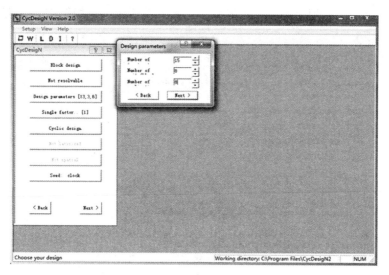

输入完成，点击"next"，回到主界面，再点击主界面左侧下方"next"按钮，弹出左下对话框，再次点击"next"，弹出右下对话框，询问地点数（number of randomizations），输入地点数，默认为单地点，点击"next"开始运算。

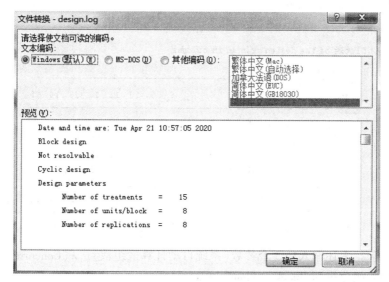

运算完毕，结果自动显示到 word 编辑器，如下图所示。选"确定"获得结果，文档更名另存即可。

输出结果如下图所示，主要有以下内容：

```
Date and time are: Tue Apr 21 11:06:25 2020
Block design
Not resolvable
Cyclic design
Design parameters
       Number of treatments    =    15
       Number of units/block   =    8
       Number of replications  =    8

Random number seed for design generation = 191

Average efficiency factors (Upper bounds)
    Block        0.937500   (0.937500)


Concurrence      Block
     4           105


Randomization 1

Random number seed for randomization = 827

Treatment randomization:
Group 1:
  10  13  14  15  9  6  4  12  2  1  3  5  11  7  8

Replicate randomization:
   1

Block randomization:
   6  14  7  11  5  1  13  8  15  12  9  10  2  3  4

Blocks of the design printed in columns


  rep  1 ─────────────────────────────────────────────
  block   1  2  3  4  5  6  7  8  9 10 11 12 13 14 15
  plot  +──────────────────────────────────────────────
    1  |  6 15  6  7 10  4 14  9 12  8 11  5 13  9  5
    2  | 13  1 15  8 11  5  5  2  4  9  5 11 14  7 11
    3  | 12  3 14  5 12  6 11 14 15 13  3 15  2  8  9
    4  | 14  4  4 12  3  3 13  6  3  6 15  6  4 11  2
    5  |  7 14  8 14  1  1  8 10 10 12  9 13 10 13  4
    6  |  9  7 10 13  7  8  2 15  2  2 14  7 11 10 12
    7  |  3  2 12  1  6 10  3  7  5 15  1  1  9 15  8
    8  |  4  8 11 10  2  9  6  5 13  1 12  4  1  3  7
```

1. 参数，包括上述输入的 3 个参数(系统自动计算区组数)，λ(Concurrence)等。

2. 区组的随机化排列(block randomization)。

3. 各区组的处理排列表，如右图所示。每区组一列，区组内各处理竖向排列。

注意，每个区组内各处理已经过随机化排列，无需改动，使用时还需要根据"block randomization"对区组的顺序重新排列。

特别说明：

1. CycDesign 不强求输入的参数符合 λ 为整数的条件，只要符合处理数　重复数＝每区组小区数　区组数的条件即可。

2. 在软件主界面第二个按钮选择"Resolvable"，系统自动将若干个区组合并成一个重复，从而达到随机区组设计的效果，同时"block randomization"改为"replicate randomization"。如将上例每区组小区数改为 7，运行结果显示 8 个重复各处理的随机排列表，右图显示重复 1 的排列，3 个区组构成一个重复，每区组 5 个处理。

```
rep   1 ------------
block     1   2    3
plot  +------------
  1   |   3   5   14
  2   |  11   7   12
  3   |               4
  4   |   2  13    6
  5   |               8
  6   |   1   9
  7   |  15  10
```

附录 4 Design Expert 简介

Design Expert 是一款功能强大且实用性非常强的实验设计及分析软件，用户可以通过两级因子筛选设计、一般因子研究、混合物设计技术以及分割图设计和分析等功能帮助使用者快速统计实验数据，大幅度缩短实验的数据搜集时间，同时能以在该软件版本中大大加强的图形视图、计算能力以及更多新增的设计功能来加快实验进度、提升实验效率。用户不仅可以利用这款软件筛选关键因素，还可以通过寻优找到理想的工艺参数条件，发现最佳的产品配方。

Design Expert 软件中提供了绘图功能，可以绘制函数图、绘制分析图形、绘制坐标、绘制化学反应图等，包含的行业领域比较广泛；可以绘制多边形球体进行数据的研究，根据优化的统计属性，计算出合适实验的方案，支持图形的旋转，这表示用户可以随意更改模型的方向，从多个角度查看分析方案的准确性。

Design Expert 的功能特点：

（1）Design Expert 是全球顶尖级的实验设计软件。

（2）Design Expert 是最容易使用、功能最完整、界面最具亲和力的软件。

（3）Design Expert 是为科研人员提供的设计实验方案的较好的辅助软件，通过选取适当的设计方法，可以有效地减少所需的实验次数。

（4）该软件学习起来容易上手，设计简单，易于操作，值得在科研以及更广阔的领域应用。优化实验的论文中，Design Expert 是最广泛使用的软件。目前采用这个软件进行设计并发表论文是广大科研工作者普遍采用的方式之一。

（5）Plackett-Burman（PB）、Central Composite Design（CCD）、Box-Behnken Design（BBD）这些最常用的实验设计及其结果分析都可以通过 Design Expert 来实现。

Design Expert 软件获取的路径：在百度或 Google 搜索引擎输入"Design Expert"，即可以找到免费的下载链接，直接下载安装。

附录 5　Minitab 软件简介

　　Minitab 软件是一款无与伦比的可视化统计分析软件，既能作为质量改善、教育和研究应用领域提供统计软件和服务的先导，又是全球领先的质量管理和六西格玛实施软件工具，能在用户遇到最棘手的业务问题时用来分析数据并找出有意义的解决方案。软件主要提供了统计分析、可视化分析、预测式分析和改进分析来支持数据驱动型决策，能通过简化的界面和全新强大功能分析各种规模的数据集，或借助全新的功能轻松合成更大批量的数据，指导用户完成整个分析，甚至还可以帮助您解释和显示结果。除此之外，它还能支持散点图、气泡图、箱线图、点图、直方图、图表、时间序列图等可视化图形输出，在数据发生改变时对图形进行无缝更新，并且除了为用户提供质量统计分析工具 Minitab 和 Quality Companion 软件外，还附带了在线培训系统 Quality Trainer，囊括完善的培训统计学基本知识和质量管理内容，以及大量的实操案例，是学习 Minitab 软件和质量统计的好助手。Minitab 1972 年成立于美国的宾夕法尼亚州州立大学（Pennsylvania State University），已经在全球 100 多个国家，4800 多所高校被广泛使用。典型的客户有 GE、福特汽车、通用汽车、3M、霍尼韦尔、LG、东芝、诺基亚、宝钢、徐工集团、海尔、中国航天集团、中铁、中国建设银行、美洲银行、上海世茂皇家艾美酒店、浦发银行、太平人寿、北大光华学院、中欧国际工商学院、华中科大、武汉理工、华东理工、西交利物浦大学、美国戴顿大学等。

　　下载链接：http：//www. downza. cn/soft/208298. html